软件开发魔典

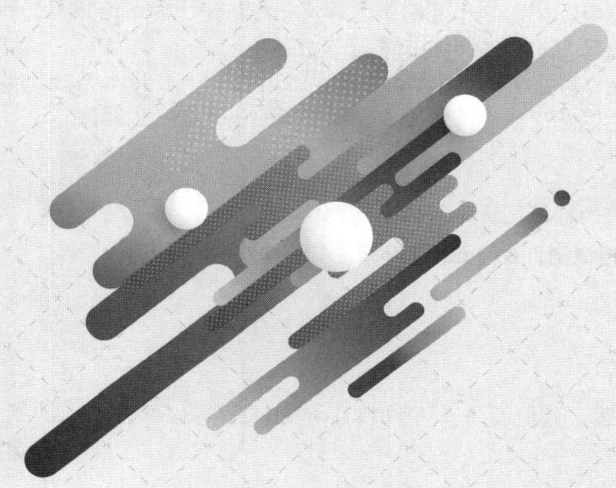

Java Web
从入门到项目实践（超值版）

聚慕课教育研发中心　编著

清華大学出版社
北　京

内容简介

本书采用“基础知识→核心应用→核心技术→高级应用→项目实践”结构和“从入门到项目实践”的学习模式进行讲解。全书共5篇22章，讲解了Java Web开发环境及服务器的搭建，HTML和CSS的基础知识，Web工程结构，JDBC基础，Java与数据库，Servlet基础，Filter开发，Listener开发，JSP基础语法，JSP元素，JavaBean技术，JSP标签，DAO和MVC设计模式，Spring应用，MyBatis应用，JDBC应用开发，Servlet应用开发，Servlet和JSP应用开发，Spring整合MyBatis应用开发等。在项目实践篇详细介绍了在线健身管理系统、银行日常业务管理系统开发，全面展示了项目开发的全过程。

本书的目的是多角度、全方位地帮助读者快速掌握软件开发技能，构建从高校到社会的就职桥梁，让有志于从事软件开发行业的读者轻松步入职场。同时本书还附赠王牌资源库，由于赠送的资源比较多，在本书前言部分将对资源包的具体内容、获取方式以及使用方法等做详细说明。

本书适合Java Web开发技术的爱好者或初学者阅读，也适合有一定Java Web开发经验的人员阅读，还可供大中专院校及培训机构的老师、学生以及正在进行软件专业相关毕业设计的学生阅读。

图书在版编目（CIP）数据

Java Web从入门到项目实践：超值版 / 聚慕课教育研发中心编著. —北京：清华大学出版社，2019
（软件开发魔典）
ISBN 978-7-302-52576-9

Ⅰ. ①J…　Ⅱ. ①聚…　Ⅲ. ①JAVA语言－程序设计　Ⅳ. ①TP312.8

中国版本图书馆CIP数据核字（2019）第043808号

责任编辑： 张　敏　薛　阳
封面设计： 杨玉兰
责任校对： 胡伟民
责任印制： 刘海龙

出版发行： 清华大学出版社
网　址：http: //www.tup.com.cn, http: //www.wqbook.com
地　址：北京清华大学学研大厦A座　　邮　编：100084
社 总 机：010-62770175　　邮　购：010-62786544
投稿与读者服务：010-62776969, c-service@tup.tsinghua.edu.cn
质量反馈：010-62772015, zhiliang@tup.tsinghua.edu.cn
印 装 者： 三河市铭诚印务有限公司
经　销： 全国新华书店
开　本： 203mm×260mm　　印　张：24　　字　数：710千字
版　次： 2019年7月第1版　　印　次：2019年7月第1次印刷
定　价： 79.90元

产品编号： 075011-01

前言

丛书说明

本套“软件开发魔典”系列图书，是专门为编程初学者量身打造的编程基础学习与项目实践用书。

本丛书针对“零基础”和“入门”级读者，通过案例引导读者深入技能学习与项目实践。为满足初学者在基础入门、扩展学习、职业技能、项目实践 4 个方面的需求，特意采用“基础知识→核心应用→核心技术→高级应用→项目实践”的结构循序渐进地讲解 Java Web 程序开发的各项技术与实战技能。

Java Web 最佳学习模式

本书以 Java Web 最佳的学习模式分配内容结构，第 1～3 篇帮助读者掌握 Java Web 应用程序开发基础知识、应用技能，第 4、5 篇帮助读者拥有多个行业项目开发经验。遇到问题时可学习本书同步微视频，也可以通过在线技术支持，请老程序员为你答疑解惑。

本书内容

本书深入浅出地讲解了 Java Web 程序开发的各项技术及实战技能，读者系统学习本书后可以掌握 Java Web 基础知识、全面的应用程序开发能力、优良的团队协同技能和丰富的项目实战经验。

全书分为 5 篇 22 章。

第 1 篇（第 1～4 章）为基础知识，主要讲解搭建 Java Web 开发环境、Tomcat 服务器的搭建、HTML 与 CSS 基础、Web 工程结构等。读者在学完本篇后，将会了解到 Java Web 开发环境构建，掌握 Tomcat 服务器的配置方法以及 Java Web 开发基础知识，为后面更好地学习 Java Web 程序开发打下基础。

第 2 篇（第 5～9 章）为核心应用，主要讲解 JDBC 基础、Java 与数据库、服务端程序的开发、服务端过滤技术、服务端监听技术等。通过本篇的学习，读者将对使用 Java Web 进行服务器端程序开发技术有较深入的掌握。

第 3 篇（第 10～14 章）为核心技术，主要讲解 JSP 基础语法、JSP 元素、Java 中的组件、JSP 标签、DAO 和 MVC 设计模式等。学完本篇，读者将在 JSP 使用及编程模式的综合应用能力方面有显著提升。

第 4 篇（第 15～20 章）为高级应用，主要讲解 Spring 应用、MyBatis 应用、JDBC 应用开发、Servlet 应用开发、Servlet 和 JSP 应用开发、Spring 整合 MyBatis 应用开发等。学好本篇内容可以进一步提高运用 Java Web 进行编程和安全维护的能力。

第 5 篇（第 21 和 22 章）为项目实践，介绍在线健身管理系统、银行日常业务管理系统实战案例。通过本篇的学习，读者将对 Java Web 在项目开发中的实际应用拥有切身的体会，为日后进行软件开发积累项目管理及实践开发经验。

全书不仅融入了作者丰富的工作经验和多年的学习心得，还提供了大量来自工作现场的实例，具有较强的实战性和可操作性。读者系统学习后将具备 Java Web 基础知识、全面的 Java Web 编程能力、优良的团队协同技能和丰富的项目实战经验。我们的目标就是让初学者、应届毕业生快速成长为一名合格的初级程序员，通过演练积累项目开发经验和团队合作技能，在未来的职场中获取一个较高的起点，并能迅速融入到软件开发团队中。

本书特色

1. 结构科学、易于自学

本书在内容组织和范例设计中都充分考虑初学者的特点，由浅入深，循序渐进。无论读者是否接触过 Java Web，都能从本书中找到最佳的起点。

2. 视频讲解、细致透彻

为降低学习难度，提高学习效率，本书录制了同步微视频（模拟培训班模式），通过视频学习除了能轻松学会专业知识外，还能获取到老师们的软件开发经验，使学习变得更轻松有效。

3. 超多、实用、专业的范例和实战项目

本书结合实际工作中的应用范例逐一讲解 Java Web 的各种知识和技术，在高级应用篇和项目实战篇中更以多个项目的实践来总结贯通本书所学，使读者在实践中掌握知识，轻松拥有项目开发经验。

4. 随时检测自己的学习成果

每章首页均提供了学习指引和重点导读，以指导读者重点学习及学后检查；每章后的就业面试技巧与解析均根据当前最新求职面试（笔试）精选而成，读者可以随时检测自己的学习成果，做到融会贯通。

5. 专业创作团队和技术支持

本书由聚慕课教育研发中心编著和提供在线服务。读者在学习过程中如果遇到任何问题，均可登录 http://www.jumooc.com 网站或加入图书读者（技术支持）QQ 群（529669132）进行提问，作者和资深程序员将为读者在线答疑。

本书附赠超值王牌资源库

本书附赠了极为丰富、超值的王牌资源库，具体内容如下：

（1）王牌资源 1：随赠本书“配套学习与教学”资源库，提升读者学习效率。

- 本书同步 132 节教学微视频录像（支持扫描二维码观看），总时长 25 学时。
- 本书两个大型项目案例以及全书范例源代码。
- 本书配套上机实训指导手册及本书教学 PPT 课件。

（2）王牌资源 2：随赠“职业成长”资源库，突破读者职业规划与发展瓶颈。

- 求职资源库：206 套求职简历模板库、600 套毕业答辩与 80 套学术开题报告 PPT 模板库。
- 面试资源库：程序员面试技巧、100 例常见面试（笔试）题库、200 道求职常见面试（笔试）真题

与解析。

- 职业资源库：100 例常见错误及解决方案、100 套岗位竞聘模板、程序员职业规划手册、开发经验及技巧集、软件工程师技能手册。

（3）王牌资源 3：随赠“Java Web 软件开发魔典”资源库，拓展读者学习本书的深度和广度。

- 案例资源库：60 个 Java Web 经典案例库。
- 程序员测试资源库：计算机应用测试题库、编程基础测试题库、编程逻辑思维测试题库、编程英语水平测试题库。
- 软件开发文档模板库：10 套八大行业软件开发文档模板库，40 个 Java Web 项目案例库、300 例 JavaScript 特效案例库等。
- 软件学习电子书资源库：Java SE 类库查询电子书、Eclipse 常用快捷键电子书、Eclipse 使用教程与技巧电子书、Java Servlet API 技巧速查电子书、JavaScript 语言参考手册电子书、Java Web 常见错误及解决方案电子书、Java Web 开发经验及技巧大汇总电子书等。

（4）王牌资源 4：软件开发助手（软件代码优化纠错器）。

- 本助手能让软件开发更加便捷和轻松，无须安装配置复杂的软件运行环境即可轻松运行程序代码。
- 本助手能一键格式化，让凌乱的程序代码规整更加优美。
- 本助手能对代码精准纠错，让程序查错不再困难。

资源获取及使用方法

注意：由于本书不配送光盘，因此书中所用资源及上述资源均需借助网络下载才能使用。

1. 资源获取

采用以下任意途径，均可获取本书所附赠的超值王牌资源库。

qq 服务群

（1）可以加入本书微信公众号“聚慕课 jumooc”，下载资源或者咨询关于本书的任何问题。

（2）登录网站 www.jumooc.com，搜索本书并下载对应资源。

（3）加入本书读者（技术支持）服务 QQ 群（529669132），读者可以打开群“文件”中对应的 Word 文件，获取网络下载地址和密码。

（4）通过电子邮件 zhangmin2@tup.tsinghua.edu.cn 与我们联系，获取本书对应资源。

2. 使用资源

读者可通过以下途径学习和使用本书微视频和资源。

（1）通过 PC 端、App 端、微信端以及平板端学习本书微视频。

（2）将本书资源下载到本地硬盘，根据需要选择性使用。

读者对象

本书非常适合以下人员阅读：

- 没有任何 Java Web 基础的初学者。
- 有一定的 Java Web 基础，想精通 Java Web 编程的人员。
- 有一定的 Java Web 编程基础，没有项目开发经验的人员。
- 正在进行毕业设计的学生。
- 大中专院校及培训学校的老师和学生。

创作团队

本书由聚慕课教育研发中心组织编写，参与本书编写的主要人员有：吕正磊、宋广辉、王湖芳、张开保、贾文学、张翼、白晓阳、李伟、李欣、樊红、徐明华、白彦飞、卞良、常鲁、陈诗谦、崔怀奇、邓伟奇、凡旭、高增、郭永、何旭、姜晓东、焦宏恩、李春亮、李团辉、刘二有、王朝阳、王春玉、王发运、王桂军、王平、王千、王小中、王玉超、王振、徐利军、姚玉忠、于建杉、张俊锋、张晓杰、张在有等。

在编写过程中，我们竭尽所能将最好的讲解呈现给读者，但书中难免有疏漏和不妥之处，敬请广大读者不吝指正。若您在学习中遇到困难或疑问可发邮件至 zhangmin2@tup.tsinghua.edu.cn。

编　者

目录

第 2 篇 核心应用

第 5 篇 项目实践

第 1 篇

基础知识

本篇主要讲解搭建 Java Web 开发环境、Tomcat 服务器的搭建、HTML 与 CSS 基础、Web 工程结构等。

读者在学完本篇后，将会了解到 Java Web 开发环境构建，Tomcat 服务器的配置方法以及 Java Web 开发基础知识，为后面更好地学习 Java Web 程序开发打下基础。

- **第 1 章**　在什么地方开发——搭建 Java Web 开发环境
- **第 2 章**　程序如何运行——Tomcat 服务器的搭建
- **第 3 章**　网页的基石——HTML 与 CSS 基础
- **第 4 章**　Web 项目基础——Web 工程结构

第 1 章

在什么地方开发——搭建 Java Web 开发环境

学习指引

在进行 Java Web 应用开发前，需要把相应的开发环境搭建好。Java Web 开发环境主要包括 Java 开发工具包 JDK 和 IDE 开发工具。本章将介绍如何搭建 Java Web 开发环境。

重点导读

- 掌握 JDK 的下载与安装。
- 掌握常用 IDE 开发工具 Eclipse 或 IDEA 的下载与安装。

1.1 Java 开发工具包——JDK 的下载与安装

开发 Java Web 应用程序前，最重要的就是搭建 JDK 环境，其实这也是所有 Java 应用程序开发的第一步。本节将详细介绍 JDK 及其下载与安装。

1.1.1 JDK 简介

1. JDK 概述

JDK（Java Development Kit，Java 开发工具包）是 Sun Microsystems 针对 Java 开发员的产品。自从 Java 推出以来，JDK 已经成为使用最广泛的 Java SDK（Software Development Kit）。

JDK 是整个 Java 的核心，包括 Java 运行环境（Java Runtime Environment）、Java 工具和 Java 基础的类库。不论什么 Java 应用服务器实质都是内置了某个版本的 JDK，因此掌握 JDK 是学好 Java 的第一步。

从 Sun 的 JDK 5.0 开始，提供了泛型等非常实用的功能，其版本信息也不再延续以前的 1.2，1.3，1.4，而是变成 5.0，6.0 了。从 JDK 6.0 开始，其运行效率得到了非常大的提高，尤其是在桌面应用方面。

JDK 本身使用 Java 语言编写，在下载的安装包里，有一个 src.zip，里面就是 JDK 的源代码。

2. JDK 版本

（1）J2SE（Java 2 Standard Edition，Java 2 平台标准版），是人们通常使用的一个版本，从 JDK 5.0 开始，改名为 Java SE。

（2）J2EE（Java 2 Enterpsise Edition，Java 2 平台企业版），使用这种 JDK 开发 J2EE 应用程序，从 JDK 5.0 开始，改名为 Java EE。

（3）J2ME（Java 2 Micro Edition，Java 2 平台微型版），主要用于移动设备、嵌入式设备上的 Java 应用程序，从 JDK 5.0 开始，改名为 Java ME。

本书主要使用 Java EE。

3. JDK 组成

JDK 包含的基本组件如下。

（1）javac：编译器，将源程序转成字节码。

（2）jar：打包工具，将相关的类文件打包成一个文件。

（3）javadoc：文档生成器，从源码注释中提取文档。

（4）jdb：debugger，查错工具。

（5）java：运行编译后的 Java 程序（.class 后缀）。

下面将讲解如何下载和安装 JDK。

1.1.2 JDK 的下载与安装（Windows 版）

JDK 的下载与安装的具体操作步骤如下。

步骤 1：打开 JDK 下载地址 http://www.oracle.com/technetwork/java/javase/downloads/index.html，找到想要下载的版本，单击 Downloads 选项卡下的 DOWNLOAD 按钮，如图 1-1 所示。

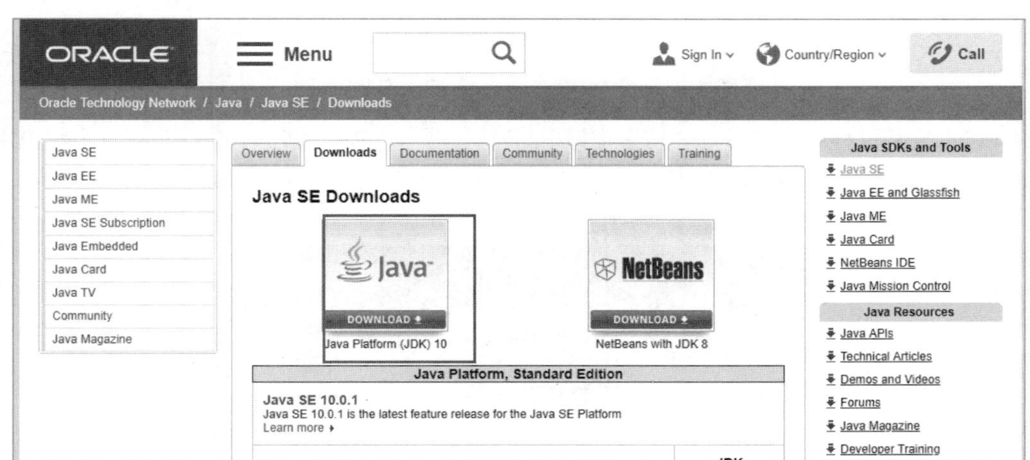

图 1-1 JDK 下载网站

步骤 2：在下载页面中选择接受许可，并根据自己的系统选择对应的版本（这里以 Windows 系统为例），选择 Accept License Agreement 单选钮，单击 Windows 选项卡后面的选择按钮，如图 1-2 所示。

步骤 3：下载完成后，打开安装包，根据提示单击“下一步”按钮或更改相应设置。安装进行到如图 1-3 所示的页面时，可以选择更改 JDK 的安装路径。

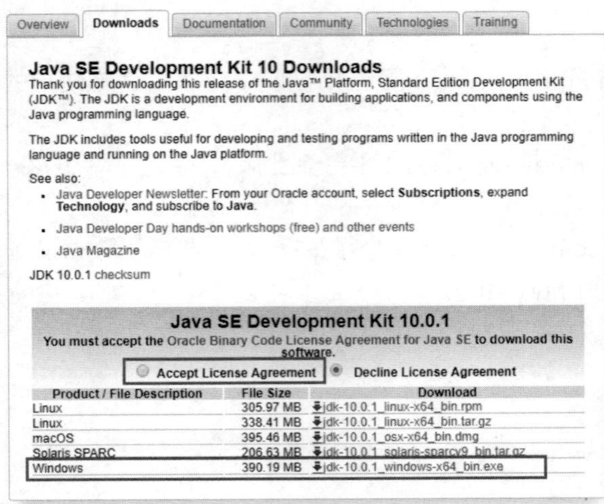

图 1-2　JDK 10.0.1 下载页面

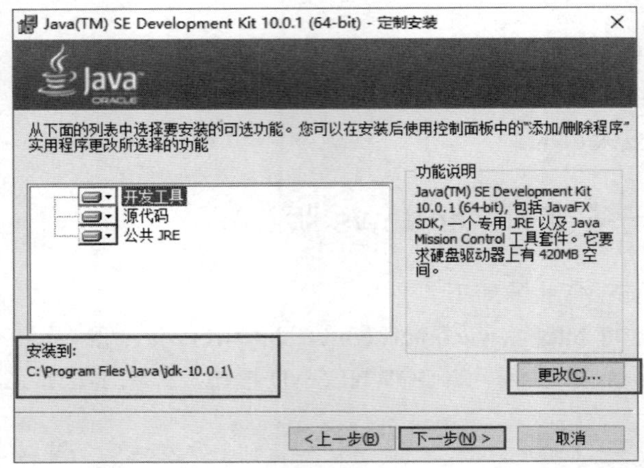

图 1-3　此时可以选择更改 JDK 安装路径

步骤 4：JDK 安装过程中会弹出 JRE 安装窗口，此时可以更改 JRE 的安装路径，建议读者将 JDK 和 JRE 共同安装在“…/Java/”目录下。单击“下一步”按钮，安装会继续进行直到安装完成，如图 1-4 所示。

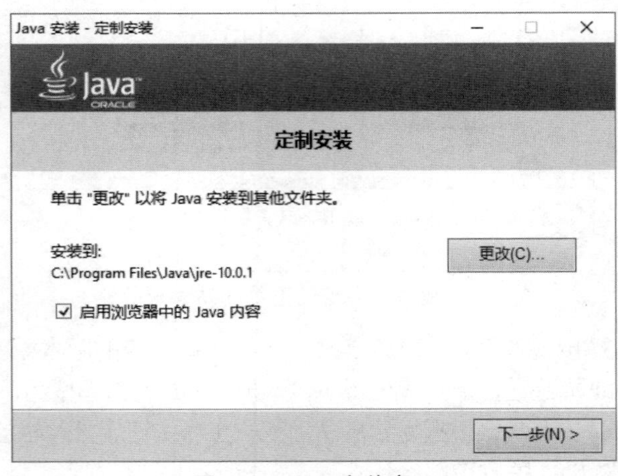

图 1-4　JRE 安装窗口

步骤 5：配置环境变量。

（1）在计算机桌面右击“计算机”或“我的计算机”或“此计算机”图标，在弹出的快捷菜单中依次选择“属性”→“高级系统设置”→“环境变量”选项，打开“系统变量”对话框，如图 1-5 所示。

（2）在“系统变量”对话框中单击“新建”或者“编辑”按钮，在“变量名”和“变量值”中依次将三个变量设置参数如下。

```
变量名: JAVA_HOME
变量值: C:\Program Files (x86)\Java\jdk1.8.0_91                    //根据自己的实际路径配置
变量名: CLASSPATH
变量值: .;%JAVA_HOME%\lib\dt.jar;%JAVA_HOME%\lib\tools.jar;        //前面有个".;"
变量名: Path
变量值: %JAVA_HOME%\bin
变量值: %JAVA_HOME%\jre\bin
```

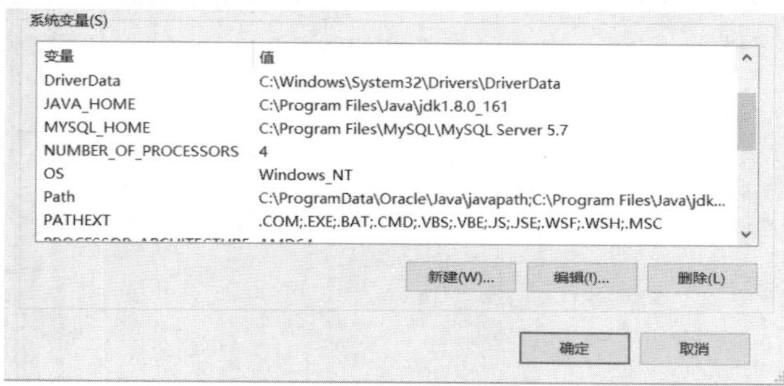

图 1-5　“系统变量”对话框

步骤 6：测试 JDK 是否安装成功。

（1）运行 cmd 命令，打开命令提示符窗口。

（2）输入命令 java -version 后执行，出现如图 1-6 所示的内容，即证明 JDK 版本安装正确，若提示无法执行，请检查上一个步骤的变量值是否正确。

```
C:\Users\Winery>java -version
java version "10.0.1" 2018-04-17
Java(TM) SE Runtime Environment 18.3 (build 10.0.1+10)
Java HotSpot(TM) 64-Bit Server VM 18.3 (build 10.0.1+10, mixed mode)
```

图 1-6　输入 java -version，输出 Java 版本信息

（3）输入命令 java 后执行，出现如图 1-7 所示内容，即证明可运行 Java 类，再次确认安装无误。

```
C:\Users\Winery>java
用法: java [options] <主类> [args...]
           (执行类)
   或  java [options] -jar <jar 文件> [args...]
           (执行 jar 文件)
   或  java [options] -m <模块>[/<主类>] [args...]
       java [options] --module <模块>[/<主类>] [args...]
           (执行模块中的主类)

 将主类, -jar <jar 文件>, -m 或 --module
 <模块>/<主类> 后的参数作为参数传递到主类。

 其中, 选项包括:

    -cp <目录和 zip/jar 文件的类搜索路径>
    -classpath <目录和 zip/jar 文件的类搜索路径>
```

图 1-7　输入 java，输出 java 指令用法

（4）输入命令 javac 后执行，出现如图 1-8 所示内容，即证明可以编译 Java 文件，JDK 安装结束。

```
C:\Users\Winery>javac
用法: javac <options> <source files>
其中, 可能的选项包括:
  @<filename>                  从文件读取选项和文件名
  -Akey[=value]                传递给注释处理程序的选项
  --add-modules <模块>(,<模块>)*
        除了初始模块之外要解析的根模块; 如果 <module>
                为 ALL-MODULE-PATH, 则为模块路径中的所有模块。
  --boot-class-path <path>, -bootclasspath <path>
        覆盖引导类文件的位置
  --class-path <path>, -classpath <path>, -cp <path>
        指定查找用户类文件和注释处理程序的位置
  -d <directory>               指定放置生成的类文件的位置
  -deprecation                 输出使用已过时的 API 的源位置
  -encoding <encoding>         指定源文件使用的字符编码
  -endorseddirs <dirs>         覆盖签名的标准路径的位置
  -extdirs <dirs>              覆盖所安装扩展的位置
```

图 1-8　输入 javac，输出 javac 指令用法

1.1.3　JDK 的简单使用

接下来将使用记事本来编写 Java Web 开发的第一个程序 Hello World，具体操作如下。

（1）使用记事本新建一个文本文档，文件名为 HelloWorld.java （.java 为文件的扩展名）。

（2）编辑代码，代码如下。

```
//public: 表示这个类是公共的,一个 Java 文件中只能有一个 public 类
//HelloWorld: 类名(公共类的类名必须和文件名一致)
public class HelloWorld {
      //方法 main(): 程序的入口
    public static void main(String[] args){
        System.out.println("HelloWorld");
    }
}
```

（3）编译 HelloWorld.java 文件。

在 Windows 系统的运行栏中输入 cmd 打开命令提示符窗口，使用 cd 命令进入 HelloWorld.java 文件所在的路径（见图 1-9）。输入 javac HelloWorld.java，如果运行成功会在当前路径下生成 HelloWorld.class 文件，如图 1-10 所示。

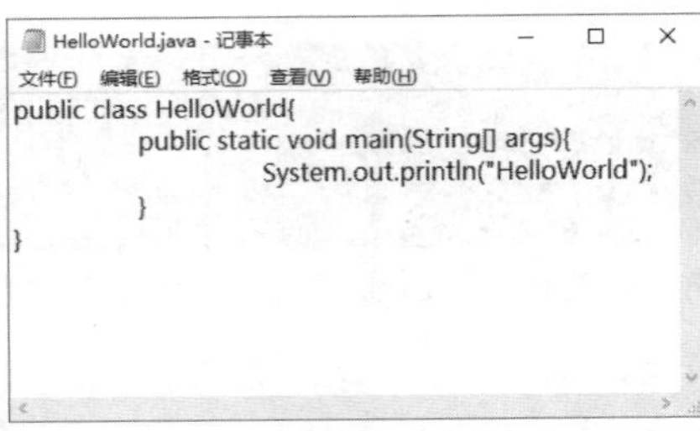

图 1-9　HelloWorld.java 文件及代码

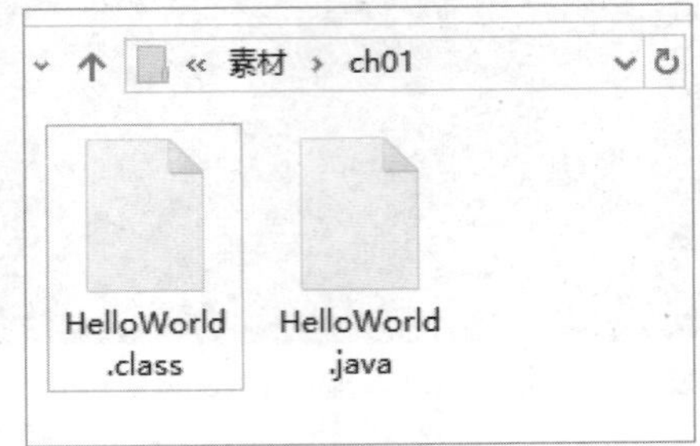

图 1-10　编译成功后，相应路径会生成 HelloWorld.class 文件

（4）运行 HelloWorld。在命令提示符中输入 java HelloWorld，运行成功则会在窗口中输出 HelloWorld，如图 1-11 所示。

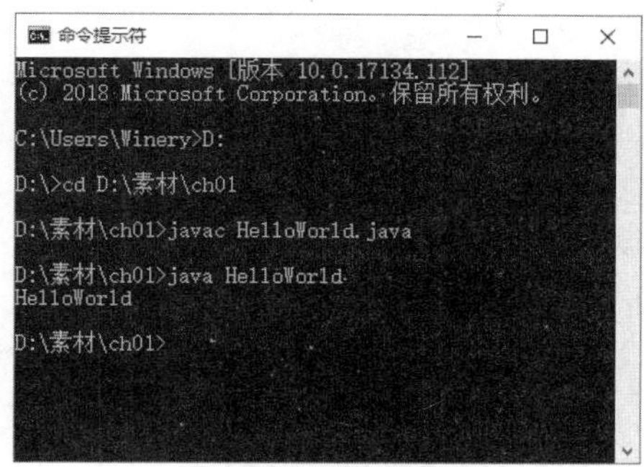

图 1-11　编译及运行 HelloWorld 程序演示

1.2　Java 集成开发工具简介

集成开发环境（Integrated Development Environment，IDE）集成了代码编辑，编译，运行，输出，调试，代码自动补全，语法检查等功能。

前面的章节讲解了使用记事本来编写 Java 程序，因为要调用命令提示符，所以会显得比较麻烦。Java 的一些集成开发工具就解决了这个问题。

Java 常用开发工具主要有 Eclipse、IntelliJ IDEA、MyEclipse 等。

1.2.1　Eclipse 简介

Eclipse 是一个开放源代码的、基于 Java 的可扩展开发平台。就其本身而言，它只是一个框架和一组服务，用于通过插件组件构建开发环境。幸运的是，Eclipse 附带了一个标准的插件集，包括 Java 开发工具 JDK。

Eclipse 最初主要用于 Java 语言开发，通过安装不同的插件 Eclipse 可以支持不同的计算机语言，比如 C++和 Python 等。Eclipse 本身只是一个框架平台，但是众多插件的支持使得 Eclipse 拥有其他功能相对固定的 IDE 软件很难具有的灵活性。许多软件开发商以 Eclipse 为框架开发自己的 IDE。

1.2.2　MyEclipse 简介

MyEclipse 是在 Eclipse 基础上加上自己的插件开发而成的功能强大的企业级集成开发环境，主要用于 Java、Java EE 以及移动应用的开发。MyEclipse 的功能非常强大，支持也十分广泛，尤其是对各种开源产品的支持相当不错。MyEclipse 企业级工作平台（MyEclipse Enterprise Workbench，简称 MyEclipse）是对 Eclipse IDE 的扩展，利用它可以在数据库和 Java EE 的开发、发布以及应用程序服务器的整合方面极大地提高工作效率。

1.2.3　IntelliJ IDEA 简介

IDEA 全称 IntelliJ IDEA，是用于 Java 语言开发的集成环境（也可用于其他语言）。IntelliJ 在业界被公认为是最好的 Java 开发工具之一，尤其在智能代码助手、代码自动提示、重构、J2EE 支持、Ant、JUnit、CVS 整合、代码审查、创新的 GUI 设计等方面的功能可以说是超常的。IDEA 是 JetBrains 公司的产品，这家公司总部位于捷克共和国的首都布拉格，开发人员以严谨著称的东欧程序员为主。

IntelliJ IDEA 最突出的功能自然是调试（Debug），其他编辑功能抛开不看，这一点就远胜 Eclipse。

首先，查看 Map 类型的对象，如果实现类采用的是哈希映射，则会自动过滤空的 Entry 实例。不像 Eclipse，只能在默认的 toString()方法中寻找所要的 key。

其次，需要动态 Evaluate 一个表达式的值，比如我们得到了一个类的实例，但是并不知道它的 API，可以通过 Code Completion 点出它所支持的方法，这一点 Eclipse 无法比拟。

最后，在多线程调试的情况下，Log on console 的功能可以帮助用户检查多线程执行的情况。

IntelliJ IDEA 本身自带了众多的功能（如 GitHub 的集成）。当然，在 Eclipse 中也可以通过选择不同版本的插件来获取到足够的功能，只是需要自己来配置这些插件。

1.2.4 Eclipse 的下载与安装

Eclipse 的开源性以及免费性在国内 Java 开发行业特别受欢迎，本书也以 Eclipse 开发工具为例，讲解 Java Web 开发的整个过程。Eclipse 可以通过其官方网站 http://www.eclipse.org/进行下载，这里需要注意的是 Eclipse 版本和 JDK 是有一定的版本兼容关系的，读者需要根据已安装 JDK 的版本下载正确的版本，具体的对照关系如表 1-1 所示。若读者是作为新手练习，可以考虑 JDK 和 Eclipse 都下载最新版本，以避免版本不支持的问题。本章采用当前最新版本的 Eclipse 下载与安装，具体的操作步骤如下。

表 1-1　Eclipse 和 JDK 版本对照表

Eclipse 版本	JDK 版本
Eclipse 4.6 (Neon)	JDK 1.8 版本
Eclipse 4.5 (Mars)	JDK 1.7 及以上版本
Eclipse 4.4 (Luna)	JDK 1.7 及以上版本
Eclipse 4.3 (Kepler)	JDK 1.6 及以上版本

步骤 1：进入 Eclipse 官网 http://www.eclipse.org/，如图 1-12 所示。

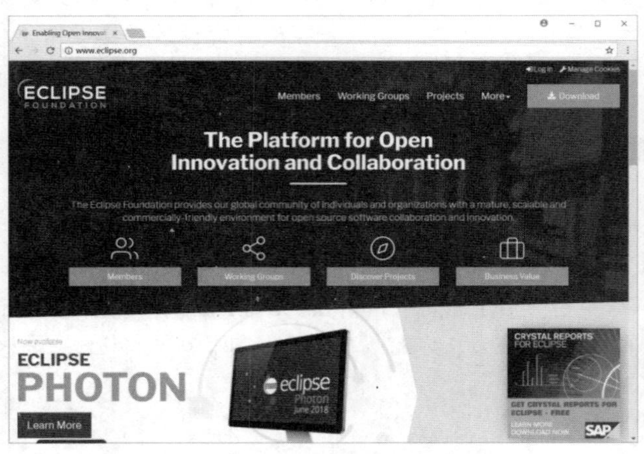

图 1-12　Eclipse 官网页面

步骤 2：单击网页右上角的 Download 按钮，进入下载页面，如图 1-13 所示。

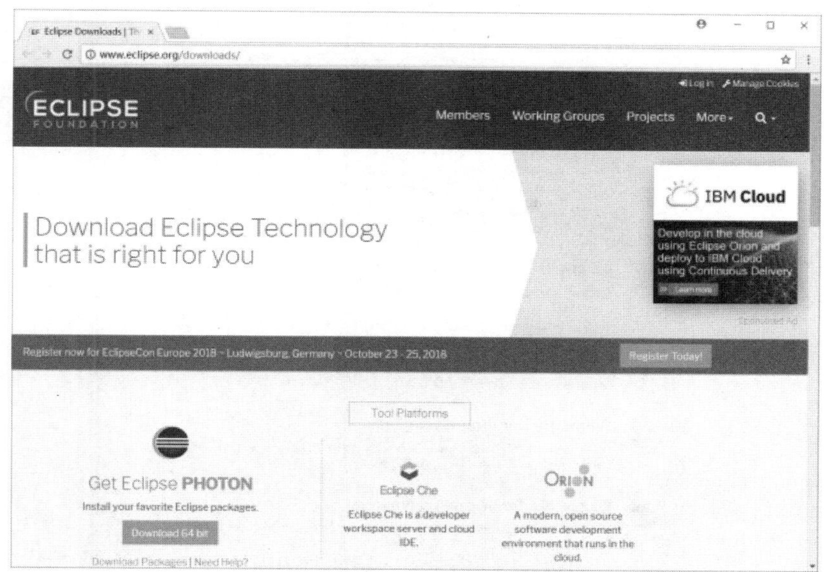

图 1-13　Eclipse 下载页面

步骤 3：由于目前的操作系统版本基本都是 64 位，所以在这里单击页面左下角的 Download 64 bit（系统版本为 32 位的请下载 32 bit 的），等待网站获取 Eclipse 最新版本信息以及自动分配下载结点，如图 1-14 所示。

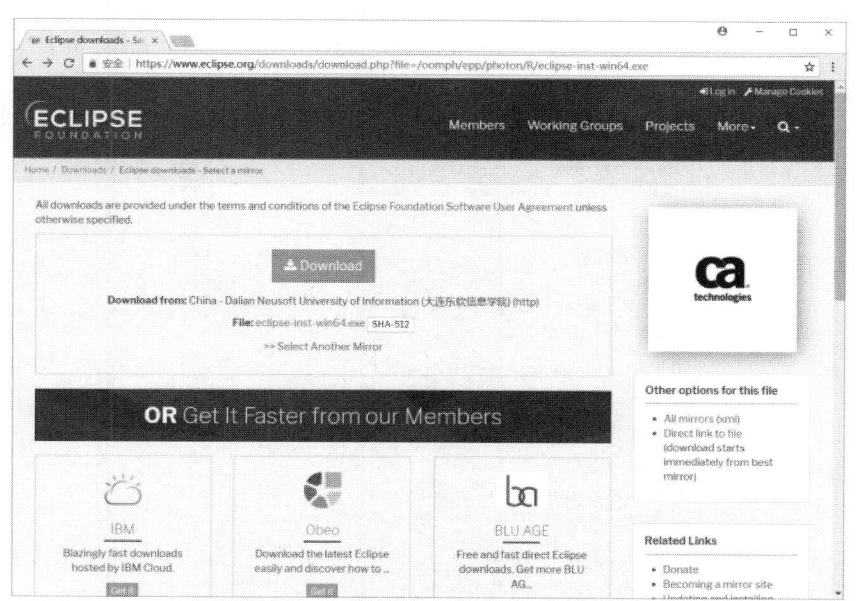

图 1-14　Eclipse 网站自动分配下载结点

步骤 4：单击页面中央的 Download 按钮即可进行下载。目前官网所给的下载链接是 Eclipse 的在线安装器，下载完成后可能需要联网安装。此处选择 Eclipse IDE for Java EE Developers 选项，然后等待安装自动完成即可，如图 1-15 所示。

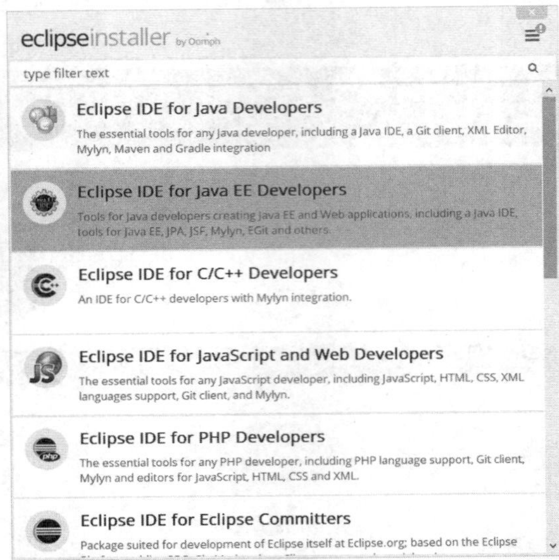

图 1-15　Eclipse installer 界面

1.2.5　Eclipse 实现的小例子

本节将通过使用 Eclipse 开发工具创建与运行名称为 firstDemo 的 Java 项目，并实现在终端窗口输出“Hello World!”，具体的操作步骤如下（源码\ch01\firstDemo 文件夹）。

步骤 1：单击 File 菜单，然后依次选择 New→Project→Java Project 按钮，打开新建 Java 项目向导，如图 1-16 所示。

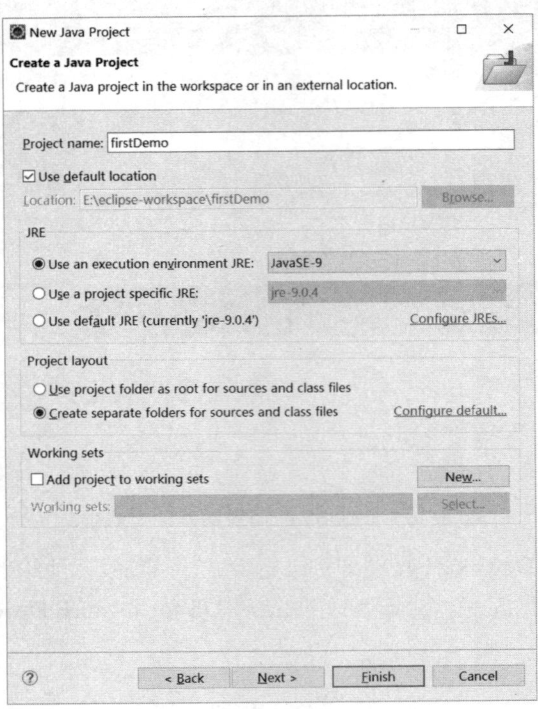

图 1-16　新建 Java 项目向导

步骤 2：在 Project name 文本框中输入项目名称 firstDemo，单击 Finish 按钮，即可完成 firstDemo 的 Java 项目的创建，Eclipse 的 Package Explore 窗口如图 1-17 所示。

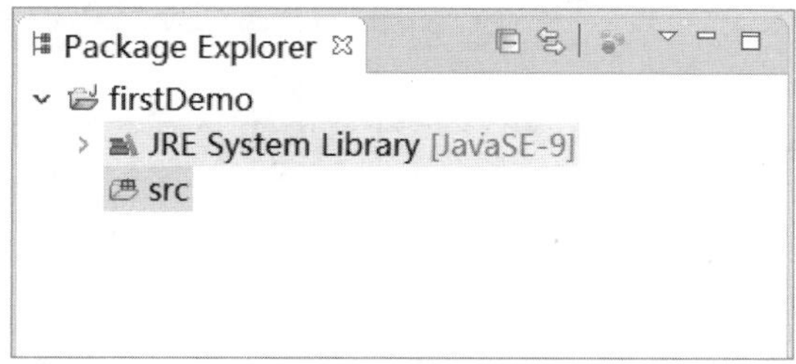

图 1-17　Java 项目结构

步骤 3：右击 src，在弹出的快捷菜单中选择 New→Class 菜单命令，并在弹出的 New Java Class 窗口的 Package 文本框中输入该项目包名称 firstDemo，在 Name 文本框中输入 HelloWorld，即项目主类的名称，如图 1-18 所示。

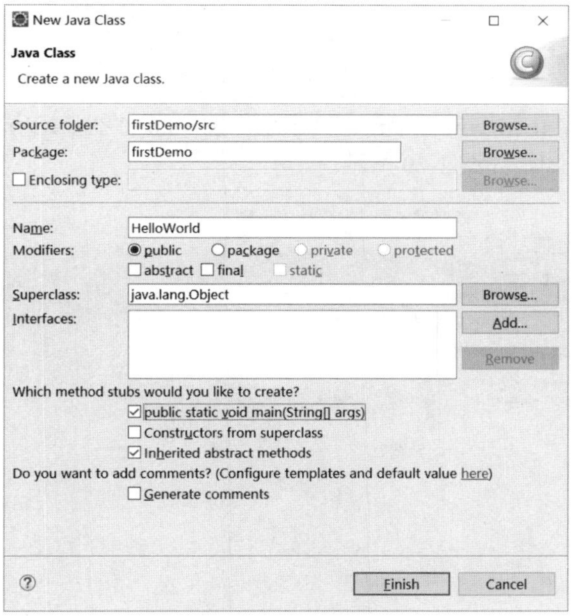

图 1-18　New Java Class 窗口

提示：勾选 public static void main(String[] args)复选框，Eclipse 将自动为 HelloWorld.java 创建 main 方法，代码如下。

```
package firstDemo;
public class HelloWorld {
    public static void main(String[] args) {
        //TODO Auto-generated method stub
    }
}
```

步骤 4：在 main 方法中输入 System.out.println("Hello World!");后保存，如图 1-19 所示。

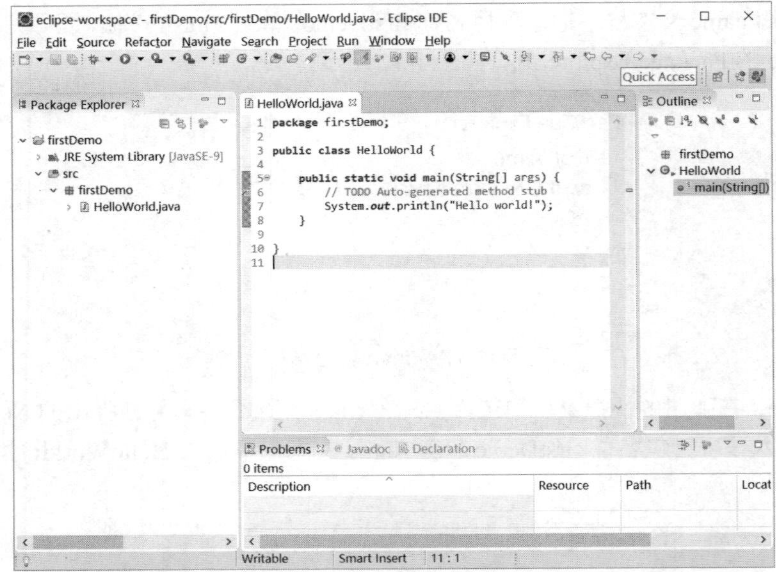

图 1-19　完成代码的编辑

步骤 5：选中该项目名称 firstDemo，单击上方菜单中的 Run 按钮，运行项目，即可在下方的 Console 面板中看到输出的 Hello World!，如图 1-20 所示。

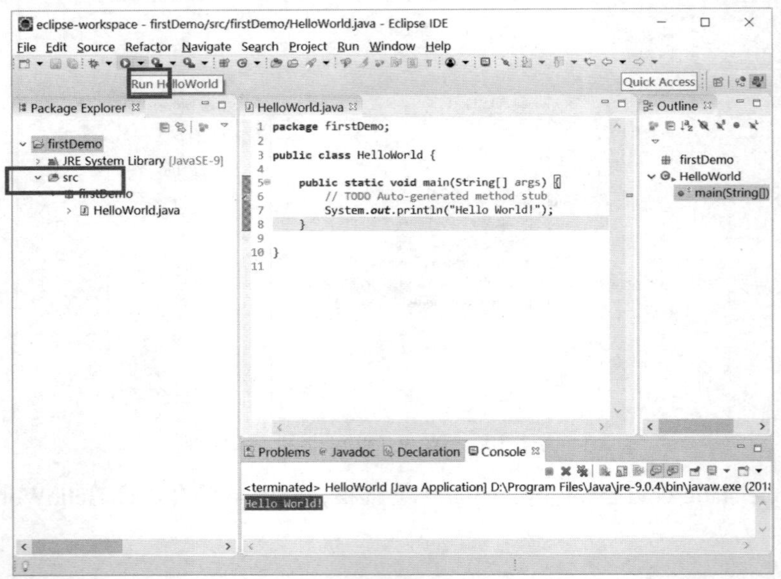

图 1-20　项目运行演示

1.3　其他常用 IDE 的官网地址

IntelliJ IDEA 官方网站为 https://www.jetbrains.com/idea/。网站上有具体的安装和使用说明，请读者自行查阅。IntelliJ IDEA 简介请看 1.2.3 节。

MyEclipse 官方中文网为 http://www.myeclipsecn.com/。网站上有具体的安装和使用说明，请读者自行查阅。MyEclipse 简介请看 1.2.2 节。

1.4　就业面试解析与技巧

Java 基础知识在面试中被问到的可能性不大，但是 Java 基础是每个 Java 开发者都必须掌握的知识。Java 的封装、继承、多态三大特性等基础知识读者应当重视。

1.4.1　面试解析与技巧（一）

面试官：JDK、JRE、JVM 三者间有何关系？

应聘者：JDK、JRE、JVM 三者间的关系如下。

（1）JDK（Java Development Kit）是针对 Java 开发员的产品，是整个 Java 的核心，包括 Java 运行环境 JRE、Java 工具和 Java 基础类库。

（2）JRE（Java Runtime Environment）是运行 Java 程序所必需的环境的集合，包含 JVM 标准实现及 Java 核心类库。

（3）JVM 是 Java Virtual Machine（Java 虚拟机）的缩写，是整个 Java 实现跨平台的最核心的部分，能够运行以 Java 语言编写的软件程序。

1.4.2　面试解析与技巧（二）

面试官：Java 具有哪三大特性？

应聘者：Java 具有三大特性：封装，继承和多态。

（1）封装。封装就是将类的信息隐藏在类内部，不允许外部程序直接访问，而是通过该类的方法实现对隐藏信息的操作和访问。

（2）继承。继承是类与类的一种关系，比较像集合中的从属于关系。子类可以获取到父类的属性和方法。在 Java 中是单继承的，一个子类只有一个父类。

（3）多态。Java 语言允许某个类型的引用变量引用子类的实例，而且可以对这个引用变量进行类型转换。

第 2 章

程序如何运行——Tomcat 服务器的搭建

学习指引

本章主要介绍 Tomcat 服务器及其安装配置过程，重点介绍服务器与 IDE 的启动和关闭，在服务器和 IDE 中修改 Tomcat 端口以及如何在 Eclipse 中使用 Tomcat，最后介绍了如何部署 Web 项目到 Tomcat 中。

重点导读

- 了解 Tomcat 服务器工作原理。
- 掌握 Tomcat 服务器安装方法。
- 掌握如何修改 Tomcat 端口。
- 掌握在 Eclipse 中使用 Tomcat。
- 掌握将 Web 项目部署到 Tomcat 的方法。

2.1 Web 服务器简介

Web 服务器一般指网站服务器，可以向浏览器等 Web 客户端提供文档。Web 服务器不仅能够存储信息，还能在用户通过 Web 浏览器提供的信息的基础上运行脚本和程序；不仅可以放置网站文件，让全世界网友浏览，也可以放置数据文件，让全世界网友下载。常用的 Web 服务器有很多，本节将简单介绍便于 Java Web 使用的 Tomcat、Nginx 和 Jetty 服务器。

1. Tomcat 服务器

Tomcat 服务器是一款免费开放源代码的 Web 应用服务器。Tomcat 是由 Apache 开发的一个 Servlet 容器，实现了对 Servlet 和 JSP 的支持，并提供了作为 Web 服务器的一些特有功能，如 Tomcat 管理和控制平台、安全域管理和 Tomcat 阀等。Tomcat 服务器属于轻量级应用服务器。

Tomcat 服务器在中小型系统和并发访问用户不是很多的场合下被普遍使用，是开发和调试 JSP 程序的首选。对于一个初学者来说，可以这样认为，当在一台机器上配置好 Apache 服务器，可利用它响应 HTML（标准通用标记语言下的一个应用）页面的访问请求。实际上，Tomcat 是 Apache 服务器的扩展，但运行时它是独立运行的，所以当运行 Tomcat 时，它实际上是作为一个与 Apache 独立的进程单独运行的。当配置正确时，Apache 为 HTML 页面服务，而 Tomcat 实际上运行 JSP 页面和 Servlet。另外，Tomcat 和 IIS 等 Web 服务器一样，具有处理 HTML 页面的功能。它还是一个 Servlet 和 JSP 容器，独立的 Servlet 容器是 Tomcat 的默认模式。不过，Tomcat 处理静态 HTML 的能力不如 Apache 服务器。

2. Nginx 服务器

Nginx 服务器是一款高性能的 HTTP 和反向代理服务器，也是电子邮件（IMAP/POP3）代理服务器，并在一个 BSD-like 协议下发行。

Nginx 服务器的特点是占有内存少，并发能力强。事实上，Nginx 的并发能力确实在同类型的网页服务器中表现较好，使用 Nginx 网站的用户有：百度、京东、新浪、网易、腾讯、淘宝等。Nginx 是一个很强大的高性能 Web 和反向代理服务器，它具有很多非常优越的特性。在连接高并发的情况下，Nginx 是 Apache 服务器不错的替代品，能够支持高达 50 000 个并发连接数的响应。

3. Jetty 服务器

Jetty 服务器是目前比较被看好的一款 Servlet 服务器，该服务器的架构比较简单，但在可扩展性方面表现得非常灵活。它有一个基本数据模型，这个数据模型就是 Handler，所有可以被扩展的组件都可以作为一个 Handler 添加到 Server 中，Jetty 就是帮助用户管理这些 Handler 数据模型，以便于更迅捷的开发。

因为 Tomcat 服务器技术先进、性能稳定且免费，深受广大 Java 爱好者的喜爱，同时也得到了部分软件开发商的认可，成为目前比较流行的 Web 应用服务器。接下来就以 Tomcat 服务器为例，学习 Tomcat 服务器的搭建、启动及配置方法。

2.2　Tomcat 的下载与安装

Tomcat 的安装有两种方式，一种是解压之后不需要安装就可以直接使用的方式，也称解压版；另一种是应用程序需要安装之后才能使用的方式，称为安装版。在介绍 Tomcat 安装方法前，下面先了解一下 Tomcat 各个版本的区别，以帮助读者更好地选择适合自己的软件版本。

2.2.1　了解 Tomcat 版本区别

当前 Tomcat 服务器主要包含 Tomcat 9、Tomcat 8 和 Tomcat 7 等版本。

1. Tomcat 9 版本

Tomcat 9 是当前最新版本，它是建立在 Tomcat 8 版本基础上，符合 Servlet 4.0 规范，执行 JSP 2.4、EL 3.1、Web Socket 1.2 和 JASPIC 1.1 规格，包括以下功能改进。

（1）添加对 HTTP / 2 的支持（需要 APR /本地库）。

（2）添加对 TLS 虚拟主机的支持。

（3）添加了对使用 JSSE 连接器（NIO 和 NIO2）使用 OpenSSL for TLS 的支持。

2. Tomcat 8 版本

Tomcat 8 是建立在 Tomcat 7 版本基础之上的改进版本，符合 Servlet 3.1、JSP 2.3、EL 3.0 和 WebSocket 1.1

规格。除此之外，Tomcat 8 在单个公共资源实现来替换早期版本中提供的多个资源扩展特性方面做了重大改进。

3. Tomcat 7 版本

Tomcat 7 是 Tomcat 6 的改进版本，符合 Servlet 3.0、JSP 2.2、EL 2.2 和 WebSocket 1.1 规格。除此之外，它还包括以下改进。

（1）Web 应用程序内存泄漏检测和预防。

（2）提高了 Manager 和 Host Manager 应用程序的安全性。

（3）通用 CSRF 保护。

（4）支持直接在 Web 应用程序中包含外部内容。

（5）重构（连接器，生命周期）和大量的内部代码清理。

4. Tomcat 6 版本

Tomcat 6 是 Tomcat 5.5 的改进版本，符合 Servlet 2.5 和 JSP 2.1 规范。除此之外，它还包括以下改进。

（1）内存使用优化。

（2）高级 IO 功能。

（3）重构聚类。

Tomcat 是一个开源的 Java Servlet 的软件实现和 Java Server Pages 技术的服务器。不同版本的 Tomcat 可用于不同版本的 Servlet 和 JSP 规范。它们之间的映射规范和相应的 Tomcat 版本如表 2-1 所示。

表 2-1　Tomcat 版本映射表

Servlet 支持	JSP 支持	EL 支持	WebSocket 规范	Tomcat 版本	支持 Java 版本
4.0	2.3	3.0	1.1	9.0.x	8 以后
3.1	2.3	3.0	1.1	8.5.x	7 以后
3.1	2.3	3.0	1.1	8.0.x	7 以后
3.0	2.2	2.2	1.1	7.0.x	6 以后
2.5	2.1	2.1	N/A	6.0.x	5 以后
2.4	2.0	N/A	N/A	5.5.x	1.4 以后
2.3	1.2	N/A	N/A	4.1.x	1.3 以后
2.2	1.1	N/A	N/A	3.3.x	1.1 以后

每个版本的 Tomcat 支持任何稳定的 Java 版本，选择版本时只要满足表 2-1 最后一栏的要求即可。本书以 Tomcat 9 版本为例进行 Tomcat 服务器的搭建。

2.2.2　安装 Tomcat 解压版

在第 1.1 节 JDK 的下载与安装中已经介绍了如何配置 JDK 的环境变量，安装 Tomcat 是建立在此基础上的。如果读者已经正确完成了配置 JDK 和 JRE 环境变量设置工作，接下来就可以学习 Tomcat 解压版本的安装，具体操作步骤如下。

步骤 1：打开浏览器，在地址栏中输入 http://tomcat.apache.org 网址进入 Tomcat 官网，Tomcat 官网界面如图 2-1 所示。

步骤 2：在 Tomcat 官网界面中，找到软件下载区域（Download），如图 2-2 所示。

步骤 3：在 Download 下载区域，选择单击 Tomcat 9 版本选项。在 Tomcat 9 下载界面的快速导航（Quick Navigation）栏，单击 9.0.10 选项，如图 2-3 所示。

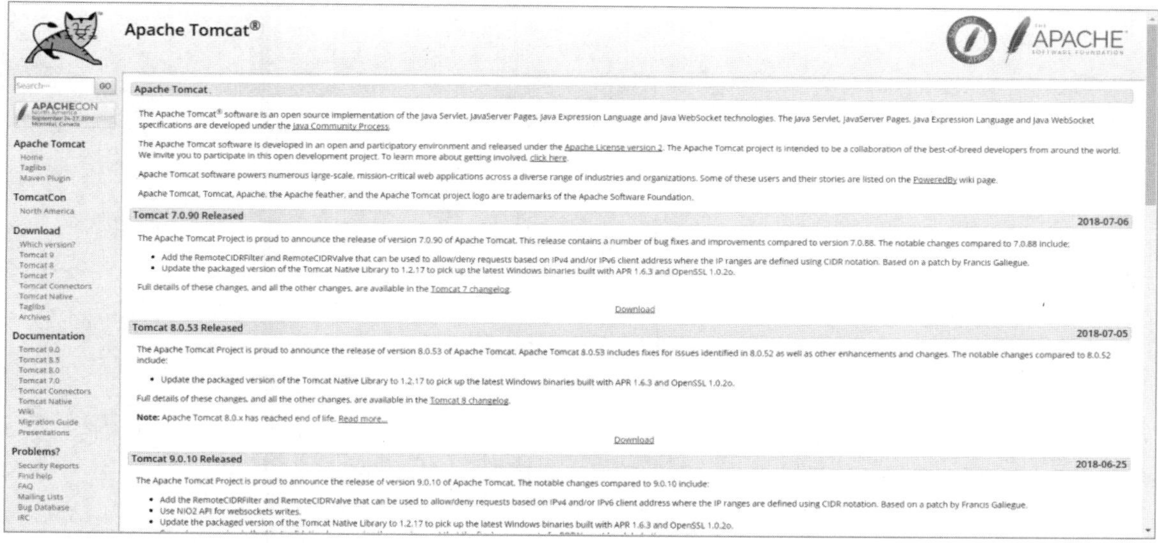

图 2-1 Tomcat 官网界面

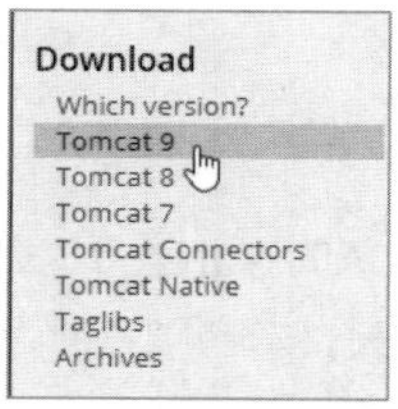

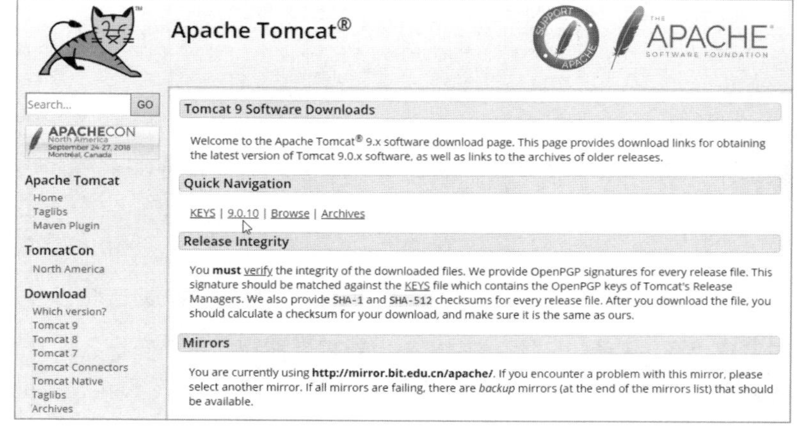

图 2-2 Download 区域

图 2-3 Tomcat 9 下载快速导航界面

步骤 4：在进入选择压缩包的下载界面中，根据自己计算机 CPU 支持的是 32 位或 64 位以及计算机配置，选择 32-bit Windows zip 或 64-bit Windows zip 压缩版进行下载，如图 2-4 所示。

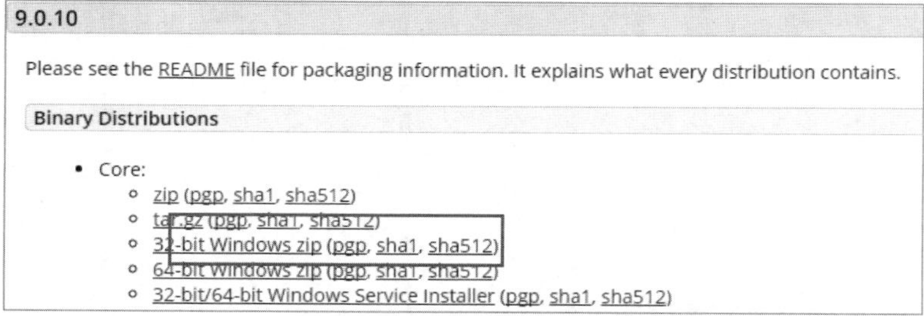

图 2-4 选择适合自己计算机的解压版下载

步骤 5：下载完成后，选择并将该压缩文件解压到英文路径的盘符下，如图 2-5 所示放到 D:\Tomcat 下，只要是纯英文路径下都可以。到此解压版的安装便完成了，接下来需要进行环境变量的配置。

图 2-5　Tomcat 路径

步骤 6：环境变量配置。

（1）在计算机桌面右击“计算机”或“我的计算机”图标，在弹出的快捷菜单中选择“属性”→“高级系统设置”→“环境变量”选项，打开“系统变量”对话框，如图 2-6 所示。

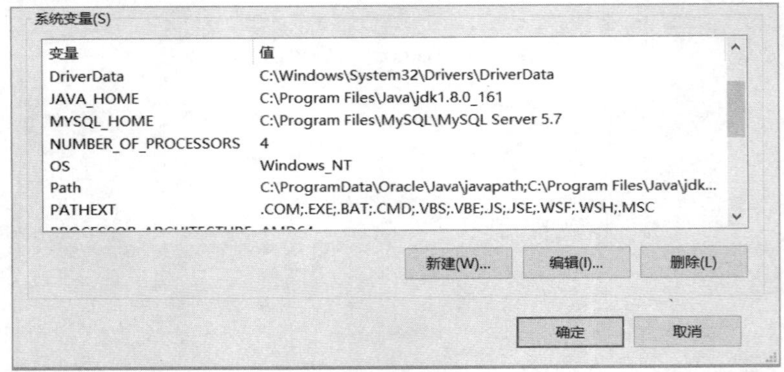

图 2-6　“系统变量”对话框

（2）在“系统变量”对话框中单击“新建”按钮，在“变量名”文本框中填写“CATALINA_HOME”，在“变量值”文本框中填写前面所解压文件存放的路径，该目录下有 lib、bin 等文件夹，如图 2-7 所示。

图 2-7　添加 CATALINA_HOME 变量

（3）完成变量名和变量值的设置后，单击“确定”按钮，完成解压版 Tomcat 的安装操作。

2.2.3　安装 Tomcat 安装版

下面详细介绍 Tomcat 服务器安装版的安装方法。

步骤 1：参照安装解压版步骤第 1～3 步的方法进入 Tomcat 9 下载快速导航界面。

步骤 2：在此选择 32-bit/64-bit Windows Service Installer 下载选项，如图 2-8 所示。

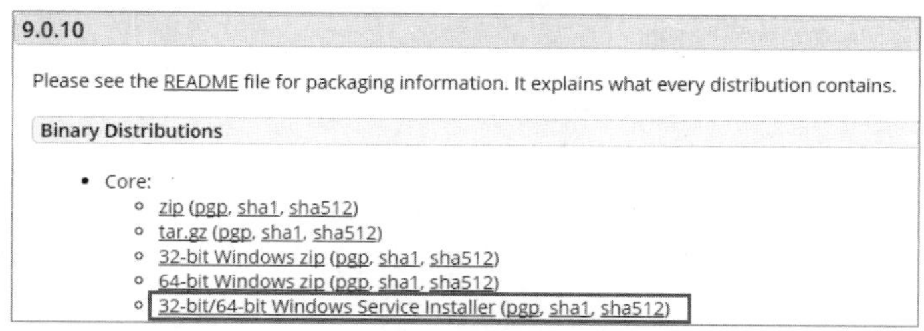

图 2-8　选择安装版下载

步骤 3：下载完成后，解压并打开软件压缩包，双击软件安装包中的 Setup.exe 文件，执行软件安装程序。依次单击 Next 按钮，如图 2-9 所示。

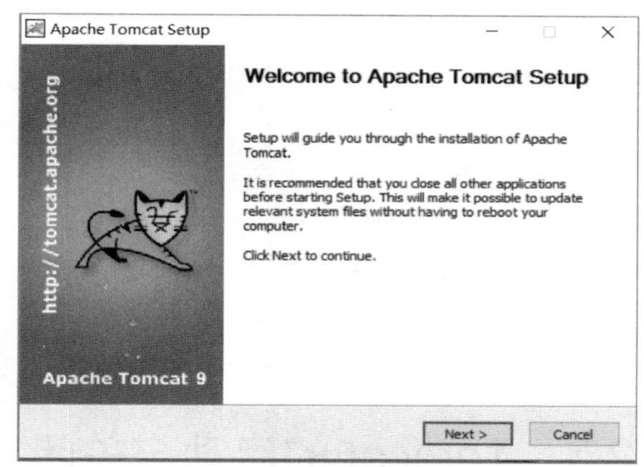

图 2-9　安装界面

步骤 4：此时安装程序会提示设置端口和用户信息。在此可以更改端口号，设置用户名，密码等操作，在绝大多数情况下并不需要去更改或者设置它，默认设置就可以。直接单击 Next 按钮即可，继续安装，如图 2-10 所示。

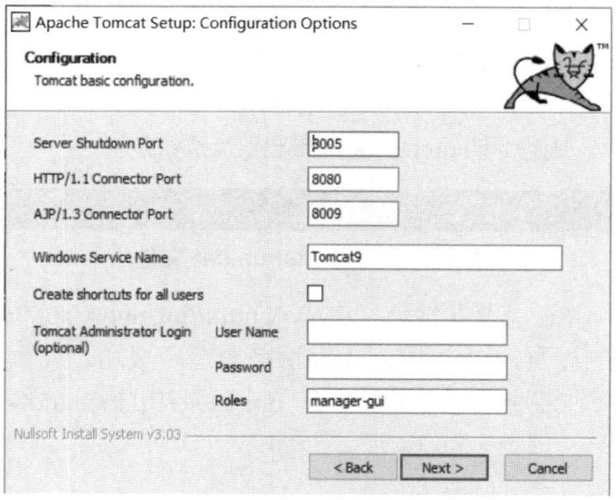

图 2-10　设置端口及用户信息界面

步骤 5：此时安装程序进入选择软件安装路径界面，单击 Browse 按钮为程序指定安装路径。完成路径设置后单击 Install 按钮，继续软件安装，如图 2-11 所示。

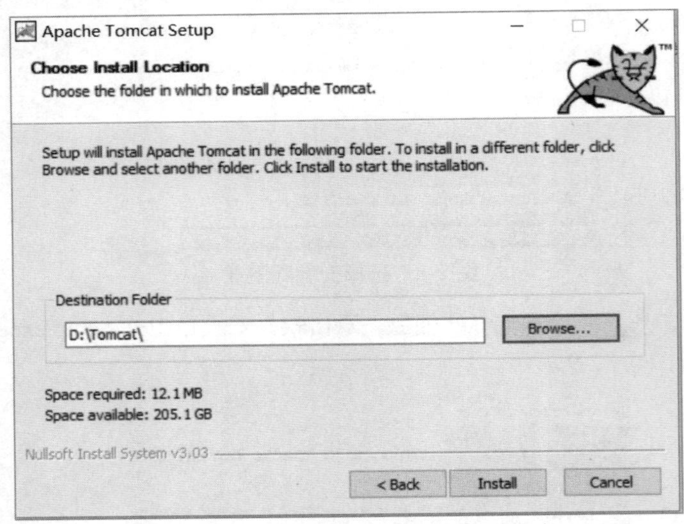

图 2-11　选择安装路径

步骤 6：单击 Install 安装按钮后便可自动完成软件的安装操作。

步骤 7：完成软件的安装操作后，参照安装解压版步骤第 6 步环境变量配置方法，完成安装版 Tomcat 环境变量的配置操作，便完成了 Tomcat 的安装操作。

2.3　Tomcat 的启动与关闭

Tomcat 安装好之后，还需要学会如何启动与关闭它，接下来介绍 Tomcat 的启动与关闭方法。

2.3.1　在服务器中启动与关闭

在服务器中启动与关闭 Tomcat 的方法如下。

步骤 1：Tomcat 安装完成后，打开 Tomcat 安装路径下的 bin 文件夹，找到 startup.bat 文件双击运行，出现如图 2-12 所示的信息提示，则说明 Tomcat 服务器已经启动成功。

```
16-Jul-2018 10:47:09.138 信息 [main] org.apache.coyote.AbstractProtocol.start Starting ProtocolHandler ["ajp-nio-8009"]
16-Jul-2018 10:47:09.155 信息 [main] org.apache.catalina.startup.Catalina.start Server startup in 640 ms
```

图 2-12　运行 startup.bat 文件

步骤 2：打开任意浏览器，并在浏览器地址栏中输入 http://localhost:8080/地址（8080 是 Tomcat 默认端口号），若出现如图 2-13 所示的界面，则说明 Tomcat 服务器运行成功。

步骤 3：关闭 Tomcat 服务。双击运行安装路径下 bin 目录中的 shutdown.bat 文件，即可关闭 Tomcat 服务。

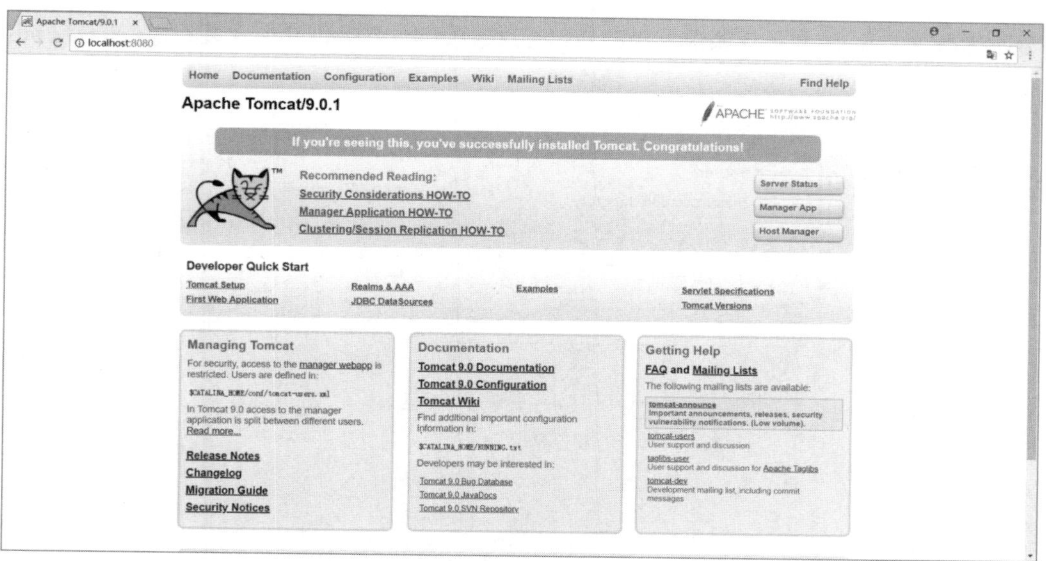

图 2-13　服务器启动成功

2.3.2　在 IDE 中启动与关闭

所谓的 IDE 就是像 Eclipse 这样的编译器，在此以 Eclipse 为例介绍 Tomcat 的启动与关闭。

步骤 1：启动 Eclipse Oxygen 程序，在主界面靠下窗口中单击 Servers 标签，出现如图 2-14 所示的界面。

步骤 2：单击图 2-14 中框中的链接，添加一个 Tomcat 服务，在打开的 New Server 对话框中找到 Apache 文件夹并打开，选择安装的 Tomcat 版本，如图 2-15 所示，然后单击 Next 按钮。

图 2-14　添加 Tomcat 服务

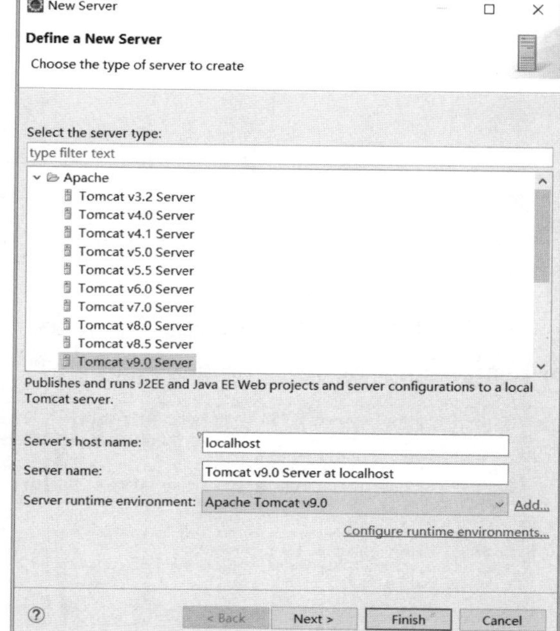

图 2-15　选择 Tomcat 版本

步骤 3：在添加 Tomcat 服务窗口中，单击 Browse 按钮，选择 Tomcat 的安装路径，单击 Finish 按钮，如图 2-16 所示。

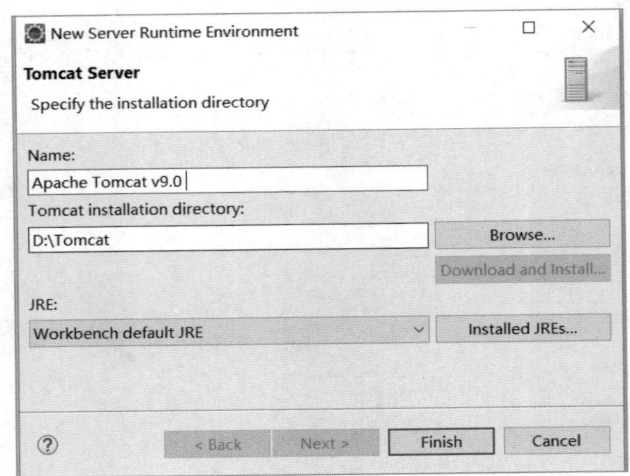

图 2-16　选择 Tomcat 安装的路径

步骤 4：服务添加成功后，单击图 2-14 中的 Servers 标签，便会出现刚才添加的服务，单击这个服务在窗口右侧会出现启动和关闭服务按钮。单击图 2-17 中的“启动”或“关闭”按钮，即可启动或关闭 Tomcat 服务。

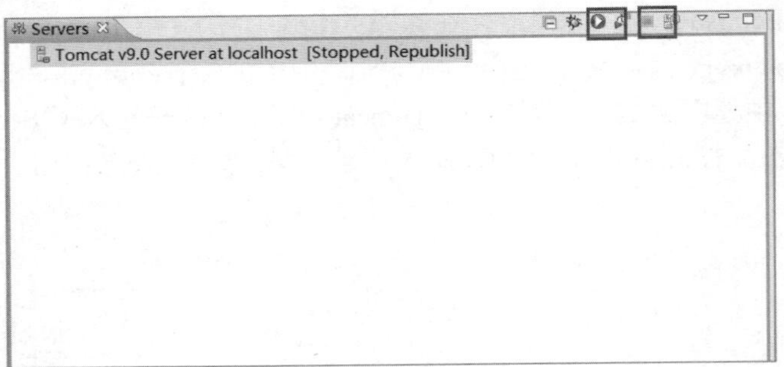

图 2-17　第三个为“启动”按钮，第五个为“关闭”按钮

步骤 5：单击“启动”按钮，启动成功后如图 2-18 所示。

若启动不成功，大多数情况下都是在外部已经启动了，可能是使用介绍的第一种方法启动了但没有关闭，这时 Eclipse 会报错，如图 2-19 所示。

出现这种情况，可打开 Tomcat 的安装目录下的 bin 文件夹，找到目录中的 shutdown.bat 文件，双击关闭 Tomcat 服务，然后再到 Eclipse 中启动即可。

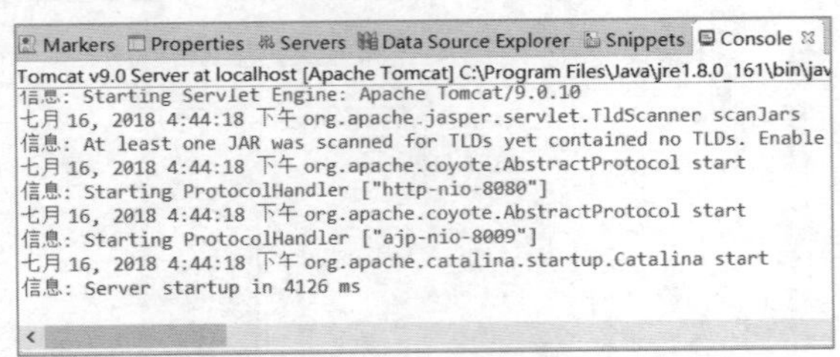

图 2-18　Tomcat 启动成功

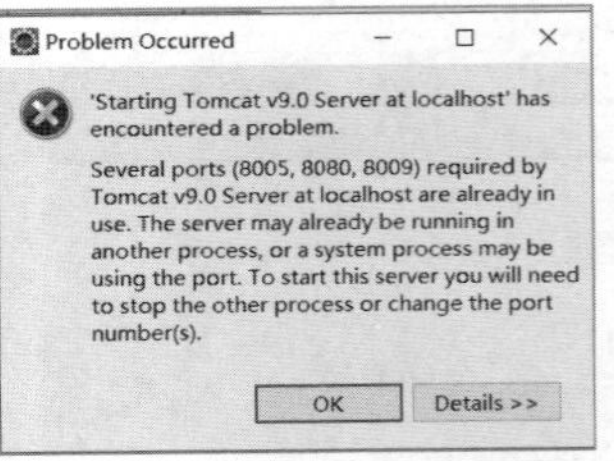

图 2-19　Tomcat 启动失败

2.4　修改 Tomcat 端口号

默认情况下，Tomcat 的端口是 8080，但如果使用了两个 Tomcat，那么就需要修改其中的一个 Tomcat 的端口号才能使得两个 Tomcat 同时正常工作。那么，如何修改 Tomcat 的端口号呢？接下来分别介绍在服务器和 IDE 中修改端口号的方法。

2.4.1　在服务器中修改端口号

在服务器中修改端口号的具体方法如下。

步骤 1：在 Tomcat 安装目录（或者解压目录）下找到并打开 config 文件夹，在里面找到 server.xml 文件。

步骤 2：用文件编辑工具或者记事本打开 server.xml 文件，并找到下面的代码段。

```
<Connector port="8080" protocol="HTTP/1.1"
        connectionTimeout="20000"
        redirectPort="8443" />
```

步骤 3：将 port="8080"的端口值改为其他数值便完成了修改端口的操作。

2.4.2　在 IDE 中修改端口号

在 IDE 中修改端口号的具体方法如下。

注：本例演示在 Eclipse 集成开发环境中修改 Tomcat 端口号。

步骤 1：在 Eclipse 集成开发环境中双击 Server 选项卡下的 Tomcat 本地服务器，如图 2-20 所示。

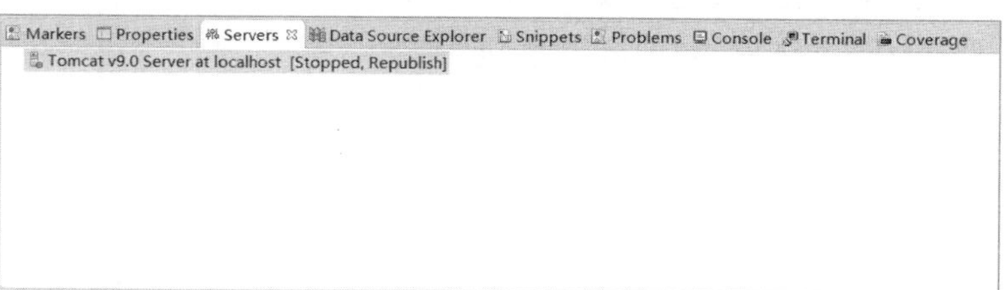

图 2-20　Server 下的服务器

步骤 2：在窗口中找到 Ports 项，在 HTTP/1.1 对应栏中输入想修改的端口号值（默认为 8080），如图 2-21 所示。

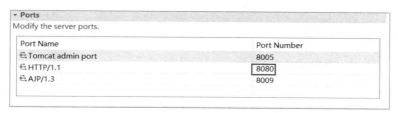

图 2-21　Eclipse 中修改端口号

步骤 3：完成端口号的修改后保存即可。

2.5 将 Web 项目部署到 Tomcat 中

已完成的项目需要部署到 Tomcat 中，才能被浏览器正常地浏览和访问。本节将分别介绍在 Tomcat 和 Eclipse 中部署 Web 项目的方法。

2.5.1 在服务器中部署

Tomcat 部署好了，接下来就可以发布项目了，可通过 IP+端口号+项目名来访问。将 Web 项目部署到 Tomcat 中的方法之一是部署没有封装到 WAR 文件中的 Web 项目。直接把项目复制到 Tomcat 的 webapps 文件夹下即可，具体步骤如下。

步骤 1：新建文件夹 myweb，新建文本文件改名为 web.jsp。

web.jsp 代码如下。

```
<%@ page language="java" contentType="text/html; charset=UTF-8"
   pageEncoding="UTF-8"%>
<html>
<head>
<meta http-equiv="Content-Type" content="text/html; charset=UTF-8">
<title>Insert title here</title>
</head>
<body>
<h2>这是我的个人主页</h2>
</body>
</html>
```

把 myweb 项目放到 Tomcat 的 webapps 文件夹下，如图 2-22 所示。

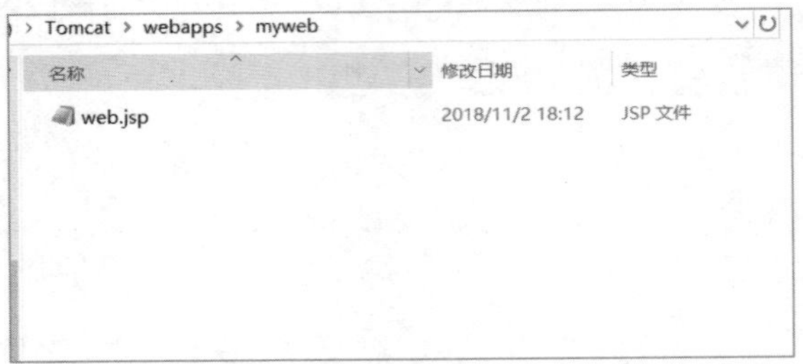

图 2-22 服务器中部署 Web 项目

步骤 2：打开 Tomcat 服务器（确保服务器打开），在地址栏中输入 http://localhost:8080/myweb/web.jsp 就可以在浏览器中访问我们的项目了，如图 2-23 所示。

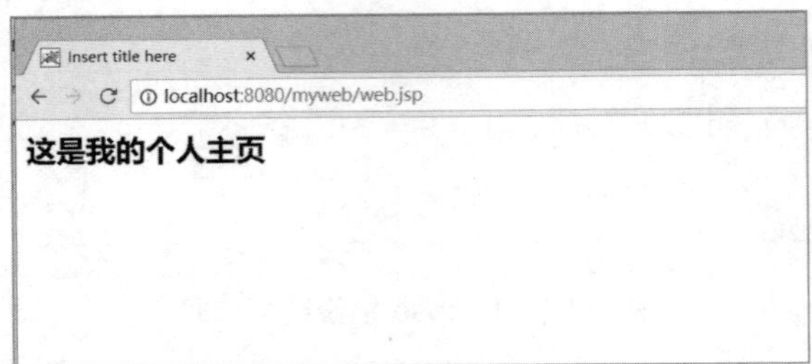

图 2-23 浏览器访问部署项目

看到如图 2-23 所示的界面，则说明在 Tomcat 服务器中已经完成了部署项目操作。

2.5.2　在 Eclipse 中部署

在这里将介绍如何通过 Eclipse 部署 Web 项目到 Tomcat 服务器中。

步骤 1：打开 Eclipse 集成开发环境，双击 Server 下的 Tomcat 9 服务，如图 2-24 所示。

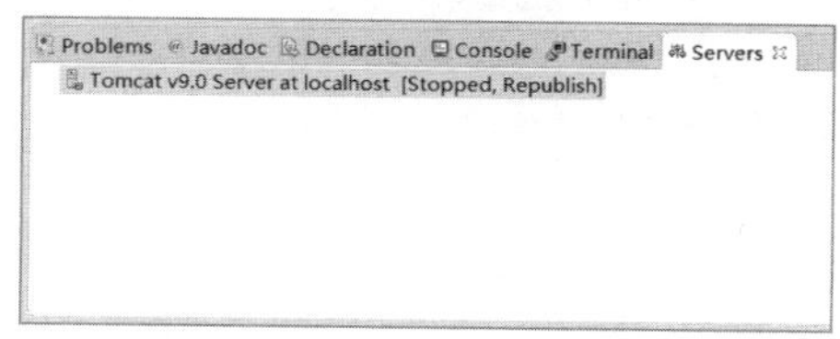

图 2-24　打开 Servers 服务

步骤 2：在第 1 步操作后显示的界面中，在 Deploy path 文本框中输入 webapps 文件夹名称，表示将当前 Web 项目部署至 Tomcat/webapps 目录下服务选项的本地服务器，如图 2-25 所示。

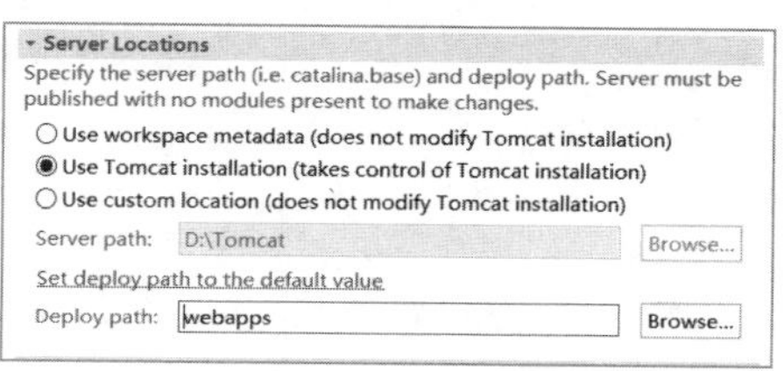

图 2-25　修改服务器设置

步骤 3：在 Eclipse 中新建一个动态 Web 项目。依次执行 File→New→Dynamic Web Project 命令，打开 New Dynamic Web Project（新建项目）对话框，在 Project name 文本框中输入 myWEB，作为项目名称。单击 Finish 按钮，完成新项目的创建，如图 2-26 所示。

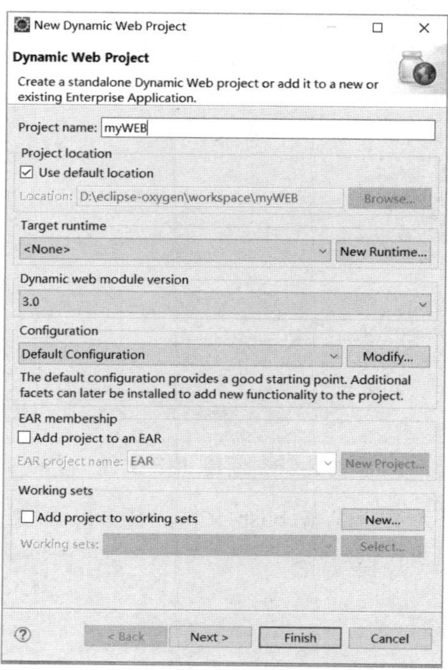

图 2-26　新建 Web 项目

步骤 4：在新建的 myWEB 项目中新建一个 JSP 文件。右击项目名称 myWEB，在弹出的快捷菜单中执行 New→JSP File 命令，如图 2-27 所示。

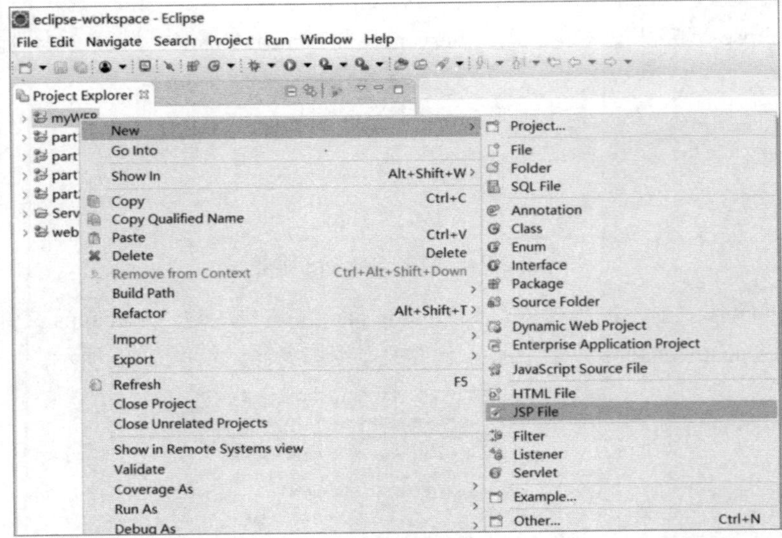

图 2-27　执行新建 JSP 文件命令

步骤 5：打开 New JSP File（新建文件）对话框。在 File name 文本框中输入 web.jsp 作为文件名称，单击 Finish 按钮，完成新文件的创建，如图 2-28 所示。

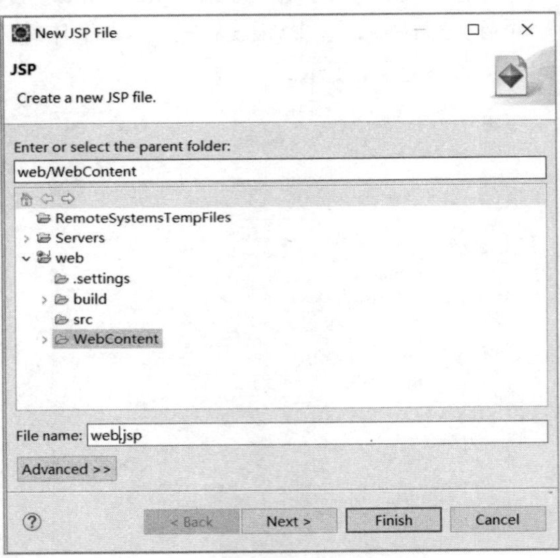

图 2-28　新建 JSP 文件

步骤 6：在 WebContent 目录下新建一个 web.jsp 文件，在页面上输出一段字符，具体如下。

```
<%@ page language="java" contentType="text/html; charset= UTF-8"
   pageEncoding="UTF-8"%>
<html>
<head>
<meta http-equiv="Content-Type"content="text/html; charset= UTF-8">
<title>Insert title here</title>
```

```
</head>
<body>
<center>欢迎学习 Java web</center>
</body>
</html>
```

步骤 7：在 Eclipse 浏览器地址栏中输入 http://localhost:8080/web/web.jsp，如果浏览器中打开如图 2-29 所示的运行界面，说明 Web 项目部署成功。

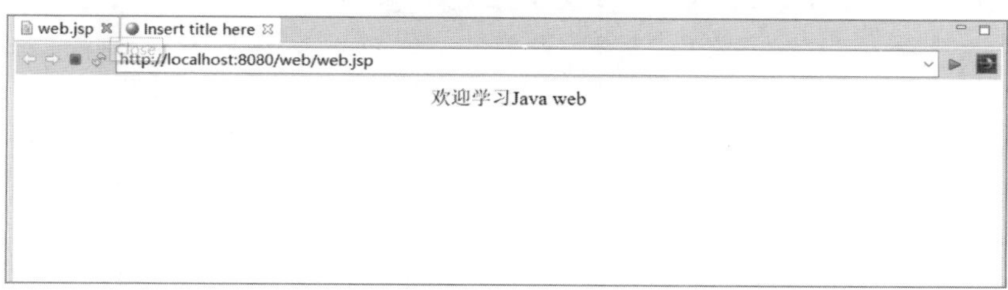

图 2-29 运行界面

2.6 就业面试解析与技巧

2.6.1 面试解析与技巧（一）

面试官：Tomcat 的默认端口号是多少？请解释 Tomcat 中使用的连接器是什么？

应聘者：Tomcat 的默认端口号是 8080。

在 Tomcat 中，使用了两种类型的连接器。

HTTP 连接器：它有许多可以更改的属性，以确定它的工作方式和访问功能，如重定向和代理转发。

AJP 连接器：它以与 HTTP 连接器相同的方式工作，但是它们使用的是 HTTP 的 AJP 协议。AJP 连接器通常通过插件技术 mod_jk 在 Tomcat 中实现。

2.6.2 面试解析与技巧（二）

面试官：解释如何使用 WAR 文件部署 Web 应用程序?

应聘者：在 Tomcat 的 Web 应用程序目录下，JSP、Servlet 和它们的支持文件被放置在适当的子目录中。可以将 Web 应用程序目录下的所有文件压缩到一个压缩文件中，以.war 文件扩展名结束。可以通过在 webapps 目录中放置 WAR 文件来执行 Web 应用程序。当一个 Web 服务器开始执行时，它会将 WAR 文件的内容提取到适当的 webapps 子目录中。

第 3 章

网页的基石——HTML 与 CSS 基础

学习指引

HTML 也叫作超文本标记语言，它是网页设计的基础，也是网站开发者必须熟练掌握的一门标记语言。本章将讲解 HTML 的基础知识。

重点导读

- 掌握 HTML 文档的基本结构。
- 了解 HTML 的常见元素。
- 了解 CSS 语法。

3.1 HTML 简介

前端即网站前台部分，指运行在 PC 端、移动端等浏览器上展现给用户浏览的网页。随着互联网技术的发展，HTML 5、CSS 3、前端框架的应用，跨平台响应式网页设计已经能够适应各种屏幕分辨率，完美的动效设计，给用户带来极高的用户体验。

HTML 是前端开发人员的必备技能，也是所有程序开发人员都常用到的工具。HTML 是指超文本标记语言（Hyper Text Markup Language），是标准通用标记语言下的一个应用。“超文本”就是指页面内可以包含图片、链接，甚至音乐、程序等非文字元素。超文本标记语言的结构包括“头”部分和“主体”部分，其中，“头”部分提供关于网页的信息，“主体”部分提供网页的具体内容。

3.1.1 HTML 元素和属性

1. HTML 元素

HTML 元素指从开始标签到结束标签的所有代码，如表 3-1 所示。

表 3-1 HTML 元素实例

开始标签	元素内容	结束标签
<a href="default.htm" >	这是一个超链接	</a>
<p>	这是一个段落	</p>

2. HTML 元素语法

（1）HTML 元素通常以开始标签起始，以结束标签终止。

（2）元素的内容是开始标签与结束标签之间的内容。

（3）有些 HTML 元素具有空内容，空元素在标签中关闭（以开始标签的结束而结束）。

（4）大多数 HTML 元素可设置属性。

3. 嵌套 HTML 元素

大多数 HTML 元素可以嵌套其他 HTML 元素。

HTML 文档由嵌套的 HTML 元素构成。

HTML 文档实例：

```
<html>
    <body>
       <p>Hello World! </p>
    </body>
</html>
```

上面这段 HTML 代码包含三个嵌套的 HTML 元素，分别如下。

1）<p>元素

```
<p>Hello World! </p>
```

这个<p>元素定义了 HTML 文档中的一个段落。

这个元素拥有一个开始标签<p>，以及一个结束标签</p>。

元素内容是：Hello World!。

2）<body>元素

```
<body>
       <p>Hello World! </p>
</body>
```

<body>元素定义了 HTML 文档的主体。

这个元素拥有一个开始标签<body>，以及一个结束标签</body>。

元素内容是另一个 HTML 元素（<p>元素）。

3）<html>元素

```
<html>
<body>
<p> Hello World! </p>
</body>
</html>
```

<html>元素定义了整个 HTML 文档。

这个元素拥有一个开始标签<html>，以及一个结束标签</html>。

元素内容是另一个 HTML 元素（<body>元素）。

3.1.2 HTML 样式

样式是 HTML 4 引入的，它是一种新的首选的改变 HTML 元素样式的方式。通过 HTML 样式，能够通过使用 style 属性直接将样式添加到 HTML 元素，或者间接地在独立的样式表中（CSS 文件）进行定义。

【例 3-1】HTML 样式实例 - 字体样式。

```
<html>
    <body>
        <h1>字体样式</h1>
        <p style="font-family:arial;color:green;font-size:20px;">Hello World!</p>
    </body>
</html>
```

运行结果：style 样式中指定了 font-family、color、font-size 三种样式，运行结果如图 3-1 所示。

图 3-1　HTML 样式实例 - 字体样式

【例 3-2】HTML 样式实例 - 背景颜色。

```
<html>
    <body style="background-color:gray">
        <h2 style="background-color:red">背景颜色</h2>
        <p style="background-color:yellow">Hello World!</p>
    </body>
</html>
```

运行结果：style 样式实例分别为<body>、<h2>、<p>指定了 background-color 样式，设置其背景颜色依次为：灰色、红色、黄色，运行结果如图 3-2 所示。

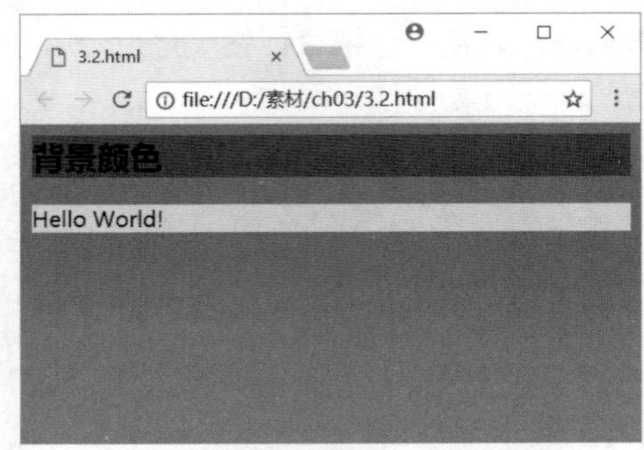

图 3-2　HTML 样式实例 - 背景颜色

【例 3-3】HTML 样式实例 - 文本对齐。

```
<html>
    <body>
        <h1 style="text-align:center">文本对齐</h1>
        <p style="text-align:center">Hello World! </p>
    </body>
</html>
```

运行结果：style 样式分别为<h1>、<p>指定了 text-align 样式，设置其文本对齐方式均为居中对齐，运行结果如图 3-3 所示。

图 3-3 HTML 样式实例 - 文本对齐

3.1.3 超链接

HTML 使用超链接与网络上的另一个文档相连。几乎可以在所有的网页中找到链接。单击链接可以从一个页面跳转到另一个页面。

超链接可以是一个字，一个词，或者一组词，也可以是一张图片，单击这些内容可以跳转到新的文档或者当前文档中的某个部分。

可以使用<a>标签在 HTML 中创建超链接，使用<a>标签的方式有以下两种。

（1）通过使用 href 属性创建指向另一个文档的链接。

（2）通过使用 name 属性创建文档内的书签。

超链接的 HTML 代码很简单，通常以如下方式创建超链接。

```
<a href="url">超链接文本</a>
```

href 属性规定链接的目标，开始标签和结束标签之间的文字被作为超级链接来显示。

【例 3-4】超链接实例。

```
<html>
    <body>
        <p><a href="https://www.baidu.com">Hello World! </a></p>
    </body>
</html>
```

运行结果如图 3-4 所示，单击 Hello World！即可进入超链接指向的页面。

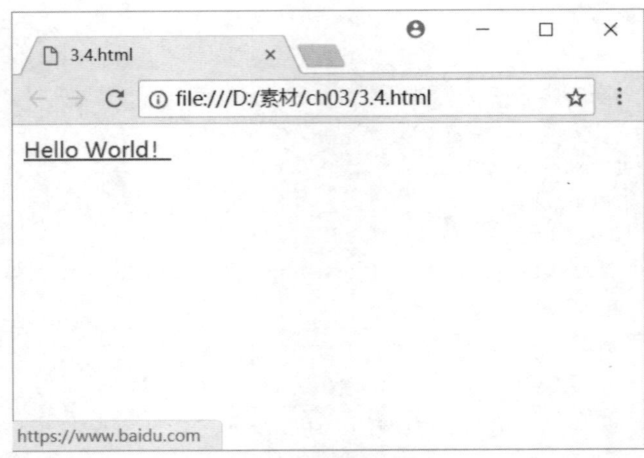

图 3-4　超链接实例

3.1.4　图像标签

在 HTML 中，图像由<img>标签定义。

<img>是空标签，意思是说，它只包含属性，并且没有闭合标签。

要在页面上显示图像，需要使用源属性（src）。

src 即 source。源属性的值是图像的 URL 地址。

定义图像的语法是：

```
<img src="url" />
```

URL 指存储图像的位置，可以是相对位置，也可以是绝对位置。

浏览器将图像显示在文档中图像标签出现的地方。如果将图像标签置于两个段落之间，那么浏览器会首先显示第一个段落，然后显示图片，最后显示第二段。

```
替换文本属性（alt）
```

alt 属性用来为图像定义一串预备的可替换的文本。替换文本属性的值是用户定义的。

```
<img src="url" alt="text">
```

在浏览器无法载入图像时，替换文本属性可以告诉读者丢失的信息。此时，浏览器将显示这个替代性的文本而不是图像。为页面上的图像都加上替换文本属性是一个好习惯，这样有助于更好地显示信息，并且对于那些使用纯文本浏览器的人来说是非常有用的。

【例 3-5】图像标签实例。

```
<html>
   <body>
      <div>
         <img src="1.png" alt="图像标签实例">
      </div>
   </body>
</html>
```

运行结果如图 3-5 所示。

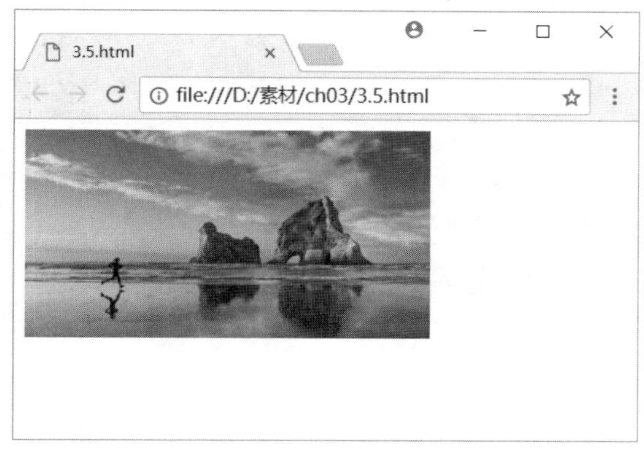

图 3-5 图像标签实例

3.1.5 HTML 表格

表格由<table>标签来定义。每个表格均有若干行（由<tr>标签定义），每行被分割为若干单元格（由<td>标签定义）。字母 td 指表格数据（table data），即数据单元格的内容。数据单元格可以包含文本、图片、列表、段落、表单、水平线、表格等。

【例 3-6】 表格实例。

```
<html>
    <body>
        <div>
            <table border="1">
                <tr>
                    <td>行 1, 列 1</td>
                    <td>行 1, 列 2</td>
                </tr>
                <tr>
                    <td>行 2, 列 1</td>
                    <td>行 2, 列 2</td>
                </tr>
            </table>
        </div>
    </body>
</html>
```

运行结果：在浏览器中的显示如图 3-6 所示。

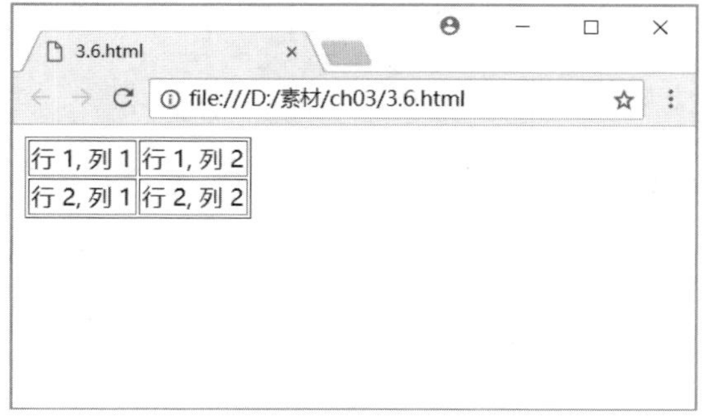

图 3-6 表格实例

1. 边框属性

如果不定义边框属性，表格将不显示边框。有时这很有用，但是大多数时候，我们希望显示边框。

使用边框属性来显示一个带有边框的表格：

```
<table border="1">
   <tr>
      <td>行 1, 列 1</td>
      <td>行 1, 列 2</td>
   </tr>
</table>
```

2. 表格的表头

表格的表头使用<th>标签进行定义。

大多数浏览器会把表头显示为粗体居中的文本。

【例 3-7】表头实例。

```
<html>
   <body>
      <div>
         <table border="1">
               <tr>
                     <th>表头 1</th>
                     <th>表头 2</th>
               </tr>
               <tr>
                     <td>行 1, 列 1</td>
                     <td>行 1, 列 2</td>
               </tr>
               <tr>
                     <td>行 2, 列 1</td>
                     <td>行 2, 列 2</td>
               </tr>
         </table>
      </div>
   </body>
</html>
```

运行结果：在浏览器中的显示如图 3-7 所示。

图 3-7　表头实例

3.1.6 HTML 头部元素

1. HTML <head>元素

<head>元素是所有头部元素的容器。<head>内的元素可包含脚本，指示浏览器在何处可以找到样式表，以及提供元信息等。

以下标签都可以添加到 head 部分：<title>、<base>、<link>、<meta>、<script>、<style>。

2. HTML <title>元素

<title>标签定义文档的标题。

title 元素能够定义浏览器工具栏中的标题，提供页面被添加到收藏夹时显示的标题，显示在搜索引擎结果中的页面标题。

一个简化的 HTML 文档如下。

```
<!DOCTYPE html>
<html>
   <head>
      <title>此处填写页面标题</title>
   </head>
   <body>
      内容……
   </body>
</html>
```

3. HTML <base>元素

<base>标签为页面上的所有链接规定默认地址或默认目标（target）。

```
<head>
   <base href="http://www.baidu.com" />
   <base target="_blank" />
</head>
```

4. HTML <link>元素

<link>标签定义文档与外部资源之间的关系，最常用于连接样式表（CSS）。

```
<head>
   <link rel="stylesheet" type="text/css" href="style.css" />
</head>
```

5. HTML <style>元素

<style>标签用于为 HTML 文档定义样式信息，可以在 style 元素内规定 HTML 元素在浏览器中呈现的样式。

```
<head>
   <style type="text/css">
      body {background-color:grey}
      p {color:red}
   </style>
</head>
```

6. HTML <meta>元素

元数据（metadata）是关于数据的信息。

<meta>标签提供关于 HTML 文档的元数据。元数据不会显示在页面上，但是对于机器是可读的。

典型的情况是，meta 元素被用于规定页面的描述、关键词、文档的作者、最后修改时间以及其他元数据。

<meta>标签始终位于 head 元素中。

元数据可用于浏览器（如何显示内容或重新加载页面）、搜索引擎（关键词），或其他 Web 服务。

一些搜索引擎会利用 meta 元素的 name 和 content 属性来索引页面。

下面的 meta 元素定义页面的描述。

```
<meta name="description" content="百度一下，你就知道" />
```

下面的 meta 元素定义页面的关键词。

```
<meta name="keywords" content="HTML, CSS " />
```

name 和 content 属性的作用是描述页面的内容。

7. HTML <script>元素

<script>标签用于定义客户端脚本，如 JavaScript。

3.1.7 表单

在 HTML 中表单用于收集用户输入信息。

<form> 元素定义 HTML 表单：

```
<form>
表单元素
</form>
```

表单元素指的是不同类型的 input 元素、复选框、单选按钮、提交按钮等。

<input>元素是最重要的表单元素。

<input>元素有很多形态，可以根据不同的 type 属性改变。

<input>元素的常用类型如表 3-2 所示。

表 3-2 <input>元素的常用类型

类　型	描　述
text	定义常规文本输入
radio	定义单选按钮输入（选择多个选项之一）
submit	定义提交按钮（提交表单）
password	定义密码字段。该字段中的字符被掩码
file	定义输入字段和“浏览”按钮，供文件上传
checkbox	定义复选框
hidden	定义隐藏的输入字段
button	定义可单击按钮（多数情况下，用于通过 JavaScript 启动脚本）
image	定义图像形式的提交按钮
reset	定义重置按钮。重置按钮会清除表单中的所有数据

【例 3-8】input 元素常用类型实例。

<input type="text">定义用于文本输入的单行输入字段。

```
<html>
    <body>
```

```
        <div>
        <form action="#">
            姓名:<br>
            <input type="text" name="name">
            <br>
            电话:<br>
            <input type="text" name="tel">
            <br>
            性别:<br>
            <input type="radio" name="sex" value="男">男
            <input type="radio" name="sex" value="女">女
          <br>
          <input type="submit" name="提交">
          <input type="reset" name="重置">
        </form>
        </div>
    </body>
</html>
```

运行结果：实例中用到 text、radio、submit、reset 类型，运行结果如图 3-8 所示。

图 3-8　input 元素常用类型实例

1. action 属性

action 属性定义在提交表单时执行的动作，通常表单会被提交到 Web 服务器上的网页。

例如：<form action="action_page.jsp">

如果省略 action 属性，则 action 会被设置为当前页面。

2. method 属性

method 属性规定在提交表单时所用的 HTTP 方法（GET 或 POST）。

```
<form action="action_page.jsp" method="GET">
```

或：

```
<form action="action_page.jsp" method="POST">
```

1）GET 方法（默认方法）

使用 GET 方法时，表单数据在页面地址栏中是可见的。

```
action_page.jsp?name=Name&tel=Tel
```

GET 最适合少量数据的提交。浏览器会设定容量限制。

2）POST 方法

如果表单正在更新数据，或者包含敏感信息（例如密码），POST 的安全性更佳，因为在页面地址栏中被提交的数据是不可见的。

3. name 属性

要正确地提交数据，每个输入字段必须设置一个 name 属性。

如以下代码只会提交姓名字段。

```
<form action="action_page.jsp">
    姓名:<br>
    <input type="text" name="name" value="Jack">
    <br>
    电话:<br>
    <input type="text" value="123">
    <br><br>
    <input type="submit" value="Submit">
</form>
```

4. form 属性

HTML <form>元素，若设置所有可能的属性，是这样的：

```
<form action="action_page.jsp" method="GET" target="_blank" accept-charset="UTF-8"
ectype="application/x-www-form-urlencoded" autocomplete="off" novalidate>
表单元素
</form>
```

<form>的属性及描述如表 3-3 所示。

表 3-3 <form> 的属性及描述

属　性	描　述
accept-charset	规定在被提交表单中使用的字符集（默认：页面字符集）
action	规定向何处提交表单的地址（URL）（提交页面）
autocomplete	规定浏览器应该自动完成表单（默认：开启）
enctype	规定被提交数据的编码（默认：url-encoded）
method	规定在提交表单时所用的 HTTP 方法（默认：GET）
name	规定识别表单的名称（对于 DOM 使用：document.forms.name）
novalidate	规定浏览器不验证表单
target	规定 action 属性中地址的目标（默认：_self）

3.1.8 HTML 事件

本节以表格形式列出 HTML 常用事件，但不做演示，读者可自行学习。

1. Window 事件属性

针对 Window 对象触发的事件（应用到<body>标签），如表 3-4 所示。

表 3-4　Window 事件属性

属　　性	值	描　　述
onload	script	页面结束加载之后触发
onerror	script	在错误发生时运行的脚本
onhaschange	script	当文档已改变时运行的脚本
onresize	script	当浏览器窗口被调整大小时触发

2. Form 事件

由 HTML 表单内的动作触发的事件（应用到几乎所有 HTML 元素，但最常用在 form 元素中），如表 3-5 所示。

表 3-5　Form 事件属性

属　　性	值	描　　述
onblur	script	元素失去焦点时运行的脚本
onchange	script	在元素值被改变时运行的脚本
onfocus	script	当元素获得焦点时运行的脚本
onformchange	script	在表单改变时运行的脚本
onforminput	script	当表单获得用户输入时运行的脚本
oninput	script	当元素获得用户输入时运行的脚本
onselect	script	在元素中文本被选中后触发
onsubmit	script	在提交表单时触发

3. Mouse 事件

由鼠标或类似用户动作触发的事件，如表 3-6 所示。

表 3-6　Mouse 事件属性

属　　性	值	描　　述
onclick	script	元素上发生鼠标单击时触发
ondblclick	script	元素上发生鼠标双击时触发
onmousedown	script	当元素上按下鼠标按键时触发
onmousemove	script	当光标移动到元素上时触发
onmouseout	script	当光标移出元素时触发
onmouseover	script	当光标移动到元素上时触发
onmouseup	script	当在元素上释放鼠标按键时触发
onmousewheel	script	当鼠标滚轮正在被滚动时运行的脚本
onscroll	script	当元素滚动条被滚动时运行的脚本

4. Keyboard 事件

由键盘或类似用户动作触发的事件，如表 3-7 所示。

表 3-7　Keyboard 事件属性

属　　性	值	描　　述
onkeydown	script	在用户按下按键时触发
onkeypress	script	在用户按按键时触发
onkeyup	script	当用户释放按键时触发

3.2　CSS 简介

层叠样式表（Cascading Style Sheets，CSS）是一种用来表现 HTML（标准通用标记语言的一个应用）或 XML（标准通用标记语言的一个子集）等文件样式的计算机语言。CSS 不仅可以静态地修饰网页，还可以配合各种脚本语言动态地对网页各元素进行格式化。

在 CSS 还没有引入到页面设计之前，传统的 HTML 要实现页面美化在设计上是十分麻烦的，例如要设计页面中文字的样式，如果使用传统的 HTML 语句来设计页面就不得不在每个需要设计的文字上都定义样式。CSS 的出现改变了这一传统模式。

3.2.1　CSS 语法

CSS 语法由两个主要的部分构成：选择器，以及一条或多条声明。例如：

```
selector {declaration1; declaration2;…;declarationN }
```

所有 HTML 中的标记都是通过不同的 CSS 选择器进行控制的。

每条声明由一个属性和一个值组成。

属性（property）是希望设置的样式属性（style attribute）。每个属性有一个值，属性和值之间用冒号分开。

```
selector {property: value}
```

例如：

```
div{
        background:red;
}
```

其中，background 是属性，red 是 background 属性的一个值。

3.2.2　CSS 选择器

常用的 CSS 选择器有标签选择器，类选择器，id 选择器等。使用选择器可以对不同的 HTML 元素进行样式控制，实现样式效果。

1. 标签选择器

最常见的 CSS 选择器是标签选择器，文档的元素就是最基本的选择器。如果设置 HTML 的样式，选择器通常是某个 HTML 标签，如 p、h1、em、a，甚至可以是 html 本身。

例如：

```
html {color:grey;}
h1 {color:blue;}
```

```
a{
        font-size:20px;
        color:yellow;
}
```

2. 类选择器

标签选择器在使用中非常简捷，但是会有一定的局限性，如果声明了标签选择器，页面中所有该标签都会应用该样式。假如页面中有三个<span>标签，如果想让每个显示效果都不一样，使用标签选择器就无法实现了。

类选择器允许以一种独立于文档元素的方式来指定样式。类选择器的名称由用户自己定义，以“.”开头，在 HTML 页面中使用自己定义的 class 属性声明即可。

只有适当地使用 class 属性标记文档后，才能使用类选择器，所以使用这两种选择器通常需要先做一些构想和计划。

例如：

```
.one {
    font-size:20px;
    color:yellow;
}
.two {
    font-size:21px;
    color:red;
}
.three {
    ont-size:20px;
    color:yblue;
}
```

以下是<body>中<span>标签的定义方法：

```
<span class="one">一</span>
<span class="two">二</span>
<span class="three">三</span>
```

3. id 选择器

id 选择器通过 HTML 元素的 id 属性来选择增添样式，与类选择器使用方法类似。但是 HTML 页面中不能包含两个相同的 id 标记，因此定义的 id 选择器只能被使用一次。

id 选择器以“#”号开始，在 HTML 页面中使用自己定义的 id 属性声明即可。

例如：

```
.span_text {
    Font-size:20px;
}
#one {
    color:yellow;
}
#two {
    color:red;
}
#three {
    color:red;
}
```

以下是<body>中<span>标签的定义方法。

```
<span class=" span_text " id=" one">一</span>
<span class=" span_text " id=" two">二</span>
<span class=" span_text " id= " three ">三</span>
```

3.3 综合案例

利用本章学习的 HTML 与 CSS 基础知识，以及简单的 JavaScript 语句，完成对输入信息的收集与展示。

【例 3-9】HTML 基础综合案例。

```
<!DOCTYPE html>
<html>
<head>
<title>HTML 基础综合案例</title>
<style>
p{
   font-size:15px;
}
#m{
   color:blue;
}
#f{
   color:red;
}
.button{
   background-color:#e1d8d8;
   color:red;
}
</style>
</head>
<body onload="alert('页面已成功加载！')">
<div style="text-align:center">
   <form action="#" onsubmit="alert('姓名：' + name.value +'\r\n 电话：' + tel.value + '\r\n 性
别：' + sex.value)">
      <p>姓名</p>
      <input type="text" name="name">
      <br><br>
      <p>电话</p>
      <input type="text" name="tel">
      <br><br>
      <input type="radio" name="sex" value="男">
      <span id="m">男</span>
      <input type="radio" name="sex" value="女">
      <span id="f">女</span>
      <br><br>
      <input class = "button" type="submit" name="提交">
      <input class = "button" type="reset" name="重置">
   </form>
</div>
</body>
```

```
</html>
```

运行结果如图 3-9 和图 3-10 所示。

图 3-9　页面显示效果

图 3-10　提交信息后页面弹出对话框

3.4　就业面试解析与技巧

本章所讲的都是 HTML 与 CSS 基础知识，在前端开发的就业面试中，这些是远远不够的，读者还需要更深入地学习掌握 JavaScript、jQuery 等知识。

3.4.1　面试解析与技巧（一）

面试官：行内元素有哪些？块级元素有哪些？空元素有哪些？

应聘者：

行内元素：a、b、span、img、input、strong、select、label、em、button、textarea。

块级元素：div、ul、li、dl、dt、dd、p、h1～h6、blockquote。

空元素：即没有内容的 HTML 元素，例如，br、meta、hr、link、input、img。

3.4.2 面试解析与技巧（二）

面试官： 简述 src 与 href 的区别。

应聘者：

href 是指向网络资源所在位置，建立和当前元素（锚点）或当前文档（链接）之间的链接，用于超链接。

src 是指向外部资源的位置，指向的内容将会嵌入到文档中当前标签所在位置；在请求 src 资源时会将其指向的资源下载并应用到文档内，例如，JS 脚本，图片和框架等元素。当浏览器解析到该元素时，会暂停其他资源的下载和处理，直到将该资源加载、编译、执行完毕，图片和框架等元素也如此，类似于将所指向资源嵌入当前标签内。这也是为什么将 JS 脚本放在底部而不是头部的原因。

第 4 章

Web 项目基础——Web 工程结构

学习指引

Web 迅速发展，并逐渐成为信息领域内最重要的一种媒介和开发手段。由于 HTTP 的简单性，应用程序的开发也相对简单，但和数据库结合并动态创建页面的应用程序却很复杂。而且由于 HTTP 的无记忆性，使得基于 Web 的应用程序相对一般的应用程序更为复杂。

Web 应用程序是软件工程一个新的应用领域。和桌面应用程序采用的 C/S 结构不同，Web 应用程序一般采用 B/S 结构，这一结构使得 Web 应用程序的开发和维护更加简便。此外，B/S 结构也采用了分层结构（三层结构）来实现程序的高内聚低耦合。由于 Web 应用程序架构的独特性，Web 工程的结构与其他应用程序的结构也有所不同。

本章将介绍 Web 应用程序的结构和思想、HTTP 请求响应机制和 web.xml 文件基础，并在此基础上向读者介绍如何创建并部署 Web 应用程序。

重点导读

- 学习 web.xml 文件基础。
- 学习 Web 应用程序的结构和思想。
- 掌握如何创建并部署 Web 应用程序。
- 了解 HTTP 请求响应机制。

4.1　B/S 结构与三层结构

B/S（Browser/Server，浏览器/服务器）结构是 Web 兴起后的一种网络结构模式，Web 浏览器是客户端最主要的应用软件。客户机上安装一个浏览器（Browser），如 Internet Explorer，服务器安装 SQL Server、Oracle、MYSQL 等数据库，浏览器就可以通过 Web 同数据库进行数据交互。

B/S 最大的优点就是可以在任何地方进行操作而不用安装任何专业的软件，只要有一台能上网的计算机就能使用，客户端零安装、零维护，系统的扩展也非常容易。

在软件体系架构设计中，分层式结构是最常见，也是最重要的一种结构。微软推荐的分层式结构一般分为三层，从下至上分别为：数据访问层、业务逻辑层（又或称为领域层）、界面层。

B/S 模式的三层架构通常就是指将整个业务应用划分为：界面层（User Interface Layer）、业务逻辑层（Business Logic Layer）、数据访问层（Data Access Layer）。三层其实是指逻辑上的三层，即把这三个层放置到一台机器上，区分层次的目的主要是将业务规则、数据访问、合法性校验等工作放到了中间层进行处理，客户端不直接与数据库进行交互，而是通过 COM/DCOM 通信与中间层建立连接，再经由中间层与数据库进行交互，体现了“高内聚低耦合”的思想。三层结构中各层的作用如下，其关系图如图 4-1 所示。

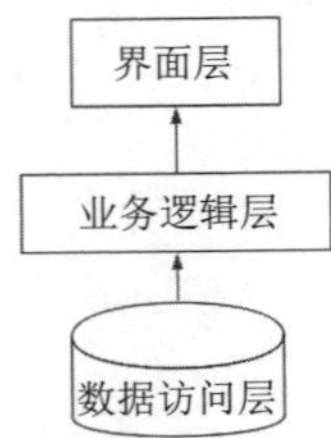

图 4-1　三层架构关系图

（1）界面层：主要用于接受用户的请求，以及数据的返回，为用户提供管理系统的访问。

（2）业务逻辑层：主要负责对业务逻辑和功能的操作，也就是把一些数据层的操作进行组合。将浏览器和数据层屏蔽，安全性更高。

（3）数据访问层：主要看数据层里面是否包含逻辑处理，实际上它的各个函数主要完成对数据文件的各种操作，而不必管其他操作对这三层进行明确分割，并在逻辑上使其独立。

B/S 结构的主要特点如下。

（1）维护和升级方式简单。当前，软件系统的改进和升级越发频繁，B/S 架构的产品明显体现着更为方便的特性。B/S 架构的软件最主要的是管理服务器就行了，所有的客户端只是浏览器，根本不需要做任何的维护。无论用户的规模有多大，有多少分支机构都不会增加任何维护升级的工作量，所有的操作只需要针对服务器进行。如果是异地，只需要把服务器连接专网即可，实现远程维护、升级和共享。

（2）成本降低，选择更多。凡使用 B/S 架构的应用管理软件，只需安装在 Linux 服务器上即可，而且安全性也高，不管用户选用哪种浏览器都可以保证操作不受影响。此外，Linux 除了操作系统是免费的以外，数据库也是免费的，这种选择非常盛行。

（3）应用服务器运行数据负荷较重。由于 B/S 架构管理软件只安装在服务器端（Server），网络管理人员只需要管理服务器就行了，用户界面主要事务逻辑在服务器端完全通过浏览器实现，极少部分事务逻辑在前端（Browser）实现，所有的客户端只有浏览器，网络管理人员只需要做硬件维护。所以，应用服务器运行数据负荷较重，一旦发生服务器“崩溃”等问题，后果不堪设想。因此，许多单位都备有数据库存储服务器，以防万一。

4.2　HTTP 请求响应机制

HTTP（HyperText Transfer Protocol，超文本传输协议）是用于从网络服务器传输超文本到本地浏览器的传送协议。HTTP 基于请求响应模式，客户端（浏览器）向服务器发送一个请求，请求头包含请求的方法、URI、协议版本以及包含请求修饰符、客户端信息和内容的类似 MIME 的消息结果。服务器则以一个状态行为作为响应，相应的内容包括消息协议的版本，成功或错误编码加上包含服务器信息。

HTTP 是无状态协议，依赖于瞬间的请求处理。请求信息被立即发送，理想的情况是没有延迟地进行处理，但是延迟还是客观存在的。于是，HTTP 有一种内置机制，在消息的传递时间上有一定的灵活性：超时机制。所谓超时就是客户端等待请求消息返回信息的最长时间。HTTP 的请求和响应消息如果没有发送并传递成功的话，不保存任何已传递的信息。比如，单击“提交”按钮，如果表单没有发出去，则浏览器将会显示错误信息页，并且返回空白表单。虽然没有提交成功，但是 HTTP 不保存任何表单信息。由于 HTTP 的上述特点，所以，客户端每次需要更新信息都必须重新向服务器发起请求，客户端接收到服务器端返回的信息后才能再刷新屏幕显示的内容。

基于 HTTP 的客户机/服务器请求响应机制的信息交换过程包含下面几个步骤，如图 4-2 所示。

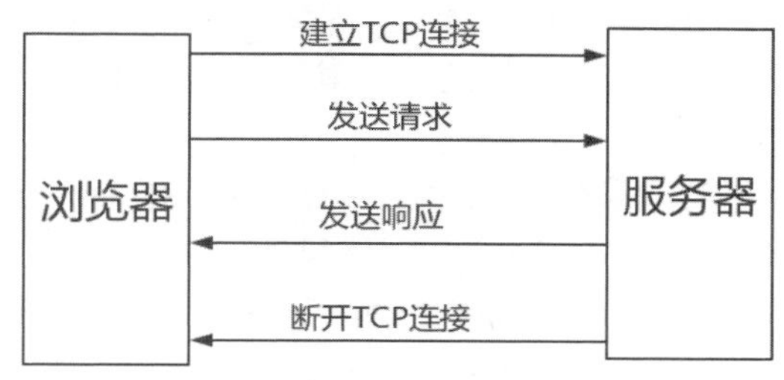

图 4-2 请求响应机制图解

步骤 1：建立连接。客户端与服务器建立 TCP 连接。

步骤 2：发送请求。打开一个连接后，客户端把请求信息发送到服务器的相应端口上，完成请求动作提交。

步骤 3：发送响应。服务器在处理完客户端请求之后，要向客户端发送响应消息。

步骤 4：关闭连接。客户端和服务器端都可以关闭套接字来结束 TCP/IP 对话。

可以说 HTTP 的工作机制就是请求消息和响应消息。最简单的情况是一个用户输入一个站点地址，发送一个请求。之后，浏览器返回所请求的页面，这个页面可能是最简单的 HTML 页面，也可能是动态编译后的页面。如果这个页面有错或者不存在，则 Web 服务器将发送一个错误的信息页面。另外，Web 服务器发送错误信息页是因为 HTTP 没有内置的处理机制，是无状态的，传输协议不会记忆从一个请求消息到另一个请求消息的任何信息（意思是说，当发送一个请求消息发生错误时，由于 HTTP 是无状态的，所以不能将这个发生错误的请求消息传递给另一个请求消息进行处理，也就是请求消息不能转弯，必须一次传到并得到处理），这个特点可以保证 Web 的一致性。但是，用户常常需要记忆一些设置内容或者浏览过程，这就需要在 Web 页面或者 URL 中携带各种参数及值。HTTP 请求有多种样式，其中常用的有 GET、POST、HEAD 请求三种。

后来，由于 HTTP 传输的数据都是未加密的，也就是明文的，因此使用 HTTP 传输隐私信息非常不安全。为了保证这些隐私数据能加密传输，于是网景公司又设计了 SSL（Secure Sockets Layer）协议用于对 HTTP 传输的数据进行加密，从而就诞生了 HTTPS。SSL 目前的版本是 3.0，被 IETF（Internet Engineering Task Force）定义在 RFC 6101 中，之后 IETF 对 SSL 3.0 进行了升级，于是出现了 TLS（Transport Layer Security）1.0，定义在 RFC 2246 中。目前，虽然 HTTP 和 HTTPS 同时存在，但是随着人们安全意识的不断提高，HTTPS 的应用将越来越广泛，并逐步取代 HTTP。

4.3 Web 应用程序的思想

Web、WWW 早已是众人皆知的名称，许多公司都建立了自己的主页和 Web 站点作为宣传自己的窗口，但这只是 Web 一方面的应用。另一方面，基于 Web 的应用程序开发也如火如荼地发展起来，只需一个 Web 浏览器，而不需要在每台计算机上都安装专门开发的软件，就能实现一般应用程序所能实现的功能。随着网络计算（云计算）概念的深入和推广，Web 应用程序的开发和应用变得更加迅速。

Web 站点主要为来访的用户提供所需的信息和资料，它的信息流基本是单向的，即从站点到用户；根据用户查找信息的需要来浏览 Web 页面，页面的访问顺序是不确定的；Web 页面大多是静态的 HTML 文档，且附有大量丰富的图片和动画。

Web 应用程序则主要用来完成特定的功能，它主要是由一个个 Web 页面组成，每个 Web 页面的物理实现是一个 HTML 文档。它一般与数据库服务器相连，信息流是双向的；Web 页面的访问顺序是确定的；页面大多是动态生成的，而且界面应当清楚，不宜过分复杂。由于 HTTP 的无状态、无记忆性，需要用专门的技术来维护每个来访客户的信息。

性能平衡是设计 Web 应用程序时要考虑的方面，由于 Web 应用程序通过广域网交换数据，因而能否减少并且平衡网络和服务器之间的负载是 Web 应用程序能否很好运行的重要因素。而一般的应用程序大多在公司内部的局域网上运行，网络的负载并不是它的瓶颈，因而较少考虑这方面问题。

安全性也是设计 Web 应用程序时必须要考虑的方面。某些信息不能在客户端通过查看页面源代码而泄漏，如用户的口令。由于页面的访问是通过 URL 实现，程序必须对每个页面进行合法性的检查，保证每个页面都只有合法的用户才能访问。否则尽管非法用户不知道用户名和口令，但只要知道某些页面的 URL，就可以跳过身份验证的页面去直接访问后面的页面。

设计 Web 应用程序的用户界面也有所不同。在传统的 GUI 设计中，可以把菜单或按钮变灰，使得用户不能使用某些功能，而在 Web 的界面设计中，只能动态地创建页面，不能使某些菜单或按钮变灰来达到同样的目的，因此 Web 界面设计要比传统的 GUI 设计复杂。

Web 站点和 Web 应用程序的对比如图 4-3 所示。

	功能	性能平衡	安全性	用户界面
Web应用程序	多样	无瓶颈	安全性强	动态
Web站点	单一	视负载而定	安全性弱	静态

图 4-3　Web 站点与 Web 应用程序对比

4.4 Web 工程的结构

本书中的 Web 应用程序一般是指 Java Web 应用程序，开发 Java Web 应用程序一般都是采用 Eclipse + Tomcat 来实现 Web 应用程序的创建和部署。下面先介绍 Eclipse 中 Web 工程的目录结构。如图 4-4 所示是 Eclipse 中一个名称为 first 的动态 Web 工程（Dynamic Web Project）的目录结构示意图。

示意图中的主要文件夹及其作用如下。

（1）Java Resources：存放 Java 文件。

（2）src：存放 Java 源代码的目录。

（3）Libraries：存放的是 Tomcat 及 JRE 中的 jar 包。

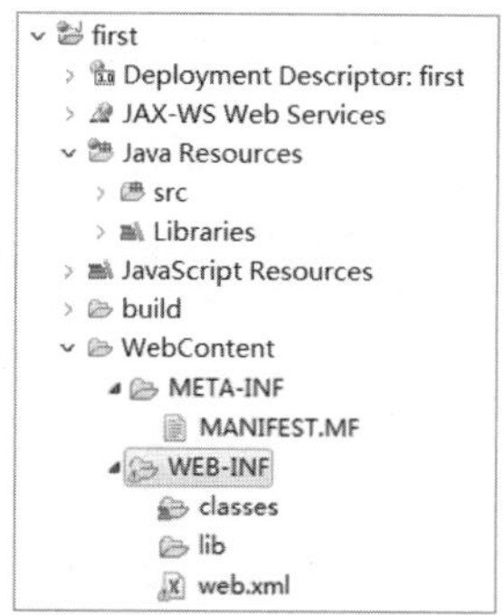

图 4-4 Web 工程目录结构示意图

（4）JavaScript Resources：存放 JavaScript 文件。

（5）build：自动编译.java 文件的目录。

（6）WebContent：存放的是需要部署到服务器的文件。

（7）MEAT-INF：是存放工程自身相关的一些信息，元文件信息，通常由开发工具和环境自动生成。

（8）MANIFEST.MF：配置清单文件。

（9）WEB-INF：这个目录下的文件，是不能被客户端直接访问的。

（10）classes：存放 Java 字节码文件的目录。

（11）lib：用于存放该工程用到的库。

（12）web.xml：Web 工程的配置文件，完成用户请求的逻辑名称到真正的 Servlet 类的映射。

凡是客户端能访问的资源（*html 或*.jpg）必须跟 WEB-INF 在同一目录下，即放在 Web 根目录下的资源，才可以通过浏览器（客户端）以 URL 地址直接访问。

4.5 web.xml 文件简介

web.xml 文件本质上就是一个 XML 文件，是一种用于存储、交换和共享数据的文件。在 Web 工程中，web.xml 文件并不是必需的，其主要是用来初始化配置信息，比如 Welcome 页面、Servlet、Filter、Listener、启动加载级别等，当你的 Web 工程没用到这些时，可以不用 web.xml 文件来配置 Web 工程。下面先简单介绍下 XML。

XML 是 eXtensible Markup Language（可扩展性标记语言）的缩写，和 HTML 一样都是 SGML（标准通用化标记语言）的一个子集，用于提供数据描述格式，适用于不同应用程序间的数据交换，而且这种交换不以预先定义的一组数据结构为前提，增强了可扩展性。

XML 本质上就是一个文本文档，主要由序言（Prolog）和文档元素（Document Elements）组成。序言中包括 XML 声明（XML Declaration）、处理指令（Processing Instructions）和注释（Comments）；文档元素中包括各种元素（Elements）、属性（Attributes）、文本内容（Textual Content）、字符和实体引用（Character and Entity References）、CDATA 段等。XML 也是一种逻辑结构，在逻辑上，文档的组成包括声明、元素、注释、字符引用和处理指令。

XML 对语法有严格的要求，只有当 XML 文档的各个物理与逻辑成分严格符合语法规定时，解释程序才能对它进行分析和处理，而对不符合规范的文档则拒绝做进一步的处理。具体来说，一个合法且格式良好的 XML 文档应该满足以下常见的基本要求。

（1）文档必须包含一个或多个元素（不能为空）。

（2）每个 XML 文档有且仅有一个声明。

（3）每个 XML 文档有且仅有一个根元素。

（4）每个 XML 标记严格区分大小写，开始标记与结束标记配对出现或者空标记关闭。

（5）标记可以嵌套但不可以交叉。

（6）属性必须由名称和值构成，出现在元素开始标记中，必须用引号引起来。

XML 代码范例如下。

```
<?xml version="1.0" encoding="UTF-8"?>
<students>
    <class a_name = "1996D">
        <student>
            <name>加拿大</name>
            <age>16</age>
            <sex>女</sex>
        </student>
        <student>
            <name>张三</name>
            <age>20</age>
            <sex>男</sex>
        </student>
        <student>
            <name>李四</name>
            <age>33</age>
            <sex>女</sex>
        </student>
    </class>
    <class a_name = "2018X">
        <student>
            <name>鹿明</name>
            <age>18</age>
            <sex>女</sex>
        </student>
        <student>
            <name>范冰</name>
            <age>20</age>
            <sex>男</sex>
        </student>
        <student>
            <name>杨洋</name>
            <age>33</age>
            <sex>男</sex>
        </student>
    </class>
</students>
```

4.5.1 定义头和根元素

XML 声明又称为定义头，是因为 XML 文档始终以一个声明开始，位于 XML 文档的头部，这个声明指定该文档遵循 XML 规范的版本，同时声明也是处理指令。在 XML 中，所有的处理指令都以“<?”开始，

以“?>”结束，“<?”后面紧跟的是处理指令的名称；处理指令还要求指定一个 version 属性，并允许指定可选的 standalone 和 encoding。如下面的声明案例：

```
<?xml version="1.0" encoding="gb2312" standalone="yes"?>
```

（1）version 属性用于指定 XML 规范版本，由于 1.1 版本尚未得到大多数解析器的支持，除非遇到 Unicode 字符在 1.0 不能使用的特殊情况，一般均采用 1.0 版本，该案例的版本指定为 1.0。

（2）standalone 属性用于指定是否允许使用外部声明，可设置为 yes 或者 no，主要是起到对解析器进行提示的作用，一般情况下不进行指定，默认为 yes，该案例指定为 yes。

（3）encoding 属性用于指定文档使用的字符编码方式，默认为 UTF-8，它不能显示中文，中文的编码方式为 GB2312 或 GBK，其中，GB2312 仅支持简体汉字，GBK 则支持简体中文、繁体中文、日语、韩语等，该案例的字符编码方式指定为 GB2312。

元素是 XML 文档的基本单元，元素包括开始标记（也叫作标签）、结束标记和元素内容，根据元素内容是否为空可分为空元素和非空元素，格式如下。

（1）非空元素：<开始标记>我是非空元素</结束标记>。

（2）空元素：<开始标记> </结束标记>或<开始标记/>。

元素在 XML 文档里是以树状结构排列的，允许元素之间进行嵌套，但是不允许进行交叉，并且一个 XML 文档必须有且只有一个根元素，它是文档的顶层元素，其他元素都是它的孩子。另外，元素的属性是可选的（可有 0～*n* 个），若元素有（很多）属性，则必须放在其开始标记或者空元素标记中的标签名的后面，中间用空白符分隔，每个属性都是由属性名=“属性值”构成。

另外，在 Web 工程的 web.xml 文件中，在 XML 声明之后还必须有一个 XML 文档有效性检查声明，即 DOCYTPE 声明，它指定了管理此文件其余部分内容的语法的 DTD（Document Type Definition，文档类型定义），可以通过它来检查 XML 文档的有效性和告诉服务器该文档所适用的 Servlet 规范的版本。例如：

```
<!DOCTYPE web-app PUBLIC "-//Sun Microsystems, Inc.//DTD Web Application 2.3//EN" "http://java.sun.com/dtd/web-app_2_3.dtd" >
```

（1）web-app 定义该文档（部署描述符，不是 DTD 文件）的根元素。

（2）PUBLIC 意味着 DTD 文件可以被公开使用。

（3）“-//Sun Microsystems, Inc.//DTD Web Application 2.3//EN”意味着 DTD 由 Sun Microsystems, Inc.维护。该信息也表示它描述的文档类型是 DTD Web Application 2.3，而且 DTD 是用英文书写的。

（4）URL“http://java.sun.com/dtd/web-app_2_3.dtd”表示 D 文件的位置。

下面将用一个常见的具体的案例，介绍其他的元素。

web.xml 文本案例如下。

```
1. <?xml version="1.0" encoding="UTF-8"?>
2. <!DOCTYPE web-app PUBLIC "-//Sun Microsystems, Inc.//DTD Web Application 2.3//EN""http://java.sun.com/dtd/web-app_2_3.dtd">
3. <web-app id="WebApp">
4. …
5. </web-app>
```

代码分析如下。

第 1 行是 XML 声明，它定义 XML 的版本（1.0）和所使用的编码（UTF-8）。

第 2 行的“DOCYTPE”声明必须紧跟在 XML 声明之后，这个声明会告诉服务器适用的 Servlet 规范的版本，并指定管理此文件其余部分内容的语法的 DTD。

第 3 行的<web-app></web-app>标签就是此文件的根元素，web.xml 文件的最主要的配置信息都包含在这个标签之内。

XML 文件不仅对大小写敏感，而且对出现在其他元素中的次序敏感。所以，XML 声明必须是文件中的第一项，DOCTYPE 声明必须是第二项，而 web-app 元素必须是第三项，同样在 web-app 元素内，元素的次序也很重要，不可随意更改。同时，这三项在 Web 工程的 web.xml 文件中更不可缺失！

扩展：<!--注释内容-->元素用于添加注释信息，可以不进行配置，推荐多进行配置，增强可读性，也便于后期进行修改配置信息，方便维护。

4.5.2 部署描述符文件内的元素次序

在 Web 工程中，web.xml 文件并不是必需的，其主要是用来初始化配置信息，比如 Welcome 页面、Servlet、Filter、Listener、启动加载级别等，而这些又都是在 Web 容器中运行的，Web 容器又是按照 ServletContext→Context-param→Listener→Filter→Servlet 的顺序来加载的。所以，在 web.xml 文件中最好按照这种顺序配置这些元素，以兼容较低版本的 Tomcat，获得最好的效果。

Web 容器启动时，加载过程具体如下。

（1）启动一个 Web 项目的时候，Web 容器会去读取它的配置文件 web.xml，读取<listener>和<context-param>两个结点。

（2）容器创建一个 ServletContext（Servlet 上下文），这个 Web 项目的所有部分都将共享这个上下文。

（3）容器将<context-param>转换为键值对，并交给 ServletContext。

（4）容器创建<listener>中的类实例，创建监听器。

（5）在 Web 程序运行过程中，动态加载其他的元素。

所有元素的顺序大致如下。

（1）根元素：web.xml 文件的最主要的配置信息都包含在这个元素之内，例如：

```
<web-app>
   …
</web-app>
```

（2）Web 应用图标元素：指出 IDE 和 GUI 工具用来表示 Web 应用的大图标和小图标，如指定图标对应图片的文件是 app_small.gif 和 app_large.gif。

```
<icon>
    <small-icon>/images/app_small.gif</small-icon>
    <large-icon>/images/app_large.gif</large-icon>
</icon>
```

（3）Web 应用名称元素：提供 GUI 工具可能会用来标记这个特定的 Web 应用的一个名称，如指定应用名称为 Tomcat Example。

```
<display-name>Tomcat Example</display-name>
```

（4）Web 应用描述元素：给出与此相关的说明性文本，例如：

```
<disciption>Tomcat Example servlets and JSP pages.</disciption>
```

（5）上下文参数元素：声明应用范围内的初始化参数，在 Servlet 里面可以通过 getServletContext().getInitParameter("context/param")得到。如初始化名字为 ContextParameter、值为 test、说明文本为“It is a test parameter.”的配置为：

```
<context-param>
    <param-name>ContextParameter</para-name>
```

```
    <param-value>test</param-value>
    <description>It is a test parameter.</description>
</context-param>
```

（6）过滤器配置元素：将一个名字与一个实现 javaxs.servlet.Filter 接口的类相映射（关联），如将 setCharacterEncodingFilter 类和 setCharacterEncoding 过滤器相映射的配置为：

```
<filter>
    <filter-name>setCharacterEncoding</filter-name>
    <filter-class>com.myTest.setCharacterEncodingFilter</filter-class>
    <init-param>
        <param-name>encoding</param-name>
        <param-value>GB2312</param-value>
    </init-param>
</filter>
<filter-mapping>
    <filter-name>setCharacterEncoding</filter-name>
    <url-pattern>/*</url-pattern>
</filter-mapping>
```

（7）监听器配置元素，如指定 listerner-class 为 SessionListener 类的配置为：

```
<listener>
    <listerner-class>listener.SessionListener</listener-class>
</listener>
```

（8）Servlet 配置元素，又分为基本配置和高级配置两种，只指定基本信息的基本配置如下。

```
<servlet>
    <servlet-name>snoop</servlet-name>
    <servlet-class>SnoopServlet</servlet-class>
</servlet>
<servlet-mapping>
    <servlet-name>snoop</servlet-name>
    <url-pattern>/snoop</url-pattern>
</servlet-mapping>
```

指定 param-name、param-value、description、role-name 等信息的高级配置则如下。

```
<servlet>
    <servlet-name>snoop</servlet-name>
    <servlet-class>SnoopServlet</servlet-class>
    <init-param>
        <param-name>foo</param-name>
        <param-value>bar</param-value>
    </init-param>
    <run-as>
        <description>Security role for anonymous access</description>
        <role-name>tomcat</role-name>
    </run-as>
</servlet>
<servlet-mapping>
    <servlet-name>snoop</servlet-name>
    <url-pattern>/snoop</url-pattern>
</servlet-mapping>
```

（9）会话超时配置元素（单位为 min），例如，指定会话超时不超过 120s 的配置为：

```
<session-config>
    <session-timeout>120</session-timeout>
</session-config>
```

（10）MIME 类型配置元素，如指定 extension 和 mime-type 的配置为：

```
<mime-mapping>
    <extension>htm</extension>
    <mime-type>text/html</mime-type>
</mime-mapping>
```

（11）指定欢迎文件页配置元素，如指定 welcome-file 为 index.jsp 的配置为：

```
<welcome-file-list>
    <welcome-file>index.jsp</welcome-file>
    <welcome-file>index.html</welcome-file>
    <welcome-file>index.htm</welcome-file>
</welcome-file-list>
```

（12）错误页面配置元素，该配置有以下两种方法。

方法 1：通过错误码来配置 error-page，如通过错误码来配置 404 错误。

```
<!--配置了当系统发生 404 错误时,跳转到错误处理页面 NotFound.jsp-->
<error-page>
    <error-code>404</error-code>
    <location>/NotFound.jsp</location>
</error-page>
```

方法 2：通过异常的类型配置 error-page，如通过异常的类型配置空指针异常错误。

```
<!--配置了当系统发生 java.lang.NullException(即空指针异常)时,跳转到错误处理页 error.jsp-->
<error-page>
    <exception-type>java.lang.NullException</exception-type>
    <location>/error.jsp</location>
</error-page>
```

（13）TLD 配置元素，如指定 taglib-uri 为 http://jakarta.apache.org/tomcat/debug-taglib 和 taglib-location 为/WEB-INF/pager-taglib.tld 的配置为：

```
<jsp-config>
    <taglib>
        <taglib-uri>http://jakarta.apache.org/tomcat/debug-taglib</taglib-uri>
        <taglib-location>/WEB-INF/pager-taglib.tld</taglib-location>
    </taglib>
</jsp-config>
```

（14）资源管理对象配置元素，如指定 resource-env-ref-name 为 jms/StockQueue 的配置为：

```
<resource-env-ref>
    <resource-env-ref-name>jms/StockQueue</resource-env-ref-name>
</resource-env-ref>
```

（15）资源工厂配置元素：配置数据库连接池等，如指定 JNDI JDBC DataSource 的 res-ref-name、res-type、res-auth 的配置为：

```
<resource-ref>
    <description>JNDI JDBC DataSource of shop</description>
    <res-ref-name>jdbc/sample_db</res-ref-name>
    <res-type>javax.sql.DataSource</res-type>
    <res-auth>Container</res-auth>
```

```
</resource-ref>
```

（16）安全限制配置元素，如指定 DELETE、GET、POST、PUT 4 种请求的安全限制配置为：

```
<security-constraint>
    <display-name>Example Security Constraint</display-name>
        <web-resource-collection>
        <web-resource-name>Protected Area</web-resource-name>
        <url-pattern>/jsp/security/protected/*</url-pattern>
        <http-method>DELETE</http-method>
        <http-method>GET</http-method>
        <http-method>POST</http-method>
        <http-method>PUT</http-method>
    </web-resource-collection>
    <auth-constraint>
          <role-name>tomcat</role-name>
          <role-name>role1</role-name>
</auth-constraint>
</security-constraint>
```

（17）登录验证配置元素，如指定 form-login-page 为 login.jsp 和 form-error-page 为 error.jsp 的配置为：

```
<login-config>
    <auth-method>FORM</auth-method>
        <realm-name>Example-Based Authentiation Area</realm-name>
        <form-login-config>
        <form-login-page>/jsp/security/protected/login.jsp</form-login-page>
        <form-error-page>/jsp/security/protected/error.jsp</form-error-page>
    </form-login-config>
</login-config>
```

（18）安全角色元素：security-role 元素给出安全角色的一个列表，这些角色将出现在 servlet 元素内的 security-role-ref 元素的 role-name 子元素中，分别声明角色可使高级 IDE 处理安全信息更为容易。如指定 role-name 为 tomcat 的配置为：

```
<security-role>
    <role-name>tomcat</role-name>
</security-role>
```

（19）Web 环境参数配置元素：env-entry 元素声明 Web 应用的环境项，如指定 env-entry-value 为 1、env-entry-name 为 minExemptions 和 env-entry-type 为 Integer 的配置为：

```
<env-entry>
    <env-entry-name>minExemptions</env-entry-name>
    <env-entry-value>1</env-entry-value>
    <env-entry-type>java.lang.Integer</env-entry-type>
</env-entry>
```

（20）EJB 声明元素，如指定本地的 ejb-ref-name 为 ejb/ProcessOrder、ejb-ref-type 为 Session、local-home 为 ProcessOrderHome 和 local 为 ProcessOrder 的配置为：

```
<ejb-ref>
    <description>Example EJB reference</decription>
    <ejb-ref-name>ejb/ ProcessOrder </ejb-ref-name>
    <ejb-ref-type>Session</ejb-ref-type>
    <home>com.mycompany.mypackage. ProcessOrderHome</home>
    <remote>com.mycompany.mypackage. ProcessOrder</remote>
</ejb-ref>
```

（21）DWR 配置元素，如 Servlet 中指定 Servlet-class 为 DWRServlet、url-pattern 为 dwr/*和 servlet-name 为 dwr-invoker 的配置为：

```
<servlet>
    <servlet-name>dwr-invoker</servlet-name>
    <servlet-class>uk.ltd.getahead.dwr.DWRServlet</servlet-class>
</servlet>
<servlet-mapping>
    <servlet-name>dwr-invoker</servlet-name>
    <url-pattern>/dwr/*</url-pattern>
</servlet-mapping>
```

4.5.3 常用元素的使用

XML 文件有很多的元素和标记，还支持自定义元素和标记，下面将介绍一些 Java Web 开发中常用的元素及其使用方法和范例。

1. <web-app>元素

```
<web-app>
```

xmlns="http://java.sun.com/xml/ns/j2ee"xmlns:xsi="http://www.w3.org/2001/XMLSchema-instance"xsi:schemaLocation="http://java.sun.com/xml/ns/j2ee/web-app_2_4.xsd"version="2.4">这是一般在写 XML 时所做的声明，定义了 XML 的版本、编码格式，并指明 schema 的来源，为 http://java.sun.com/xml/ns/j2ee/web- app_2_ 4.xsd。

2. Web 应用描述元素

<icon>icon 元素包含 small-icon 和 large-icon 两个子元素，用来指定 Web 站点中小图标和大图标的路径。<small-icon>/路径/smallicon.gif</small-icon>small-icon 元素应指向 Web 站点中某个小图标的路径，大小为 16 pixel×16 pixel，但是图像文件必须为 GIF 或 JPEG 格式，即扩展名必须为.gif 或.jpg。<large-icon>/路径/largeicon-jpg</large-icon>large-icon 元素应指向 Web 站点中某个大图标的路径，大小为 32 pixel×32 pixel，同样，图像文件必须为 GIF 或 JPEG 格式。

<display-name>站点名称</display-name>定义站点的名称。

<description>站点描述</discription>对站点做出描述。

【例 4-1】 应用描述元素。

```
<icon>
    <small-icon>/images/small.gif</small-icon>
    <large-icon>/images/large.gir</large-icon>
</icon>
<display-name>Develop Example</display-name>
<description>JSP 2.0 Tech Book's Examples</description>
```

3. <distributable>元素

distributable 元素为空标签，它的存在与否可以指定站点是否可分布式处理。如果 web.xml 中出现这个元素，则代表站点在开发时已经被设计为能在多个 JSP Container 之间分散执行。

4. <context-param>元素

context-param 元素用来设定 Web 站点的环境参数（Context），它包含下面两个子元素。

（1）<param-name>参数名称</param-name>设定 Context 名称。

（2）<param-value>值</param-value>设定 Context 名称的值。

【例 4-2】 content-param 元素。

```
<context-param>
    <param-name>param_name</param-name>
    <param-value>param_value</param-value>
</context-param>
```

在此所设定的参数，在 JSP 网页中可以使用${initParam.param_name}方法取得；若在 Servlet 中则可以使用 String param_name=getServletContext().getInitParamter("param_name");方法获得。

5. <filter>元素

filter 元素用来声明 filter 的相关配置。filter 元素除了下面介绍的子元素之外，还包括刚刚介绍过的<icon>、<display-name>、<description>、<init-param>，其用途都是一样的。

（1）<filter-name>Filter 的名称</filter-name>定义 Filter 的名称。

（2）<filter-class>Filter 的类名称</filter-class>定义 Filter 的类名称。

【例 4-3】 filter 元素。

```
<filter>
    <filter-name>setCharacterEncoding</filter-name>
    <filter-class>coreservlet.javaworld.CH11.SetCharacterEncodingFilter</filter-class>
    <init-param>
    <param-name>encoding</param-name>
    <param-value>GB2312</param-value>
    </init-param>
</filter>
```

6. <filter-mapping>元素

filter-mapping 元素的子元素如下。

（1）<filter-name>Filter 的名称</filter-name>定义 Filter 的名称。

（2）<url-pattern>Filter 所对应的 URL</url-pattern>定义 Filter 所对应的 URL。

（3）<dispatcher>REQUEST→INCLUDE→FORWARD→ERROR</disaptcher>设定 Filter 对应的请求方式，有 REQUEST、INCLUDE、FORWARD、ERROR 4 种（详情参见 8.1 节），默认为 REQUEST。

【例 4-4】 filter-mapping 元素。

```
<filter-mapping>
    <filter-name>GZIPEncoding</filter-name>
    <url-pattern>/*</url-pattern>
</filter-mapping>
```

7. <listener>元素

listener 元素用来定义 Listener 接口，它的主要子元素如下。

<listener-class>Listener 的类名称</listener-class>定义 Listener 的类名称。

【例 4-5】 listener 元素。

```
<listener>
    <listener-class> com.foo.hello.ContenxtListener</listener-class>
</listener>
```

8. <servlet>元素

servlet 元素用来声明 Servlet 的相关配置。servlet 元素除了下面介绍的两个子元素之外，还包括刚刚介绍过的<icon>、<display-name>、<description>、<init-param>，其用途都是一样的。

（1）<servlet-name>Servlet 的名称</servlet-name>定义 Servlet 的名称。

（2）<servlet-class>Servlet 的类名称</servlet-class>定义 Servlet 的类名称。

（3）<init-param></init-param>用来定义参数，可有多个 init-param。

【例 4-6】servlet 元素。

```
<servlet>
   <servlet-name>snoop</servlet-name>
   <servlet-class>SnoopServlet</servlet-class>
   <init-param>
      <param-name> encoding </param-name>
      <param-value> GB2312</param-value>
   </init-param>
</servlet>
```

9. <servlet-mapping>元素

servlet-mapping 元素包含下面两个子元素。

（1）<servlet-name>Servlet 的名称</servlet-name>定义 Servlet 的名称。

（2）<url-pattern>Servlet URL</url-pattern>定义 Servlet 所对应的 URL。

【例 4-7】servlet-mapping 元素。

```
<servlet-mapping>
   <servlet-name>LoginChecker</servlet-name>
   <url-pattern>/LoginChecker</url-pattern>
</servlet-mapping>
```

10. <session-config>元素

session-config 包含一个子元素 session-timeout，定义 Web 站点中的 Session 参数。

<session-timeout>分钟</session-timeout>定义这个 Web 站点中所有 Session 的有效期限，单位为分钟。

【例 4-8】session-config 元素。

```
<session-config>
   <session-timeout>20</session-timeout>
</session-config>
```

11. <mime-mapping>元素

mime-mapping 包含如下两个子元素，主要用来定义某一个扩展名和某一 MIME Type 做对映。

（1）<extension>扩展名名称</extension>扩展名称。

（2）<mime-type>MIME 格式</mime-type>MIME 格式。

【例 4-9】mime-mapping 元素。

```
<mime-mapping>
   <extension>doc</extension>
   <mime-type>application/vnd.ms-word</mime-type>
</mime-mapping>
```

12. <welcome-file-list>元素

welcome-file-list 包含一个子元素 welcome-file，用来定义首页列单。

<welcome-file>用来指定首页文件名称</welcome-flie>welcome-file 用来指定首页文件名称。可以使用<welcome-file>来指定多个首页，但是服务器会依照设定的顺序来找首页。

【例 4-10】 welcome-file-list 元素。

```
<welcome-file-list>
    <welcome-file>index.jsp</welcome-file>
    <welcome-file>index.htm</welcome-file>
</welcome-file-list>
```

13. <error-page>元素

error-page 元素包含三个子元素 error-code，exception-type 和 location。将错误代码（Error Code）或异常（Exception）的种类对应到 Web 站点资源路径。

（1）<error-code>错误代码</error-code>HTTP 错误代码，例如 404。

（2）<exception-type>Exception</exception-type>一个完整名称的 Java 异常类型。

（3）<location>/路径</location>在 Web 站点内的相关资源路径。

【例 4-11】 error-page 元素。

```
<error-page>
      <error-code>404</error-code>
      <location>/error404.jsp</location>
</error-page>
<error-page>
      <exception-type>java.lang.Exception</exception-type>
      <location>/except.jsp</location>
</error-page>
```

14. <jsp-config>元素

jsp-config 元素主要用来设定 JSP 的相关配置，主要包括<taglib>和<jsp-property-group>两个子元素。其中，<taglib>标记在 JSP 1.2 时就已经存在了，而<jsp-property-group>是 JSP 2.0 新增的元素。

<taglib>taglib 元素包含两个子元素 taglib-uri 和 taglib-location，用来设定 JSP 网页用到的 Tag Library 路径。

<taglib-uri>URI</taglib-uri>taglib-uri 定义 TLD 文件的 URI，JSP 网页的 taglib 指令可以经由这个 URI 存取到 TLD 文件。

<taglib-location>/WEB-INF/lib/xxx.tld</taglib-laction>TLD 文件对应 Web 站点的存放位置。

<jsp-property-group>jsp-property-group 元素包含 8 个子元素，分别如下。

（1）<description>Description</descrition>此设定的说明。

（2）<display-name>Name</display-name>此设定的名称。

（3）<url-pattern>URL</url-pattern>设定值所影响的范围，如/CH2 或者/*.jsp。

（4）<el-ignored>true→false</el-ignored>若为 true，表示不支持 EL 语法。

（5）<scripting-invalid>true→false</scripting-invalid>若为 true，表示不支持<%scription%>语法。

（6）<page-encoding>encoding</page-encoding>设定 JSP 网页的编码。

（7）<include-prelude>.jspf</include-prelude>设置 JSP 网页的抬头，扩展名为.jspf。JSP segments（以前版本称为 JSP fragments）即 jspf 文件是不完整的 JSPs，是用来被其他的 JSP 包含的。

（8）<include-coda>.jspf</include-coda>设置 JSP 网页的结尾，扩展名为.jspf。

【例 4-12】 jsp-config 元素。

```
<jsp-config>
```

```
    <taglib>
        <taglib-uri>Taglib</taglib-uri>
        <taglib-location>/WEB-INF/tlds/MyTaglib.tld</taglib-location>
    </taglib>
    <jsp-property-group>
        <description>Special property group for JSP Configuration JSP example.</description>
        <display-name>JSPConfiguration</display-name>
        <uri-pattern>/*</uri-pattern>
        <el-ignored>true</el-ignored>
        <page-encoding>GB2312</page-encoding>
        <scripting-inivalid>true</scripting-inivalid>
        …
    </jsp-property-group>
</jsp-config>
```

15. <resource-ref>元素

resource-ref 元素包括以下 5 个子元素。

（1）<description>说明</description>资源说明。

（2）<rec-ref-name>资源名称</rec-ref-name>资源名称。

（3）<res-type>资源种类</res-type>资源种类。

（4）<res-auth>Application→Container</res-auth>资源由 Application 或 Container 来许可。

（5）<res-sharing-scope>Shareable→Unshareable</res-sharing-scope>资源是否可以共享，默认值为 Shareable。

【例 4-13】 resource-ref 元素。

```
<resource-ref>
      <description>JNDI JDBC DataSource of JSPBook</description>
      <res-ref-name>jdbc/sample_db</res-ref-name>
      <res-type>javax.sql.DataSoruce</res-type>
      <res-auth>Container</res-auth>
</resource-ref>
```

4.5.4 和 properties 文件的区别

读者都知道在 Java Web 开发中常用的配置文件除了 xml 格式的 XML 文件，常用的配置文件还有 properties 文件，那么它们有什么区别呢？

XML 文件和 properties 文件的区别主要有以下几点。

（1）结构上：XML 文件主要是树状结构；properties 文件主要是以 key-value 对的形式存在的结构。

（2）灵活程度上：.xml 格式的文件要比.properties 格式的文件更灵活一些，. xml 格式的文件可以有多种操作方法，例如，添加一个属性，或者做一些其他的定义等；. properties 格式的文件以键值对形式存在，主要就是赋值，而且只能赋值，不能进行其他的操作。

（3）使用便捷程度上：.properties 格式的文件要比.xml 格式的文件配置起来简单一些。配置 properties 只需要简单的 getProperty(key)方法或者 setProperty(key, value)方法就可以读取或者写入内容；配置.xml 格式文件的时候通常要查看文档，因为配置比较烦琐，花费较长时间才可以完成配置。

（4）应用程度上：properties 文件比较适合于小型简单的项目；XML 文件因为比较灵活，所以适合大型复杂的项目。

4.6　创建并部署 Web 应用程序

下面将介绍如何通过 Eclipse 开发工具创建并部署 Web 应用程序（源码\cho4\first 文件夹）。

1. 创建项目

在 Eclipse 中创建一个名称为 first 的项目的步骤如下。

（1）启动 Eclipse，并选择一个合适的工作空间，进入 Eclipse 的开发界面。

（2）单击菜单栏上的 File 按钮，在弹出来的菜单上选择 New 选项，再选中 Dynamic Web Project 选项并单击，如图 4-5 所示，将打开 New Dynamic Web Project 对话框。

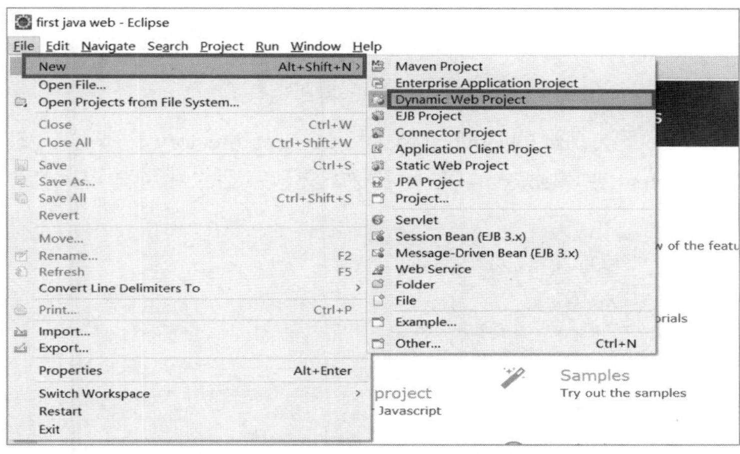

图 4-5　新建 Dynamic Web Project 页面

（3）在 New Dynamic Web Project 对话框的 Project name 文本框中输入项目的名称，这里输入 first，其他的均采用默认设置，如图 4-6 所示，单击 Next 按钮，打开 Java 配置的对话框。

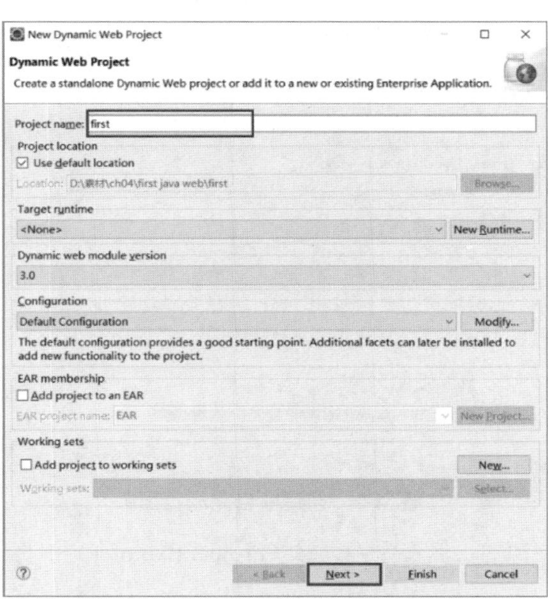

图 4-6　New Dynamic Web Project 对话框

（4）在 Java 配置的对话框中，全部采用默认设置，直接单击 Next 按钮，如图 4-7 所示。

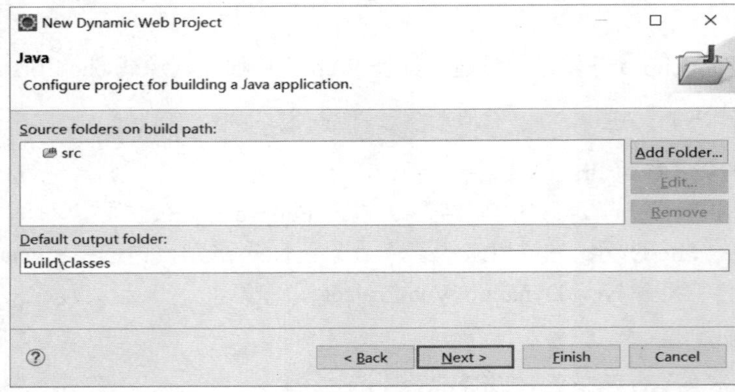

图 4-7　Java 配置对话框

（5）在弹出的 Web Module 配置页面的 Context root 和 Content directory 文本框中依次填写项目名称为 first 和文件夹目录名称为 WebContent 或 WebRoot，项目名称可更改，目录名称建议保持默认以保持统一，增强可读性，如图 4-8 所示。

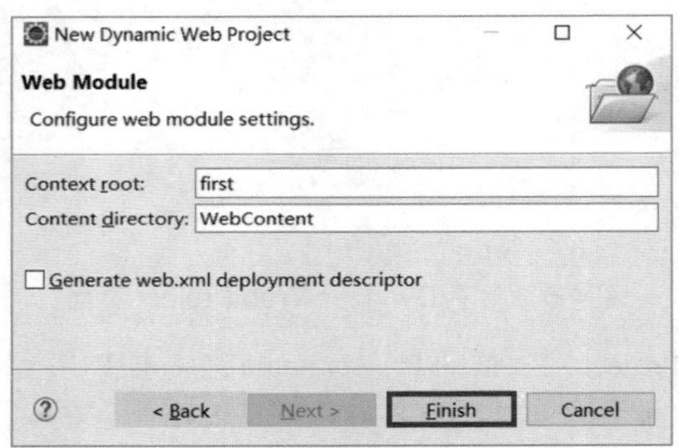

图 4-8　Web Module 配置页面

（6）单击 Finish 按钮，即可完成 first 项目的创建，如图 4-9 所示。

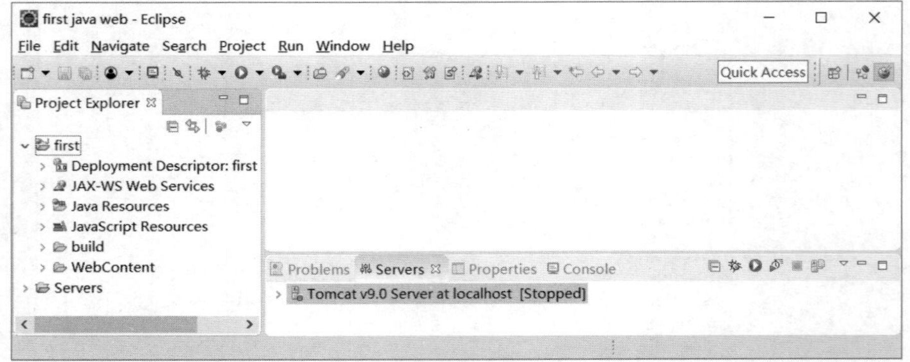

图 4-9　创建项目完成页面

（7）此时在 Eclipse 平台左侧的项目资源管理器（Project Explorer）中将显示 first 项目，依次展开各结点，如图 4-10 所示。

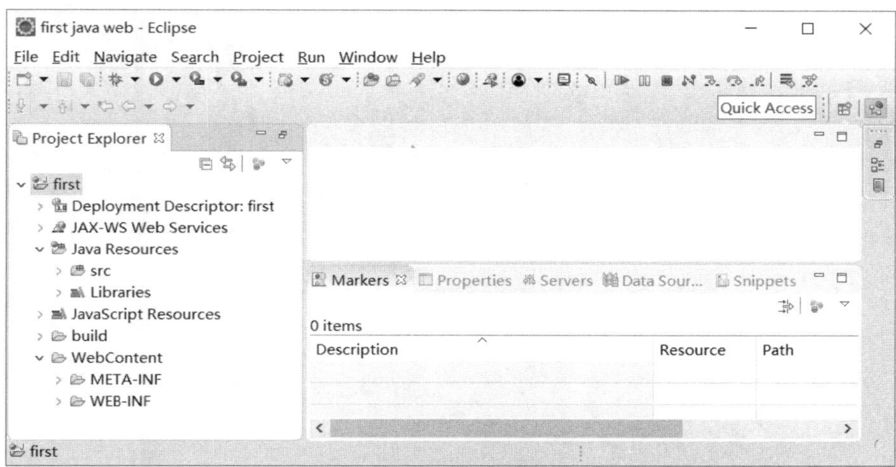

图 4-10　first 项目的目录结构

2. 创建网页文件

项目创建完成后，需要根据实际的应用情况，创建类文件、HTML 文件、JSP 文件或者其他的文件。创建一个名称为 index.html 的 HTML 文件的步骤如下。

（1）在 Eclipse 的项目资源管理器（Project Explorer）中，选中 first 结点下的 WebContent 文件夹右击，在弹出的快捷菜单中依次单击 New→HTML File 菜单命令，打开 New HTML File 对话框。在 File name 文本框里输入文件名，这里输入“index.html”，如图 4-11 所示。

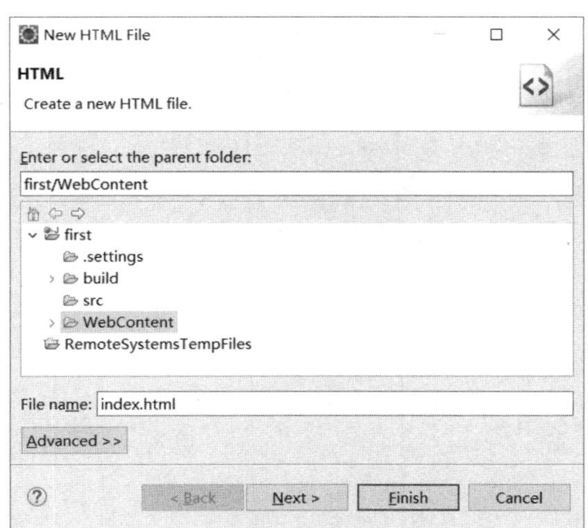

图 4-11　New HTML File 对话框

（2）单击 Next 按钮，将打开 Select HTML Template 对话框，这里采用默认设置，如图 4-12 所示，单击 Finish 按钮，即可完成 HTML 文件的创建（或者在 New HTML File 对话框里直接单击 Finish 按钮，也可以完成 HTML 文件的创建）。

（3）创建完成后，Eclipse 会自动地将该文件在右侧的编辑窗口中打开。将 index.html 的默认代码修改为下面的代码并保存，至此，就完成了一个简单的 HTML 文件的创建。

```
<!DOCTYPE html>
<html>
```

```
<head>
      <meta charset="GB18030">
      <title>first</title>
</head>
<body>
      <b>Hello world!</b>
</body>
</html>
```

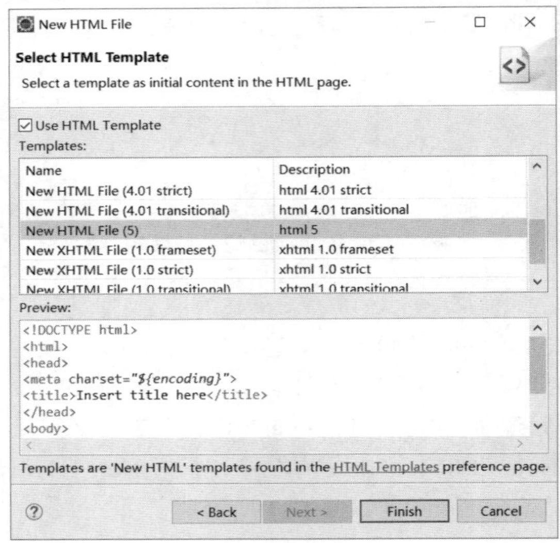

图 4-12　选择 HTML 模板

3. 配置 Web 服务器

在发布和运行项目之前，需要先配置服务器，如果已经配置好服务器，则不需要再重新配置了，也就是说，这一过程不是每一个项目开发都必须经过的步骤。在 Eclipse 中，同一工作空间下只需要配置一次，该空间内所有的项目就都可以使用该服务器。配置 Web 服务器的步骤如下。

（1）在 Eclipse 的右下方的视图中，选中 Servers 视图，在该视图的空白区域右击，在弹出来的快捷菜单里依次选择 New→Server 菜单命令，如图 4-13 所示。随后，将打开 New Server（新建服务器）对话框。

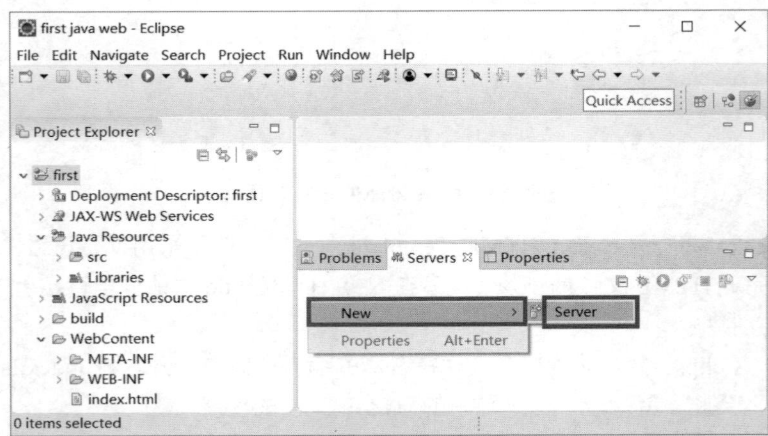

图 4-13　New Server 页面

（2）在 New Server 对话框中，展开 Apache 结点，选择该结点下的 Tomcat v9.0 Server 子结点（也可以选择其他的），其他的采用默认设置即可，如图 4-14 所示，再单击 Next 按钮。

（3）单击 Next 按钮之后，会弹出指定 Tomcat 安装路径的对话框，单击 Browse 按钮，选择 Tomcat 的安装路径，其他的采用默认设置即可，如图 4-15 所示。选择正确的路径之后，再单击 Finish 按钮，即可完成 Tomcat 服务器的配置。

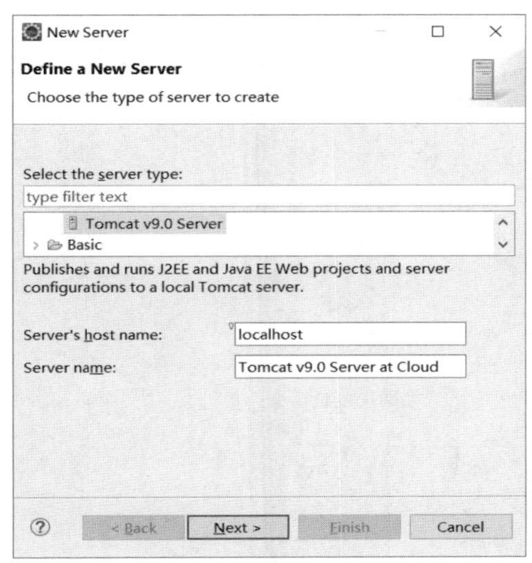

图 4-14　New Server 对话框

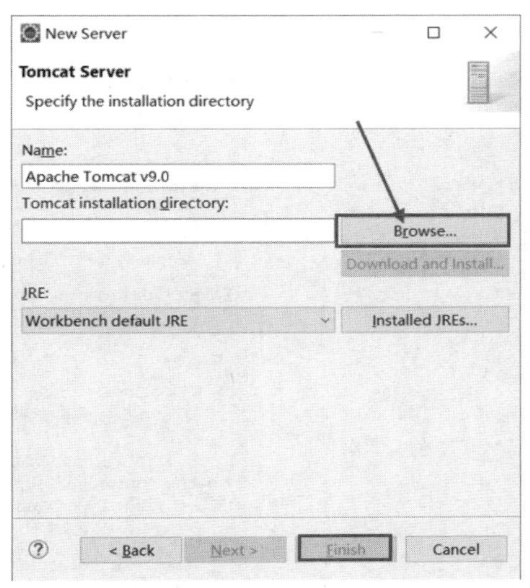

图 4-15　指定 Tomcat 安装路径

提示： 配置完成后，服务器默认是关闭的，可以通过旁边的“开始”按钮和“停止”按钮快捷操作服务器的启动与停止。

4. 发布项目到服务器并运行

Java Web 项目创建完成后，即可将项目发布到 Tomcat 服务器并运行，具体的步骤如下。

（1）在 Eclipse 的工具栏里单击“运行”按钮，在弹出的 Run As 对话框里选择 Run On Server，然后单击 OK 按钮即可，如图 4-16 所示。

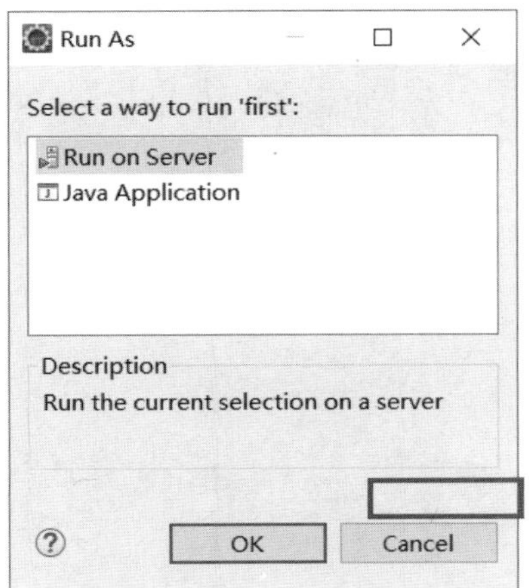

图 4-16　Run As 对话框

提示： 还可以在 Eclipse 的项目资源管理器（Project Explorer）中，选中 first 结点后右击，在弹出的快捷菜单里依次单击 Run As→Run On Server，或者按 Shift+Alt+X 组合键，按 R 快捷键（即先同时按下 Shift、Alt、X 3 个按键，松开后再按下 R 键）。

（2）在弹出的 Run On Server 对话框中，勾选 Always use this server when running this project（将该服务器设置为该项目的默认运行方式，为了方便运行该项目，建议勾选，但不是必选项），其他的保持默认，如图 4-17 所示。

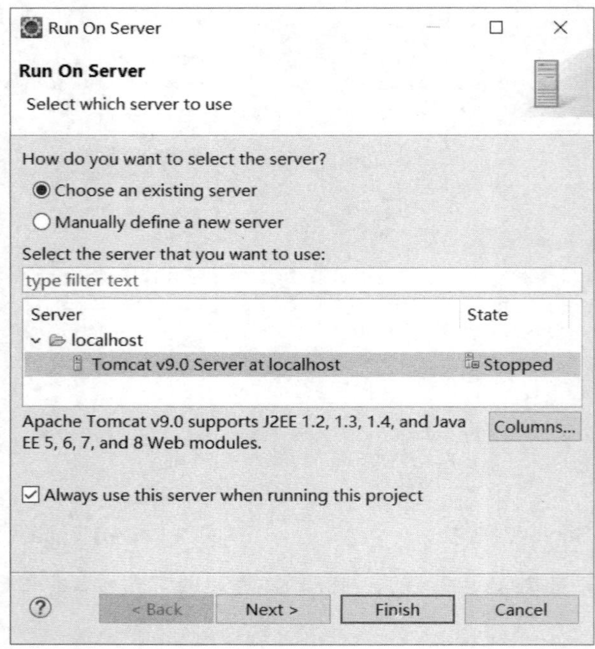

图 4-17 Run On Server 对话框

（3）再单击 Finish 按钮，即可通过 Tomcat 服务器运行该项目，运行后的效果如图 4-18 所示。

提示： 如果想要在其他浏览器中运行该项目，那么将 URL 地址复制到浏览器的地址栏中，然后再按 Enter 键即可运行。

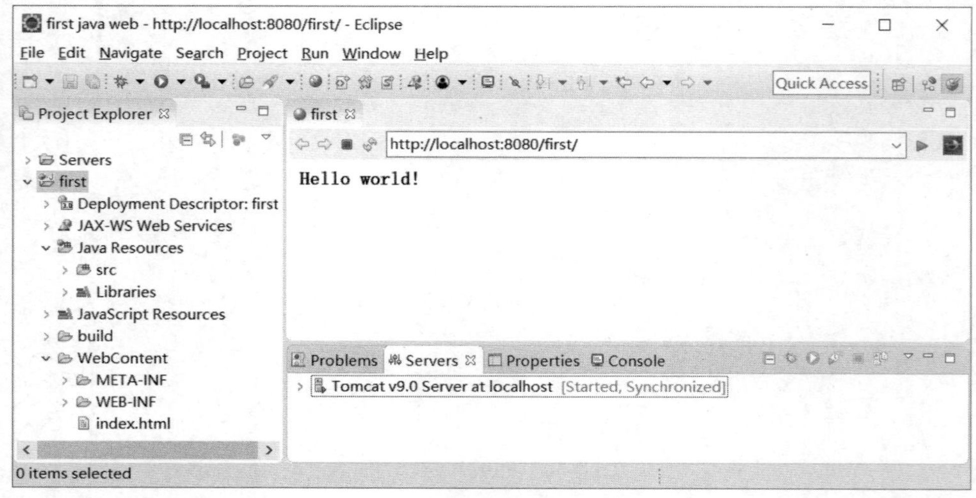

图 4-18 运行效果

4.7 综合案例

利用 Eclipse 开发工具开发一个简单的主页框架，如图 4-19 所示（源码\ch04\zhuye 文件夹）。

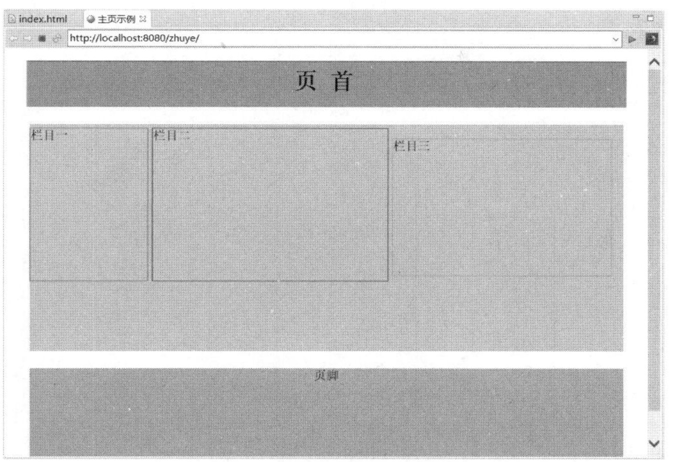

图 4-19 主页模板样例图

详细过程同 4.6 节，将 index.html 文件内容改为下面的代码并运行即可。

```
<!DOCTYPE html>
<html>
<head>
<meta charset="UTF-8">
<title>主页实例</title>
<style>
    #banner,#content,#foot{width:760px;margin:0 auto;}
    #banner{
       text-align:center;
       height:50px;
       background:#ab0;
       border-top:1px solid #f00;
       padding-top:10px;
       padding-left:8px;
       margin-top:-10px;
          font-size:30px;
          font-weight:bold;
          letter-spacing :0.5em;
    }
    #content{
       margin-top:5px;
       height:300px;
       background:#fba;
    }
    #foot{
       margin-top:5px;
       height:150px;
       background:#aba;
          text-align:center;
    }
    #left{
          margin-top:5px;
       width:150px;
       height:200px;
       float:left;
```

```
        border:1px solid #0ba;
        margin-right:5px;
    }
    #center{
        margin-top:5px;
        width:300px;
        height:200px;
        float:left;
        border:1px solid #f00;
        margin-right:5px;
    }
    #right{
        width:280px;
        height:180px;
        float:left;
        border:1px solid #0ff;
    }
</style>
</head>
<body>
    <span style="white-space:pre">  </span><div id="banner">页首</div>
    <span style="white-space:pre">  </span><div id="content">
    <span style="white-space:pre">  </span><div id="left">栏目一</div>
    <span style="white-space:pre">  </span><div id="center">栏目二</div>
    <span style="white-space:pre">  </span><div id="right">栏目三</div>
    <span style="white-space:pre">  </span></div>
    <span style="white-space:pre">  </span><div id="foot">页脚</div>
</body>
</html>
```

4.8 就业面试解析与技巧

4.8.1 就业面试解析与技巧（一）

面试者：请简述 C/S 与 B/S 的区别。

应聘者：主要有以下 8 个方面的不同。

1. 硬件环境的不同

C/S：一般建立在专用的网络上，小范围里的网络环境、局域网之间再通过专门的服务器提供连接和数据交换服务。

B/S：建立在广域网之上的，不必是专门的网络硬件环境，有比 C/S 更强的适应范围，一般只要有操作系统和浏览器就行。

2. 对安全要求不同

C/S：一般面向相对固定的用户群，对信息安全的控制能力很强。高度机密的信息系统一般采用 C/S 结构。

B/S：建立在广域网之上，对安全的控制能力相对较弱，可能面向不可知的用户。

3. 对程序架构不同

C/S：程序可以更加注重流程，可以对权限多层次校验，对系统运行速度可以较少考虑。

B/S：对安全以及访问速度的多重考虑，建立在需要更加优化的基础之上。

4. 软件重用不同

C/S：程序可以不可避免地整体性考虑，构件的重用性不如在 B/S 要求下的构件的重用性好。
B/S：对多重结构，要求构件相对独立的功能。

5. 系统维护不同

C/S：程序由于整体性，必须整体考察、处理出现的问题以及系统升级。
B/S：构件组成，方便个别构件的更换，实现系统的无缝升级。

6. 处理问题不同

C/S：程序可以处理用户面固定，并且在相同区域，安全要求高，与操作系统相关。
B/S：建立在广域网上，面向不同的用户群，地域分散，这是 C/S 无法做到的。

7. 用户接口不同

C/S：多是建立在 Windows 平台上，表现方法有限，对程序员普遍要求较高。
B/S：建立在浏览器上，与用户交流时有更加丰富和生动的表现方式；并且大部分难度降低，降低了开发成本。

8. 信息流不同

C/S：程序一般是典型的中央集权的机械式处理，交互性相对较低。
B/S：信息流向可变化，B-B、B-C、B-G 等信息、流向的变化，更像是交易中心。

4.8.2 就业面试解析与技巧（二）

面试者：请写出几个 web.xml 中常用的元素或者标记及其用法。
应聘者：

1. <filter>

filter 元素用来声明 filter 的相关配置。filter 元素主要的子元素及其用途如下。
（1）<filter-name>Filter 的名称</filter-name>定义 Filter 的名称。
（2）<filter-class>Filter 的类名称</filter-class>定义 Filter 的类名称。

2. <filter-mapping>

filter-mapping 元素主要的子元素及其用途如下。
（1）<filter-name>Filter 的名称</filter-name>定义 Filter 的名称。
（2）<url-pattern>Filter 所对应的 URL</url-pattern>定义 Filter 所对应的 URL。
（3）<dispatcher>REQUEST→INCLUDE→FORWARD→ERROR</disaptcher>设定 Filter 对应的请求方式，有 REQUEST、INCLUDE、FORWARD、ERROR 4 种，默认为 REQUEST。

3. <listener>

listener 元素用来定义 Listener 接口，它的主要子元素及其用途如下。
<listener-class>Listener 的类名称</listener-class>定义 Listener 的类名称。

4. <servlet>

servlet 元素用来声明 servlet 的相关配置。servlet 元素主要的子元素及其用途如下。

（1）<servlet-name>Servlet 的名称</servlet-name>定义 Servlet 的名称。

（2）<servlet-class>Servlet 的类名称</servlet-class>定义 Servlet 的类名称。

（3）<init-param></init-param>用来定义参数，可有多个 init-param。

5. <servlet-mapping>

servlet-mapping 元素包含的两个子元素及其用途如下。

（1）<servlet-name>Servlet 的名称</servlet-name>定义 Servlet 的名称。

（2）<url-pattern>Servlet URL</url-pattern>定义 Servlet 所对应的 RUL。

这些元素的一个常见的范例如下。

```
"web.xml"
<?xml version="1.0" encoding="UTF-8"?>
<!DOCTYPE web-app PUBLIC "-//Sun Microsystems, Inc.//DTD Web Application 2.3//EN" "http://java.
sun.com/dtd/web-app_2_3.dtd">
<web-app id="Myweb">
   <filter>
      <filter-name>setCharacterEncoding</filter-name>
      <filter-class>coreservlet.javaworld.CH11.SetCharacterEncodingFilter</filter-class>
      <init-param>
         <param-name>encoding</param-name>
         <param-value>GB2312</param-value>
      </init-param>

   </filter>
   <filter-mapping>
      <filter-name>GZIPEncoding</filter-name>
      <url-pattern>/*</url-pattern>
   </filter-mapping>
   <listener>
      <listener-class> com.foo.hello.ContenxtListener</listener-class>
   </listener>
   <servlet>
      <servlet-name>snoop</servlet-name>
      <servlet-class>SnoopServlet</servlet-class>
      <init-param>
         <param-name> encoding </param-name>
         <param-value> GB2312</param-value>
      </init-param>
   </servlet>
   <servlet-mapping>
      <servlet-name>LoginChecker</servlet-name>
      <url-pattern>/LoginChecker</url-pattern>
   </servlet-mapping>
</web-app>
```

技巧：简单地介绍几个常用的标签（标记）及其用法即可，注意如果可以写出来一个完整的 web.xml 文档，是一个很好的加分点！

第 2 篇 核心应用

本篇主要讲解 JDBC 基础、Java 与数据库、服务端程序的开发、服务端过滤技术、服务端监听技术等。通过本篇的学习，读者将对使用 Java Web 进行服务器端程序开发技术有深入的掌握。

- 第 5 章　Java Web 中的数据库开发——JDBC 基础
- 第 6 章　Java 与数据库——JDBC 与 MySQL
- 第 7 章　服务端程序的开发——Servlet 基础
- 第 8 章　服务端过滤技术——Filter 开发
- 第 9 章　服务端监听技术——Listener 开发

第 5 章

Java Web 中的数据库开发——JDBC 基础

学习指引

JDBC（Java Data Base Connectivity，Java 数据库连接）是一种用于执行 SQL 语句的 Java API，可以为多种关系数据库提供统一访问。JDBC 扩展了 Java 的功能，例如，用 Java 和 JDBC API 可以发布含有 Applet 的网页，而该 Applet 使用的信息可能来自远程数据库。企业也可以用 JDBC 通过 Intranet 将所有职员连到一个或多个内部数据库中（即使这些职员所用的计算机有 Windows、Macintosh 和 UNIX 等各种不同的操作系统）。随着越来越多的程序员开始使用 Java 编程语言，对从 Java 中便捷地访问数据库的要求也在日益增加。本章将介绍 Java Web 中数据库开发的 JDBC 基础。

重点导读

- 学习 JDBC 的工作原理。
- 掌握 JDBC 的常用类和接口。
- 掌握 JDBC 连接数据库的步骤。
- 了解数据库连接池技术。

5.1 数据库简介

数据库就是一个存放数据的仓库，这个仓库是按照一定的数据结构（数据结构是指数据的组织形式或数据之间的联系）来组织、存储的，用户可以通过数据库提供的多种方式来管理数据库里的数据。

更简单形象的理解，数据库和人们生活中存放杂物的储物间仓库性质一样，区别只是存放的东西不同，杂物间存放实体的物件，而数据库里存放的是数据。

数据库诞生于六十多年前，随着信息技术的发展和人类社会的不断进步，特别是 2000 年以后，数据库不再仅仅是存储和管理数据了，而转变成用户所需要的各种数据管理方式。数据库有很多种类和功能，从最简单的存储有各种数据的表格到能够进行海量数据存储的大型数据库系统，都在各方面得到了广泛的应用。

5.1.1 数据库分类

按照早期的数据库理论，比较流行的数据库模型有三种，分别为层次式数据库、网络式数据库和关系型数据库（前两者已经基本消失）。而当今的互联网中，最常用的数据库模型主要有两种，即关系型数据库和非关系型数据库。下面介绍几种常用的关系型数据库，非关系型数据库在此不多做介绍，感兴趣的读者可以从网上查阅资料。

5.1.2 关系型数据库介绍

虽然网状数据库和层次数据库已经很好地解决了数据的集中和共享问题，但是在数据独立性和抽象级别上仍有很大欠缺，而关系型数据库就可以较好地解决这些问题。

关系型数据库诞生距今已有四十多年了，从理论产生发展到现实产品，例如，MySQL 和 Oracle 数据库。Oracle 在数据库领域里占据了霸主地位，形成每年高达数百亿美元的庞大产业市场，而 MySQL 也是不容忽视的数据库，以至于被 Oracle 重金收购。

关系型数据库模型是把复杂的数据结构归结为简单的二元关系（即二维表格形式）。在关系数据库中，对数据的操作几乎全部建立在一个或多个关系表格上，通过对这些关联表的表格分类、合并、连接或选取等运算来实现对数据的管理。

下面介绍一下常用的关系型数据库，具体如下。

1. Oracle 数据库

Oracle 最初叫作 SDL，由 Larry Ellison 和另外两个编程人员在 1977 年创办，他们开发了自己的拳头产品，在市场上大量销售。1979 年，Oracle 公司引入了第一个商用 SQL 关系型数据库管理系统。Oracle 公司是最早开发关系型数据库的厂商之一，其产品支持最广泛的操作系统平台。目前，Oracle 关系型数据库产品的市场占有率数一数二。

Oracle 公司是目前全球最大的数据库软件公司，也是近年业务增长极为迅速的软件提供与服务商。

Oracle 主要应用范围为传统大企业、大公司、政府、金融、证券等。

2. MySQL 数据库

MySQL 数据库是一个中小型关系型数据库管理系统，开发者为瑞典 MySQL AB 公司，2008 年 1 月 16 日被 Sun 公司收购，后 Sun 公司又被 Oracle 公司收购。目前，MySQL 被广泛地应用在 Internet 上的大中小型网站中。由于 MySQL 体积小、速度快、总体拥有成本低，尤其是开放源码这一特点，许多大中小型网站为了降低网站总体拥有成本而选择了 MySQL 作为网站数据库，甚至国内知名的淘宝网也选择弃用 Oracle 而更换为更开放的 MySQL。

MySQL 主要应用范围为：互联网领域，大中小型网站，游戏公司，电商平台等。

3. SQL Server

SQL Server 是微软公司开发的大型关系型数据库系统。SQL Server 的功能比较全面，效率高，可以作为中型企业或者单位的数据库平台。SQL Server 可以与 Windows 操作系统紧密集成，不论是应用程序开发速度还是系统事务处理运行速度，都能得到较大的提升。对于在 Windows 平台上开发的各种企业级信息管理系统来说，不论是 C/S 架构还是 B/S 架构，SQL Server 都是一个很好的选择。SQL Server 的缺点是只能在 Windows 系统下运行。

SQL Server 主要应用范围为：部分企业电商，使用 Windows 服务器平台的企业。

4. MariaDB

MariaDB 数据库管理系统是 MySQL 数据库的一个分支，主要由开源社区维护，采用 CPL 授权许可。开发这个 MariaDB 数据库分支的可能原因之一是：Oracle 公司收购了 MySQL 之后，有将 MySQL 闭源的潜在风险，因此 MySQL 开源社区采用分支的方式来避开这个风险。

开发 MariaDB 数据库的目的是完全兼容 MySQL 数据库，包括 API 和命令行，使之能轻松地成为 MySQL 的替代品。在存储引擎方面，使用 XtraDB 来代替 MySQL 的 InnoDB。MariaDB 由 MySQL 的创始人 Michael Widenius 主导开发，他之前曾以 10 亿美元的价格，将自己创建的公司 MySQL AB 卖给了 Sun，此后，随着 Sun 被 Oracle 收购，MySQL 的所有权也落入了 Oracle 的手中。MariaDB 数据库的名称来自 MySQL 的创始人 Michael Widenius 的女儿 Maria 的名字。

MariaDB 基于事务的 Maria 存储引擎，替换了 MySQL 的 MyISAM 存储引擎，它使用 Percona 的 XtraDB。这个版本还包括 PrimeBase XT 和 FederatedX 存储引擎。

5. Access

Access 是美国 Microsoft 公司于 1994 年推出的微机数据库管理系统。它具有界面友好、易学易用、开发简单、接口灵活等特点，是典型的新一代桌面关系型数据库管理系统。它结合了 Microsoft Jet Database Engine 和图形用户界面两项特点，是 Microsoft Office 的成员之一。Access 能够存取 Access/Jet、Microsoft SQL Server、Oracle，或者任何 ODBC 兼容数据库的资料。

Access 是入门级小型桌面数据库，性能安全性都很一般。可供个人管理或小型网站使用。

5.2 JDBC 简介

JDBC 在 JDK 中被定义，由一组用 Java 语言编写的类和接口组成，大致分为两类：针对 Java 程序员的 JDBC API 和针对数据库开发商的底层的 JDBC Driver API，可以为多种关系数据库提供统一访问方法。同时，JDBC 还可以构建更高级的工具和接口，使数据库开发人员能够编写数据库应用程序。此外，使用 JDBC 操作数据库还需要使用由数据库厂商提供的驱动程序（JDBC 驱动程序）。Java 与数据库交换信息的示意图如图 5-1 所示。

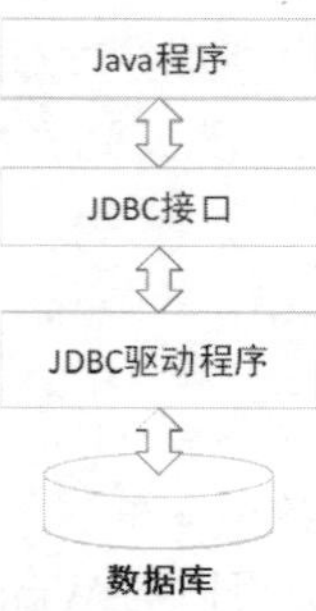

图 5-1　Java 与数据库交换信息

通过图 5-1 不难看出，JDBC 在 Java 程序和数据库之间起到了一个中间桥梁的作用，有了 JDBC 接口，就不必为访问 MySQL 数据库专门写一个程序，为访问 Oracle 数据库又专门写一个程序，或为访问其他类型的数据库又编写另一个程序等，程序员只需用 JDBC 接口写一个程序就够了，就可以向各种数据库发送调用请求。同时，将 Java 语言和 JDBC 结合起来使程序员不必为不同的平台编写不同的应用程序，只须写一遍程序就可以让它在任何平台上运行，这也体现了 Java 语言"通用性强"的优势。

JDBC 对 Java 程序员而言是接口（API），对实现与数据库连接的服务提供商而言是接口模型。作为 API，JDBC 为程序开发提供标准的接口，并为数据库厂商及第三方中间厂商实现与数据库的连接提供了标准方法。

目前，除了可以通过 JDBC 访问数据库外，Java 程序也可以通过 Microsoft 公司提供的 ODBC 来访问数据库。与 JDBC 不同的是，ODBC 是通过 C 语言实现接口的，它使用的是 C 语言中的接口。在 Java 领域中，几乎所有的 Java 程序员都是使用 JDBC 来操作各种数据库的，但是在其他的一些领域内，ODBC 的应用也十分广泛，望读者悉知。

API（Application Programming Interface，应用程序编程接口）在 Java 里是接口和实现接口的类以及相应的说明文档的统称，不仅指接口。

5.3 JDBC 驱动

5.2 节已经介绍了 JDBC 是由两部分与数据库独立的接口组成，一部分是面向程序开发人员的 JDBC API，另一部分是面向底层的 JDBC Driver API。而 JDBC 驱动程序就是由实施了这些接口的类组成，主要用于与数据库服务器交换信息。

Java 中的 JDBC 驱动根据不同的工作原理可以分为 4 种类型，分别是 JDBC-ODBC 桥、本地 API 驱动、网络驱动和纯 Java 驱动，具体介绍如下。

1. JDBC-ODBC 桥

JDBC-ODBC 桥的工作原理是把 JDBC 调用转换为 ODBC 操作。通过桥使得所有支持 ODBC 的 DBMS（数据库管理系统）都可以和 Java 应用程序进行交互。其中，JDBC-ODBC 桥接口是作为一套共享动态 C 库来进行提供的。但是，它的工作原理从根本上限制了它在基于 Web 的应用程序中的使用。

2. 本地 API 驱动程序

本地 API 驱动程序的工作原理是直接将 JDBC API 翻译成具体数据库的 API，将 JDBC 调用转换为对数据库的客户端 API 的调用。

3. 网络驱动程序

网络驱动程序的工作原理是将 JDBC API 转换成独立于数据库的协议。故 JDBC 驱动程序并没有直接和数据库进行通信，而是和一个中间件服务器通信，然后这个中间件服务器再和数据库进行通信。这种额外的中间层次看似更加复杂了，但是却大大地提供了灵活性，因为可以用相同的代码访问不同的数据库，同时中间件服务器也隐藏了 Java 应用程序的细节。

4. 纯 Java 驱动程序

纯 Java 驱动程序的工作原理是直接与数据库进行通信。很多程序员都认为这是最好的驱动程序，因为它不仅提供了最佳的性能，同时还允许开发者利用特定数据库的功能。

5.4 JDBC 包

不同的数据库厂商提供的数据库驱动程序虽然不尽相同，但是，厂商都会把数据库驱动程序打包成 jar 包，又称 JDBC 包，以便于所有的 Java 程序员使用。因此，程序员在写 Java 程序的源代码时，只需要使用 import 语句导入相应的类，并将所需要使用的 jar 包导入到源代码所在的工程即可。在接下来的章节会有具体的编程案例，本节只介绍如何下载 JDBC 包，不涉及其他无关的内容。

使用不同厂商的数据库，所需要使用的 JDBC 包也不相同，本书以 MySQL 数据库为例，讲解如何使用 MySQL 数据库的 JDBC 包。

步骤 1：下载 jar 包。到 MySQL 数据库的官网下载与 JDK 版本相对应的驱动程序的 jar 包，MySQL 官网的驱动程序下载网址为 https://dev.mysql.com/downloads/connector/j/，将此网址复制到浏览器的地址栏之后按 Enter 键即可进入下载页面，如图 5-2 所示。

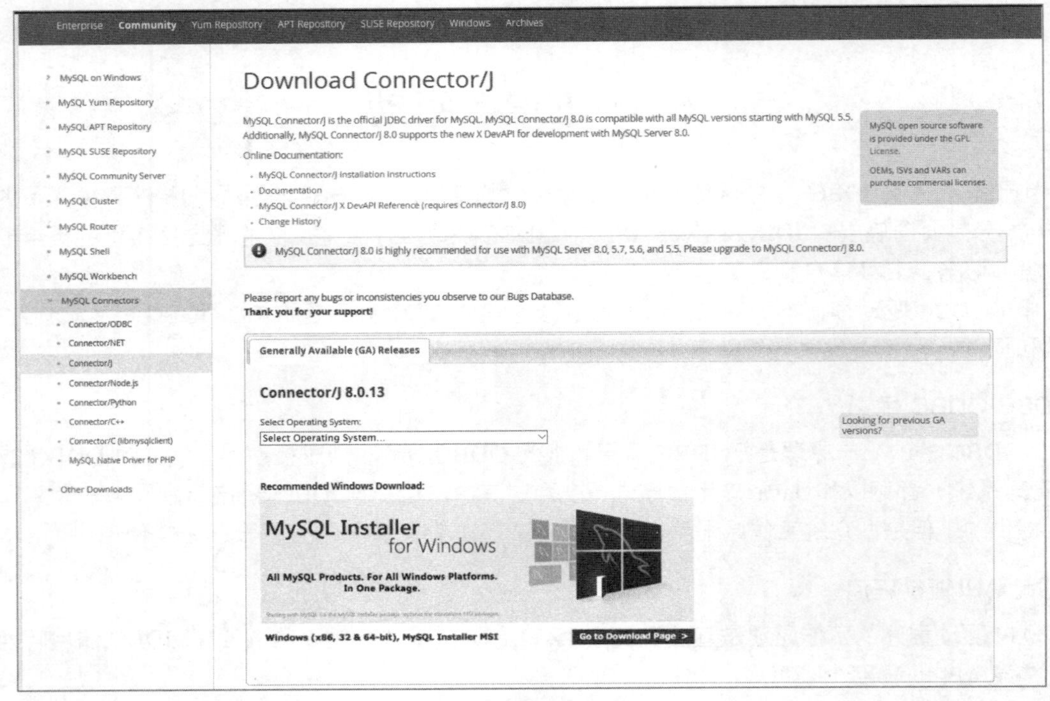

图 5-2　JDBC 下载页面

步骤 2：选择操作系统。在如图 5-2 所示页面找到 Select Operating System 下拉列表，选择其中的 Platform Independent，如图 5-3 所示。

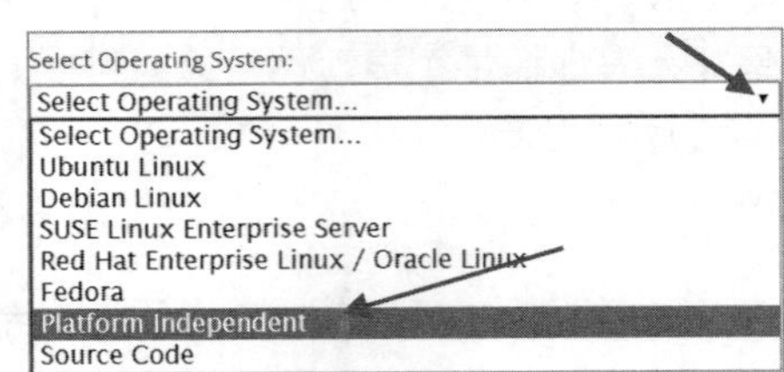

图 5-3　选择操作系统页面

步骤 3：选择压缩包。单击 Platform Independent(Architecture Independent), ZIP Archive 的 Download 按钮进行下载，如图 5-4 所示。

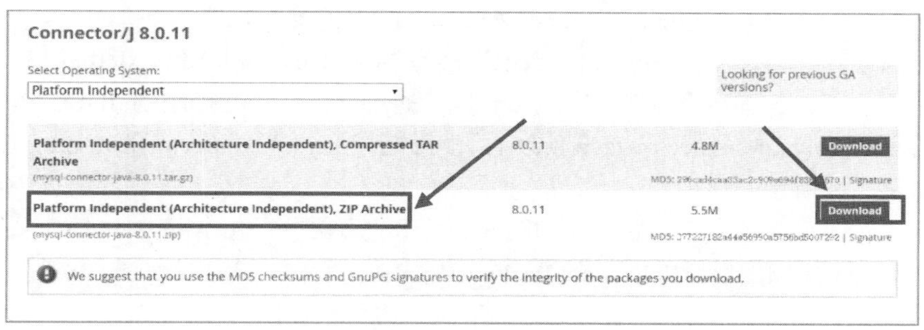

图 5-4 压缩包选择页面

步骤 4：开始下载。单击左下角的 No thanks，just start my download.即可开始下载，如图 5-5 所示。

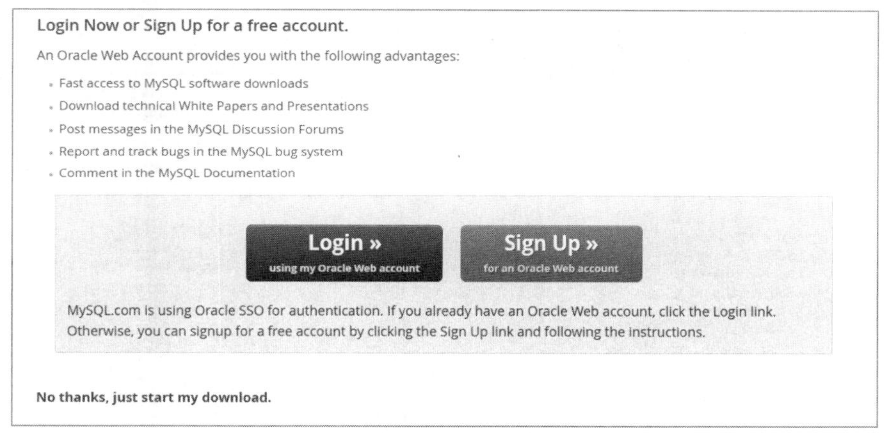

图 5-5 开始下载页面

步骤 5：解压。下载完成后，进入到浏览器的下载目录里。再将文件复制到一个磁盘目录下，以 D 盘根目录为例，将压缩包复制到 D 盘根目录下，然后将压缩包也解压至 D 盘根目录。解压完成后，打开解压的文件夹，如图 5-6 所示即为解压成功的页面。

图 5-6 解压成功页面

下面将介绍如何将 JDBC 包（jar 包）导入到源代码所属的工程（即如何添加扩展包）。具体步骤如下。

步骤 1：打开工程的 Properties 设置窗口。需要用 Eclipse 打开源代码所属的项目工程，然后右击项目名称选择 Properties 或者按 Ctrl ＋ Enter 组合键，会弹出一个新的窗口，如图 5-7 所示。然后先选择左侧的 Java Build Path，之后再选择右侧的 Libraries，再依次选择 Modulepath 和 Add External JARs。

步骤 2：添加驱动包。在弹出选择扩展包（.jar 包）的对话框中，选择刚刚 JDBC 解压后的位置的.jar 文件，本例的位置是 D:\mysql-connector-java-8.0.11，然后选择 mysql-connector-java-8.0.11.jar，再单击“打开”按钮即可，如图 5-8 所示。

步骤 3：保存并确认。选择打开之后，在如图 5-7 所示的页面，单击 Apply and Close 按钮即可成功将 JDBC 添加到工程里，添加完成后，Eclipse 的 Package Explorer 窗口中会出现如图 5-9 所示的页面，即证明已经成功将 JDBC 驱动程序连接至该项目，可以进行下一步的操作了。

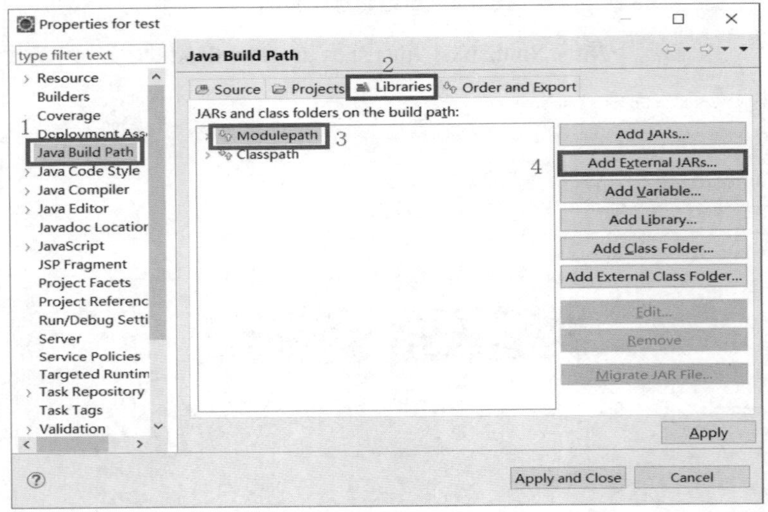

图 5-7 Properties 页面

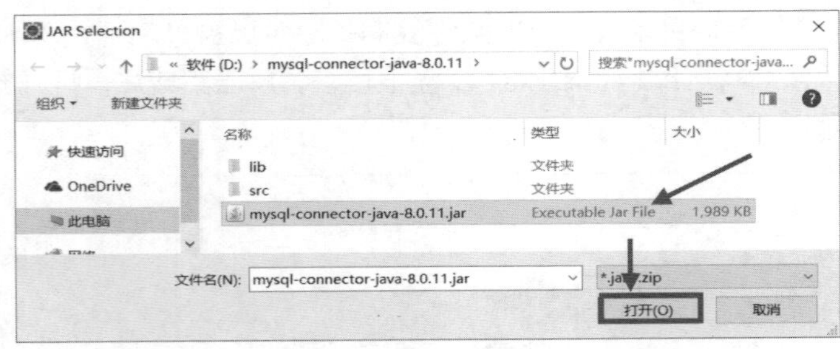

图 5-8 选择扩展包页面

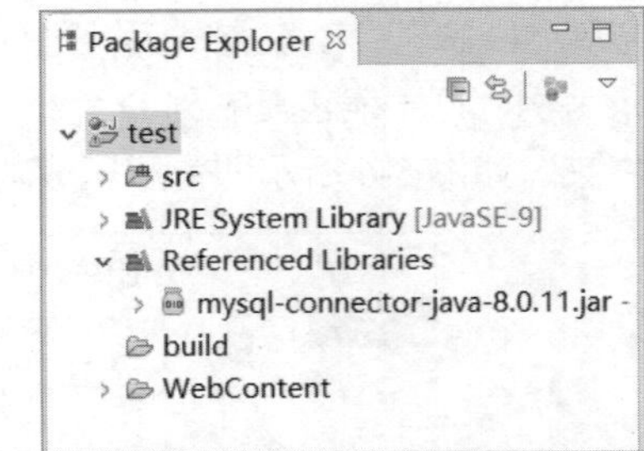

图 5-9 Package Explorer 窗口页面

5.5 JDBC 常用的类和接口

JDBC 在 JDK 中被定义，由一组用 Java 语言编写的类和接口组成，大致分为两类：针对 Java 程序员的 JDBC API 和针对数据库开发商底层的 JDBC Driver API，可以为多种关系数据库提供统一访问方法。下面将介绍一些 JDBC 常用的类和接口。

5.5.1 Connection 接口

Connection 接口在 java.sql 包中，是与数据库连接的对象，只有获得特定的数据库连接对象，才可以访问数据库进行数据库操作。它是 Java 集合的 root 接口，没有实现类，只有子接口和实现子接口的各种容器。主要用来表示 Java 集合这一大的抽象概念。

Connection 接口要求所有实现此接口的容器，必须提供至少两种构造方法：无参数的构造方法，参数为 Connection 类的构造方法。后者需要创建一个具有和参数包含元素相同的新集合，以此来进行集合的复制。Java 中所有的 API 均遵守此规则。

Connection 接口的方法签名(方法名称和参数列表加在一起叫作方法签名)及其功能描述如表 5-1 所示。

表 5-1 Connection 接口的方法签名及其功能描述

方 法 签 名	功 能 描 述
createStatement()	创建一个 createStatement 对象
createStatement(int resultSetType, int resultSetConcurrency)	创建一个 createStatement 对象，同时生成具有给指定类型、并发性和可保存性的 resultSet 对象
prepareStatement()	创建预处理对象 prepareStatement 对象
isReadOnly()	查看当前 Connection 对象的读取模式是否为只读形式
setReadOnly()	设置当前 Connection 对象的读取模式，默认是非只读模式
commit()	使所有上一次提交/回滚后进行的更改成为持久更改，并释放此 Connection 对象当前持有的所有数据库锁
roolback()	取消在当前事务中进行的所有更改，并释放此 Connection 对象当前持有的所有数据库锁
close()	立即释放此 Connection 对象的数据库和 JDBC 资源，而不是等待它们被自动释放

5.5.2 DriverManager 类

DriverManager 类中包含与数据库交互操作的方法，该类中的方法全部由数据库厂商提供。它的方法签名及其功能描述如表 5-2 所示。

表 5-2 DriverManager 接口的方法签名及其功能描述

方 法 签 名	功 能 描 述
getConnection(String url, String user,String password)	指定三个入口参数(依次是连接数据库的 URL、用户名、密码)来获取与数据库的连接
setLogonTimeout()	获取驱动程序试图登录到某一数据库时可以等待的最长时间,以 s 为单位
println(String message)	将一条消息输出到当前 JDBC 日志流中

5.5.3 Statement 接口

Statement 接口是 Java 程序执行数据库操作的重要接口，用于已经建立数据库连接的基础之上，向数据库发送要执行的 SQL 语句，主要用于执行不带参数的简单的 SQL 语句。它的方法签名及其功能描述如表 5-3 所示。

表 5-3 Statement 接口的方法签名及其功能描述

方 法 签 名	功 能 描 述
execute(String sql)	执行静态的 SELECT 语句,该语句可能返回多个结果集
executeQuery(String sql)	执行给定的 SQL 语句,该语句返回单个 ResultSet 对象
clearBatch()	清空此 Statement 对象的当前 SQL 命令列表
executeBatch()	将一批命令提交给数据库来执行,如果全部命令执行成功,则返回更新计数组成的数组。数组元素的排序与 SQL 语句的添加顺序对应
addBatch(String sql)	将给定的 SQL 命令添加到此 Statement 对象的当前命令列表中。如果驱动程序不支持批量处理，将抛出异常
close()	释放 Statement 实例占用的数据库和 JDBC 资源

5.5.4 PreparedStatement 接口

PreparedStatement 接口位于 java.servlet 包中，它继承了 Statement，但是 PreparedStatement 与 Statement 相比却有着很大的不同。一方面，PreparedStatement 对象是经过预编译的，所以其执行速度比 Statement 对象速度快。所以，经常创建多次执行的 SQL 语句为 PreparedStatement 对象，以提高效率。另一方面，作为 Statement 的子类，PreparedStatement 除了继承了 Statement 的一切功能外，还添加了一整套方法，用于设置发送给数据库以取代 IN 参数占位符的值。此外，Statement 接口存在安全方面的缺陷，使用 PreparedStatement 接口，还可以避免 SQL 语句的注入或者攻击。它的方法签名及其功能描述如表 5-4 所示。

表 5-4 PreparedStatement 接口的方法签名及其功能描述

方 法 签 名	功 能 描 述
setInt(int index,int k)	将指定位置的参数设置为 int 值
setFloat(int index,float f)	将指定位置的参数设置为 float 值
setLong(int index, long l)	将指定位置的参数设置为 long 值
setDouble(int index, double d)	将指定位置的参数设置为 double 值
setBoolean(int index, boolean b)	将指定位置的参数设置为 boolean 值
setDate(int index. date date)	将指定位置的参数设置为对应的 date 值
executeQuery()	在此 Preparedstatement 对象中执行 SQL 查询,并返回该查询生成的 Resultset 对象
setSring(int index,String s)	将指定位置的参数设置为对应的 String 值
setNull(int index,int sqlType)	将指定位置的参数设置为 SQL NULL
executeUpdate()	执行前面包含的参数的动态 INSERT、UPDATE 或 DELETE 语句
clearParameters()	清除当前所有参数的值

5.5.5 ResultSet 接口

ResultSet 接口是数据库结果集的结果表，通常是通过查询数据库的语句生成的。它主要提供了常用的从当前行检索列值的获取方法（getBoolean、getLong 等）。它的方法签名及其功能描述如表 5-5 所示。

表 5-5 ResultSet 接口的方法签名及其功能描述

方法签名	功能描述
getInt()	以 int 形式获取此 ResultSet 对象的当前行的指定列值。如果列值是 NULL，则返回值是 0
getFloat()	以 float 形式获取此 ResultSet 对象的当前行的指定列值。如果列值是 NULL，则返回值是 0
getDate()	以 date 形式获取 ResultSet 对象的当前行的指定列值。如果列值是 NULL，则返回值是 NULL
getBoolean()	以 boolean 形式获取 ResultSet 对象的当前行的指定列值。如果列值是 NULL，则返回 NULL
getString()	以 String 形式获取 ResultSet 对象的当前行的指定列值。如果列值是 NULL，则返回 NULL
getObject()	以 Object 形式获取 ResultSet 对象的当前行的指定列值。如果列值是 NULL，则返回 NULL
first()	将指针移到当前记录的第一行
last()	将指针移到当前记录的最后一行
next()	将指针向下移一行
beforeFirst()	将指针移到集合的开头(第一行位置)
afterLast()	将指针移到集合的尾部（最后一行位置）
absolute(int index)	将指针移到 ResultSet 给定编号的行
isFirst()	判断指针是否位于当前 ResultSet 集合的第一行。如果是返回 true，否则返回 false
isLast()	判断指针是否位于当前 ResultSet 集合的最后一行。如果是返回 true，否则返回 false
updateInt()	用 int 值更新指定列
updateFloat()	用 float 值更新指定列
updateLong()	用指定的 long 值更新指定列
updateString()	用指定的 String 值更新指定列
updateObject()	用 Object 值更新指定列
upDateNull()	将指定的列值修改为 NULL
updateDate()	用指定的 date 值更新指定列
updateDouble()	用指定的 double 值更新指定列
getRow()	查看当前行的索引号
insertRow()	将插入行的内容插入到数据库
updateRow()	将当前行的内容同步到数据表
deleteRow()	删除当前行，但并不同步到数据库中，而是在执行 close()方法后同步到数据库

5.6 JDBC 编程

使用 JDBC 连接访问数据库需要经过以下几个步骤。

（1）加载数据库驱动。

（2）建立与数据库的连接。

（3）向数据库发送 SQL 命令。

（4）处理数据库的返回结果集。

（5）断开与数据库的连接。

本节内容将针对 JDBC 连接访问数据库（JDBC 编程）的步骤进行详细的介绍，并在此基础上介绍数据库连接池技术。

5.6.1 加载数据库驱动

在连接数据库前，除了需要将厂商提供的数据库驱动程序（通常是一个 jar 包）导入到所开发项目的工程里，还需要将厂商提供的数据库驱动类注册到 JDBC 的驱动管理器中，通常是通过将数据库驱动类加载到 JVM 来实现的，这一过程称为加载数据库驱动。

通常情况下，使用 Class 类的 forName()静态方法来加载数据库驱动，代码如下。

```
//加载 MySQL 数据库驱动
Class.forName("com.mysql.cj.jdbc.Driver");
```

提示：不同的数据库其数据库驱动类是不同的，例如，MySQL 数据库的驱动类是 com.mysql.cj.jdbc.Driver (MySQL 老版本的驱动类是 com.mysql.jdbc.Driver)，而 Oracle 数据库的驱动类是 Oracle.jdbc.driver.OracleDriver。数据库厂商在提供数据库驱动时都会有相应的文档说明，只需在 forName()方法中用双引号（“”）引用正确的数据库驱动类的类名，即可成功加载相应的驱动。此外，为避免加载失败导致意外错误，一般用 try-catch 语句将其包围来捕获异常。

5.6.2 建立与数据库的连接

成功加载数据库驱动之后，再与相对应的数据库成功建立起连接，才可以使用 SQL 语句对数据库进行操作或者访问。通常使用 DriverManager 类的 getConnection()方法来获取数据库的连接对象，只有创建此对象后，才可以对数据进行相关操作，它的获取方法如下。

```
DriverManager.getConnection(String URL,String USER,String PASSWORD);
```

其中，getConnection()方法的三个参数的含义如下。

（1）URL——数据库连接字符串，由数据库厂商制定，不同的数据库也有所区别，但是都遵循“JDBC 协议+IP 地址或域名+端口+数据库名称”的格式。例如，MySQL 数据库的 URL 一般是“jdbc:mysql://locolhost:3306/test”，Oracle 数据库的 URL 一般是“jdbc:Oracle:thin:@127.0.0.1:1521: test”。

（2）USER——连接数据库的用户名。

（3）PASSWORD——连接数据库的密码。

提示：如果数据库连接失败，请先确认数据库的服务是否开启，只有数据库的服务处于开启状态，才能成功地与数据库建立连接。此外，应当使用 try-catch 语句将连接语句包围起来并捕获异常，来明确连接异常的可能原因，便于调试和解决出现的问题。

5.6.3 向数据库发送 SQL 命令

在 Java 语言中，使用 SQL 语句对数据库进行操作和访问，是通过对 Statement 对象进行封装后，发送给数据库的。Statement 对象不是通过 Statement 类直接创建的，而是通过 Connection 对象所提供的方法来创建各种 Statement 对象，主要有以下三种方法。

1. CreateStatement()方法

用于创建一个基本的 Statement 对象，该对象主要用于执行静态 SQL 语句。

2. PrepareStatement(String sql)方法

根据参数化的 SQL 语句创建一个经过预编译的 PrepareStatement 对象，该对象主要用于执行动态 SQL 语句。

3. PrepareCall(String sql)方法

根据 SQL 语句来创建一个 CallableStatement 对象，该对象主要用于执行数据库存储过程。

获取 Statement 对象之后，就可以通过调用该对象的不同方法来执行不同的 SQL 语句。所有的 Statement 对象都有以下三种方法。

（1）ResultSet executeQuery（String sql）：专用于查询。

（2）int executeUpdate（String sql）：执行 DDL、DML 语句，前者返回 0，后者返回受影响行数。

（3）boolean execute（String sql）：可执行任何 SQL 语句。如果执行后第一个结果为 ResultSet（即执行了查询语句），则返回 true；如果执行了 DDL、DML 语句，则返回 false。如果返回结果为 true，则随后可通过该 Statement 对象的 getResultSet()方法获取结果集对象；如果返回结果为 false，则随后可通过 Statement 对象的 getUpdateCount()方法获得受影响的行数。

如果 SQL 运行后会产生结果集，那么 Statement 对象则会将结果集封装成 ResultSet 对象并返回。例如，无论是使用 executeQuery()方法还是 execute()方法来执行 SELECT 语句，都将会产生 ResultSet 对象，不同的只是：前者运行完之后返回了结果集对象，后者没有返回，而是需要通过调用 getResultSet()方法获取结果集对象罢了。

注意： Statement 对象的上述三种方法都会抛出 SQLException 异常，应当用 try-catch 语句将其包围起来并捕获异常，来明确异常的可能原因，便于调试和解决出现的问题。

5.6.4 处理数据库的返回结果集

SQL 的查询结果都是经过 ResultSet 封装的，ResultSet 结果集（对象）中包含满足 SQL 查询语句的所有行，读取 ResultSet 结果集数据的方法主要是 get×××()，它的参数可以是整型，表示第几列（是从 1 开始的）；还可以是列名，返回的是对应的×××类型的值——如果对应那列是空值，×××是对象的话返回×××型的空值。

×××可以代表的类型有:基本的数据类型如整型（int）、布尔型（boolean）、浮点型（float, double）、比特型（byte）和一些特殊的类型，如日期类型（java.sql.Date）、时间类型（java.sql.Time）、时间戳类型（java.sql.Timestamp）等。另外，使用 getString()则可以返回所有列的值，不过返回的都是字符串类型的。

此外，还可以使用 getArray(int colindex/String columnname)，通过这个方法获得当前行中，colindex 所在列的元素组成的对象的数组。使用 getAsciiStream(int colindex/String colname)可以获得该列对应的当前行的 ascii 流。

5.6.5 断开与数据库的连接

所有的操作都进行完以后要关闭 JDBC 来释放 JDBC 资源，以防止系统资源的浪费。但是关闭的顺序要和刚开始定义对象的时候相反，就像关门一样，从里面先关，一直往外关。关闭的次序如下。

（1）关闭结果集，例如：rs.close()。

（2）关闭 Statement 对象，例如：stmt.close()。

（3）关闭连接，例如：con.close()。

接下来将以上几个进行数据库连接和操作的步骤综合在一起，进行数据库的连接和操作。

5.6.6 数据库的连接和操作案例

在本节将完成对数据库进行连接，并且从数据库表中查询数据到控制台显示，具体步骤如下。

步骤 1：既然是操作数据库，那么首先需要建立数据库及数据库表，使用 MySQL 数据库，建表脚本代码如下。

```
CREATE DATABASE com;
USE com;
DROP TABLE IF EXISTS 'customer';
CREATE TABLE 'customer'  (
  'id' varchar(6)PRIMARY KEY,
  'name' varchar(5),
  'job' varchar(10),
  'phone' varchar(11)
);
-- ----------------------------
-- Records of customer
-- ----------------------------
//插入几条记录
INSERT INTO 'customer' VALUES ('1', 'one', 'teacher', '123456');
INSERT INTO 'customer' VALUES ('2', 'two', 'doctor', '654321');
INSERT INTO 'customer' VALUES ('3', 'three', 'writer', '666666');
```

执行以上数据库脚本，就建好了数据库 com 和表 customer，表中有三条信息，如图 5-10 所示。

步骤 2：在 Eclipse 中新建一个 Java 项目，并按照 5.4 节的步骤导入 MySQL 驱动 jar 包到此项目，如图 5-11 所示。

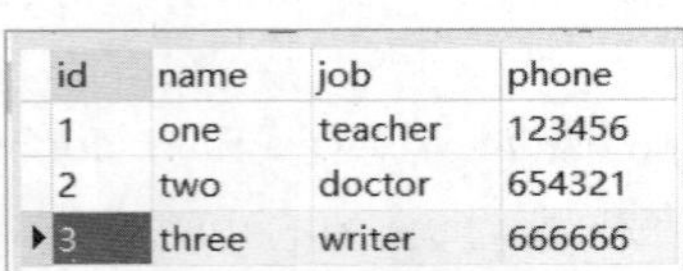

id	name	job	phone
1	one	teacher	123456
2	two	doctor	654321
3	three	writer	666666

图 5-10 数据库表中数据

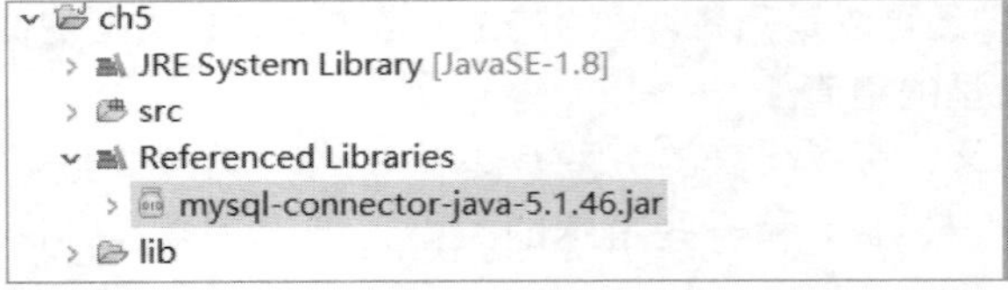

图 5-11 导入 jar 包

步骤 3：在 src 下新建一个包 com.smile.test，在包中新建一个类 Jdbc.java，具体如下。

```
package com.smile.test;
import java.sql.Connection;
import java.sql.DriverManager;
import java.sql.ResultSet;
import java.sql.SQLException;
import java.sql.Statement;
import com.mysql.jdbc.Driver;
public class Jdbc {
    public static void main(String[] args) throws ClassNotFoundException {
```

```
        try {
            //1.加载驱动
            Class.forName("com.mysql.jdbc.Driver");
            //2.建立连接  里面有三个参数,分别是: 协议+访问的数据库,用户名,密码
            Connection  conn=DriverManager.getConnection("jdbc:mysql://localhost/com",  "root",
"357703");
            //3.创建 statement 对象
            Statement st=conn.createStatement();
            //4.执行 SQL 命令查询
            String sql="select * from customer";
           //5.返回结果集
            ResultSet rs= st.executeQuery(sql);
             //6.输出结果
            while (rs.next()) {
                String id=rs.getString("id");
                String name=rs.getString("name");
                String job=rs.getString("job");
                String phone=rs.getString("phone");
                System.out.println("id="+id+"  name="+name+"  job="+job+"  phone="+phone);
            }
            //关闭结果集对象
            rs.close();
            //关闭 statement 对象
            st.close();
            //关闭数据库连接
            conn.close();
        } catch (SQLException e) {
            e.printStackTrace();
        }
    }
}
```

在以上程序中很明显地突出了 JDBC 连接数据库的步骤以及如何处理数据库返回的结果集，运行以上程序，结果如图 5-12 所示。

```
Problems  @ Javadoc  Declaration  Console
<terminated> Jdbc [Java Application] C:\Program Files\Java
Tue Nov 06 15:52:15 CST 2018 WARN: Establishing
id=1  name=one  job=teacher  phone=123456
id=2  name=two  job=doctor  phone=654321
id=3  name=three  job=writer  phone=666666
```

图 5-12 JDBC 连接数据库查询

5.6.7 数据库连接池技术

从上述数据库连接的 5 个步骤中不难看出，数据库连接是一种关键的、有限的、昂贵的资源，这一点在多用户的网页应用程序中体现得尤为突出。对数据库连接的管理能显著影响到整个应用程序的伸缩性和健壮性，影响到程序的性能指标。

于是数据库连接池技术便应运而生。数据库连接池负责分配、管理和释放数据库连接，它允许应用程序重复使用一个现有的数据库连接，而不是再重新建立一个；通过释放空闲时间超过最大空闲时间的数据

库连接来避免因为没有释放数据库连接而引起的数据库连接遗漏。

它的基本思想是：在系统初始化的时候，将数据库连接作为对象存储在内存中，当用户需要访问数据库时，并非建立一个新的连接，而是从连接池中取出一个已建立的空闲连接对象。使用完毕后，用户也并非将连接关闭，而是将连接放回连接池中，以便给下一个请求访问使用。而连接的建立、断开都由连接池自身来管理。同时，还可以通过设置连接池的参数来控制连接池中的初始连接数、连接的上下限数以及每个连接的最大使用次数、最大空闲时间等。

数据库连接池的最小连接数和最大连接数的设置通常需要考虑到以下几个因素。

（1）最小连接数：是连接池一直保持的数据库连接，所以如果应用程序对数据库连接的使用量不大，将会有大量的数据库连接资源被浪费。

（2）最大连接数：是连接池能申请的最大连接数，如果数据库连接请求超过次数，后面的数据库连接请求将被加入到等待队列中，这会影响以后的数据库操作。

（3）如果最小连接数与最大连接数相差很大，那么最先连接请求将会获利，之后超过最小连接数量的连接请求等价于建立一个新的数据库连接。不过，这些大于最小连接数的数据库连接在使用完不会马上被释放，它将被放到连接池中等待重复使用或是空间超时后被释放。

一般都是通过编写实现 java.sql.DataSource 接口来实现连接池。DataSource 接口中定义了两个重载的 getConnection 方法：Connection getConnection()和 Connection getConnection(String username, String password)来实现 DataSource 接口的功能。所以实现连接池功能的步骤如下。

步骤 1：在 DataSource 构造函数中批量创建与数据库的连接，并把创建的连接加入 LinkedList 对象中。

步骤 2：实现 getConnection 方法，让 getConnection 方法每次调用时，从 LinkedList 中取一个 Connection 返回给用户。当用户使用完 Connection，调用 Connection.close()方法时，Connection 对象应保证将自己返回到 LinkedList 中，而不要把 conn 还给数据库。

现在很多 Web 服务器（WebLogic、WebSphere、Tomcat 等）都提供了 DataSoruce 的实现，即连接池的实现。通常我们把 DataSource 的实现，按其英文含义称之为数据源，数据源中都包含数据库连接池的实现。于是，在使用了数据库连接池之后，在项目的实际开发中就不需要编写连接数据库的代码了，直接从数据源获得数据库的连接。

提示：开源组织提供的数据源独立实现的项目有 DBCP 数据库连接池、C3P0 数据库连接池、Tomcat 内置的连接池（其实使用的是 Apache DBCP）。

5.7 就业面试解析与技巧

5.7.1 就业面试解析与技巧（一）

面试官：什么是 JDBC？你在什么时候会用到它？

应聘者：JDBC 的全称是 Java DataBase Connection，也就是 Java 数据库连接，我们可以用它来操作关系型数据库。JDBC 接口及相关类在 java.sql 包和 javax.sql 包里。我们可以用它来连接数据库，执行 SQL 查询，存储过程，并处理返回的结果。JDBC 接口让 Java 程序和 JDBC 驱动实现了松耦合，使得切换不同的数据库变得更加简单。

技巧：答案不是唯一的，只要说出 JDBC 的用途和特点即可，另外要敢于发表自己的看法和意见，用批判性和前瞻性的眼光回答问题将更容易得到 HR 的赏识。

面试官：Java 中有哪些不同类型的 JDBC 驱动？请对它们进行简要的说明和分析。

应聘者：Java 中的 JDBC 驱动根据不同的工作原理可以分为 4 种类型，分别如下。

（1）JDBC-ODBC Bridge plus ODBC Driver：它使用 ODBC 驱动连接数据库。需要安装 ODBC 以便连接数据库，正因为这样，这种方式现在已经基本淘汰了。

（2）Native API Partly Java Technology-enabled Driver：这种驱动把 JDBC 调用适配成数据库的本地接口的调用。

（3） Pure Java Driver for Database Middleware：这个驱动把 JDBC 调用转发给中间件服务器，由它去和不同的数据库进行连接。用这种类型的驱动需要部署中间件服务器。这种方式增加了额外的网络调用，导致性能变差，因此很少使用。

（4）Direct-to-Database Pure Java Driver：这个驱动把 JDBC 转换成数据库使用的网络协议。这种方案最简单，也适合通过网络连接数据库。不过使用这种方式的话，需要根据不同数据库选用特定的驱动程序，比如 OJDBC 是 Oracle 开发的 Oracle 数据库的驱动，而 MySQL Connector/J 是 MySQL 数据库的驱动。

技巧：只要根据工作原理对 4 种类型的驱动进行简单的说明和分析即可。另外，总结一下它们目前的应用现状及其原因更易获得 HR 的赏识。

5.7.2 就业面试解析与技巧（二）

面试官：什么是 JDBC 连接？在 Java 中如何通过 JDBC 建立一个 Java 程序与数据库的连接？

应聘者：JDBC 连接就是 Java 程序和数据库服务器建立的一个会话。建立一个 JDBC 连接只需要两个步骤：加载数据库驱动，建立与数据库的连接。

技巧：建立 JDBC 连接只需要两个步骤，而 JDBC 连接访问数据库（又叫作 JDBC 编程）则需要 5 个步骤，要注意将两者区分开来。

面试官：数据库连接池的工作机制是什么？

应聘者：在系统初始化的时候，将数据库连接作为对象存储在内存中，当用户需要访问数据库时，并非建立一个新的连接，而是从连接池中取出一个已建立的空闲连接对象。使用完毕后，用户也并非将连接关闭，而是将连接放回连接池中，以便给下一个请求访问使用。而连接的建立、断开都由连接池自身来管理。

技巧：用自己的语言将工作机制描述清楚即可，注意不要写一些套话和空话，越简洁越好。

第 6 章

Java 与数据库——JDBC 与 MySQL

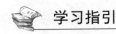

学习指引

MySQL 是一个关系型数据库管理系统，最初由瑞典 MySQL AB 公司开发，目前属于 Oracle 旗下产品，由其负责源代码的维护和升级。MySQL 是最流行的关系型数据库管理系统之一，在 Web 应用方面，MySQL 是最好的 RDBMS (Relational Database Management System，关系数据库管理系统) 应用软件。关系数据库将数据保存在不同的表中，而不是将所有数据放在一个大仓库内，这样就增加了速度并提高了灵活性。

MySQL 所使用的 SQL 是用于访问数据库的最常用的标准化语言。MySQL 软件采用了双授权政策，分为社区版和商业版，由于其体积小、速度快、总体拥有成本低，尤其是开放源码这一特点，一般中小型网站的开发都选择 MySQL 作为网站数据库。本章将介绍 Java 与数据库开发的具体过程。

重点导读

- 学习 MySQL 的下载和安装。
- 掌握 SQL 语句的常用语法。

6.1 MySQL 的下载与安装

MySQL 数据库管理系统，简称 MySQL，是世界上最流行的开源数据库管理系统，其社区版（MySQL Community Edition）是最流行的免费下载的开源数据库管理系统。目前许多应用开发项目都选用 MySQL，其主要原因是 MySQL 的社区版性能卓越，可以降低软件的开发和使用成本。由于 MySQL 是开源项目，很多网站都提供免费下载，这里选择的是 MySQL 的官方网站。

下载的方式有两种，分别是安装版（msi 版）和压缩版（zip 版），本书只介绍后者，具体步骤如下。

步骤 1：下载 MySQL。下载的网址为 https://dev.mysql.com/downloads/mysql/，将此网址复制到浏览器的地址栏之后，按 Enter 键即可进入下载页面，往下拉页面，单击 Windows(x86, 64-bit), ZIP Archive 一行的 Download 按钮，如图 6-1 所示。

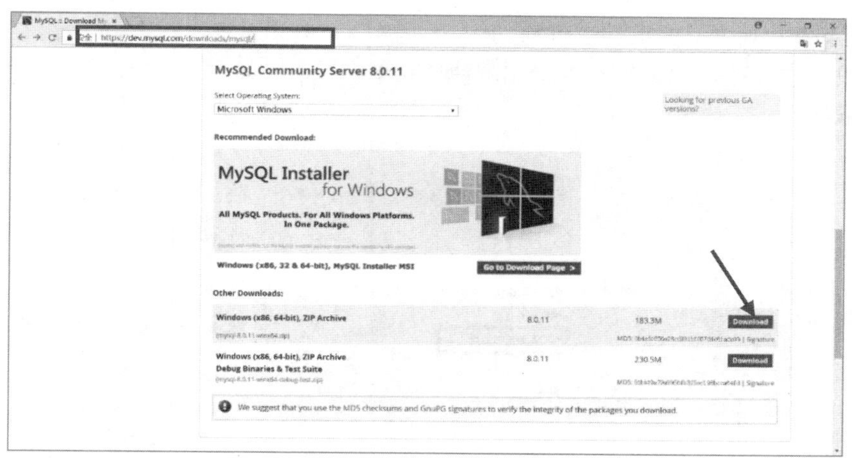

图 6-1 MySQL 下载页面

步骤 2：开始下载。再单击 No thanks， just start my download.即可开始下载，如图 6-2 所示。

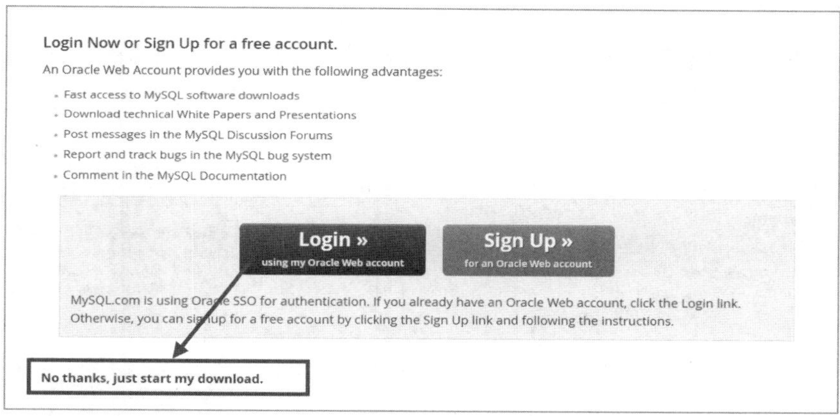

图 6-2 开始下载页面

步骤 3：解压。下载完成之后，找到所在的文件夹，然后将压缩包复制到一个磁盘目录下，以 D 盘根目录为例，将压缩包复制到 D 盘根目录下，然后将压缩包也解压至 D 盘根目录。解压完成后，打开解压的文件夹，如图 6-3 所示。

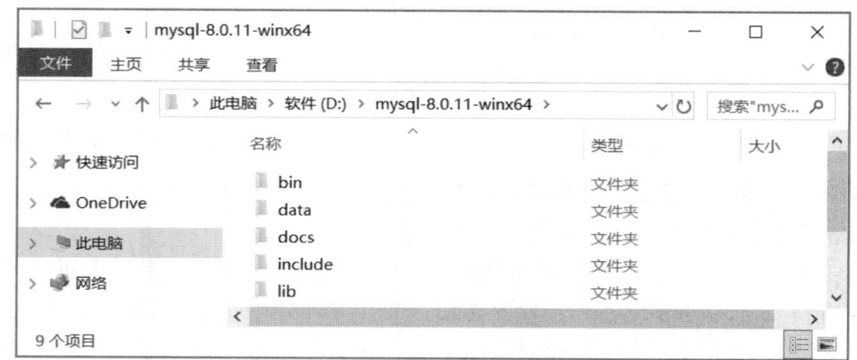

图 6-3 压缩包解压成功页面

步骤 4：设置计算机属性。要正常使用 MySQL 数据库，还需要设置一下环境变量，在桌面右击“此计算机”或“计算机”或“我的计算机”，在弹出的快捷菜单中单击“属性”命令，如图 6-4 所示。设置环境变量，如图 6-5 所示。

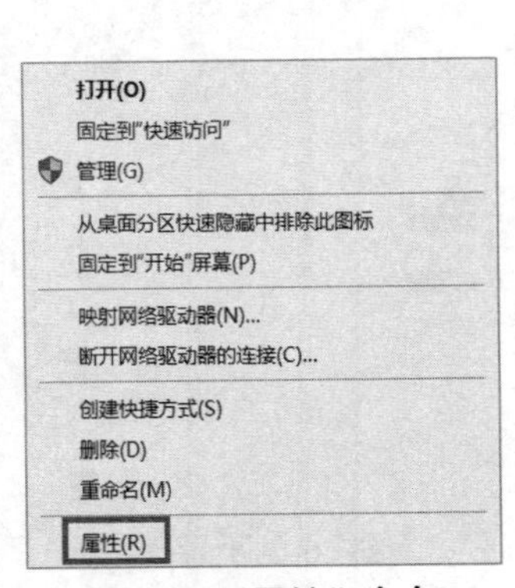

图 6-4 “属性”命令

图 6-5 “系统”页面

步骤 5：单击左侧的“高级系统设置”，进入到“系统属性”页面，如图 6-6 所示。

步骤 6：单击下方的“环境变量”按钮，进入到“环境变量”页面，如图 6-7 所示。

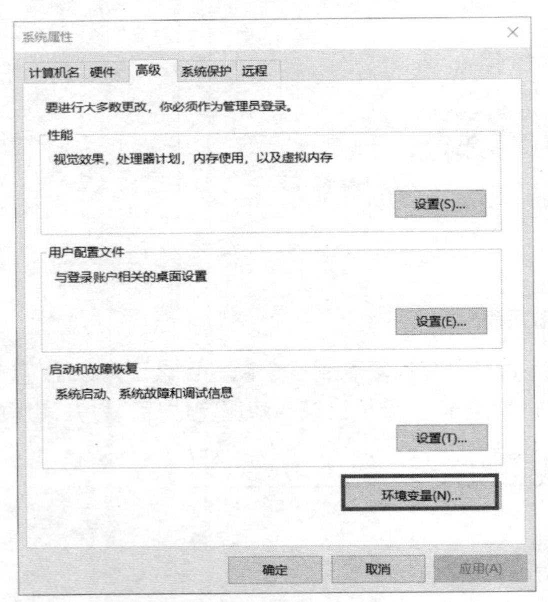

图 6-6 “系统属性”页面

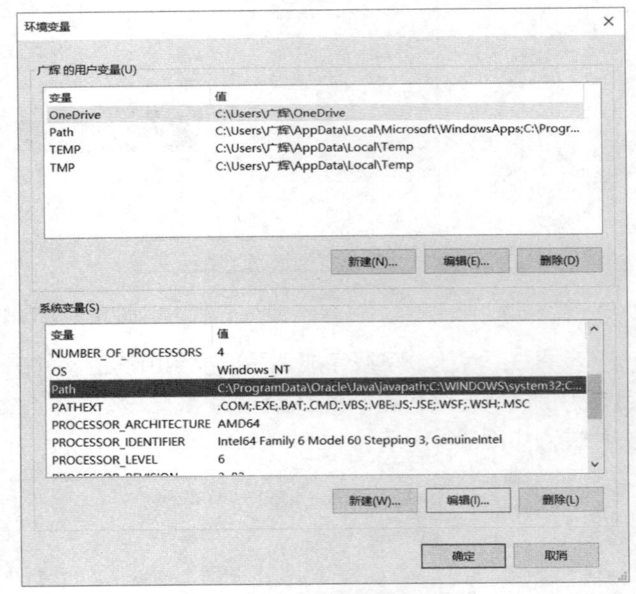

图 6-7 “环境变量”页面

步骤 7：编辑环境变量。在下面的“环境变量”框里找到 Path，单击 Path 所在的行，如图 6-8 所示。

步骤 8：再单击“编辑”按钮，出现如图 6-9 所示的页面。

步骤 9：编辑 path 的值。在“变量值”框里最前面，输入 MySQL 压缩包解压后 bin 文件夹所在的位置，本例是 D:\mysql-8.0.11-winx64\bin;（注意：后面要加一个“;”，以确保它和其他的位置互不干扰）。然后单击“确定”按钮，再单击刚才弹出来的所有对话框中的“确定”按钮，直到所有对话框关闭。

图 6-8 “编辑环境变量”页面

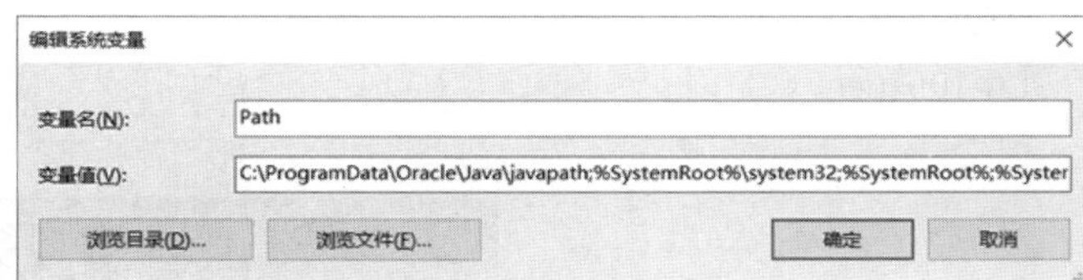

图 6-9 “编辑系统变量”页面

步骤 10：编辑配置文件。开始使用之前，还需要在 MySQL 的解压目录里加入一个桌面配置文件，具体步骤是进入到解压目录，右击选择“新建文本文档”，再将名字修改为 my.ini；右击 my.ini 文件，选择“编辑”，再将下面的内容输入到里面去。

需要注意的是，basedir 和 datadir 的值分别对应的是 MySQL 的解压目录以及解压目录下 data 文件夹的目录，如果没有 data 文件夹，新建一个名字为 data 的文件夹即可。此外，所有的标点必须全部是英文标点。

```
[mysqld]
# 设置 3306 端口
port=3306
# 设置 mysql 的安装目录
basedir=D:\mysql-8.0.11-winx64
# 设置 mysql 数据库的数据的存放目录
datadir=D:\mysql-8.0.11-winx64\data
# 允许最大连接数
max_connections=200
# 允许连接失败的次数,这是为了防止有人从该主机试图攻击数据库系统
max_connect_errors=10
# 服务端使用的字符集默认为 utf8mb4
character-set-server=utf8mb4
#使用 - skip-external-locking MySQL 选项以避免外部锁定,该选项默认开启
external-locking = FALSE
# 创建新表时将使用的默认存储引擎
default-storage-engine=INNODB
# 默认使用"mysql_native_password"插件认证
default_authentication_plugin=mysql_native_password
[mysqld_safe]
log-error=D:\mysql-8.0.11-winx64\mysql_oldboy.err
pid-file=D:\mysql-8.0.11-winx64\mysqld.pid
# 定义 mysql 应该支持的 sql 语法,数据校验
sql_mode=NO_ENGINE_SUBSTITUTION,STRICT_TRANS_TABLES
[mysql]
# 设置 mysql 客户端默认字符集
```

```
default-character-set=utf8mb4
[client]
# 设置mysql客户端连接服务端时默认使用的端口
port=3306
default-character-set=utf8mb4
```

到了这一步，恭喜你已经安装完毕，只需要开启 MySQL 服务并设置用户名和密码，即可开始使用 MySQL 数据库了。

步骤 11：进入 MySQL 目录。需要进入命令提示符界面（管理员权限的命令提示符），右击桌面左下角的 Windows 图标，选中“命令提示符（管理员）”单击即可进入。此外，也可先按 Windows+X 组合键，再按 A 键来快速打开管理员命令提示符页面。进入命令提示符后，需要进入 MySQL 的 bin 文件夹所在的目录，例如，输入 D:并按 Enter 键，然后再输入 cd　D:\mysql-8.0.11-winx64\bin（注意 cd 后面有一个空格），如图 6-10 所示。

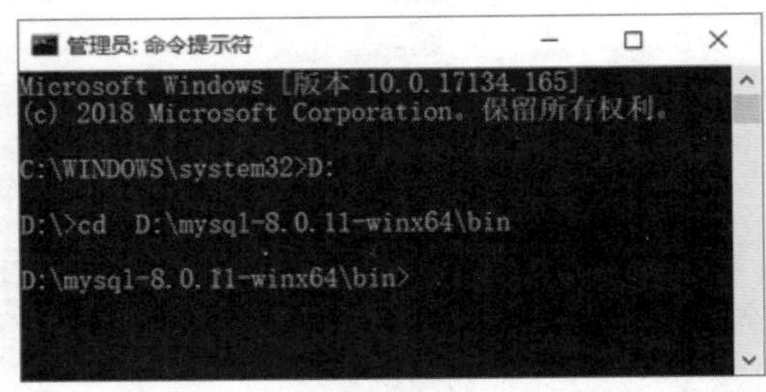

图 6-10　进入 MySQL 安装目录

步骤 12：初始化 MySQL 服务。输入 mysqld --initialize-insecure 并按 Enter 键，出现如图 6-11 所示的页面，即为初始化成功。（注意 mysqld 后面有一个空格，有的会出现几串单词，也是成功的。）

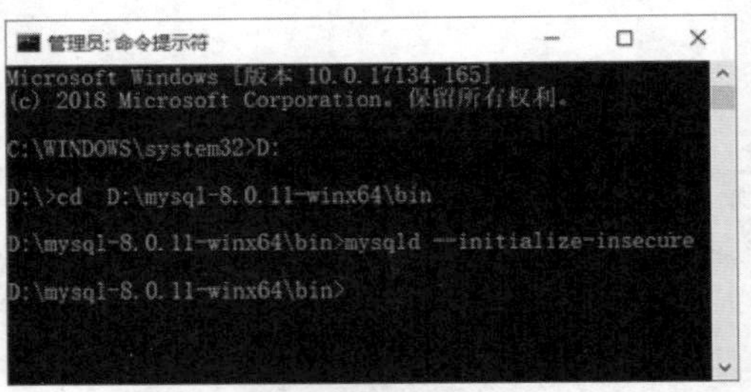

图 6-11　初始化 MySQL

步骤 13：安装 MySQL 服务。输入 mysqld install 并按 Enter 键，出现如图 6-12 所示的页面，即为 MySQL 服务安装成功。

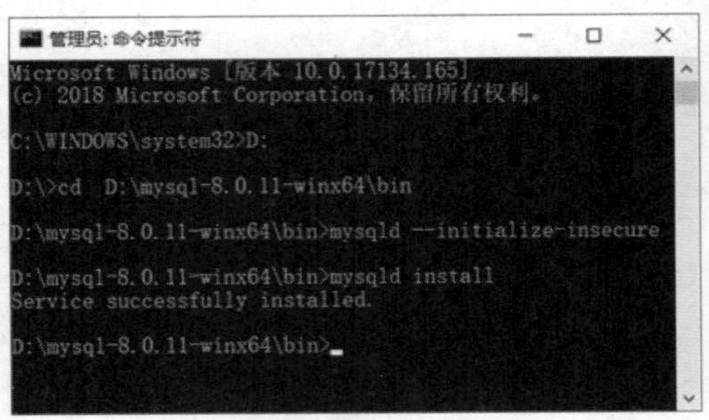

图 6-12　安装 MySQL 服务

步骤 14：开启 MySQL。再输入 net start mysql，出现如图 6-13 所示的页面，即为开启 MySQL 服务程序成功。

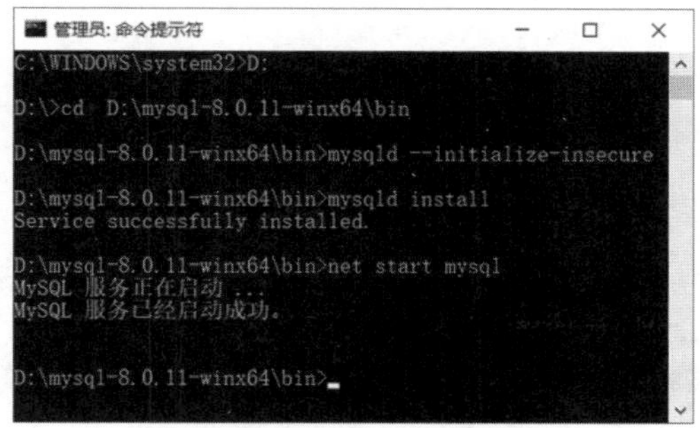

图 6-13　启动 MySQL 服务

步骤 15：进入 MySQL 数据库。再输入 mysql　-u　root　-p（注意空格），出现 Enter password:后直接按 Enter 键（默认初始化密码为空），即成功进入 MySQL 服务程序，可以通过输入 SQL 语句执行相关的操作，如图 6-14 所示。

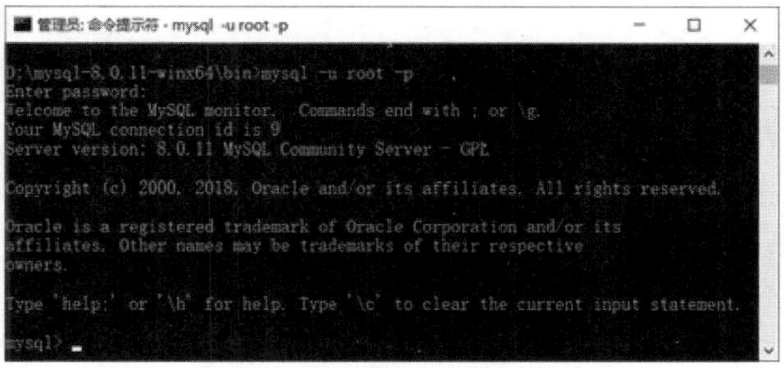

```
管理员: 命令提示符 - mysql -u root -p
D:\mysql-8.0.11-winx64\bin>mysql -u root -p
Enter password:
Welcome to the MySQL monitor.  Commands end with ; or \g.
Your MySQL connection id is 9
Server version: 8.0.11 MySQL Community Server - GPL

Copyright (c) 2000, 2018, Oracle and/or its affiliates. All rights reserved.

Oracle is a registered trademark of Oracle Corporation and/or its
affiliates. Other names may be trademarks of their respective
owners.

Type 'help;' or '\h' for help. Type '\c' to clear the current input statement.

mysql>
```

图 6-14　MySQL 程序页面

扩展：由于默认密码为空，安全性不高，可以通过“ALTER　USER　'root'@'localhost'　IDENTIFIED WITH　mysql_native_password BY '新密码';”这条 SQL 语句来修改密码，如图 6-15 所示，将新密码修改为 123456。

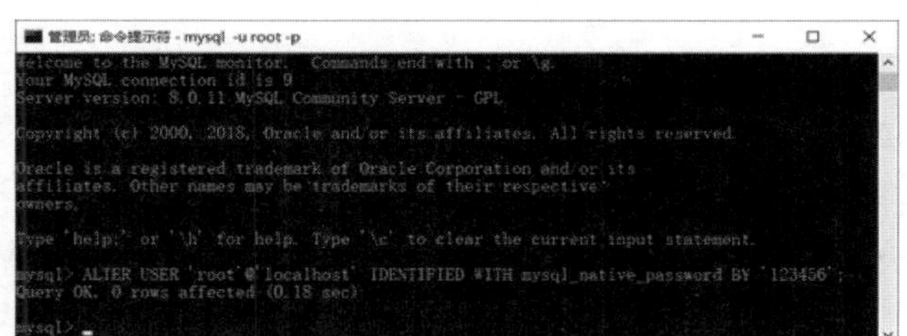

图 6-15　修改密码页面

6.2　JDBC 连接 MySQL 数据库

第 5 章中已经详细地介绍过了 JDBC 编程（JDBC 连接访问数据库）的步骤，这一节将介绍 JDBC 连接 MySQL 数据库时常用的 SQL 语句。

1. CREATE　DATABASE 语句

连接访问数据库，首先需要做的就是创建一个数据库。MySQL 提供了 create　database 语句来创建一个数据库，其一般格式为：create　database 数据库名称。

例如：

```
create  database  db;  ——创建一个名称为 db 的数据库
```

2. SHOW　DATABASE 语句

我们使用数据库最常用的就是查询功能，MySQL 提供了 show　database 语句来方便用户查看数据库。其一般格式为：show　databases。

例如：

```
show  databases;  ——显示所有的数据库的信息
```

3. DROP　DATABASE 语句

每一个数据库也是有生命周期的，有的周期很长，有的周期却很短，MySQL 提供了 drop　database 语句来实现删除数据的功能，其一般格式为：drop　database 数据库名称。

例如：

```
drop  database  db;    ——删除名称为 db 的数据库
```

4. CREATE　TABLE 语句

所有的数据库都主要由数据库表（table）组成，MySQL 也提供了很多关于数据库表的操作。其中，create table 语句主要用于创建表格，其一般格式如下：

```
create table 表格名称（字段名称字段类型 [约束条件],字段名称字段类型[约束条件],……);
```

另外，MySQL 的数据类型和 Java 语言的数据类型并不完全一致，其数据类型有以下几种。

（1）字符串型 VARCHAR、CHAR——varchar 的长度是可变的，char 的长度是固定的。

例如：name　varchar（5），存值 a，直接把 a 存进去。

例如：name　char（5），存值 b，把 b 存进去，后面加很多空格。

（2）大数据类型 BLOB、TEXT——使用这个类型可以存储文件，一般开发中不会直接把文件存到数据库，而是将数据文件的路径存储在数据库中。

（3）数值型 TINYINT、SMALLINT、INT、BIGINT、FLOAT、DOUBLE——对应 Java 里面的 byte、short、int、long、float、double。

（4）逻辑性 BIT——类似 Java 里面的 boolean。

（5）日期型 DATE、TIME——分别用于表示日期和时间。

例如：1945-08-15，19:10:40。

此外，MySQL 还支持创建带约束条件的表格，其约束条件有以下三种。

（1）非空约束 not null——表示数据不能为空。

（2）唯一性约束 unique——表中的记录不能重复。

（3）主键约束 primary key——表示既有非空约束，又有唯一性约束。

例如：

create　table　user(id　int　primary　key, name　varchar(40)not　null, sex　varchar(20));——创建一个以 id 字段为主键，name 字段非空，包含 id、name、sex 三个字段的表格。

提示：对于数据库而言，一列称为一个字段，一行称为一个记录。

5. SHOW TABLES 语句

每一个数据库一般都有很多个表格，MySQL 提供了 show tables 语句来查看当前数据库里的表。其一般格式为：show tables。

例如：

```
show  tables; ——显示当前数据库的所有表
```

6. DROP TABLE 语句

不仅数据库具有生命周期，数据库里的表格也同样具有时间周期，MySQL 提供了 drop table 语句来实现删除表格的操作。其一般格式为：drop table 表格名称。

例如：

```
drop  table  user; ——删除一个名称为 user 的表
```

7. SELECT 语句

人们使用数据库最常用的就是查询功能，而且最为常用的是查询数据库中的表格，以便于进行对比等一系列的操作。MySQL 提供了 SELECT 语句进行数据查询操作，该语句的使用十分灵活和方便，其一般格式为：select 列名称 from 表名称。另外还可以使用“select * from 表名称”来查询表中的所有列。

例如：

```
select  *  from  user;  ——查询 user 表里面的所有的数据
select  name , sex  from  user; ——查询 user 表里面的名字和性别
```

8. INSERT 语句

表格中的信息都不是一成不变的，例如，用户信息一般都是在不断地增长的。MySQL 提供了强大的 insert 语句，来向表格中增加记录（在数据库中，表格中的一行信息称为一个记录）。其一般格式为：insert into 表格名称 values（字段 1，字段 2，……）。

例如：

```
insert  into  user  values(6,'sheen','nan');——向 user 表格中插入一条字段 1=6、字段 2=sheen、字段 3=nan 的记录
```

9. UPDATE 语句

数据库中的信息是对现实生活中的信息的抽象化，现实生活瞬息万变，所以表格中的信息也是在不断地变化着的。MySQL 提供了强大的 update 语句，实现更新信息的功能。其一般格式为：update 表格名称 set 字段 x =新值 where 字段 y =条件值；——当字段 y 的值等于条件值的时候，将该记录中字段 x 的值修改为新值。

例如：

```
update  user  set  name='sheen' , sex='nan'  where  id=1;修改 user 表里面 id=1 的 name 为 sheen， sex
修改为 nan。
```

10. DELETE 语句

表格中的某个记录一旦过时，就需要立即删除，这样既可以保证不浪费数据库资源又可以及时存储新的信息，提高数据库的利用率。MySQL 提供了 delete 语句，来实现删除表格中某一记录的功能，其一般格式为：delete from 表格名称 where 字段 x =条件值；——当字段 x 的值等于条件值的时候，将该记录从

表格中删除，释放表格的主键（primary key）等资源。

例如：

```
delete from user where id = 2;——从 user 表里删除 id=2 的记录
```

11. WHERE 子句

我们在查询的时候并不都是希望查询所有的记录，只是想查找符合某个限定条件的所有的记录，MySQL 提供了 where 子句来对查询等操作的条件进行限制，从而达到只对符合限定条件的记录进行操作。主要有以下几个用法。

（1）通过运算符<、>、>=、<=等进行限制。

例如：

```
select * from user where chinese > 60;——查询 user 表里面语文成绩大于 60 分的所有的信息
```

（2）通过 in 限制在某范围内。

例如：

```
select * from user where English in (80,90); ——查询 user 表里面英语成绩是 80、90 的人员的信息
```

（3）通过 and 实现多个条件限制（即在 where 里面如果有多个条件，表示多个条件同时满足）。

例如：

```
select * from user where chinese=100 and english=30;——查询 user 表里面语文成绩是 100,并且英语成绩是 30 的人员的信息
```

（4）通过 between and 实现某一区间范围的限制条件。

例如：

```
select * from user where chinese between 70 and 100;(或 select * from user where chinese >=70 and chinese <=100;)——查询 user 表里面语文成绩为 70~100 分的值
```

（5）通过 like 实现模糊查询。

例如：

```
select * from user where username like '%a%';——查询 user 表里面 username 包含 a 的人员信息
```

12. ORDER BY 子句

在进行查询的时候，返回的结果集是杂乱无章的，信息量大的时候，对后续的操作特别不方便，为此，MySQL 提供了 order by 语句进行排序操作。一般 order by 都写在 select 语句的最后，它有以下两种用法。

（1）升序排序，其一般格式为：order by 要排序字段 asc（asc 可以省略，默认的情况下就是升序）。

例如：

```
select * from user order by chinese asc;——对 user 表里面查询的数据,根据语文成绩进行升序排列
```

（2）降序排序，其一般格式为：order by 要排序字段 desc。

例如：

```
select * from user order by english desc;——对 user 表里面的英语成绩进行降序排列
```

6.3 综合案例

利用本章和第 5 章的内容，创建一个 Java 项目，要求完成以下功能（源码\ch06\jdbc_mysql_test 文件夹）。

（1）利用命令行创建一个数据库 db，并在该数据库里创建一个表 user。

（2）向 user 表中插入相应的数据。

（3）利用 Eclipse 开发工具，创建一个项目，利用 JDBC 连接至数据库。

（4）利用 SQL 语句查询 user 表，再将结果集输出。

（5）断开与数据库的连接。

具体操作步骤如下。

步骤 1：在命令提示符窗口输入“mysql -u root -p”（注意空格），出现“Enter password:”后直接按 Enter 键（默认初始化密码为空），即可成功进入数据库，如图 6-16 所示。

```
管理员: 命令提示符 - mysql -u root -p
Microsoft Windows [版本 10.0.17134.345]
(c) 2018 Microsoft Corporation。保留所有权利。

C:\WINDOWS\system32>mysql -u root -p
Enter password:
Welcome to the MySQL monitor.  Commands end with ; or \g.
Your MySQL connection id is 9
Server version: 8.0.11 MySQL Community Server - GPL

Copyright (c) 2000, 2018, Oracle and/or its affiliates. All rights reserved.

Oracle is a registered trademark of Oracle Corporation and/or its
affiliates. Other names may be trademarks of their respective
owners.

Type 'help;' or '\h' for help. Type '\c' to clear the current input statement.

mysql>
```

图 6-16 进入数据库

步骤 2：输入“create database db;”后按 Enter 键，即可成功创建 db 数据库，如图 6-17 所示。

```
管理员: 命令提示符 - mysql -u root -p
Microsoft Windows [版本 10.0.17134.345]
(c) 2018 Microsoft Corporation。保留所有权利。

C:\WINDOWS\system32>mysql -u root -p
Enter password:
Welcome to the MySQL monitor.  Commands end with ; or \g.
Your MySQL connection id is 10
Server version: 8.0.11 MySQL Community Server - GPL

Copyright (c) 2000, 2018, Oracle and/or its affiliates. All rights reserved.

Oracle is a registered trademark of Oracle Corporation and/or its
affiliates. Other names may be trademarks of their respective
owners.

Type 'help;' or '\h' for help. Type '\c' to clear the current input statement.

mysql> create database db;
Query OK, 1 row affected (0.10 sec)

mysql>
```

图 6-17 创建 db 数据库

步骤 3：输入“user db;”后按 Enter 键，即可进入 db 数据库，之后就可以对该数据库进行一系列的增删查改操作，如图 6-18 所示。

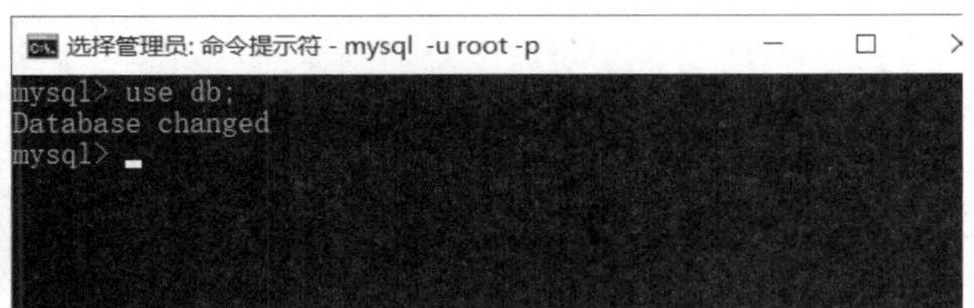

图 6-18 进入 db 数据库

步骤 4：输入“create table user(id int primary key, name varchar(40)not null, sex varchar(20));”后按 Enter 键，即可成功创建 user 表，如图 6-19 所示。

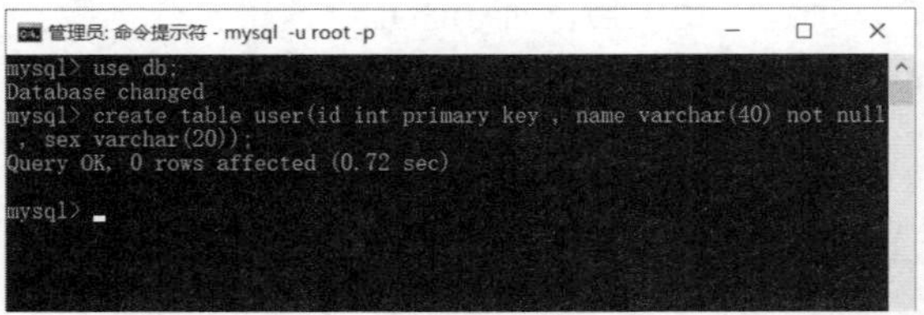

图 6-19　创建 user 表

步骤 5：输入“insert into user values(1, 'sheen', 'nan');insert into user values(2, 'yc', 'nv');insert into user values(6, 'haut', 'nv');”后按 Enter 键，即可成功向 user 表中插入三个字段，如图 6-20 所示。

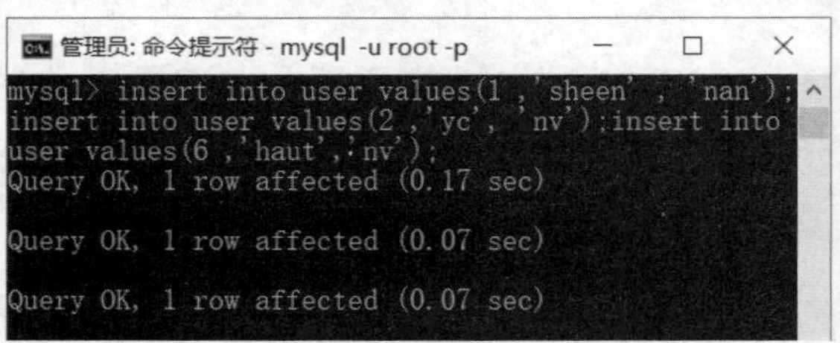

图 6-20　插入数据

步骤 6：输入“select＊from user;”后按 Enter 键，即可成功查询 user 表的所有数据，如图 6-21 所示。

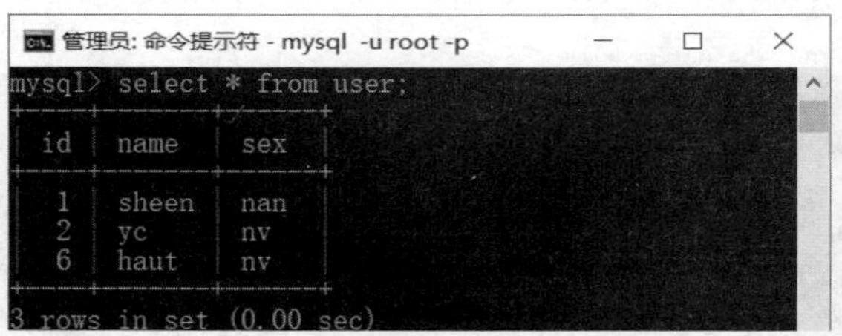

图 6-21　查询 user 表

步骤 7：在 Eclipse 中新建一个 Dynamic Web Project 项目，并按照 5.4 节的步骤导入 MySQL 驱动 jar 包到此项目，如图 6-22 所示。

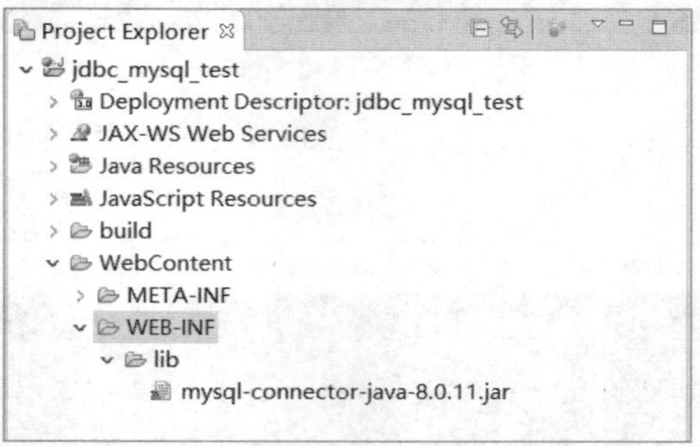

图 6-22　项目目录层次图

步骤 8：在 Java Resources 的 src 文件夹里新建一个 Java 文件，并命名为 test.java（源码\ch06\test\jdbc_mysql_ test\src\test.java），编辑 test.java 的代码如下。

```
    import java.sql.CallableStatement;
    import java.sql.Connection;
    import java.sql.DriverManager;
    import java.sql.PreparedStatement;
    import java.sql.ResultSet;
    import java.sql.SQLException;
    import java.sql.Statement;
    //上面的 5 个为需要导入的包
    @SuppressWarnings("unused")
    public class test { //定义一个类
       public static void main(String[] args){ //主方法
          try{
              //1.定义驱动程序名为 driver 内容
              String driver="com.mysql.cj.jdbc.Driver";
              //2.定义 url。定义 URL 的步骤的相关说明：jdbc 是协议；mysql 是子协议，表示数据库系统管理名称；
localhost: 3306 是数据库来源的地址和目标端口；db 是建好的数据库的名称
              String url="jdbc:mysql://localhost:3306/db? useSSL=false&serverTimezone=GMT";
              //3.定义用户名。写你想要连接到的用户
              String user="root";
              //4.用户密码，默认密码为空
              String pass="";
    //5.定义使用的 SQL 语句
              String querySql="select * from user";

               //6. 加载驱动程序。用 java.lang 包下面的 class 类里面的 Class.forName()方法，此处的 driver 是事先
//定义好的，也可以是 Class.forName("com.mysql.jdbc.Driver");
              Class.forName(driver);

               //7.建立与 MySQL 数据库的连接。使用 java.sql 里面的 DriverManager 的 getConnectin(String url，
//String username ，String password )来完成。括号里面的 url,user,pass 便是前面定义的步骤 2,3,4 内容。
              Connection  conn=DriverManager.getConnection(url,user,pass);

              //8. 构 造 一 个  statement  对 象 来 执 行  sql  语 句 ， 主 要 有  Statement,PreparedStatement,
//CallableStatement 三种实例来实现。详情见第 5 章
              Statement  stmt=conn.createStatement();

             //9.执行 sql 并返还结果集。ResultSet executeQuery(String sqlString)：用于返还一个结果集
//(ResultSet)对象
              ResultSet rs=stmt.executeQuery(querySql);

              //10.遍历结果集
              while(rs.next()){
                      System.out.println("id:"+rs.getInt("id")+" name:"+rs.getString("name")+"  sex:"+rs.
getString("sex"));//使用 getString()方法获取表里的内容并输出显示
               }

               //11.关闭结果集
              if(rs !=null){
                 try{
                     rs.close();
                 } catch (SQLException e){
                     e.printStackTrace();
```

```
                }
            }

            //12.关闭 Statement 的对象
            if(stmt !=null){
               try{
                     stmt.close();
               }catch(SQLException e){
                    e.printStackTrace();
               }
            }

          //13.关闭连接 (记住一定要先关闭前面的 11、12,然后再关闭连接,就像关门一样,先关里面的,最后关最外面的)
          if(conn !=null){
             try{
                 conn.close();
             }catch(SQLException e){
                 e.printStackTrace();
             }
          }
       }catch(Exception e){
          e.printStackTrace();
       }
    }
}
```

步骤 9：单击 Eclipse 上面的 Run As 按钮，然后单击 Java Application 按钮，即可运行，运行后 Console 窗口如图 6-23 所示。

需要注意的是，在 MySQL 5.5.45+，5.6.26+以及 5.7.6+版本之后，不建议使用没有带服务器身份验证的 SSL 连接，否则会报错，一般在 URL 的最后，加上一个 useSSL=false 即可解决。此外，由于 MySQL 返回的时间总是比实际时间要早 8 小时，所以还需要在 JDBC 连接的 URL 后面加上&serverTimezone=GMT，如果需要使用 GMT+8 时区，需要写成 GMT%2B8 的形式。

```
<terminated> test [Java Application] C:\Program Files\Java\jre-9.0.4\bin\javaw.exe
id:1  name:sheen  sex:nan
id:2  name:yc  sex:nv
id:6  name:haut  sex:nv
```

图 6-23　运行结果示意图

6.4　就业面试解析与技巧

6.4.1　就业面试解析与技巧（一）

面试官：请简述 MySQL 中 varchar 与 char 的区别，以及 varchar(50)和 int(20)中的数字所代表的含义。

应聘者：

（1）varchar 与 char 的区别是：char 是一种固定长度的类型，varchar 则是一种可变长度的类型。

（2）varchar(50)中 50 的含义：最多存放 50 个字符，varchar(50)和 varchar(200)存储 hello 时所占空间一样，

但后者在排序时会消耗更多内存，因为 order by col 采用 fixed_length 计算 col 长度（memory 引擎也一样）。

（3）int(20)中 20 的含义：指显示字符的长度，但要加参数，最大为 255，比如它是记录行数的 id，插入 10 笔资料，它就显示 00000000001～00000000010，当字符的位数超过 11 位时，也只显示 11 位，如果没有加那个让它未满 11 位就前面加 0 的参数，它不会在前面加 0。20 表示最大显示宽度为 20，但仍占 4 字节存储，存储范围不变。

技巧：MySQL 数据类型的基础知识，还是要注意掌握，另外，能用自己的语言越简单表达越好。

6.4.2 就业面试解析与技巧（二）

面试官：请简述项目中优化 SQL 语句执行效率的方法。SQL 语句性能应如何分析?

应聘者：

（1）尽量选择较小的列。

（2）将 where 中用的比较频繁的字段建立索引或者单独做成另外一个表格分离出来。

（3）select 子句中避免使用“*”。

技巧：开放性试题，言之成理即可。

第 7 章

服务端程序的开发——Servlet 基础

学习指引

Servlet 这个词是在 Java Applet 的环境中创造的，Java Applet 是一种程序文件嵌入网页一起发送的小应用程序，它通常用于在客户端运行，并在客户端进行运算或者根据客户端用户交互而响应执行的程序。其工作原理是：反射+回调。目前所有的 MVC 框架的 Controller 基本都是这种模式。Servlet 的执行是其容器如 Tomcat 通过 web.xml 的配置反射出 Servlet 对象后回调其 Service 方法。

服务器上需要一些程序，常常是根据用户输入访问数据库的程序，这些程序可使用 Java 编程语言实现。各个用户请求被激活成单个程序中的一个线程，而无须创建单独的进程，这意味着服务器端处理请求的系统开销将明显降低。本章将介绍服务器端程序开发的 Servlet 基础。

重点导读

- 掌握 Servlet 的生命周期。
- 掌握 Servlet 的工作原理。
- 了解常用的请求头和响应头。
- 学习 Cookie 和 Session 相关知识。

7.1 Servlet 简介

Servlet（Server Applet）是 Java Servlet 的简称，称为小服务程序或服务连接器，是指用 Java 语言编写的服务器端程序，主要功能在于交互式地浏览和修改数据（即用于接收和响应客户端的 HTTP 请求），生成动态 Web 内容。

狭义的 Servlet 是指 Java 语言实现的一个接口，广义的 Servlet 是指任何实现了这个 Servlet 接口的类，一般情况下，人们将 Servlet 理解为后者。Servlet 通常运行于支持 Java 的应用服务器中，从原理上讲，Servlet 可以响应任何类型的请求，但绝大多数情况下 Servlet 只用来扩展基于 HTTP 的 Web 服务器。

Servlet 在扩展基于 HTTP 的 Web 服务器时执行以下主要任务。

（1）读取客户端（浏览器）发送的显式的数据。这包括网页上的 HTML 表单，或者也可以是来自 Applet 或自定义的 HTTP 客户端程序的表单。

（2）读取客户端（浏览器）发送的隐式的 HTTP 请求数据。这包括 Cookies、媒体类型和浏览器能理解的压缩格式等。

（3）处理数据并生成结果。这个过程可能需要访问数据库，执行 RMI 或 CORBA 调用，调用 Web 服务，或者直接计算得出对应的响应。

（4）发送显式的数据（即文档）到客户端（浏览器）。该文档的格式可以是多种多样的，包括文本文件（HTML 或 XML）、二进制文件（GIF 图像）、Excel 等。

（5）发送隐式的 HTTP 响应到客户端（浏览器）。这包括告诉浏览器或其他客户端被返回的文档类型（例如 HTML），设置 Cookies 和缓存参数，以及其他类似的任务。

Servlet 在扩展基于 HTTP 的 Web 服务器时遵循以下过程。

（1）将第一个到达服务器的 HTTP 请求委派到 Servlet 容器。

（2）Servlet 通过调用 init()方法进行初始化。

（3）Servlet 调用 service()方法来处理客户端的请求，并在适当的时候调用 doGet、doPost、doPut、doDelete 等方法。

（4）Servlet 通过调用 destroy()方法终止（结束）。

（5）由 JVM 的垃圾回收器对 Servlet 进行垃圾回收。

这一过程包含 Servlet 从创建直到毁灭的整个过程，又被称为 Servlet 的生命周期，如图 7-1 所示。

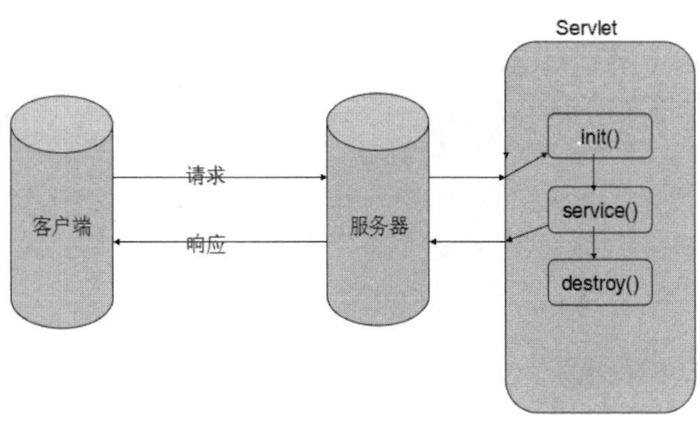

图 7-1 Servlet 生命周期示意图

配置 Servlet 主要包括两步：Servlet 的声明和 Servlet 访问方式的声明。

1. Servlet 的声明

```
<servlet>
<servlet-name>Servlet 的名字(自己定义的)</servlet-name>
<servlet-class>Servlet 的完整类名</servlet-class>
</servlet>
```

2. Servlet 访问方式的声明

```
<servlet-mapping>
<servlet-name>Servlet 的名字(应该和声明的时候保持一致)</servlet>
<url-pattern>访问路径</url-pattern>
</servlet-mapping>
```

7.2 请求头信息

Servlet 需要处理基于 HTTP 的请求，那么接收到的请求是怎样的格式呢？

其实，一个 HTTP 请求报文由请求行、请求头部、空行和请求数据 4 个部分组成，其一般格式如图 7-2 所示。

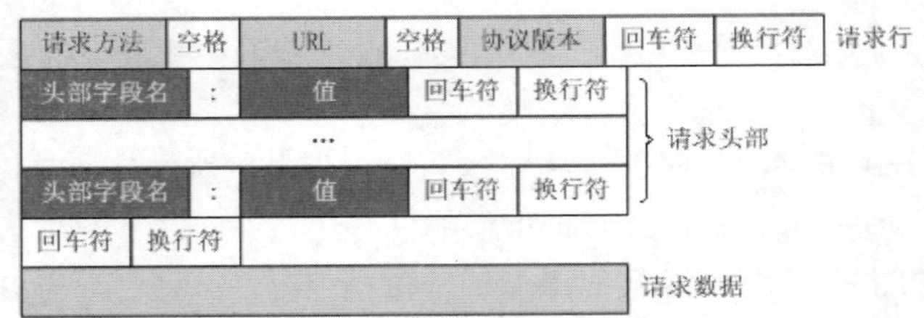

图 7-2 请求的格式

在 HTTP 请求中，第一行必须是一个请求行，用来说明请求类型、要访问的资源以及使用的 HTTP 版本。紧接着是一个首部小节，用来说明服务器要使用的附加信息。在首部之后是一个空行，在此之后可以添加任意的其他数据（称之为主体）。

1. 请求行

请求行由请求方法字段、URL 字段和 HTTP 版本字段三个字段组成，用空格分隔。例如，GET /index.html HTTP/1.1。

HTTP 的请求方法有 GET、POST、HEAD、PUT、DELETE、OPTIONS、TRACE、CONNECT。这里介绍最常用的 GET 方法和 POST 方法。

GET：使用 GET 方法时，请求参数和对应的值附加在 URL 后面，利用一个问号（“?”）代表 URL 的结尾与请求参数的开始，传递参数长度受限制，如/index.jsp?id=100&op=bind。

POST：POST 方法将请求参数封装在 HTTP 请求数据中，.以名称/值的形式出现，可以传输大量数据。

2. 请求头部

请求头部由关键字/值对组成，每行一对，关键字和值之间用英文冒号“:”分隔。请求头部通知服务器有关于客户端请求的信息，常用的请求头及其说明如表 7-1 所示。

表 7-1 请求头

协 议 头	说 明	实 例	状 态
Accept	可接收的响应内容类型（Content-Types）	Accept: text/plain	固定
Accept-Charset	可接收的字符集	Accept-Charset: utf-8	固定
Accept-Encoding	可接收的响应内容的编码方式	Accept-Encoding: gzip, deflate	固定
Connection	客户端（浏览器）想要优先使用的连接类型	Connection: keep-alive Connection: Upgrade	固定
Cookie	由之前服务器通过 Set-Cookie（见下文）设置的一个 HTTP 协议 Cookie	Cookie: $Version=1; Skin=new;	标准

续表

协　议　头	说　　明	实　　例	状　　态
Date	发送该消息的日期和时间（以 RFC 7231 中定义的“HTTP 日期”格式来发送）	Date: Dec, 26 Dec 2015 17:30:00 GMT	固定
Expect	表示客户端要求服务器做出特定的行为	Expect: 100-continue	固定
From	发起此请求的用户的邮件地址	From: user@itbilu.com	固定
Host	表示服务器的域名以及服务器所监听的端口号。如果所请求的端口是对应的服务的标准端口（80），则端口号可以省略	Host: www.itbilu.com:80 Host: www.itbilu.com	固定
Origin	发起一个针对跨域资源共享的请求(该请求要求服务器在响应中加入一个 Access-Control-Allow-Origin 的消息头，表示访问控制所允许的来源）	Origin: http://www.itbilu.com	标准
Upgrade	要求服务器升级到一个高版本协议	Upgrade: HTTP/2.0, SHTTP/1.3, IRC/6.9, RTA/x11	固定
Via	告诉服务器，这个请求是由哪些代理发出的	Via: 1.0 fred, 1.1 itbilu.com.com (Apache/1.1)	固定
Warning	一个一般性的警告，表示在实体内容体中可能存在错误	Warning: 199 Miscellaneous warning	固定

3. 空行

最后一个请求头之后是一个空行，发送回车符和换行符，通知服务器以下不再有请求头。对于一个完整的 HTTP 请求来说空行是必需的，否则服务器会认为本次请求的数据尚未完全发送到服务器，处于等待状态。

4. 请求数据

请求数据不在 GET 方法中使用，而是在 POST 方法中使用。与请求数据相关的最常使用的请求头是 Content-Type 和 Content-Length。

7.3　响应头信息

响应也具有一定的格式，响应与请求的唯一区别在于第一行中用状态信息代替了请求信息。状态行通过提供一个状态码来说明所请求的资源情况，其一般格式与请求的一般格式一样，本节就不再赘述。

1. 状态行

状态行包括协议版本号、状态码、状态描述。其中，状态码由三位数字组成，表示请求是否被理解或被满足。常见的状态码及其说明如表 7-2 所示。

表 7-2　状态码

状　态　码	说　　明
200	响应成功
301	永久重定向，搜索引擎将删除源地址，保留重定向地址

续表

状 态 码	说　明
302	暂时重定向，重定向地址由响应头中的 Location 属性指定。由于搜索引擎的判定问题，较为复杂的 URL 容易被其他网站使用更为精简的 URL 及 302 重定向劫持
400	客户端请求有语法错误，不能被服务器识别
404	请求资源不存在
500	服务器内部错误

2. 响应头

响应头是由关键字/值对组成，每行一对，关键字和值之间用英文冒号“:”分隔。与请求头不同，响应头部通知浏览器有关于服务器响应的信息。常用的响应头及其说明如表 7-3 所示。

表 7-3　响应头

响 应 头	说　明	实　例	状　态
Age	响应对象在代理缓存中存在的时间，以 s 为单位	Age: 12	固定
Allow	对于特定资源的有效动作	Allow: GET, HEAD	固定
Connection	针对该连接所预期的选项	Connection: close	固定
Date	此条消息被发送时的日期和时间（以 RFC 7231 中定义的“HTTP 日期”格式来表示）	Date: Tue, 15 Nov 1994 08:12:31 GMT	固定
Expires	指定一个日期/时间，超过该时间则认为此回应已经过期	Expires: Thu, 01 Dec 1994 16:00:00 GMT	标准
Link	用来表示与另一个资源之间的类型关系，此类型关系是在 RFC 5988 中定义	Link: rel="alternate"	固定
Location	用于在进行重定向，或在创建了某个新资源时使用	Location: http://www.itbilu.com/nodejs	固定
Server	服务器的名称	Server: nginx/1.6.3	固定
Set-Cookie	设置 HTTP Cookie	Set-Cookie: UserID=itbilu; Max-Age=3600; Version=1	标准
Status	通用网关接口的响应头字段，用来说明当前 HTTP 连接的响应状态	Status: 200 OK	
Upgrade	要求客户端升级到另一个高版本协议	Upgrade: HTTP/2.0, SHTTP/1.3, IRC/6.9, RTA/x11	固定
Via	告知代理服务器的客户端，当前响应是通过什么途径发送的	Via: 1.0 fred, 1.1 itbilu.com (nginx/1.6.3)	固定
Warning	一般性警告，告知在实体内容体中可能存在错误	Warning: 199 Miscellaneous warning	固定

3. 空行

与请求一样，响应头和响应体必须由空行连接。

4. 响应体

响应体主要是包含服务器对于浏览器请求的响应消息，该响应消息可以是一个 HTML 文档。浏览器可以直接识别这个 HTML 文件。而如果访问的是一个 JSP 文件，响应回去的是一个 HTML 文件，就说明服务器将该 JSP 翻译成了一个 HTML，然后再响应给浏览器。

7.4　Cookie

Cookie，原意饼干，用来在浏览器端存储用户的状态信息，然后在访问后端的时候将这部分信息带回到后端。例如，在浏览某些网站时，这些网站会把一些数据通过 Cookie 存储在客户端，方便网站对用户操作进行跟踪用户，实现用户自定义的功能。Cookie 的内容主要包括名字、值、过期时间、路径和域。

Cookie 本质是浏览器保存信息（保存至服务器）的一种方式，可以理解为一个文件，服务器可以通过响应浏览器的 set-cookie 的标头，得到 Cookie 的信息。可以给这个文件设置一个期限，这个期限不会因为浏览器的关闭而消失。其实大家应该对这个效果不陌生，很多购物网站都是这样做的，即使你没有买东西，它也记住了你的喜好，之后回来再次访问这个网站，就会优先推荐你喜欢的东西。

其工作原理如下，工作原理图解如图 7-3 所示。

（1）发起请求时：浏览器检查所有存储的 Cookie，如果某个 Cookie 所声明的作用范围（由路径和域决定）大于等于将要请求的资源所在的位置，则把该 Cookie 附在请求资源的 HTTP 请求头上发送给服务器。

（2）处理请求时：在服务器端，一般会对请求头中带的 Cookie 信息做检查（比如说登录检查），如果检查通过，才能进行实际的业务处理。

（3）如果校验不通过，例如没有找到 Cookie 或者 Cookie 信息不正确（可能是伪造），跳转让其登录，登录完成之后，在响应中返回 Cookie 信息，浏览器会根据返回的 Cookie 信息，保存在硬盘或者内存中供下次使用。

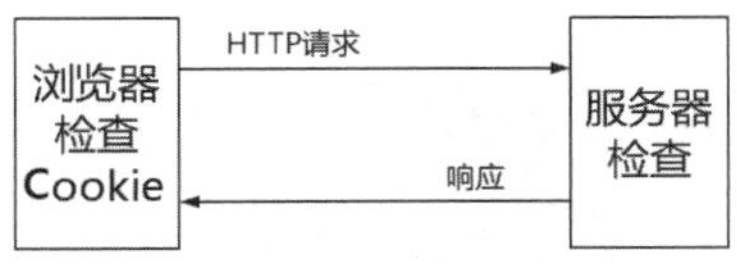

图 7-3　Cookie 工作原理图解

Servlet 中操作 Cookie 时常用的方法及其描述如表 7-4 所示。

表 7-4　Cookie 方法

方　法	方 法 描 述
public void setDomain(String pattern)	该方法设置 Cookie 适用的域，例如 runoob.com
public String getDomain()	该方法获取 Cookie 适用的域，例如 runoob.com
public void setMaxAge(int expiry)	该方法设置 Cookie 过期的时间（以 s 为单位）。如果不这样设置，Cookie 只会在当前 Session 会话中持续有效
public int getMaxAge()	该方法返回 Cookie 的最大生存周期（以 s 为单位），默认情况下，−1 表示 Cookie 将持续下去，直到浏览器关闭
public String getName()	该方法返回 Cookie 的名称。名称在创建后不能改变

续表

方　法	方 法 描 述
public void setValue(String newValue)	该方法设置与 Cookie 关联的值
public String getValue()	该方法获取与 Cookie 关联的值
public void setPath(String uri)	该方法设置 Cookie 适用的路径。如果不指定路径，与当前页面相同目录下的（包括子目录下的）所有 URL 都会返回 Cookie
public String getPath()	该方法获取 Cookie 适用的路径
public void setSecure(boolean flag)	该方法设置布尔值，表示 Cookie 是否应该只在加密的（即 SSL）连接上发送
public void setComment(String purpose)	设置 Cookie 的注释。该注释在浏览器向用户呈现 Cookie 时非常有用
public String getComment()	获取 Cookie 的注释，如果 Cookie 没有注释则返回 null

通过 Servlet 设置 Cookie 包括以下三个步骤。

步骤 1：创建一个 Cookie 对象。可以通过调用带有 Cookie 名称和 Cookie 值的 Cookie 构造函数，Cookie 名称和 Cookie 值都是字符串，例如：

```
Cookie  cookie = new  Cookie("key","value");
```

另外，无论是名字还是值，都不应该包含空格或“[ ]()=, " / ? @ : ”字符。

步骤 2：设置最大生存周期。可以通过调用 setMaxAge 方法来指定 Cookie 能够保持有效的时间（以 s 为单位）。例如：

```
cookie.setMaxAge(60*60*24); ——设置一个最长有效期为 24 小时的 cookie
```

步骤 3：发送 Cookie 到 HTTP 响应头。可以通过使用 response.addCookie 来添加 HTTP 响应头中的 Cookie。例如：

```
response.addCookie(cookie);
```

【例 7-1】Cookie 创建实例。

```
Cookie  cookie = new  Cookie("key","value");
cookie.setMaxAge(60*60*24);
response.addCookie(cookie);
```

而要通过 Servlet 读取 Cookie，只需要通过调用 HttpServletRequest 的 getCookies()方法创建一个 javax.servlet.http.Cookie 对象的数组。然后循环遍历数组，并使用 getName()和 getValue()方法来访问每个 Cookie 和关联的值即可。

通过 Servlet 删除 Cookie 是非常简单的，只需要按照以下三个步骤进行即可。

步骤 1：读取一个现有的 Cookie，并把它存储在 Cookie 对象中。

步骤 2：使用 setMaxAge()方法设置 Cookie 的年龄为零，来删除现有的 Cookie。

步骤 3：把这个 Cookie 添加到响应头。

【例 7-2】Cookie 删除实例。

```
//删除第 i 个 ookie
Cookie  cookie = HttpServletRequest. getCookies()[i];
cookie.setMaxAge(0);
response.addCookie(cookie);
```

7.5 Session

由于 HTTP 是无状态的协议，所以服务端需要记录用户的状态时，就需要用某种机制来识别具体的用户，这个机制就是 Session。Session 机制是一种服务器端的机制，服务器使用一种类似于散列表的结构（也可能就是使用散列表）来保存信息。简言之，Session 是用来在服务器端保存用户的信息。

典型的场景比如购物车，当单击“下单”按钮时，由于 HTTP 无状态，所以并不知道是哪个用户操作的，所以服务端要为特定的用户创建特定的 Session，用于标识这个用户，并且跟踪用户，这样才知道购物车里面有什么。这个 Session 是保存在服务端的，有一个唯一标识。在服务端保存 Session 的方法很多，内存、数据库、文件都有。

其工作原理如下。

（1）浏览器发起请求时，服务器首先会读取请求头中的 Session 信息。如果没有找到 Session 信息或者本地检索不到此 Session ID，就新生成一个 Session ID，存储到服务器硬盘或者内存中。

（2）浏览器接收到响应，会将这个返回的 Session ID 在本地内存也保存一份，供下一次请求使用。Session 保存在本地的其中一种实现方案是保存信息在 Cookie 上，但是实际上 Cookie 并不是 Session 保存的唯一解决方案，使用 URL 重写的方式也可以（把 Session id 直接附加在 URL 路径的后面）。

有以下三种方式来维持 Web 客户端和 Web 服务器之间的 Session 会话。

1. Cookies

一个 Web 服务器可以分配一个唯一的 Session 会话 ID 作为每个 Web 客户端的 Cookie，对于客户端的后续请求可以使用接收到的 Cookie 来识别。

这可能不是一个有效的方法，因为很多浏览器不支持Cookie，所以建议不要使用这种方式来维持Session 会话。

2. 隐藏的表单字段

一个 Web 服务器可以发送一个隐藏的 HTML 表单字段，以及一个唯一的 Session 会话 ID，例如：<input type="hidden" name="sessionid" value="12345">该条目意味着，当表单被提交时，指定的名称和值会被自动包含在 GET 或 POST 数据中。每次当 Web 浏览器发送回请求时，session_id 值可以用于保持不同的 Web 浏览器的跟踪。

这可能是一种保持 Session 会话跟踪的有效方式，但是单击常规的超文本链接（<A HREF…>）不会导致表单提交，因此隐藏的表单字段也不支持常规的 Session 会话跟踪。

3. URL 重写

可以在每个 URL 末尾追加一些额外的数据来标识 Session 会话，服务器会把该 Session 会话标识符与已存储的有关 Session 会话的数据相关联。例如，http://w3cschool.cc/file.htm;sessionid=12345，Session 会话标识符被附加为 sessionid=12345，标识符可被 Web 服务器访问以识别客户端。

URL 重写是一种更好的维持 Session 会话的方式，它在浏览器不支持 Cookie 时能够很好地工作，但是它的缺点是会动态生成每个 URL 来为页面分配一个 Session 会话 ID，即使是在很简单的静态 HTML 页面中也会如此。

除了上述的三种方式，Servlet 还提供了 HttpSession 接口，该接口提供了一种跨多个页面请求或访问网站时识别用户以及存储有关用户信息的方式。Servlet 容器使用这个接口来创建一个 HTTP 客户端和 HTTP

服务器之间的 Session 会话。会话持续一个指定的时间段，跨多个连接或页面请求。通过调用 HttpServletRequest 的公共方法 getSession()来获取 HttpSession 对象，例如：

```
HttpSession session = request.getSession();
```

在向客户端发送任何文档内容之前调用 request.getSession()。HttpSession 对象中常用的方法及其描述如表 7-5 所示。

表 7-5　Session 方法

方　法	方法描述
public Object getAttribute(String name)	该方法返回在该 Session 会话中具有指定名称的对象，如果没有指定名称的对象，则返回 null
public Enumeration getAttributeNames()	该方法返回 String 对象的枚举，String 对象包含所有绑定到该 Session 会话的对象的名称
public long getCreationTime()	该方法返回该 Session 会话被创建的时间，自格林尼治标准时间 1970 年 1 月 1 日午夜算起，以 ms 为单位
public String getId()	该方法返回一个包含分配给该 Session 会话的唯一标识符的字符串
public long getLastAccessedTime()	该方法返回客户端最后一次发送与该 Session 会话相关的请求的时间自格林尼治标准时间 1970 年 1 月 1 日午夜算起，以 ms 为单位
public int getMaxInactiveInterval()	该方法返回 Servlet 容器在客户端访问时保持 Session 会话打开的最大时间间隔，以 s 为单位
public void invalidate()	该方法指示该 Session 会话无效，并解除绑定到它上面的任何对象
public boolean isNew()	如果客户端还不知道该 Session 会话，或者如果客户选择不参入该 Session 会话，则该方法返回 true
public void removeAttribute(String name)	该方法将从该 Session 会话移除指定名称的对象
public void setAttribute(String name, Object value)	该方法使用指定的名称绑定一个对象到该 Session 会话
public void setMaxInactiveInterval(int interval)	该方法在 Servlet 容器指示该 Session 会话无效之前，指定客户端请求之间的时间，以 s 为单位

完成了一个用户的 Session 会话数据之后，有以下几种选择来删除 Session 会话数据。

（1）移除一个特定的属性：通过调用 public void removeAttribute(String name)方法来删除与特定的键相关联的值。

（2）删除整个 Session 会话：可以通过调用 public void invalidate()方法来丢弃整个 Session 会话。设置 Session 会话过期时间：或者可以通过调用 public void setMaxInactiveInterval(int interval)方法来单独设置 Session 会话超时。

（3）注销用户：如果使用的是支持 Servlet 2.4 的服务器，可以调用 logout 来注销 Web 服务器的客户端，并把属于所有用户的所有 Session 会话设置为无效。

（4）web.xml 配置：如果使用的是 Tomcat，除了上述方法，还可以在 web.xml 文件中配置 Session 会话超时，代码如下。

```
<session-config>
   <session-timeout>15</session-timeout>
</session-config>
```

在一个 Servlet 中的 getMaxInactiveInterval()方法会返回 Session 会话的超时时间，以 s 为单位。所以，如果在 web.xml 中配置 Session 会话超时时间为 15min，那么 getMaxInactiveInterval()会返回 900。

7.6　Servlet API 编程常用的类和接口

Servlet 编程需要用到很多的类和接口，下面将介绍几个简单的类和接口。

7.6.1　javax.servlet.Servlet 接口

Servlet 抽象集是 javax.servlet.Servlet 接口，它规定了必须由 Servlet 类实现由 Servlet 引擎识别和管理的方法集。Servlet 接口的基本目标是提供生命期，有 init()、service()和 destroy()等方法。

Servlet 接口中有以下几个方法。

（1）void init(ServletConfit config)throws ServletException——在 Servlet 被载入后和实施服务前由 Servlet 引擎进行一次性调用。如果 init()产生溢出 UnavailableException，则 Servlet 退出服务。

（2）ServletConfig getServletConfig()——返回传递到 Servlet 的 init()方法的 ServletConfig 对象。

（3）void service(ServletRequest request, ServletResponse response)throws ServletException, IOException——处理 request 对象中描述的请求，使用 response 对象返回请求结果。

（4）String getServletInfo()——返回描述 Servlet 的一个字符串。

（5）void destory()——当 Servlet 将要卸载时由 Servlet 引擎调用。

【例 7-3】 Servlet 接口实例。

```
public class HelloSerclet implement Servlet {
    private String message;
    public void init() throws ServletException
    {
        //执行初始化操作
        message = "Hello Servlet";
    }
    public void destroy()
    {
        //什么也不做
    }
}
```

7.6.2　javax.servlet.GenericServlet 类

GenericServlet 是一种与协议无关的 Servlet，是一种跟本不对请求提供服务的 Servlet，而是简单地从 init()方法启动后台线程并在 destory()中杀死。它可以用于模拟操作系统的端口监控进程。

Servlet API 提供了 Servlet 接口的直接实现，称为 GenericServlet。此类提供除了 service()方法外所有接口中方法的默认实现。这意味着通过简单地扩展 GenericServlet 可以编写一个基本的 Servlet。除了 Servlet 接口外，GenericServlet 也实现了 ServletConfig 接口，处理初始化参数和 Servlet 上下文，提供对授权传递到 init()方法中的 ServletConfig 对象的方法。

（1）GenericServlet 类中有以下几个方法：String getInitParameter(String name)——返回具有指定名称的初始化参数值，一般通过调用 config.getInitParameter(name)方法来实现。

（2）ServletConfig getServletConfig()——返回传递到 init()方法的 ServletConfig 对象。

（3）ServletContext getServletContext()——返回在 config 对象中引用的 ServletContext。

（4）void init()throws ServletException——可以被跳过以处理 Servlet 初始化。在 config 对象被保存后 init(ServletConfig config)的结尾处自动被调用，Servlet 作者经常会忘记调用 super.init(config)。

（5）void log(String msg, Throwable t)——编写一个入口和 Servlet 注册的栈轨迹。此方法也是 ServletContext 中相应方法的一个副本。

（6）abstract void service(Request request, Response response)throws ServletException, IOException——由 Servlet 引擎调用为请求对象描述的请求提供服务。这是 GenericServlet 中唯一的抽象方法。因此它也是唯一必须被子类所覆盖的方法。

（7）String getServletName()——返回在 Web 应用发布描述器（web.xml）中指定的 Servlet 的名字。

7.6.3 javax.servlet.http.HttpServlet 类

虽然 Servlet API 允许扩展到其他协议，但最终所有的 Servlet 均在 Web 环境下实施操作，只有几种 Servlet 直接扩展了 GenericServlet。对 Servlet 更一般的操作是扩展其 HTTP 子类 HttpServlet。

HttpServlet 类通过调用指定到 HTTP 请求方法的方法实现 service()，亦即对 DELETE、HEAD、GET、OPTIONS、POST、PUT 和 TRACE，分别调用 doDelete()、doHead()、doGet()、doOptions()、doPost()、doPut()和 doTrace()方法，将请求和响应对象置入其 HTTP 指定子类。

HttpServlet 类中有以下几个方法。

（1）void doGet(HttpServletRequest request, HttpServletResponse response)throws ServletException, IOException——由 Servlet 引擎调用处理一个 HTTP GET 请求。输入参数、HTTP 头标和输入流可从 request 对象、response 头标和 response 对象的输出流中获得。

（2）void doPost(HttpServletRequest request, HttpServletResponse response)throws ServletException, IOException——由 Servlet 引擎调用处理一个 HTTP POST 请求。输入参数、HTTP 头标和输入流可从 request 对象、response 头标和 response 对象的输出流中获得。

（3）void doDelete(HttpServletRequest request, HttpServletResponse response)throws ServletException, IOException——由 Servlet 引擎调用处理一个 HTTP DELETE 请求。请求 URI 指出资源被删除。

（4）void service(HttpServletRequest request, HttpServletResponse response)throws ServletException, IOException——Service(Request request, Response response)调用的一个立即方法，带有指定 HTTP 请求和响应。此方法实际上将请求导向 doGet()、doPost()等。

（5）void service(Request request, Response response)throws ServletException, IOException——将请求和响应对象置入其指定的 HTTP 子类，并调用指定 HTTP 的 service()方法。

【例 7-4】 HttpServlet 类实例。

```
@SuppressWarnings("serial")
public class HelloHttpServlet extends HttpServlet {

    private String message;
    public void init() throws ServletException
    {
        //执行必需的初始化
        message = "Hello Http Servlet!";
    }
    public void doGet(HttpServletRequest request,
                HttpServletResponse response)
            throws ServletException, IOException
    {
        //设置响应内容类型
        response.setContentType("text/html");
        //实际的逻辑是在这里
        PrintWriter out = response.getWriter();
```

```
        out.println("<h1>" + message + "</h1>");
    }

    public void destroy()
    {
        //什么也不做,即可自动销毁
    }
}
```

7.6.4 javax.servlet.ServletRequest 类

ServletRequest 接口封装了客户端请求的细节。它与协议无关，并有一个指定 HTTP 的子接口。ServletRequest 主要处理的是：

（1）找到客户端的主机名和 IP 地址。

（2）检索请求参数。

（3）取得和设置属性。

（4）取得输入和输出流。

ServletRequest 类中有以下几个方法。

（1）Object getAttribute(String name)——返回具有指定名字的请求属性，如果不存在则返回 null。属性可由 Servlet 引擎设置或使用 setAttribute()显式加入。

（2）String getCharacteEncoding()——返回请求所用的字符编码。

（3）String getParameter(String name)——返回指定输入参数，如果不存在，返回 null。

（4）Enumeration getParameterName()——返回请求中所有参数名的一个可能为空的枚举。

（5）String[] getParameterValues(String name)——返回指定输入参数名的取值数组，如果取值不存在则返回 null。它在参数具有多个取值的情况下十分有用。

（6）String getServerName()——返回处理请求的服务器的主机名。

（7）String getServerPort()——返回接收主机正在侦听的端口号。

（8）String getRemoteAddr()——返回客户端主机的数字型 IP 地址。

（9）String getRemoteHost()——如果正确，返回客户端主机名。

（10）void setAttribute(String name, Object obj)——以指定名称保存请求中指定对象的引用。

（11）void removeAttribute(String name)——从请求中删除指定属性。

（12）boolean isSecure()——如果请求使用了如 HTTPS 安全隧道，返回 true。

7.6.5 javax.servlet.http.HttpServletRequest 接口

HttpServletRequest 类主要处理的是：

（1）读取和写入 HTTP 头标。

（2）取得和设置 Cookies。

（3）取得路径信息。

（4）标识 HTTP 会话。

HttpServletRequest 接口中有以下几个方法。

（1）String getAuthType()——如果 Servlet 由一个鉴定方案所保护，如 HTTP 基本鉴定，则返回方案名称。

（2）String getContextPath()——返回指定 Servlet 上下文（Web 应用）的 URL 的前缀。

（3）Cookie[] getCookies()——返回与请求相关 Cookie 的一个数组。

（4）Long getDateHeader(String name)——将输出转换成适合构建 Date 对象的 long 类型取值的 getHeader()的简化版。

（5）int getIntHeader(String name)——将输出转换为 int 取值的 getHeader()的简化版。

（6）String getMethod()——返回 HTTP 请求方法（例如 GET、POST 等）。

（7）String getPathInfo()——返回在 URL 中指定的任意附加路径信息。

（8）String getPathTranslated()——返回在 URL 中指定的任意附加路径信息，被子转换成一个实际路径。

（9）String getQueryString()——返回查询字符串，即 URL 中“？”后面的部分。

（10）String getRequestedSessionId()——返回客户端的会话 ID。

（11）String getRequestURI()——返回 URL 中一部分，从“/”开始，包括上下文，但不包括任意查询字符串。

（12）String getServletPath()——返回请求 URI 上下文后的子串。

（13）HttpSession getSession(boolean create)——返回当前 HTTP 会话，如果不存在，则创建一个新的会话，create 参数为 true。

（14）boolean isRequestedSessionIdFromCookie()——如果请求的会话 ID 由一个 Cookie 对象提供，则返回 true，否则为 false。

（15）boolean isRequestedSessionIdFromURL()——如果请求的会话 ID 在请求 URL 中解码，返回 true，否则为 false。

（16）boolean isRequestedSessionIdValid()——如果客户端返回的会话 ID 仍然有效，则返回 true。

（17）Boolean isUserInRole(String role)——如果当前已通过鉴定用户与指定角色相关，则返回 true，如果不是或用户未通过鉴定，则返回 false。

7.6.6 javax.servlet.ServletResponse 接口

ServletResponse 对象将一个 Servlet 生成的结果传到发出请求的客户端。ServletResponse 操作主要是作为输出流及其内容类型和长度的包容器，它由 Servlet 引擎创建。

ServletResponse 接口中有以下方法。

（1）void flushBuffer()throws IOException——发送缓存到客户端的输出内容。因为 HTTP 需要头标在内容前被发送，调用此方法发送状态行和响应头标，以确认请求。

（2）int getBufferSize()——返回响应使用的缓存大小。如果缓存无效则返回 0。

（3）String getCharacterEncoding()——返回响应使用字符解码的名字。除非显式设置，否则为 ISO-8859。

（4）Locale getLocale()——返回响应使用的现场。除非用 setLocale()修改，否则默认为服务器现场。

（5）OutputStream getOutputStream()throws IOException——返回二进制输出写入客户端的流，此方法和 getWriter()方法二者只能调用其一。

（6）Writer getWriter()throws IOException——返回文本输出写入客户端的一个字符写入器，此方法和 getOutputStream()二者只能调用其一。

（7）boolean isCommitted()——如果状态和响应头标已经被发回客户端，则返回 true，在响应被确认后发送响应头标毫无作用。

（8）void reset()——清除输出缓存及任何响应头标。如果响应已得到确认，则引发事件 IllegalStateException。

（9）void setBufferSize(int nBytes)——设置响应的最小缓存大小。实际缓存大小可以更大，可以通过调用 getBufferSize()得到。如果输出已被写入，则产生 IllegalStateException。

（10）void setContentLength(int length)——设置内容体的长度。

（11）void setContentType(String type)——设置内容类型。在 HTTP Servlet 中即设置 Content-Type 头标。

（12）void setLocale(Locale locale)——设置响应使用的现场。在 HTTP Servlet 中，将对 Content-Type 头标取值产生影响。

7.6.7 javax.servlet.http.HttpServletResponse 接口

HttpServletResponse 加入表示状态码、状态信息和响应头标的方法，它还负责对 URL 中写入一 Web 页面的 HTTP 会话 ID 进行解码。

HttpServletResponse 接口中有以下几个方法。

（1）void addCookie(Cookie cookie)——将一个 Set-Cookie 头标加入到响应。

（2）void setHeader(String name, String value)——设置具有指定名字和取值的一个响应头标。

（3）String encodeRedirectURL(String url)——对重定向的 url 进行编码，如果不需要编码，就直接返回这个 url。

（4）void sendError(int status)——设置响应状态码为指定值（可选的状态信息）。HttpServletResponse 定义了一个完整的整数常量集合表示有效状态值。

（5）void setStatus(int status)——设置响应状态码为指定值。只应用于不产生错误的响应，而错误响应使用 sendError()。

【例 7-5】 HttpServletResponse 接口实例。

```
@SuppressWarnings("serial")
public class HelloHttpServletResponse implement HttpServletResponse {

    void addCookie(Cookie cookie){
        this.cookie=cookie;
    }
    void sendError(int status){
        out.print("响应错误状态码是: "+status);
    }
}
```

7.6.8 javax.servlet.ServletContext 接口

一个 Servlet 上下文是 Servlet 引擎提供用来服务于 Web 应用的接口。Servlet 上下文具有名字（它属于 Web 应用的名字）唯一映射到文件系统的一个目录。一个 Servlet 可以通过 ServletConfig 对象的 getServletContext()方法得到 Servlet 上下文的引用，如果 Servlet 直接或间接调用子类 GenericServlet，则可以使用 getServletContext()方法。

Web 应用中 Servlet 可以使用 Servlet 上下文得到。

（1）在调用期间保存和检索属性的功能，并与其他 Servlet 共享这些属性。

（2）读取 Web 应用中文件内容和其他静态资源的功能。

（3）互相发送请求的方式。

（4）记录错误和信息化消息的功能。

ServletContext 接口中有以下几个方法。

（1）Object getAttribute(String name)——返回 Servlet 上下文中具有指定名字的对象，或使用已指定名捆

绑一个对象。从 Web 应用的标准观点看，这样的对象是全局对象，因为它们可以被同一 Servlet 在另一时刻访问，或上下文中任意其他 Servlet 访问。

（2）void setAttribute(String name, Object obj)——设置 Servlet 上下文中具有指定名字的对象。

（3）ServletContext getContext(String uripath)——返回映射到另一 URL 的 Servlet 上下文。在同一服务器中 URL 必须是以“/”开头的绝对路径。

（4）String getInitParameter(String name)——返回指定上下文范围的初始化参数值。此方法与 ServletConfig 方法名称不一样，后者只应用于已编码的指定 Servlet。此方法应用于上下文中所有的参数。

（5）int getMajorVersion()——返回此上下文中支持 Servlet API 级别的最大和最小版本号。

（6）String getMimeType(String fileName)——返回指定文件名的 MIME 类型。典型情况是基于文件扩展名，而不是文件本身的内容（它可以不必存在）。如果 MIME 类型未知，可以返回 null。

（7）String getRealPath(String path)——给定一个 URI，返回文件系统中 URI 对应的绝对路径。如果不能进行映射，返回 null。

（8）URL getResource(String path)——返回相对于 Servlet 上下文或读取 URL 的输入流的指定绝对路径相对应的 URL，如果资源不存在则返回 null。

（9）String getServerInfo()——返回 Servlet 引擎的名称和版本号。

（10）void log(String message, Throwable t)——将一个消息写入 Servlet 注册，如果给出 Throwable 参数，则包含栈轨迹。

（11）void removeAttribute(String name)——从 Servlet 上下文中删除指定属性。

7.6.9 Servlet 类和接口的关系图

Servlet 接口、GenericServlet 类、HttpServlet 类、ServletRequest 类、HttpServletRequest 接口、ServletResponse 接口、HttpServletResponse 接口和 ServletContext 接口的依赖和继承关系如图 7-4 所示。

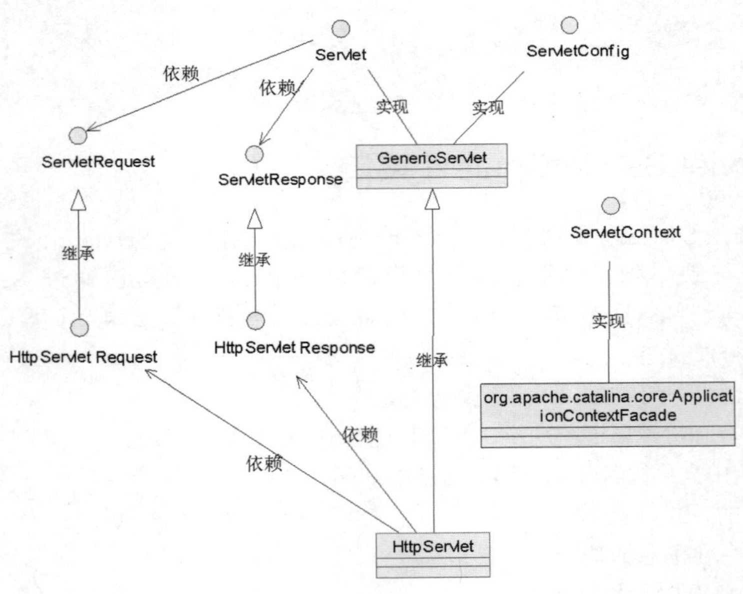

图 7-4 类和接口关系图

7.7　综合案例

利用 Servlet 实现在浏览器页面输出“HelloWorld”，具体操作步骤如下（源码\ch07\ HelloServlet 文件夹）。

步骤 1：在 Eclipse 中新建一个 Java 项目，在 src 下新建一个包 hello，在包中新建一个类 HelloWorld.java，具体如下。

```
package hello;
//导入必需的 java 库
import java.io.*;
import javax.servlet.*;
import javax.servlet.http.*;
//扩展 HttpServlet 类
@SuppressWarnings("serial")
public class HelloWorld extends HttpServlet {

  private String message;
  public void init() throws ServletException
  {
      //执行必需的初始化
      message = "Hello World";
  }
  public void doGet(HttpServletRequest request,
                    HttpServletResponse response)
            throws ServletException, IOException
  {
      //设置响应内容类型
      response.setContentType("text/html");
      //实际的逻辑是在这里
      PrintWriter out = response.getWriter();
      out.println("<h1>" + message + "</h1>");
  }

  public void destroy()
  {
      //什么也不做
  }
}
```

步骤 2：新建一个 web.xml 文件，并将其保存至 WEB– INF 的根目录下。web.xml 文件的具体内容如下。

```
<?xml version="1.0" encoding="UTF-8"?>
<web-app xmlns:xsi="http://www.w3.org/2001/XMLSchema-instance" xmlns="http://java.sun.com/xml/ns/javaee" xsi:schemaLocation="http://java.sun.com/xml/ns/javaee http://java.sun.com/xml/ns/javaee/web-app_3_0.xsd" id="WebApp_ID" version="3.0">
  <display-name>Hello</display-name>
  <servlet>
     <servlet-name>HelloWorld</servlet-name>
     <servlet-class>hello.HelloWorld</servlet-class>
  </servlet>
  <servlet-mapping>
      <servlet-name>HelloWorld</servlet-name>
      <url-pattern>/HelloWorld</url-pattern>
```

```
  </servlet-mapping>

  <welcome-file-list>
    <welcome-file>HelloWorld</welcome-file>
    <welcome-file>default.jsp</welcome-file>
  </welcome-file-list>
</web-app>
```

步骤 3：为项目配置 Web 服务器，配置完成之后即可正常运行本程序。第 4 章已经做过详细介绍，这里不再赘述。

7.8 就业面试解析与技巧

7.8.1 就业面试解析与技巧（一）

面试官：简述一下自己对 Servlet 作用原理和 Servlet 生命周期的理解。

应聘者：Servlet 工作原理主要是反射+回调。Servlet 的执行是其容器器如 Tomcat 通过 web.xml 的配置反射出 Servlet 对象后回调其 Service 方法。目前，所有的 MVC 框架的 Controller 基本都是这种模式。

Servlet 生命周期主要包括三部分：①初始化，Web 容器加载 Servlet，调用 init()方法；②处理请求，当请求到达时，运行其 service()方法，service()自动派遣运行与请求相对应的 do×××（doGet 或者 doPost）方法；③销毁，服务结束，Web 容器会调用 Servlet 的 distroy()方法销毁 Servlet。

技巧：开放性试题，在正确表达对其认识的基础上，语言应尽量简洁。另外，用一句话表达自己对其相关应用的正确看法，会得到 HR 的赏识，解析里提到的 MVC 框架即是。

面试官：请列举几个你所熟知的请求头和响应头。

应聘者：

1. HTTP 请求头

（1）accept：浏览器通过这个头告诉服务器，它所支持的数据类型，如 text/html, image/jpeg。

（2）accept-Charset：浏览器通过这个头告诉服务器，它支持哪种字符集。

（3）host：浏览器通过这个头告诉服务器，它想访问哪台主机。

（4）if-modified-since：浏览器通过这个头告诉服务器，缓存数据的时间。

（5）Connection：浏览器通过这个头告诉服务器，请求完后是断开链接还是维持链接。

2. HTTP 响应头

（1）location：服务器通过这个头告诉浏览器跳到哪里。

（2）server：服务器通过这个头告诉浏览器服务器的型号。

（3）refresh：服务器通过这个头告诉浏览器定时刷新。

以下三个表示服务器通过这个头告诉浏览器不要缓存。

（1）expires：-1。

（2）cache-control：no-cache。

（3）pragma：no-cache。

技巧：开放性试题，写出常用的几个即可，切勿只写名字，不写作用，只需要用简洁的语言描述一下其功能即可，如果在最后再简单对比总结一下，会更加得到 HR 的赏识。

7.8.2 就业面试解析与技巧（二）

面试官：请对比分析一下 Cookie 和 Session 的区别。

应聘者：

1. 保存位置稍有区别

Cookie 数据存放在客户的浏览器上，服务器端不用保存。Session 数据放在服务器上，本地内存也有一份。

2. 安全性不同

Cookie 安全性不如 Session。因为普通 Cookie 保存在本地硬盘上，黑客可以伪造 URL 等方式发起 XSS 攻击，获取本地硬盘保存状态的 Cookie，进而窃取用户的敏感信息。Session 则不同，只有在用户登录此网站时发起 XSS 攻击才能获取 Session 信息，关闭浏览器之后，Session 即被销毁，安全性较 Cookie 要好。

3. 跨域支持上的不同

Cookie 支持跨域名访问，例如，将 domain 属性设置为“.biaodianfu.com”，则以“.biaodianfu.com”为后缀的一切域名均能够访问该 Cookie。跨域名 Cookie 如今被普遍用在网络中，例如 Google、Baidu、Sina 等。而 Session 则不会支持跨域名访问。Session 仅在它所在的域名内有效。

4. 服务器压力的不同

Session 是保管在服务器端的，每个用户都会产生一个 Session。假如并发访问的用户十分多，会产生十分多的 Session，耗费大量的内存。因而像 Google、Baidu、Sina 这样并发访问量极高的网站，是不太可能运用 Session 来追踪客户会话的。考虑到减轻服务器性能方面，应当使用 Cookie。

5. 存取方式的不同

Cookie 中只能保管 ASCII 字符串，假如需求存取 Unicode 字符或者二进制数据，需求先进行编码。Cookie 中也不能直接存取 Java 对象。若要存储略微复杂的信息，运用 Cookie 是比较艰难的。而 Session 中能够存取任何类型的数据，包括而不限于 String、Integer、List、Map 等。Session 中也能够直接保管 Java Bean 乃至任何 Java 类、对象等，运用起来十分方便。可以把 Session 看作一个 Java 容器类。

6. Cookie 的保存内容大小有限制

单个 Cookie 保存的数据不能超过 4KB，很多浏览器都限制一个站点最多保存 20 个 Cookie。

7. 目前应用不同

Cookie 常用于单点登录，保存公共加密信息。Session 常用于验证码，多用户同时登录、在线统计等。

技巧：尽量将所有方面都涵盖在答案里，并尽可能多地表达清楚差别，且一定要注意，题目要求对比分析，不能只简单说区别，重要的是要对比和分析。

第 8 章

服务端过滤技术——Filter 开发

学习指引

客户端发起请求，但服务器不能什么请求都做出响应，需要做拦截处理，这样不仅能减轻服务器的压力，还能保护数据的安全。同样，服务器端发送响应给客户端时有时也需要进行过滤，比如我们常见的图片添加水印。为了处理这些问题，过滤器（Filter）出现了。有时不仅仅对请求与响应进行一层的过滤，可能会过滤多层，所以又提出了过滤器链（FilterChain）的概念。

Filter 与 Servlet 在很多方面极其相似，但是 Servlet 主要负责处理请求，而 Filter 主要负责拦截请求，以及放行。此外，Filter 在预处理请求和响应的基础上可以实现很多的高级功能，例如，实现 URL 级别的权限访问控制、过滤敏感词汇、压缩响应信息等一些高级功能。本章将详细介绍 Filter。

重点导读

- 学习 Filter 的工作原理。
- 掌握 Filter 的生命周期。
- 掌握如何创建一个 Filter。
- 掌握常用的 Filter。

8.1 Filter 简介

Filter 称为过滤器，是 Servlet 技术中最实用的技术，Web 开发人员通过 Filter 技术，对 Web 服务器管理的所有 Web 资源，例如 JSP、Servlet、静态图片文件或静态 HTML 文件进行拦截，从而实现一些特殊功能。例如，实现 URL 级别的权限控制、过滤敏感词汇、压缩响应信息等一些高级功能。

Filter 的本质是实现了 Filter 接口的 Java 类，Servlet API 提供了一个 Filter 接口，开发 Web 应用时，如果编写的 Java 类实现了这个接口，则把这个 Java 类称为 Filter。通过 Filter 技术，开发人员可以实现用户在访问某个目标资源之前对访问的请求和响应进行拦截。Filter 有以下 4 种拦截方式。

（1） REQUEST：直接访问目标资源时执行过滤器。包括在地址栏中直接访问、表单提交、超链接、重定向，只要在地址栏中可以看到目标资源的路径，就是 REQUEST。

（2）FORWARD：转发访问执行过滤器。包括 RequestDispatcher#forward()方法、<jsp:forward>标签都是转发访问。

（3）INCLUDE：包含访问执行过滤器。包括 RequestDispatcher#include()方法、<jsp:include>标签都是包含访问。

（4）ERROR：当目标资源在 web.xml 中配置为<error-page>中时，并且真的出现了异常，转发到目标资源时，会执行过滤器。

Filter 在执行过滤功能时一般遵循以下流程，如图 8-1 所示。

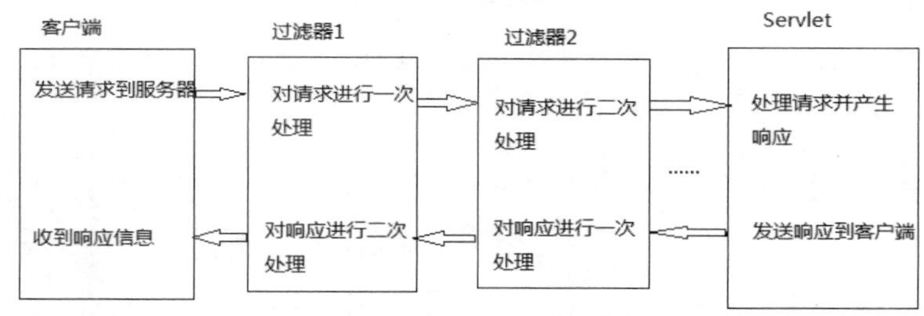

图 8-1 Filter 执行过滤流程示意图

（1）当客户端发生请求后，在 HTTP 请求到达之前，过滤器拦截客户的 HTTP 请求。

（2）根据需要检查 HTTP 请求，也可以修改 HTTP 请求头和数据。

（3）在过滤器中调用 doFilter 方法，对请求放行。请求到达 Servlet 后，对请求进行处理并产生 HTTP 响应发送给客户端。

（4）在 HTTP 响应到达客户端之前，过滤器拦截 HTTP 响应。

（5）根据需要检查 HTTP 响应，可以修改 HTTP 响应头和数据。

（6）最后，HTTP 响应到达客户端。

Filter 接口中有以下三个重要的方法。

（1）init()方法：初始化参数，在创建 Filter 时自动调用。当需要设置初始化参数的时候，可以写到该方法中。

（2）doFilter()方法：拦截到要执行的请求时，doFilter 就会执行。在这里面编写对请求和响应的预处理。

（3）destroy()方法：在销毁 Filter 时自动调用。

Filter 和 Sevlet 类似，也有生命周期，其生命周期如下。

（1）服务器启动的时候，Web 服务器创建 Filter 的实例对象，并调用其 init 方法，完成对象的初始化功能。Filter 对象只会创建一次，init 方法也只会执行一次。Filter 的创建和销毁由 Web 服务器控制。

（2）拦截到请求时，执行 doFilter 方法。可以执行多次。

（3）服务器关闭时，Web 服务器销毁 Filter 的实例对象。

用户在配置 Filter 时，可以使用<init-param>为 Filter 配置一些初始化参数，当 Web 容器实例化 Filter 对象，调用其 init 方法时，会把封装了 Filter 初始化参数的 FilterConfig 对象传递进来，因此开发人员在编写 Filter 时，通过 FilterConfig 对象的方法就可获得过滤器的初始化参数有关的信息以及获取 ServletContext 对象等信息，主要有以下 4 种方法。

（1）String getFilterName()：得到 Filter 的名称。

（2）String getInitParameter(String name)：返回在部署描述中指定名称的初始化参数的值。如果不存在则返回 null。

（3）Enumeration getInitParameterNames()：返回过滤器中的所有初始化参数的名字的枚举集合。

（4）public ServletContext getServletContext()：返回 Servlet 上下文对象的引用。

8.2 创建 Filter 的步骤

下面将通过一个创建 Filter 的实例，介绍如何通过 Filter 接口实现具有过滤功能的 Java 类，以及如何通过项目本身的 web.xml 文件映射 Filter 类从而实现过滤功能。详细步骤如下。

步骤 1：在项目的 Java Resources→src 文件夹里新建并编辑 com.oracle.filter 包和 FilterDemo1 类实现 Filter 接口，通过实现其中的 doFilter 方法，来实现过滤的具体细节。

```
package com.oracle.filter;
import java.io.IOException;
import javax.servlet.Filter;
import javax.servlet.FilterChain;
import javax.servlet.FilterConfig;
import javax.servlet.ServletException;
import javax.servlet.ServletRequest;
import javax.servlet.ServletResponse;
public class FilterDemo1 implements Filter{
    /*
     * 对 Filter 的整个生命周期了解的一个案例
     * /
    /*
     * 对 Filter 进行初始化
     * /
    @Override
    public void init(FilterConfig filterConfig) throws ServletException {
             System.out.println("FilterDemo1 的 init 方法被调用");
    }
    /*
     * 实现过滤的具体细节
     * /
    @Override
    public void doFilter(ServletRequest request, ServletResponse response,
        FilterChain chain) throws IOException, ServletException {
        System.out.println("我是 FilterDemo1,客户端向 Servlet 发送的请求被我拦截到了");//显示过滤到请求
        chain.doFilter(request, response);
        System.out.println("我是 FilterDemo1,Servlet 向客户端发送的响应被我拦截到了");//显示过滤到响应
    }
    /*
     * 对 Filter 进行销毁
     * /
    @Override
    public void destroy() {
           System.out.println("FilterDemo1 的 destroy 方法被调用");
    }
}
```

步骤 2：编辑项目 WebContent→WEB-INF 文件夹下的 web.xml 文本文件，使用<filter>和<filter-mapping>元素对编写的实现了 Filter 的 FilterDemo1 类进行注册，并设置它所能拦截的资源（又称为映射），至此完成 Filter 的配置。常用的配置元素及其解释如下。

（1）<filter>元素用于指定一个过滤器。其子元素有：

①<description>元素用于添加描述信息，该元素的内容可为空，<description>可以不配置。

②<filter-name>元素用于为过滤器指定一个名字，该元素的内容不能为空。

③<filter-class>元素用于指定过滤器的完整的限定类名。

④<init-param>元素用于为过滤器指定初始化参数，它的子元素<param-name>指定参数的名字，<param-value>元素指定参数的值。在过滤器中，可以使用 FilterConfig 接口对象来访问初始化参数。如果过滤器不需要指定初始化参数，那么<init-param>元素可以不配置。

（2）<filter-mapping>元素用于设置一个 Filter 所负责拦截的资源。其子元素有：

①<filter-name>元素用于设置 Filter 的注册名称。值必须是在<filter>元素中声明过的过滤器的名字。

②<url-pattern>元素用于设置 Filter 所拦截的请求路径（过滤器关联的 URL 样式），其有以下三种匹配方式和 Servlet 的配置方式类似。

- 绝对路径匹配：以/开头不包含通配符* 是一个绝对访问路径。例如：/demo、/index.jsp。
- 目录匹配：以/开头，以*结尾。例如：/*、/servlet/*、/servlet/xxx/*。
- 扩展名匹配：不能以/开头，也不能以*结尾，只能以后缀名结尾。例如：*.do、*.demo 等。

③<servlet-name>元素用于指定过滤器所拦截的 Servlet 名称。

④<dispatcher>元素用于指定过滤器所拦截的资源被 Servlet 容器调用的方式，可以是 REQUEST，INCLUDE，FORWARD 和 ERROR 之一，默认为 REQUEST。还可以通过设置多个<dispatcher>子元素用来指定 Filter 对资源的多种调用方式进行拦截。

⑤<!-- content -->元素用于添加注释信息，推荐多进行配置，增强可读性，也便于后期进行修改配置信息，方便维护。

例如，使用下面这段代码，在 web.xml 中配置 Filter。

```
<!-- 定义 Filter -->
 <filter>

   <filter-name> filterDemo1</filter-name>
   <!-- 配置 Filter 实现类 -->
   <filter-class> com.oracle.filter.FilterDemo1</filter-class>
 </filter>
 <!-- 定义 Filter 拦截的 URL -->
 <filter-mapping>
   <!-- 配置 Filter 名字 -->
   <filter-name> filterDemo1</filter-name>
   <!-- 配置要拦截的 URL -->
<url-pattern>/*</url-pattern>
<!-- /*含义是对所有的文件进行拦截 -->
 </filter-mapping>
```

总结：在服务器启动时，就调用了 init 方法，当访问页面时，该过滤器拦截到请求执行 doFilter 方法，在该方法中，使用 doFilter 方法，当返回响应后，继续执行剩下的代码，执行完成后将响应传给客户端。当关闭服务器时，服务器就调用了 destroy 方法。

当有多个过滤器对同一个请求进行拦截时（即形成了过滤器链），将根据 web.xml 文件中<filter-mapping>

的配置顺序来依次执行。当第一个过滤器拦截成功后，会执行 doFilter 方法，在该方法中，又会调用 chain.doFilter 方法，将该请求放行给下一个过滤器，依次执行，直到执行到最后一个过滤器，当最后一个过滤器调用 chain.doFilter 方法时，请求会被放行给 Servlet，当 Servlet 处理返回响应信息时，先返回到最后执行的过滤器，继续执行该过滤器剩下的代码（类似循环的嵌套原理）。依次返回，直到返回到第一个过滤器，最后返回给客户端。

8.3 常用 Filter

下面将介绍 Filter 的两种常见的应用场景，来帮助读者了解 Filter 过滤器在实际应用中的方法和技巧。

（1）日志记录功能。通过 Filter 接口实现具有过滤功能的 LogFilter 类，当有请求到达时，在该过滤器中进行日志的记录；处理完成后，进入后续的 Filter 过滤器或者处理的功能（源码\ch08\LogFilter 文件夹）。具体步骤如下。

步骤 1：利用 Filter 接口的 doFilter 方法，将实现过滤功能的代码保存为 LogFilter.java 文件，保存至 Java Resources\src\test\filter 文件夹根目录下，LoginServlet.java 的详细代码如下。

```
package test.filter;
import javax.servlet.Filter;
import javax.servlet.FilterChain;
import javax.servlet.FilterConfig;
import javax.servlet.ServletContext;
import javax.servlet.ServletRequest;
import javax.servlet.ServletResponse;
import javax.servlet.http.HttpServletRequest;
public class LogFilter implements Filter {
   private FilterConfig config;
   //实现初始化方法
   public void init(FilterConfig config) {
      this.config = config;
   }
   //实现销毁方法
   public void destroy() {
      this.config = null;
   }
   public void doFilter(ServletRequest request, ServletResponse response,
         FilterChain chain) {
      //获取 ServletContext 对象,用于记录日志
      ServletContext context = this.config.getServletContext();
      long before = System.currentTimeMillis();
      System.out.println("开始过滤... ");
      //将请求转换成 HttpServletRequest 请求
      HttpServletRequest hrequest = (HttpServletRequest) request;
      //记录日志
      context.log("Filter 已经截获到用户的请求的地址: " + hrequest.getServletPath());
      try {
         //Filter 只是链式处理,请求依然转发到目的地址
         chain.doFilter(request, response);
```

```
        } catch (Exception e) {
            e.printStackTrace();
        }
        long after = System.currentTimeMillis();
        //记录日志
        context.log("过滤结束");
        //再次记录日志
        context.log(" 请求被定位到" + ((HttpServletRequest) request).getRequestURI()
                + "所花的时间为: " + (after - before));
    }
}
```

在上面的请求 Filter 中，仅在日志中记录请求的 URL，对所有的请求都执行 chain.doFilter(request，reponse) 方法，当 Filter 对请求过滤后，依然将请求发送到目的地址。

步骤 2：对 filter 过滤器和 servlet 进行配置，保存为 web.xml，保存至 WEB-INF 根目录下，其详细代码如下：

```
<!-- 定义 Filter -->
<filter>
    <!-- Filter 的名字 -->
    <filter-name>log</filter-name>
    <!-- Filter 的实现类 -->
    <filter-class> test.filter.LogFilter</filter-class>
</filter>
<!-- 定义 Filter 拦截地址 -->
<filter-mapping>
    <!-- Filter 的名字 -->
    <filter-name>log</filter-name>
    <!-- Filter 负责拦截的 URL -->
    <url-pattern>/filter/*</url-pattern>
</filter-mapping>
```

通过上述步骤的操作，此时就可以通过 URI 进行访问。具体访问后会在 log 文件中的 localhost 文件中产生具体的访问日志。

（2）编码自动修正功能。通过 Filter 接口实现具有过滤功能的 EncodingFilter 类，从而实现当有新的编码请求时，将用户传送过来的字符进行重新编码，以使其可以满足服务器的编码格式（源码\ch08\EncodingFilter 文件夹）。具体步骤如下。

步骤 1：利用 Filter 接口的 doFilter 方法，将实现过滤功能的代码保存为 EncodingFilter.java 文件，保存至 Java Resources\src\test\filter 文件夹根目录下。EncodingFilter.java 的详细代码如下。

```
package test.filter;
import java.io.IOException;
import javax.servlet.Filter;
import javax.servlet.FilterChain;
import javax.servlet.FilterConfig;
import javax.servlet.ServletContext;
import javax.servlet.ServletException;
import javax.servlet.ServletRequest;
import javax.servlet.ServletResponse;
public class EncodingFilter implements Filter {
    private FilterConfig filterConfig = null;
    private String encoding = null;
```

```
    //实现销毁方法
    public void destroy() {
        encoding = null;
    }
    //进行具体的过滤
    public void doFilter(ServletRequest request, ServletResponse response,
            FilterChain chain) throws IOException, ServletException {
        //获取 ServletContext 对象,用于记录日志
        ServletContext context = this.filterConfig.getServletContext();
        context.log("开始设置编码格式");
        String encoding = getEncoding();
        if (encoding == null){
            encoding = "gb2312";
        }
        //在请求设置指定的编码
        request.setCharacterEncoding(encoding);
        chain.doFilter(request, response);
        context.log("成功设置了编码格式");
    }
    //初始化配置
    public void init(FilterConfig filterConfig) throws ServletException {
        this.filterConfig = filterConfig;
        this.encoding = filterConfig.getInitParameter("encoding");
    }
    private String getEncoding() {
        return this.encoding;
    }
}
```

步骤 2：对 Filter 过滤器和 Servlet 进行配置，保存为 web.xml，保存至 WEB-INF 根目录下，其详细代码如下。

```
<!-- 定义 Filter -->
<filter>
    <!-- Filter 的名字 -->
    <filter-name>encoding</filter-name>
    <!-- Filter 的实现类 -->
<filter-class> test.filter.EncodingFilter</filter-class>
<init-param>
<param-name>encoding</param-name>
<param-value>gb2312</param-value>
</init-param>
</filter>
<!-- 定义 Filter 拦截地址 -->
<filter-mapping>
    <!-- Filter 的名字 -->
    <filter-name> encoding </filter-name>
    <!-- Filter 负责拦截的 URL -->
    <url-pattern>/encode/*</url-pattern>
</filter-mapping>
```

通过上述步骤的操作，就可以通过 URL 进行访问了。

（3）用户权限的认证。通过 Filter 接口实现具有过滤功能的 SecurityFilter 类，从而实现当用户发送请求

时，对用户的身份信息进行验证，如果能够通过验证则接下来再进行其他操作，否则不进入下一步的处理（源码\ch08\ SecurityFilter 文件夹）。具体步骤如下。

步骤 1：利用 Filter 接口的 doFilter 方法，将实现过滤功能的代码保存为 SecurityFilter.java 文件，保存至 Java Resources\src\test\filter 文件夹根目录下。SecurityFilter.java 的详细代码如下。

```
package test.filter;
import java.io.IOException;
import javax.servlet.Filter;
import javax.servlet.FilterChain;
import javax.servlet.FilterConfig;
import javax.servlet.ServletContext;
import javax.servlet.ServletException;
import javax.servlet.ServletRequest;
import javax.servlet.ServletResponse;
import javax.servlet.http.HttpServletRequest;
import javax.servlet.http.HttpServletResponse;
import javax.servlet.http.HttpSession;
public class SecurityFilter implements Filter {
    private FilterConfig filterConfig;
    //初始化方法实现
    @Override
    public void init(FilterConfig filterConfig) throws ServletException {
        this.filterConfig = filterConfig;
    }
    //身份认证的过滤
    @Override
    public void doFilter(ServletRequest request, ServletResponse response, FilterChain chain)
            throws IOException, ServletException {
        ServletContext context = this.filterConfig.getServletContext();
        HttpServletRequest req = (HttpServletRequest) request;
        HttpServletResponse res = (HttpServletResponse) response;
        HttpSession session = req.getSession();
        //登录后才能进入下一步处理,否则直接进入错误提示页面
        if (session.getAttribute("username") != null) {
            context.log("身份认证通过,进入下一步处理 ");
            chain.doFilter(request, response);
        } else {
            context.log("身份认证失败,直接返回");
            res.sendRedirect("../failure.jsp");
        }
    }
    //实现销毁方法
    @Override
    public void destroy() {
        this.filterConfig = null;
    }
}
```

步骤 2：对 Filter 过滤器和 Servlet 进行配置，保存为 web.xml，保存至 WEB-INF 根目录下，其详细代码如下。

```
<!-- 定义 Filter -->
<filter>
```

```
    <!-- Filter 的名字 -->
    <filter-name>security</filter-name>
    <!-- Filter 的实现类 -->
<filter-class> test.filter.SecurityFilter</filter-class>
</filter>
<!-- 定义 Filter 拦截地址 -->
<filter-mapping>
    <!-- Filter 的名字 -->
    <filter-name> security </filter-name>
    <!-- Filter 负责拦截的 URL -->
    <url-pattern>/security/*</url-pattern>
</filter-mapping>
```

通过上述步骤的操作，此时就可以通过 URL 进行访问。此时如果能够取得 Session 中的 username 值，会直接进入下一步处理，否则进入错误页面。

8.4 综合案例

下面将介绍如何巧妙地利用 Filter 接口和 Servlet 技术实现基于 MySQL 数据库验证的账户自动登录功能（源码\ch08\ AutoLoginFilter 文件夹）。具体步骤如下。

步骤 1：创建名称为 mydb1 的数据库和名称为 user 的表，并向表中加入一条记录。在 MySQL 命令行中输入如下脚本代码。

```
CREATE DATABASE mydb1;
use mydb1;
CREATE TABLE 'user' (
  'id' int(11) NOT NULL AUTO_INCREMENT,
  'username' varchar(20) DEFAULT NULL,
  'password' varchar(20) DEFAULT NULL,
  PRIMARY KEY ('id')
) ENGINE=InnoDB AUTO_INCREMENT=2 DEFAULT CHARSET=latin1;
insert into user values(null, 'sey', '123');
```

执行上述脚本命令，即可生成如图 8-2 所示的数据库表。

图 8-2　user 表可视化显示页面

步骤 2：在 Eclipse 中创建一个 Java Web 项目，并导入 JDBC 驱动包，在项目中新建一个登录页面的 JSP 文件并命名为 login.jsp 用于测试登录，其代码如下。

```
<%@ page language="java" import="java.util.*" pageEncoding="UTF-8"%>
<%
String path = request.getContextPath();
String basePath = request.getScheme()+"://"+request.getServerName()+":"+request.getServerPort
()+path+"/";
%>
<!DOCTYPE HTML PUBLIC "-//W3C//DTD HTML 4.01 Transitional//EN">
```

```
<html>
  <head>
    <base href="<%=basePath%>">

    <title>My JSP 'login.jsp' starting page</title>

    <meta http-equiv="pragma" content="no-cache">
    <meta http-equiv="cache-control" content="no-cache">
    <meta http-equiv="expires" content="0">
    <meta http-equiv="keywords" content="keyword1,keyword2,keyword3">
    <meta http-equiv="description" content="This is my page">
    <!--    <link rel="stylesheet" type="text/css" href="styles.css">  -->
  </head>

  <body>
    <form action="doLogin" method="post">
        用户名<input name="myname"><br/>
        密 码<input type="password" name="pwd"><br/>
        <input type="checkBox" name="autoLogin" value="true">自动登录<br/>
        <input type="submit" value="登录">
    </form>
  </body>
</html>
```

步骤 3：新建一个登录成功页面的 JSP 文件并命名为 success.jsp 用于测试登录，其代码如下。

```
<%@ page language="java" import="java.util.*" pageEncoding="UTF-8"%>
<%@ taglib uri="http://java.sun.com/jsp/jstl/core" prefix="c" %>
<%
String path = request.getContextPath();
String basePath = request.getScheme()+"://"+request.getServerName()+":"+request.getServerPort()+
path+"/";
%>
<!DOCTYPE HTML PUBLIC "-//W3C//DTD HTML 4.01 Transitional//EN">
<html>
  <head>
    <base href="<%=basePath%>">

    <title>My JSP 'success.jsp' starting page</title>

    <meta http-equiv="pragma" content="no-cache">
    <meta http-equiv="cache-control" content="no-cache">
    <meta http-equiv="expires" content="0">
    <meta http-equiv="keywords" content="keyword1,keyword2,keyword3">
    <meta http-equiv="description" content="This is my page">
    <!--
    <link rel="stylesheet" type="text/css" href="styles.css">
    -->
  </head>

  <body>
```

```
    <c:if test="${empty user}">
        <h2>您还未登录,请去<a href="login.jsp">登录</a></h2>
    </c:if>
    <c:if test="${not empty user}">
        <h2>欢迎你${user.userName}</h2>
    </c:if>
  </body>
</html>
```

步骤 4：在 src 文件夹下新建一个 DoLoginServlet.java 文件，在该文件中利用 Servlet 技术依次实现：

（1）当用户单击“登录”按钮时，提交表单到 DoLoginServlet 后，获取表单数据中的用户名和密码，调用 Service 层并根据 Service 层返回的 user 对象结果是否存在，进行分发转向。

（2）若用户为 NULL，则请求转发到登录界面，若用户存在，则跳转到 success 界面，将用户放入 Session 中。

（3）再判断用户是否勾选了自动登录，若勾选了需要将用户名和密码放入到 Cookie 中，写回客户端，返回 User，完成登录操作。

具体代码如下。

```
package com.oracle.servlet;
import java.io.IOException;
import javax.servlet.ServletException;
import javax.servlet.http.Cookie;
import javax.servlet.http.HttpServlet;
import javax.servlet.http.HttpServletRequest;
import javax.servlet.http.HttpServletResponse;
import javax.servlet.http.HttpSession;
import com.oracle.biz.UserInfoBiz;
import com.oracle.biz.impl.UserInfoBizImpl;
import com.oracle.entity.UserInfo;
public class DoLoginServlet extends HttpServlet {
    /**
     * Constructor of the object.
     */
    public DoLoginServlet() {
        super();
    }
    /**
     * Destruction of the servlet. <br>
     */
    public void destroy() {
        super.destroy(); //Just puts "destroy" string in log
        //Put your code here
    }
    /**
     * The doGet method of the servlet. <br>
     *
     * This method is called when a form has its tag value method equals to get.
     *
     * @param request the request send by the client to the server
```

```
     * @param response the response send by the server to the client
     * @throws ServletException if an error occurred
     * @throws IOException if an error occurred
     */
    public void doGet(HttpServletRequest request, HttpServletResponse response)
            throws ServletException, IOException {
        doPost(request,response);
    }
    /**
     * The doPost method of the servlet. <br>
     *
     * This method is called when a form has its tag value method equals to post.
     *
     * @param request the request send by the client to the server
     * @param response the response send by the server to the client
     * @throws ServletException if an error occurred
     * @throws IOException if an error occurred
     */
    public void doPost(HttpServletRequest request, HttpServletResponse response)
            throws ServletException, IOException {
        HttpSession session = request.getSession();
        request.setCharacterEncoding("UTF-8");
        response.setCharacterEncoding("UTF-8");
        String name = request.getParameter("myname");
        String pwd = request.getParameter("pwd");
        String autoLogin = request.getParameter("autoLogin");
        UserInfoBiz ubiz = new UserInfoBizImpl();
        //ubiz.login(name, pwd): 判断用户是否登录成功,返回一个字符串。成功则返回"登录成功! ",不成功则返回
对应的错误提示
        String msg = ubiz.login(name, pwd);
        if("登录成功! ".equals(msg)){
            UserInfo user = ubiz.getByName(name);
            session.setAttribute("user", user);
            if("true".equals(autoLogin)){
                //利用 Cookie 记住用户名和密码
                Cookie cookie = new Cookie("autoLogin",user.getUserName()+"#oracle#"+user.
getPassword());
                //设置有效时间
                cookie.setMaxAge(60*60*24);
                //将 Cookie 回写到浏览器
                response.addCookie(cookie);
            }
            response.sendRedirect("success.jsp");
        }else{
            request.setAttribute("msg", msg);
            request.getRequestDispatcher("login.jsp").forward(request, response);
        }
    }
```

```
    /**
     * Initialization of the servlet. <br>
     *
     * @throws ServletException if an error occurs
     */
    public void init() throws ServletException {
        //Put your code here
    }
```

步骤 5：在 src 文件夹下新建一个 CookieUtil.java 文件，实现将上一步需要保存的 Cookie 信息写入到 Cookie 记录文件中。其代码如下。

```
package com.oracle.util;
import javax.servlet.http.Cookie;
public class CookieUtil {
    public static Cookie findCookie(Cookie[] cookies,String name){
        if(cookies==null){
            return null;
        }else{
            for(Cookie cookie:cookies){
                if(cookie.getName().equals(name)){
                    return cookie;
                }
            }
            return null;
        }
    }
}
```

步骤 6：在 src 文件夹下新建一个 AutoLoginFilter.java 文件，利用 Filter 接口实现以下功能。

（1）再次访问网站的时候，通过过滤器拦截任意请求，首先判断 Session 中是否有 user，若没有并且访问的路径不是和登录注册相关的时候，则去获取指定的 Cookie。

（2）判断有无指定的 Cookie，如果有 Cookie，获取用户名和密码，调用 Service 方法，返回 user，完成登录操作。

（3）当 user 不为空的时候将 user 放入 Session 中，从而再次进入页面，完成自动登录操作。

具体代码如下。

```
package com.oracle.filter;
import java.io.IOException;
import javax.servlet.Filter;
import javax.servlet.FilterChain;
import javax.servlet.FilterConfig;
import javax.servlet.ServletException;
import javax.servlet.ServletRequest;
import javax.servlet.ServletResponse;
import javax.servlet.http.Cookie;
import javax.servlet.http.HttpServletRequest;
import javax.servlet.http.HttpSession;
import com.oracle.biz.UserInfoBiz;
import com.oracle.biz.impl.UserInfoBizImpl;
import com.oracle.entity.UserInfo;
```

```
import com.oracle.util.CookieUtil;
public class AutoLoginFilter implements Filter{
    @Override
    public void init(FilterConfig filterConfig) throws ServletException {
        //TODO Auto-generated method stub

    }
    @Override
    public void doFilter(ServletRequest request, ServletResponse response,
            FilterChain chain) throws IOException, ServletException {
        //TODO Auto-generated method stub
        //先判断 Session 中是否存在,存在则放行,不存在则判断 Cookie 中是否存在用户名密码,存在则到数据库中查询
        //是否正确,正确则存入 Session 并放行,不正确则放行
        HttpServletRequest req = (HttpServletRequest)request;
        HttpSession session = req.getSession();
        UserInfo user = (UserInfo)session.getAttribute("user");
        if(user != null){
            chain.doFilter(req, response);
        }else{
            //Session 中不存在用户
            Cookie[] cookies = req.getCookies();
            Cookie cookie = CookieUtil.findCookie(cookies, "autoLogin");
            if(cookie!=null){
                //在 Cookie 中找到该用户
                UserInfoBiz ubiz = new UserInfoBizImpl();
                String name = cookie.getValue().split("#oracle#")[0];
                String pwd = cookie.getValue().split("#oracle#")[1];
                String msg = ubiz.login(name, pwd);
                if("登录成功! ".equals(msg)){
                    user = ubiz.getByName(name);
                    session.setAttribute("user", user);
                    chain.doFilter(req, response);
                }else{
                    chain.doFilter(req, response);
                }
            }else{
                //没有找到该客户
                chain.doFilter(req, response);
            }
        }
    }
    @Override
    public void destroy() {
        //TODO Auto-generated method stub

    }
```

步骤 7：为项目配置 Web 服务器，配置完成之后即可正常运行本程序。第 4 章已经做过详细介绍，这里不再赘述。

8.5 就业面试解析与技巧

8.5.1 就业面试解析与技巧（一）

面试官：请简述你对 Filter 生命周期的认识。

应聘者：

（1）服务器启动的时候，Web 服务器创建 Filter 的实例对象，并调用其 init 方法，完成对象的初始化功能。Filter 对象只会创建一次，init 方法也只会执行一次。Filter 的创建和销毁由 Web 服务器控制。

（2）拦截到请求时，执行 doFilter 方法。可以执行多次。

（3）服务器关闭时，Web 服务器销毁 Filter 的实例对象。

技巧：开放性试题，在内容表述完全的基础上，表达越简洁越好。

面试官：请简述 Filter 实现过滤功能的过程。

应聘者：

（1）当客户端发生请求后，在 HTTP 请求到达之前，过滤器拦截客户的 HTTP 请求。

（2）根据需要检查 HTTP 请求，也可以修改 HTTP 请求头和数据。

（3）在过滤器中调用 doFilter 方法，对请求放行。请求到达 Servlet 后，对请求进行处理并产生 HTTP 响应发送给客户端。

（4）在 HTTP 响应到达客户端之前，过滤器拦截 HTTP 响应。

（5）根据需要检查 HTTP 响应，可以修改 HTTP 响应头和数据。

（6）最后，HTTP 响应到达客户端。

技巧：注意和生命周期区分开，该题侧重于如何实现过滤功能，在详细表述实现过程的基础上，注意逻辑严密，用词凝练。

8.5.2 就业面试解析与技巧（二）

面试官：Filter 和 Servlet 的区别和联系有哪些？

应聘者：如表 8-1 所示。

表 8-1 Filter 和 Servlet 的区别和联系

	Filter	Servlet
接口	实现 Filter 接口	实现 Servlet 接口
使用步骤	1. 创建类，继承接口 2. 实现方法 init() doFilter() destroy() 3. 配置 WEB-INF/web.xml	1. 创建类，继承接口 2. 实现方法 init() service() destroy() getServletConfig() getServletInfo() 3. 配置 WEB-INF/web.xml
初始化	Servlet 容器启动之后即初始化	Servlet 类被调用之后初始化、先于 Filter 调用。初始化可以在容器启动后被调用但需要配置

续表

	Filter	Servlet
调用顺序	1. 按照 web.xml 中的映射配置顺序按照配置条件从后向前调用 2. 层次调用 doFilter()方法中 FilterChain.doFilter()之前的内容 3. 调用 Servlet 中的 service()方法 4. service 方法执行完毕后，层次调用 doFilter()中 FilterChain.doFilter()之后的方法，顺序与之前的相反	按照 web.xml 中的映射配置顺序按照配置条件从后向前调用第一个满足条件的 Servlet，调用之前事先执行满足条件的 Filter，不存在层次调用 Servlet 问题
销毁	服务器停止后销毁，晚于 Servlet 销毁之后	服务器停止后销毁
作用	1. 在 HTTP 请求到达 Servlet 之前，拦截客户的 HTTP 请求 2. 根据需要检查 HTTP 请求，也可以修改 HTTP 请求头和数据 3. 在 HTTP 响应到达客户端之前，拦截 HTTP 响应 4. 根据需要检查 HTTP 响应，也可以修改 HTTP 响应头和数据	主要是处理客户端的请求并将其结果发送到客户端

技巧：该题属于综合性质的题目，考察的内容比较多，且侧重于对 Servlet 和 Filter 的理解，要有不错的基础才能完全答上来。另外，通过表格的形式，即使没有全部写出来，也可以获得不错的效果。

第 9 章

服务端监听技术——Listener 开发

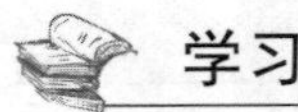

学习指引

Java Web 中的监听器（Listener）与 Filter 类似，也是 Servlet 规范中定义的一种特殊类，也是由容器管理的，其主要是通过 Listener 接口监听在容器中的某个执行程序，并且根据其应用程序的需求做出相应的响应，于是，Listener 监听器极大地增强了 Web 应用的事件处理能力，目前也已经成为 Web 应用开发的一个重要组成部分。

Listener 对应观察者模式，事件发生的时候会自动触发该事件对应的 Listener，且主要用于对 Session、Request、Context 进行监控。本章将介绍 Servlet 3.0 规范下 Listener 的相关知识和简单应用案例。

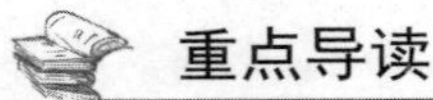

重点导读

- 了解 Listener 的作用。
- 掌握 Listener 的类和接口。
- 掌握如何创建并配置 Listener。

9.1 Listener 基础

Listener 监听器用于监听 Java Web 应用程序中的 ServletContext、HttpSession 和 ServletRequest 等域对象的创建与销毁事件，以及监听这些域对象的属性发生修改的事件，例如创建、修改、删除 Session、Request、Context 等，并触发响应的响应事件。Listener 是通过观察者设计模式进行实现的。观察者模式又叫发布订阅模式或者监听器模式。在该模式中有两个角色：观察者和被观察者（通常也叫作主题）。观察者在主题里面注册自己感兴趣的事件，当这个事件发生时，主题会通过回调接口的方式通知观察者。

Servlet 3.0 提供了 8 个监听器接口，按照其作用域来划分可以分为以下三类。

（1）Servlet 上下文相关监听接口，包括：ServletContextListener 和 ServletContextAttributeListener。

（2）HTTP 会话监听接口，包括：HttpSessionListener、HttpSessionActivationListener、HttpSessionAttribute

Listener 和 HttpSessionBindingListener。

（3）Servlet 请求监听接口，包括：ServletRequestListener 和 ServletRequestAttributeListener。

按照其操作的作用来划分的话，又可以把多种类型的监听器划分为以下三种类型。

（1）监听域对象自身的创建和销毁的事件监听器。

（2）监听域对象中的属性的增加和删除的事件监听器。

（3）监听绑定到 HttpSession 域中的某个对象的状态的事件监听器。

默认优先级：监听器（Listener）>过滤器（Filter）>Servlet。

下面将以 ServletContextListener（Servlet 上下文监听）为例，介绍创建监听器的步骤。

步骤 1：在项目的 Java Resources 文件夹里新建并编辑 MyServletContextListener.java 文件，其代码如下。

```
public class MyServletContextListener implements ServletContextListener {
//MyServletContextListener 类实现了 ServletContextListener 接口，因此可以对 ServletContext 对象的创
//建和销毁这两个动作进行监听
     @Override
   public void contextInitialized(ServletContextEvent sce) {
        System.out.println("ServletContext 对象创建");
     }
     @Override
   public void contextDestroyed(ServletContextEvent sce) {
        System.out.println("ServletContext 对象销毁");
  }
}
```

步骤 2：要想监听事件源，必须将监听器注册到事件源上才能够实现对事件源的行为动作进行监听，在 Java Web 项目中的 web.xml 文件中利用 listener 元素中的 listener-class 标记，将其文本和相应的监听器类相映射，即可完成注册配置。即新建并编辑项目 WebContent→WEB-INF 文件夹下的 web.xml 文件，修改其代码如下即可。

```
<listener>
    <description>ServletContextListener 监听器</description>
    <!-- 实现了 ServletContextListener 接口的监听器类 -->
    <listener-class>lab.sgh.web.listener.MyServletContextListener</listener-class>
</listener>
```

通过这两个步骤，就完成了监听器的编写和注册。当 Web 服务器启动时，就会自动把在 web.xml 中配置的监听器注册到 ServletContext 类的实例化对象上，这样开发好的 MyServletContextListener 监听器就可以对 ServletContext 对象进行监听了。

一些读者到这里就好奇了，那么，监听的原理和过程是什么呢？

为了便于读者们理解监听器的原理，先介绍下面三个时机以辅助读者理解原理。

监听 ServletContext 域对象的创建和销毁时机：ServletContextListener 接口用于监听 ServletContext 对象的创建和销毁事件，采用 ServletContextListener 接口的类都可以对 ServletContext 对象的创建和销毁进行监听。当 ServletContext 对象被创建时，激发 contextInitialized(ServletContextEvent sce)方法；当 ServletContext 对象被销毁时，激发 contextDestroyed(ServletContextEvent sce)方法，如图 9-1 所示。

ServletContext 域对象创建时机：服务器启动针对每一个 Web 应用创建 ServletContext。

ServletContext 域对象销毁时机：服务器关闭前针对每一个 Web 应用的 ServletContext（即：ServletContext 先创建先销毁）。

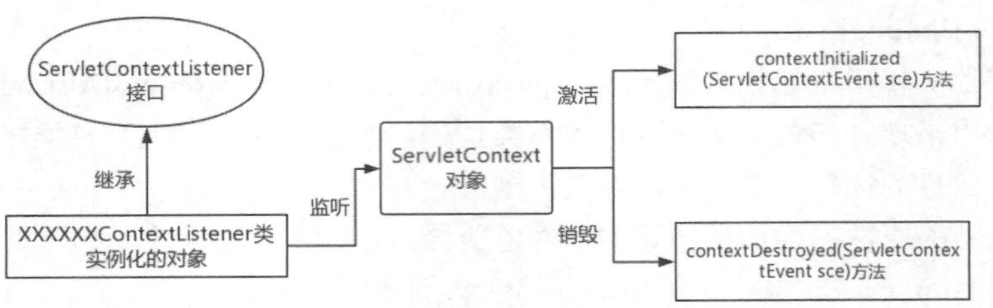

图 9-1 监听 ServletContext 域对象的创建和销毁时机

所以，监听的原理和过程就是：Web 容器先解析 web.xml，获取 listener 的值。通过反射生成对象放进缓存，然后创建 ServletContext 对象，然后再调用 ServletContextListener 接口实例化对象中的 contextInitialized 方法，在该方法里面可以获取 ServletContext 对象，由于 ServletContext 是全局对象，其中的数据供所有的应用程序共享，于是就达到监听的功能。另外，所有的监听器监听的原理和过程都是这样，如图 9-2 所示。

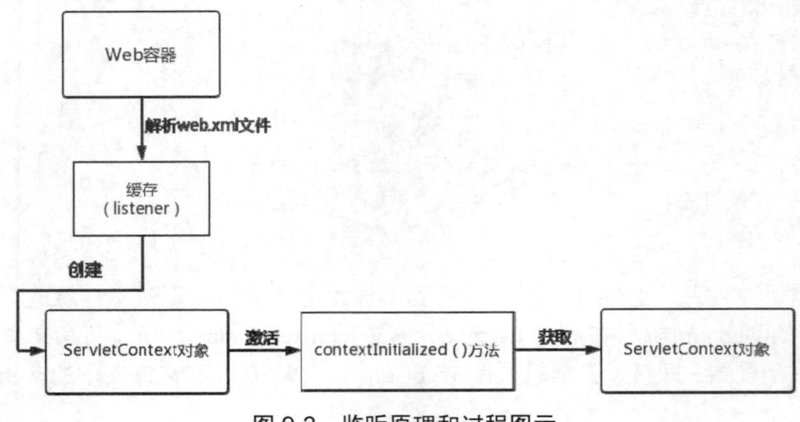

图 9-2 监听原理和过程图示

9.2 ServletContext 监听

对 ServletContext 对象的监听有生命周期监听和属性监听两种方式，分别用来监听其创建和销毁过程以及监听其属性的增删修改操作，详细介绍如下。

（1）生命周期监听：ServletContextListener 接口，其有两个方法，一个在出生时调用，一个在死亡时调用。

void contextInitialized(ServletContextEvent sce)：创建 ServletContext 时调用。

void contextDestroyed(ServletContextEvent sce)：销毁 ServletContext 时调用。

【例 9-1】ServletContext 生命周期监听。

```
import java.util.HashMap;
import java.util.Map;
import javax.servlet.ServletContext;
import javax.servlet.ServletContextEvent;
import javax.servlet.ServletContextListener;
public class MyListener implements ServletContextListener {

    //创建 ServletContext
```

```
    public void contextInitialized(ServletContextEvent sce) {
        System.out.println("print-> ServletContext-Listener->contextInitialized()");
        Map<String, String> m = new HashMap<String, String>();
        //可以再次进行写操作,ServletContext 是共享的
        ServletContext sc = sce.getServletContext();
        sc.setAttribute("m", m);
    }
    //销毁 ServletContext
    public void contextDestroyed(ServletContextEvent sce) {
        System.out.println("print-> ServletContext:contextDestroyed()");
    }
}
```

（2）属性监听：ServletContextAttributeListener 接口，其有三个方法，一个在添加属性时调用，一个在替换属性时调用，最后一个是在移除属性时调用。

void attributeAdded(ServletContextAttributeEvent event)：添加属性时调用。

void attributeReplaced(ServletContextAttributeEvent event)：替换属性时调用。

void attributeRemoved(ServletContextAttributeEvent event)：移除属性时调用。

【例 9-2】ServletContext 属性监听。

```
import javax.servlet.ServletContext;
import javax.servlet.ServletContextAttributeEvent;
import javax.servlet.ServletContextAttributeListener;
import javax.servlet.annotation.WebListener;

@WebListener
public class MyServletContextAttributeListener implements ServletContextAttributeListener {

    //把一个属性存入 application 范围时触发该方法
    @Override
    public void attributeAdded(ServletContextAttributeEvent event) {
        ServletContext application=event.getServletContext();
        //获取添加的属性名和属性值
        String name=event.getName();
        Object value=event.getValue();
        System.out.println(application+"范围内添加了名为"+name+"值为"+value+"的属性");

    }

    //把一个属性从 application 范围删除时触发该方法
    @Override
    public void attributeRemoved(ServletContextAttributeEvent event) {

        ServletContext application=event.getServletContext();
        //获取被删除的属性名和属性值
        String name=event.getName();
        Object value=event.getValue();
        System.out.println(application+"范围内名为"+name+"值为"+value+"的属性被删除了");
```

```
    }

    //替换 application 范围内的属性时触发该方法
    @Override
    public void attributeReplaced(ServletContextAttributeEvent event) {
        ServletContext application=event.getServletContext();
        //获取被替换的属性名和属性值
        String name=event.getName();
        Object value=event.getValue();
        System.out.println(application+"范围内"+name+"值为"+value+"的属性被替换了");
    }
}
```

9.3 HttpSession 监听

对 HttpSession 对象的监听有生命周期监听、属性监听和感知 Session 监听三种方式，分别用来监听其创建和销毁过程、监听其属性的增删修改操作和对感知 Session 的生命周期和属性监听，详细介绍如下。

（1）生命周期监听：HttpSessionListener 接口，其有两个方法，一个在出生时调用，一个在死亡时调用。

void sessionCreated(HttpSessionEvent se)：创建 Session 时调用。

void sessionDestroyed(HttpSessionEvent se)：销毁 Session 时调用。

【例 9-3】HttpSession 生命周期监听。

```
import java.util.List;
import javax.servlet.ServletContext;
import javax.servlet.http.HttpSession;
import javax.servlet.http.HttpSessionListener;
import javax.servlet.http.HttpSessionEvent;
public class OnlineUserListener implements HttpSessionListener {
    //创建 Session
    public void sessionCreated(HttpSessionEvent event) {
    }
    //销毁 Session
    public void sessionDestroyed(HttpSessionEvent event) {
        HttpSession session = event.getSession();
        ServletContext application = session.getServletContext();
        //取得登录的用户名
        String username = (String) session.getAttribute("username");
        //从在线列表中删除用户名
        List onlineUserList = (List) application.getAttribute("onlineUserList");
        onlineUserList.remove(username);
        System.out.println(username + "超时退出");
    }
}
```

（2）属性监听：HttpSessioniAttributeListener 接口，其有三个方法，一个在添加属性时调用，一个在替换属性时调用，最后一个是在移除属性时调用。

void attributeAdded(HttpSessionBindingEvent event)：添加属性时调用。

void attributeReplaced(HttpSessionBindingEvent event)：替换属性时调用。

void attributeRemoved(HttpSessionBindingEvent event)：移除属性时调用。

【例 9-4】HttpSession 属性监听。

```
import javax.servlet.http.HttpSessionAttributeListener;
import javax.servlet.http.HttpSessionBindingEvent;

public class TestHttpSessionAttributeListener implements
    HttpSessionAttributeListener {
    //加入 Session 时的监听方法
    public void attributeAdded(HttpSessionBindingEvent se) {
    System.out.println("TestHttpSessionAttributeListener-->>>attributeAdded()");
    System.out.println("name=====" + se.getName());
    System.out.println("value=====" + se.getValue());
    //判断
    if ("user_info".equals(se.getName())) {
        Integer count = (Integer) se.getSession().getServletContext().getAttribute("count");
        if (count == null) {
          count = 1;
        } else {
          count++;
        }
        se.getSession().getServletContext().setAttribute("count", count);
    }
}

    //Session 失效时的监听方法
    public void attributeRemoved(HttpSessionBindingEvent se) {
        System.out
                .println("TestHttpSessionAttributeListener-->>>attributeRemoved()");
    }

    //Session 覆盖时的监听方法
    public void attributeReplaced(HttpSessionBindingEvent se) {
        System.out.println("TestHttpSessionAttributeListener-->>>attributeReplaced()");
    }

}
```

（3）感知 Session 监听。

①HttpSessionBinding 监听。

- 在需要监听的实体类实现 HttpSessionBindingListener 接口。
- 重写 valueBound()方法，该方法是在该实体类被放到 Session 中时调用。
- 重写 valueUnbound()方法，该方法是在该实体类从 Session 中被移除时调用。

②HttpSessionActivation 监听。

- 在需要监听的实体类实现 HttpSessionActivationListener 接口。
- 重写 sessionWillPassivate()方法，该方法是在该实体类被序列化时调用。
- 重写 sessionDidActivate()方法，该方法是在该实体类被反序列化时调用。

【例 9-5】HttpSessionBinding 监听。

```
import java.util.ArrayList;
import java.util.List;
import javax.servlet.ServletContext;
import javax.servlet.http.HttpSession;
import javax.servlet.http.HttpSessionBindingEvent;
import javax.servlet.http.HttpSessionBindingListener;

public class OnlineUserBindingListener implements HttpSessionBindingListener {
    String username;

    //构造函数
    public OnlineUserBindingListener(String username){
        this.username=username;
    }

    //将 HttpSessionBindingEvent 对象被放到 Session
    public void valueBound(HttpSessionBindingEvent event) {
        HttpSession session = event.getSession();
        ServletContext application = session.getServletContext();
        //把用户名放入在线列表
        List onlineUserList = (List) application.getAttribute("onlineUserList");
        if (onlineUserList == null) {
            onlineUserList = new ArrayList();
            application.setAttribute("onlineUserList", onlineUserList);
        }
        onlineUserList.add(this.username);
    }
    //将 HttpSessionBindingEvent 对象从 Session 中移除
    public void valueUnbound(HttpSessionBindingEvent event) {
        HttpSession session = event.getSession();
        ServletContext application = session.getServletContext();

        //从在线列表中删除用户名
        List onlineUserList = (List) application.getAttribute("onlineUserList");
        onlineUserList.remove(this.username);
        System.out.println(this.username + "退出.");

    }

}
```

【例 9-6】HttpSessionActivation 监听。

```
import javax.servlet.http.HttpSessionActivationListener;
```

```
import javax.servlet.http.HttpSessionEvent;
public class MyHttpSessionActivationListener implements HttpSessionActivationListener{

    //构造函数
    public MyHttpSessionActivationListener(){
    }

    //序列化
    @Override
    public void sessionDidActivate(HttpSessionEvent se) {
        System.out.println(se.getSource()+" 已被序列化! ");
    }

    //反序列化
    @Override
    public void sessionWillPassivate(HttpSessionEvent se) {
        System.out.println(se.getSource()+" 已被反序列化! ");
    }
}
```

9.4 ServletRequest 监听

对 ServletRequest 对象的监听有生命周期监听和属性监听两种方式，分别用来监听其创建和销毁过程以及监听其属性的增删修改操作，详细介绍如下。

（1）生命周期监听：ServletRequestListener 接口，它有两个方法，一个在出生时调用，一个在死亡时调用。

void requestInitialized(ServletRequestEvent sre)：创建 Request 时调用。

void requestDestroyed(ServletRequestEvent sre)：销毁 Request 时调用。

【例 9-7】 ServletRequest 生命周期监听。

```
import javax.servlet.ServletRequestEvent;
import javax.servlet.ServletRequestListener;
public class ServletRequestListenerTest implements ServletRequestListener{

    //创建 Request
    @Override
    public void requestInitialized(ServletRequestEvent arg0) {
        System.out.println("request 请求创建后,开始监听");
    }
    //销毁 Request
    @Override
    public void requestDestroyed(ServletRequestEvent arg0) {
        System.out.println("request 请求要结束了 ,即将结束");
        //sre.getServletContext();
        //sre.getServletRequest();
    }
}
```

（2）属性监听：ServletRequestAttributeListener 接口，它有三个方法，一个在添加属性时调用，一个在替换属性时调用，最后一个是在移除属性时调用。

void attributeAdded(ServletRequestAttributeEvent srae)：添加属性时调用。

void attributeReplaced(ServletRequestAttributeEvent srae)：替换属性时调用。

void attributeRemoved(ServletRequestAttributeEvent srae)：移除属性时调用。

【例 9-8】ServletRequestAttribute 属性监听。

```
import javax.servlet.ServletRequestAttributeEvent;
import javax.servlet.ServletRequestAttributeListener;
public class RequestAttrListener implements ServletRequestAttributeListener{
    public void attributeAdded(ServletRequestAttributeEvent event) {
        System.out.println("request 域添加了属性:" + event.getName() + "=" + event.getValue());
    }
    public void attributeRemoved(ServletRequestAttributeEvent event) {
        System.out.println("request 域删除了属性:" + event.getName() + "=" + event.getValue());
    }
    public void attributeReplaced(ServletRequestAttributeEvent event) {
        System.out.println("request 域修改了属性(这里展示的是被替换的):" + event.getName() + "=" +
event.getValue());
    }
}
```

9.5 综合案例

本节将使用 Eclipse 创建一个 Java 项目，从而创建一个自定义 Session 扫描器，并用该扫描器实现监听和主动销毁功能（源码\ch09\ SessionScanner 文件夹）。

步骤 1：在项目的 Java Resources→src 文件夹里新建并编辑 SessionSacnner.java 类实现 HttpSessionListener 接口和 ServletContextListener 接口，通过实现接口中的 contextInitialized 和 sessionDestroyed 等方法，来实现监听和主动销毁功能。具体代码如下。

```
public class SessionScanner implements HttpSessionListener, ServletContextListener {
    private List<HttpSession> list = Collections.synchronizedList(new LinkedList<HttpSession>());
    private Object lock = new Object();

    //Web 应用启动时,启动定时器!
    public void contextInitialized(ServletContextEvent sce) {
        Timer timer = new Timer();    //定时器任务：每隔 30s 就扫描一次集合：是否有 Session 对象超时,若超时
                                      //就会被处理(删除)
        timer.schedule(new MyTask(list, lock), 0, 30 * 1000);
    }

    //Session 创建的时候,就被添加到集合里面,进行控制管理
    public void sessionCreated(HttpSessionEvent se) {
        HttpSession session = se.getSession();
        System.out.println(session + "被创建了！！");
```

```
        synchronized (lock) {
            //锁旗标——防止定时器中删除操作发生"并发修改异常"
            list.add(session);
        }
    }
    public void sessionDestroyed(HttpSessionEvent se) {
        System.out.println(se.getSession() + "被销毁了");
    }
    public void contextDestroyed(ServletContextEvent sce) {
    }
}
//定时器任务
class MyTask extends TimerTask {
    private List list;
    private Object lock; //接收锁旗标—— 防止定时器中删除操作发生"并发修改异常"
    public MyTask(List list, Object lock) {
        this.list = list;
        this.lock = lock;
    }
    @Override
    public void run() {
        System.out.println("定时器执行！！");
        synchronized (this.lock) {
            ListIterator it = list.listIterator();     //此处若使用 Iterator,下面在删除操作时,就会发生
                                                       //"并发修改异常"
            while (it.hasNext()) {
                HttpSession session = (HttpSession) it.next();
                if ((System.currentTimeMillis() - session.getLastAccessedTime()) > 30 * 1000) {
                    session.invalidate();//list.remove(session);
                                               //并发修改异常: oncurrentModification Exception
                    it.remove();
                }
            }
        }
    }
}
```

步骤 2：对 Listener 监听器和 Servlet 进行配置，保存为 web.xml，保存至 WEB-INF 根目录下，其详细代码如下。

```
<listener>
    <description>SessionScanner 监听器</description>
    <!-- 实现了 HttpSessionListener, ServletContextListener 接口的监听器类 -->
    <listener-class>me.gacl.web.listener.SessionScanner</listener-class>
</listener>
```

步骤 3：为项目配置 Web 服务器，配置完成之后即可运行本程序。第 4 章已经做过详细介绍，这里就不再赘述。

9.6 就业面试解析与技巧

9.6.1 就业面试解析与技巧（一）

面试官：请简述 Servlet 监听器的作用

应聘者：Servlet 监听器对特定的事件进行监听，当产生这些事件的时候，会执行监听器的代码。可以是对应用的加载、卸载，对 Session 的初始化、销毁，对 Session 中值变化等事件进行监听。

技巧：主观性试题，言之成理即可，尽量用通俗的语言描述，尽量简洁凝练。

9.6.2 就业面试解析与技巧（二）

面试官：请简述 servletContext 域对象何时创建和销毁。

应聘者：创建——服务器启动时会针对每一个 Web 应用创建 servletContext；销毁——服务器关闭前会先关闭代表每一个 Web 应用的 servletContext。

技巧：主要是涉及监听器的创建和销毁，和 Filter 类似，描述清楚即可。

第 3 篇

核心技术

本篇主要讲解 JSP 基础语法、JSP 元素、Java 中的组件、JSP 标签、DAO 和 MVC 设计模式等。学完本篇，读者将对 Java Web 程序开发在 JSP 中的使用及编程模式的综合应用能力有显著提升。

第 10 章

动态网页语言——JSP 基础语法

学习指引

本章将介绍动态网页语言——JSP 的基础、运行机制、页面基本结构、JSP 注释方法以及 page 指令的使用，还有一些练习及就业面试技巧。其实 JSP 的核心语法都是根据 Java 演变而来的，比如 Java 中的各种判断、循环语句在 JSP 中都可以使用，接下来我们就一起来学习一下 JSP 的基础语法。

重点导读

- 掌握 JSP 的运行机制。
- 掌握 JSP 中注释语句的使用。
- 了解并学会使用 JSP 基本语法。
- 了解 JSP 页面的基本结构。
- 学会使用 JSP 注释。
- 了解并掌握 page 指令的使用方法。

10.1　JSP 简介

JSP 全名为 Java Server Pages，即 Java 服务器页面，是一个简化的 Servlet 设计，它是由 Sun Microsystems 公司倡导、许多公司参与一起建立的一种动态网页技术标准。JSP 技术有点儿类似 ASP 技术，它是在传统的网页 HTML 文件中插入 Java 程序段和 JSP 标记，从而形成 JSP 文件，后缀名为.jsp。用 JSP 开发的 Web 应用是跨平台的，既能在 Linux 下运行，也能在其他操作系统上运行。

它实现了 HTML 语法中的 Java 扩展（以<%，%>形式）。JSP 与 Servlet 一样，是在服务器端执行的。通常返回给客户端的就是一个 HTML 文本，因此客户端只要有浏览器就能浏览。

JSP 技术使用 Java 编程语言编写类 XML 的 tags 和 scriptlets，来封装产生动态网页的处理逻辑。网页还能通过 tags 和 scriptlets 访问存在于服务端的资源的应用逻辑。JSP 将网页逻辑与网页设计的显示分离，支持可重用的基于组件的设计，使基于 Web 的应用程序的开发变得迅速和容易。JSP(Java Server Pages)是一种动态页面技术，它的主要目的是将表示逻辑从 Servlet 中分离出来。

Java Servlet 是 JSP 的技术基础，而且大型的 Web 应用程序的开发需要 Java Servlet 和 JSP 配合才能完成。JSP 具备了 Java 技术的简单易用，完全面向对象，具有平台无关性且安全可靠，主要面向因特网的所有特点。

10.2　JSP 运行机制

JSP 机制概述：可以把 JSP 页面的执行分成两个阶段，一个是转译阶段，一个是请求阶段。

转译阶段：JSP 页面转换成 Servlet 类。

请求阶段：Servlet 类执行，将响应结果发送至客户端，可分为以下 6 步完成。

（1）用户（客户机）访问响应的 JSP 页面，如 http://localhost:8080/test/hello.jsp。

（2）服务器找到相应的 JSP 页面。

（3）服务器将 JSP 转译成 Servlet 的源代码。

（4）服务器将 Servlet 源代码编译为 class 文件。

（5）服务器将 class 文件加载到内存并执行。

（6）服务器将 class 文件执行后生成 HTML 代码发送给客户机，客户机浏览器根据相应的 HTML 代码进行显示。

如果该 JSP 页面为第一次执行，那么会经过这两个阶段，而如果不是第一次执行，那么将只会执行请求阶段。这也是为什么第二次执行 JSP 页面时明显比第一次执行要快的原因。

如果修改了 JSP 页面，那么服务器将发现该修改，并重新执行转译阶段和请求阶段。这也是修改页面后访问速度变慢的原因。JSP 运行机制关系图如图 10-1 所示。

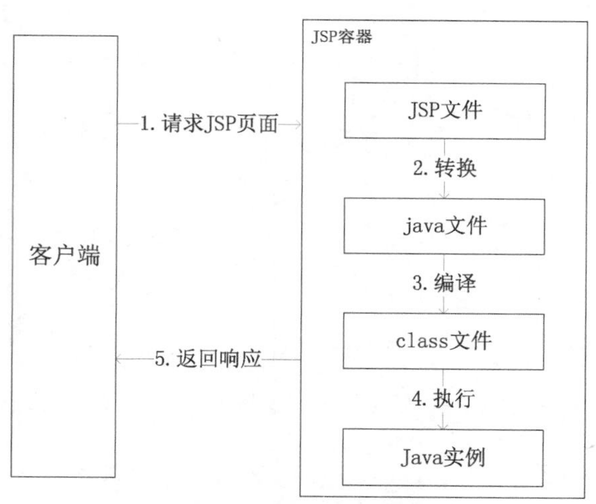

图 10-1　JSP 运行机制关系图

下面分别介绍一下 JSP 引擎、Web 容器和 Servlet 容器。

1. JSP 引擎

JSP 引擎实际上要把 JSP 标签、JSP 页中的 Java 代码甚至连同静态 HTML 内容都转换为大块的 Java 代码。这些代码块被 JSP 引擎组织到用户看不到的 Java Servlet 中去，然后 Servlet 自动把 JVM（Java 虚拟机）编译成 Java 字节码。这样，当网站的访问者请求一个 JSP 页时，在他不知道的情况下，一个已经生成的、预编译过的 Servlet 实际上将完成所有的工作，非常隐蔽而又高效。因为 Servlet 是编译过的，所以网页中的 JSP 代码不需要在每次请求该页时被解释一遍。JSP 引擎只需在 Servlet 代码最后被修改后编译一次，然后这个编译过的 Servlet 就可以被执行了。由于是 JSP 引擎自动生成并编译 Servlet，不用程序员动手编译代码，所以 JSP 能带来高效的性能和快速开发所需的灵活性。

2. Web 容器和 Servlet 容器

Servlet 容器的主要任务是管理 Servlet 的生命周期。Web 容器更准确地说应该叫 Web 服务器，它是用来管理和部署 Web 应用的。还有一种服务器叫作应用服务器，它的功能比 Web 服务器要强大得多，因为它可以部署 EJB 应用，可以实现容器管理的事务，一般的应用服务器有 WebLogic 和 WebSphere 等，它们都是商业服务器，功能强大但都是收费的。Web 容器最典型的就是 Tomcat 了，Tomcat 是 Web 容器也是 Servlet 容器。

10.3 JSP 页面的基本结构

JSP 页面通常由 5 种元素组合而成：普通的 HTML 标记符，JSP 标记（如指令标记、动作标记），成员变量和方法，Java 程序片和 Java 表达式。

【例 10-1】 JSP 程序基本结构说明。

```
<%@ page contentType="text/html;charset=GBK" %>
<!-- jsp 指令标签  定义当前页面的属性 -->
<!-- contentType 希望客户解析器来解析执行的方式    -->
<!-- charset=ISO-8859-1 字节编码,GBK 亚洲文字双字节符,gb2312 中国汉字编码规范-->
<%@ page import="Java.util.Date"  %>
<!-- JSP 指令标签 import 引入 Java 的核心类 -->
<!-- 申明 Java 成员变量和方法,多个客户共享 -->
<%!  Date date;                         //数据声明
     int sum;
     public int add(int m,int n)        //方法声明
     {  return m+n;
     }
  %>
<html>
<body bgcolor=cyan> <font size=4> <!--  html 标记 -->
<!-- 插入 Java 程序片: -->
   <% Date date=new Date();             //创建 Date 对象
      //这里的变量是局部变量
      out.println("<br>"+date);
      sum=add(12,34);
   %>
  <BR>在下一行输出和:<br>
   <%= sum+100 %>
   <!-- Java 表达式,必须能求值,服务器计算,以字符形式显示在客户端-->
</font>
</body>
</html>
```

以上对 JSP 页面的每一个组成部分都进行了非常详细的注释，运行结果如图 10-2 所示。

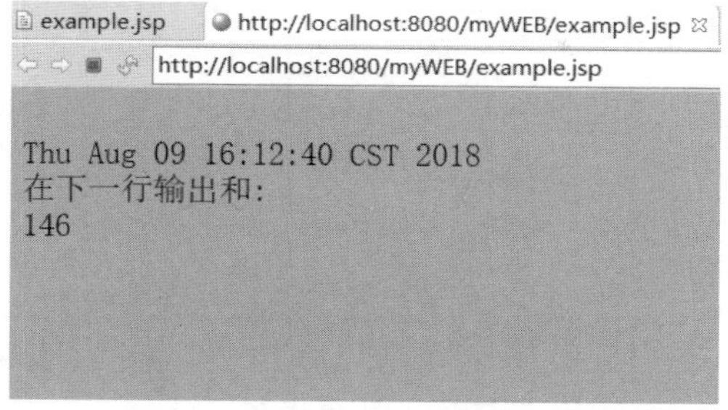

图 10-2　example.jsp 运行结果

10.4　JSP 注释

JSP 网页中通过在 HTML 中嵌入 Java 脚本语言来响应页面的动态请求，即其 JSP 代码中包含 HTML 标记和 Java 脚本。

1. HTML 注释

JSP 页面使用这种注释且客户端通过浏览器查看 JSP 源文件时，能够看到 HTML 注释文字，其语法格式是：

```
<!--要注释的文字-->
```

【例 10-2】使用 HTML 注释。

```
<%@ page language="Java" contentType="text/html; charset=UTF-8"
    pageEncoding="UTF-8"%>
<!DOCTYPE html>
<html>
<head>
<title></title>
</head>
<body>
Hello World!<br/>
<!-- HTML 注释,该部分注释在网页中不会被显示-->
</body>
</html>
```

运行上面的 JSP 文件，页面显示“Hello World!”且没有显示 HTML 注释，如图 10-3 所示。

http://localhost:8080/Test/getip.jsp

Hello World!

图 10-3　HTML 注释

右击页面，选择“查看源文件”，就可以看到这条 HTML 注释，如图 10-4 所示。

```
getip[1] - 记事本
文件(F) 编辑(E) 格式(O) 查看(V) 帮助(H)
<!DOCTYPE html>
<html>
<head>
<title></title>
</head>
<body>
Hello World!<br/>
<!-- HTML注释，该部分注释在网页中不会被显示-->
</body>
</html>
```

图 10-4　查看源

2. JSP 注释

使用这种注释时，JSP 引擎编译该页面时会忽略 JSP 注释。JSP 注释主要有两个作用：为代码做注释以及将某段代码注释掉。下面是其语法格式。

```
<%--要注释的文字--%>
```

【例 10-3】使用 JSP 注释。

```
<%@ page language="Java" contentType="text/html; charset=UTF-8"
   pageEncoding="UTF-8"%>
<!DOCTYPE html>
<html>
<head>
<meta charset="utf-8">
<title>JSP 注释</title>
</head>
<body>
<%-- 该部分注释在网页中不会被显示--%>
<p>
  今天的日期是：<%= (new Java.util.Date()).toLocaleString()%>
</p>
</body>
</html>
```

上面的程序通过使用 JSP 注释<%--该部分注释在网页中不会被显示--%>，页面上不会显示，查看源文件也不会显示，运行结果如图 10-5 所示。

图 10-5　使用 JSP 注释

3. JSP 脚本中的注释

所谓的脚本就是嵌入<%和%>标记之间的程序代码，使用的语言是 Java，因此在脚本中进行注释和在 Java 类中进行注释的方法一样，其格式如下。

```
<% //单行注释%>;
<% /*多行注释*/ %>。
```

Java 中提供的多行注释，客户端也是无法看见的。

10.5 page 指令

page 指令是在 JSP 开发中较为重要的，使用此属性，可以定义一个 JSP 页面的相关属性，包括设置 MIME 类型、定义需要导入的包、错误页的指定等。

page 指令语法：

```
<%@ page 属性="内容"%>
```

page 指令的主要属性如表 10-1 所示。

表 10-1 page 指令属性表

序号	指令属性	描述
1	autoFlush	可以设置为 true 或 false，如果设置为 true，当缓冲区满时，到客户端的输出被刷新；如果设置为 false，当缓冲区满时，将出现异常，表示缓冲区溢出。默认为 true，例如：autoFlash="true"
2	buffer	指定到客户端输出流的缓冲模式。如果为 none，则表示不设置缓冲区；如果指定数值，那么输出的时候就必须使用不小于这个值的缓冲区进行缓冲。此属性要和 autoFlush 一起使用。默认不小于 8KB，根据不同的服务器可以设置
3	contentType	定义 JSP 字符的编码和页面响应的 MIME 类型，如果是中文的话则使用如下形式：contentType="text/html;charset=GBK"
4	errorPage	定义此页面出错时要跳转的显示页，例如：errorPage="error.jsp"，要与 isErrorPage 属性一起使用
5	extends	主要定义此 JSP 页面产生的 Servlet 是从哪个父类扩展而来，例如：extends="父类名称"
6	import	此 JSP 页面要导入哪几个操作包，例如：import="Java.util.*"
7	info	此 JSP 页面的信息，例如：info="text info"
8	isErrorPage	可以设置 true 或 false，表示此页面是否为出错的处理页，如果设置成 true，则 errorPage 指定的页面出错时才能跳转到此页面进行错误处理；如果设置成 false，则无法处理
9	isThreadSafe	可以设置 true 或 false，表示此页面是否是线程安全的，如果为 true，表示一个 JSP 页面可以处理多个用户的请求；如果为 false，则此 JSP 一次只能处理一个用户请求
10	language	用来定义要使用的脚本语言，目前只能是“Java”，例如：language="Java"
11	pageEncoding	JSP 页面的字符编码，默认值为 pageEncoding="iso-8859-1"，如果是中文则可以设置为 pageEncoding="GBK"
12	session	可以设置 true 或 false，指定所在页面是否参与 HTTP 会话。默认值为 true，例如：session="true"

【例 10-4】使用 page 指令设置文件编码。

```
<%@ page language="Java" contentType="text/html; charset=UTF-8"
   pageEncoding="UTF-8"%>
<html>
```

```
<head>
<meta http-equiv="Content-Type" content="text/html; charset=UTF-8">
<title>Insert title here</title>
</head>
<body>
<h2>这是我的个人主页</h2>
</body>
</html>
```

本页面使用 pageEncoding 属性将整个页面的编码设置为 UTF-8，运行结果如图 10-6 所示。

图 10-6　页面显示

10.6　综合案例

了解了 JSP 的运行机制、注释和基础的语法，现在来编写一个 JSP 文件，程序使用 if-else 判断语句编写。

【例 10-5】 判断语句 if-else 的使用。

```
<%@ page language="Java" contentType="text/html; charset=UTF-8"
    pageEncoding="UTF-8"%>
<html>
<head>
<meta http-equiv="Content-Type" content="text/html; charset=UTF-8">
<title>IF...Else 实例</title>
</head>
<body>
    <%!int day = 7;%>
    <%
        if (day == 6 → day == 7) {
    %>
    <p>今天周末,不用上班, ~</p>
    <%
        } else {
    %>
    <p>今天工作日,需要上班 ~</p>
    <%
        }
    %>
</body>
</html>
```

以上程序使用了 if-else 语句，day 为 1～7 为判断条件，来判断是否需要上班，若 day 等于 1～5 中任意一个值则需要上班，等于 6 或 7 则不用上班，运行结果如图 10-7 所示。

图 10-7　if-else 语句使用

中文编码问题：在 JSP 网页中也可能出现中文乱码问题，那是因为中文编码不同引起的，如果要在页面中正常显示中文，需要在 JSP 文件头部添加以下代码用于设置网页中文编码方式为 UTF-8。

```
<%@ page language="Java" contentType="text/html; charset=UTF-8"
    pageEncoding="UTF-8"%>
```

【例 10-6】获取 IP 地址并用中文显示。

```
<%@ page language="Java" contentType="text/html; charset=UTF-8"
    pageEncoding="UTF-8"%>
<!DOCTYPE html>
<html>
<head>
<meta charset="utf-8">
<title>中文编码问题</title>
</head>
<body>
Hello World!<br/>
<%
out.println("你的 IP 地址 " + request.getRemoteAddr());
%>
</body>
</html>
```

运行以上 JSP 文件，输出 IP 地址为 127.0.0.1，如图 10-8 所示。

图 10-8　获取 IP 地址

JSP 基础语法还包括 JSP 声明、JSP 表达式、JSP 指令、JSP 动作以及 JSP 内置对象，这些内容在后续章节详细说明。

10.7 就业面试解析与技巧

10.7.1 面试解析与技巧（一）

面试官：什么是 JSP?

应聘者：Java Server Pages 是一项支持动态内容的 Web 网页开发技术，它可以帮助开发人员通过利用特殊的 JSP 标签在 HTML 页面中插入 Java 代码，这些标签大部分都是以<%和%>为标记。

面试官：使用 JSP 的优点是什么？

应聘者：JSP 提供了如下所列的几个优势：因为 JSP 允许在 HTML 页面本身中嵌入动态元素而不是使用一个单独的 CGI 文件，所以性能明显更好一点儿；JSP 在被服务器处理之前总会被编译一次，它不像 CGI/Perl 那样，每一次页面被请求时，服务器都需要加载一个解释器和目标脚本；Java Server Pages 是在 Java Servlets API 之上创建的，所以 JSP 可以像 Servlets 那样也可以访问所有强大的企业级的 Java APIs，包括 JDBC、JNDI、EJB、JAXP 等；JSP 页面可以结合 Servlets 进行使用，处理业务逻辑，该模型是通过 Java Servlet 模板引擎支持的。

10.7.2 面试解析与技巧（二）

面试官：和单纯的 Servlet 相比，JSP 的优势是什么？

应聘者：与通过使用大量的 println 语句生成的 HTML 相比，JSP 在编写（和修改）常规的 HTML 上更方便。其他的优点是：在 HTML 页面中嵌入 Java 代码，跨平台，创建数据库驱动的 Web 应用程序，服务器端的编程功能。

面试官：和 JavaScript 相比，JSP 的优势是什么？

应聘者：JavaScript 可以在客户端生成动态的 HTML，却不能和 Web 服务器进行交互来完成复杂的任务，例如，数据库的访问和图像处理等。

第 11 章

JSP 的组成——JSP 元素

学习指引

第 10 章学习了 JSP 的语法基础、运行机制和注释方法，这一章将要学习 JSP 的组成，也就是 JSP 元素，包括脚本元素、指令元素、动作元素，还有 JSP 的内置对象等内容。

重点导读

- 掌握 JSP 脚本元素的用法。
- 掌握 JSP 指令元素的用法。
- 掌握 JSP 动作元素的用法。
- 了解并掌握 JSP 内置对象。

11.1　JSP 脚本元素

脚本（Scriptlet）元素是 JSP 中使用最频繁的元素，通过 JSP 脚本可以将 Java 代码嵌入到 HTML 页面中。所有的可执行的 Java 代码，都通过 JSP 脚本来执行。

JSP 脚本元素有声明、表达式、脚本。“声明”用得少，一般是用“表达式”和“脚本”，接下来将逐一介绍。

1. 声明

用于在 JSP 中声明合法的变量和方法。

语法：<%!代码内容%>

在 JSP 声明语句中声明的方法在整个 JSP 页面内有效。使用 JSP 声明语句声明的变量将来会转换为 Servlet 类中的成员变量（它只在创建 Servlet 实例时被初始化一次，此后会一直存在直至 Servlet 实例被摧毁，相当于静态变量）；使用 JSP 声明语句声明的方法将来会转换为 Servlet 类中的成员方法，当方法被调用时，该方法内定义的变量被分配内存，调用完毕即可释放所占内存。

【例 11-1】打印一个 JSP 在页面上。

```
<%@ page language="java" contentType="text/html; charset=UTF-8"
    pageEncoding="UTF-8"%>
<html>
<head>
<title> 声明实例 </title>
</head>
<!-- 下面是 JSP 声明部分 -->
<%!
//声明一个整型变量
public int count;
//声明一个方法
public String info()
{
    return "hello";
}
%>
<body>
<%
//将 count 的值输出后再加 1
out.println(count++);
%>
<br/>
<%
//输出 info()方法的返回值
out.println(info());
%>
</body>
</html>
```

运行结果如图 11-1 所示。

图 11-1　JSP 声明的使用

2. 表达式

计算该表达式，将其结果转换成字符串插入到输出中。

语法：<%=表达式%>（注意：<%=是一个符号，中间不要有空格）

【例 11-2】在屏幕上输出当前系统时间。

```
<%@ page language="java" contentType="text/html; charset=UTF-8"
    pageEncoding="UTF-8"%>
<html>
<head>
<meta http-equiv="Content-Type" content="text/html; charset=UTF-8">
<title>Insert title here</title>
```

```
</head>
<body>
<!--获取当前时间并输出-->
Current time: <%= new java.util.Date()%>
</body>
</html>
```

以上程序用 new java.util.Date()获取当前时间并输出，运行后网页显示效果如图 11-2 所示。

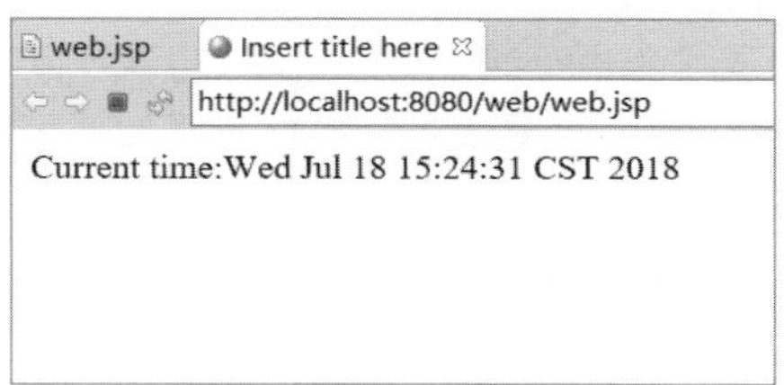

图 11-2 输出当前时间

3. 脚本

位于<%和%>之间的代码，它是合法的 Java 代码，可以定义变量、编写语句等。

JSP Scriptlet 是一段 Java 脚本，当需要使用 Java 实现一些复杂操作或控制时，就需要使用 JSP Scriptlet。在 JSP Scriptlet 中声明的变量是 JSP 页面的局部变量，调用 JSP Scriptlet 时，会为局部变量分配内存空间，调用结束，就会释放局部变量占有的内存空间。

语法：<%程序代码，一行或多行%>

【例 11-3】在屏幕上打印出 0～9。

```
<%@ page language="java" contentType="text/html; charset=UTF-8"
    pageEncoding="UTF-8"%>
<html>
<head>
<meta http-equiv="Content-Type" content="text/html; charset=UTF-8">
<title>Insert title here</title>
</head>
<body>
<%
//使用 for 循环依次输出 0~9
 for (int i=0; i<10; i++) {
     out.println(i);
}
%>
</body>
</html>
```

以上程序在<%和%>之间使用 for 循环依次输出 0~9，运行结果如图 11-3 所示。

图 11-3 打印出 0～9

11.2 JSP 指令元素

JSP 指令元素有 page、include 和 taglib，接下来分别介绍它们的用法。

1. page 指令

page 指令用于指明与 JSP 容器的沟通方式。

page 指令里的常用属性如下。

（1）import：导入 Java 类库（唯一可以重复使用的属性，其他属性最多只能使用一次）。

（2）contentType：说明内容的类型。

（3）isThreadSafe：是否线程安全，默认为 true。

（4）errorPage：指定错误页面，如果发生异常，则会跳到这个错误页面。

（5）isErrorPage：指定当前这个页面是否为错误页面。如果其他的页面发生错误，就会调到这里来。

详细属性及其说明见表 10-1。

2. include 指令

include 指令是在 JSP 页面被转换成 Servlet 之前将指定的文件包含进来。这种特性允许用户创建可重用的导航栏、联系人信息部分、页面计数等（重复利用的理解：比如可能有多个页面都需要用到某个标题页面，就可以把这个公共的标题页面使用 include 指令包含进来，然后在其他的页面中直接导入标题页面就行了）。

格式如下。

```
<%@include file="fileURL"%>
```

【例 11-4】新建一个 title.jsp。

```
<%@ page language="java" contentType="text/html; charset=UTF-8"
    pageEncoding="UTF-8"%>
<html>
<head>
<meta http-equiv="Content-Type" content="text/html; charset=UTF-8">
<title>Insert title here</title>
</head>
<body>
<h2>title</h2>
</body>
</html>
```

新建一个 web.jsp，具体如下。

```
<%@ page language="java" contentType="text/html; charset=UTF-8"
    pageEncoding="UTF-8"%>
<html>
<head>
<meta http-equiv="Content-Type" content="text/html; charset=UTF-8">
<title>Insert title here</title>
</head>
<body>
<%@ include file="title.jsp" %>
<h2> title title</h2>
</body>
</html>
```

在以上程序中，title.jsp 在页面上输出一个 title，web.jsp 在页面中输出两个连续的 title，使用 include 指令将 title.jsp 中的内容和 web.jsp 中的内容一起显示出来，运行结果如图 11-4 所示。

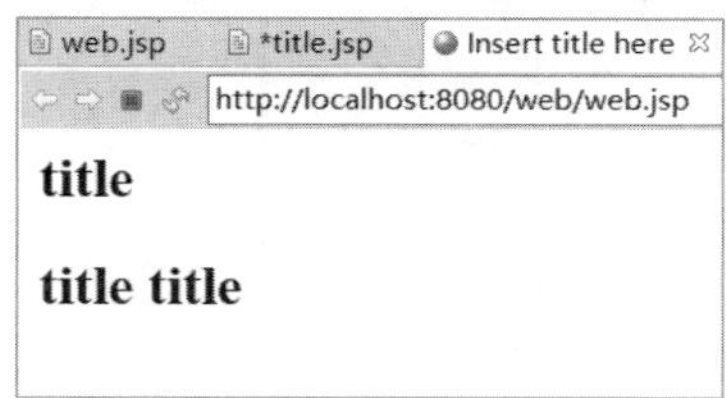

图 11-4　使用 include 指令

3. taglib 指令

taglib 指令用于导入标签库，在第 13 章学习 JSTL 时会使用到，在此不过多介绍。

taglib 指令包含以下两个属性。

（1）uri 属性：用来指定标签文件或标签库的存放位置。

（2）prifix 属性：用来指定该标签锁使用的前缀。

用法：导入 JSTL 核心标签库就可以使用以下代码。

```
<%@ taglib prefix="c" uri="http://java.sun.com/jstl/core" %>
```

11.3　JSP 动作元素

JSP 动作元素主要包含以下部分：<jsp:include>、<jsp:param>/<jsp:params>、<jsp:forward>、<jsp:useBean>、<jsp:setProperty>和<jsp:getProperty>，下面将逐一介绍它们的作用以及用法。

1. <jsp:include>

用于在当前页面中包含静态或动态资源。

过程：包含和被包含的文件各自编译，当用户请求页面时，才动态地包含其他文件。

【例 11-5】新建 include.jsp。

```
<%@ page language="java" contentType="text/html;  charset=UTF-8"
    pageEncoding="UTF-8"%>
<html>
<head>
<meta http-equiv="Content-Type" content="text/html;  charset=UTF-8">
<title>Insert title here</title>
</head>
<body>
<h2>被包含页面</h2>
</body>
</html>
```

新建 index.jsp，具体如下。

```
<%@ page language="java" contentType="text/html;  charset=UTF-8"
    pageEncoding="UTF-8"%>
<html>
<head>
```

```
<meta http-equiv="Content-Type" content="text/html; charset=UTF-8">
<title>Insert title here</title>
</head>
<body>
<h2>包含 include.jsp</h2>
<jsp: include page="include.jsp" flush="true"></jsp: include>
</body>
</html>
```

index.jsp 页面包含 include.jsp 页面，两个页面的内容都将显示在页面中，运行结果如图 11-5 所示。

include 指令执行速度相对较快，灵活性较差（只编译一个文件，但是一旦有一个文件发生变化，两个文件都要重新编译）；include 动作执行速度相对较慢，但灵活性较高。在使用时，如果是静态页面，则使用 include 指令；如果是动态页面，则使用 include 动作。

图 11-5　include 动作元素使用

2. <jsp:param>/<jsp:params>传递参数

该动作元素不能单独使用，需要配合 include 标签使用。现在来看一下页面是如何给被包含的页面传递参数的。

【例 11-6】修改例 11-5 中的 include.jsp。

```
<%@ page language="java" contentType="text/html; charset=UTF-8"
   pageEncoding="UTF-8"%>
<html>
<head>
<meta http-equiv="Content-Type" content="text/html; charset=UTF-8">
<title>Insert title here</title>
</head>
<body>
<h2>被包含页面</h2>
<%
      String name = request.getParameter("name");    //获取 index 页面中 name 里面的值
       out.println("<br/>"+name);                    //<br/>表示在页面中换行
   %>
</body>
</html>
```

修改 index.jsp，具体如下。

```
<%@ page language="java" contentType="text/html; charset=UTF-8"
   pageEncoding="UTF-8"%>
<html>
<head>
<meta http-equiv="Content-Type" content="text/html; charset=UTF-8">
<title>Insert title here</title>
</head>
```

```
<body>
<h2>包含 include.jsp</h2>
<jsp: include page="include.jsp" flush="true">
<jsp: param value="jsp" name="name"/>
</jsp: include>
</body>
</html>
```

在以上程序中，index.jsp 页面包含 include.jsp 页面，include.jsp 页面中使用 request.getParameter("name")来获取 index.jsp 中<jsp:param>传递的参数 name 的值 jsp，然后显示在页面中，运行结果如图 11-6 所示。

图 11-6　<jsp:param>传递参数

3. <jsp:forward>转发用户请求

作用：服务器端的跳转（转发带请求的数据，URL 地址不变）。

【例 11-7】 input.jsp 负责发送数据，receive.jsp 负责转发数据，forward.jsp 负责接收数据。

input.jsp：

```
<%@ page language="java" contentType="text/html;  charset=UTF-8"
    pageEncoding="UTF-8"%>
<html>
<head>
<meta http-equiv="Content-Type" content="text/html;  charset=UTF-8">
<title>Insert title here</title>
</head>
<body>
<h1>发送请求到页面 receive.jsp,让 receive.jsp 负责转发给 forward.jsp</h1>
   <form action="receive.jsp">
       <input type="text" name="name"/>
       <input type="submit" value="提交"/>
   </form>
</body>
</html>
```

receive.jsp：

```
<%@ page language="java" contentType="text/html;  charset=UTF-8"
    pageEncoding="UTF-8"%>
<html>
<head>
<meta http-equiv="Content-Type" content="text/html;  charset=UTF-8">
<title>Insert title here</title>
</head>
<body>
<jsp: forward page="forward.jsp"></jsp: forward>
</body>
</html>
```

forward.jsp：

```
<%@ page language="java" contentType="text/html; charset=UTF-8"
pageEncoding="UTF-8"%>
<html>
<head>
<meta http-equiv="Content-Type" content="text/html; charset=UTF-8">
<title>Insert title here</title>
</head>
<body>
<h1>我是 fordward.jsp</h1>
<%
String name = request.getParameter("name");
out.println(name);
%>
</body>
</html>
```

以上程序完成了 input.jsp 发送请求到 receive.jsp，然后 receive.jsp 又将请求转发给 forward.jsp，运行结果如图 11-7 所示。

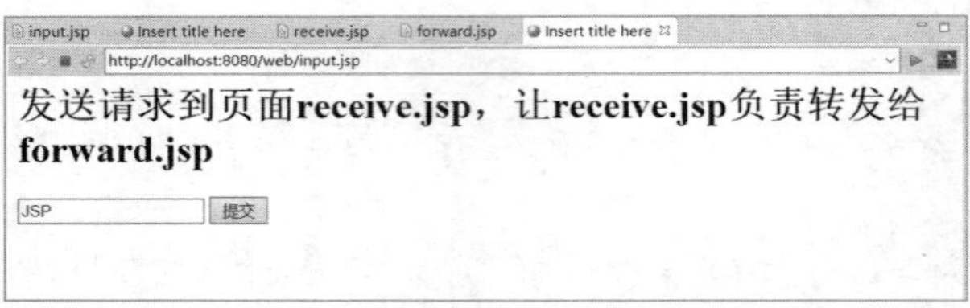

图 11-7　发送请求

单击“提交”按钮后 forward.jsp 获取到参数值并输出，运行结果如图 11-8 所示。

图 11-8　获取到参数

4. <jsp:useBean>

创建一个 Bean 实例并指定它的名字和作用范围。JavaBean：简单地说，它就是一个 Java 类，这个类可以重复地使用。

它必须遵循以下规定：是一个公有类；具有一个公有的不带参数的构造方法；每个属性必须定义一组 get×××()和 set×××()方法，以便读取和存储其属性值。符合上述规定的 JavaBean，将拥有：事件处理、自省机制、永续储存等特性。

5. <jsp:setProperty…/>和<jsp:getProperty…/>

<jsp:setProperty>设置 Bean 的属性值；<jsp:getProperty>获取 Bean 的属性值，用于显示在页面中。

<jsp:setProperty>和<jsp:getProperty>的使用方法在第 12 章（JavaBean 属性的设置和获得）中有详细讲解，在此不过多介绍。

11.4 JSP 内置对象

JSP 内置对象，是指不用声明和创建就可以直接在 JSP 页面脚本（Java 程序片和 Java 表达式）中使用的成员变量。

JSP 中一共预先定义了 9 个这样的内置对象，分别为：Request、Response、Session、Application、Out、PageContext、Config、Page、Exception。其中，Out、Request、Response、Session 需要重点学习掌握，其余 5 个了解即可，接下来将逐一介绍。

11.4.1 Request 对象

Request 对象代表了客户端的请求信息，主要用于接受通过 HTTP 传送到服务器的数据（包括头信息、系统信息、请求方式以及请求参数等）。Request 对象的作用域为一次请求。

当 Request 对象获取客户提交的汉字字符时，会出现乱码问题，必须进行特殊处理。首先，将获取的字符串用 ISO-8859-1 进行编码，并将编码存放在一个字节数组中，然后再将这个数组转换为字符串对象。

Request 常用的方法如下。

（1）getParameter(String strTextName)获取表单提交的信息。

用法：数据类型参数名= request.getParameter(String strTextName);

（2）getProtocol()获取客户使用的协议。

用法：String strProtocol=request.getProtocol();

（3）getServletPath()获取客户提交信息的页面。

用法：String strServlet=request.getServletPath();

（4）getMethod()获取客户提交信息的方式。

用法：String strMethod=request.getMethod();

（5）getHeader()获取 HTTP 头文件中的 accept, accept-encoding 和 Host 的值。

用法：String strHeader=request.getHeader();

（6）getRermoteAddr()获取客户的 IP 地址。

用法：String strIP=request.getRemoteAddr();

（7）getRemoteHost()获取客户机的名称。

用法：String clientName=request.getRemoteHost();

（8）getServerName()获取服务器名称。

用法：String serverName=request.getServerName();

（9）getServerPort()获取服务器的端口号。

用法：int serverPort=request.getServerPort();

（10）getParameterNames()获取客户端提交的所有参数的名字。

用法：String parameter=request. getParameterNames();

11.4.2 Response 对象

Response 代表的是对客户端的响应，主要是将 JSP 容器处理过的对象传回到客户端。Response 对象也具有作用域，它只在 JSP 页面内有效。

具有动态响应 contentType 属性，当一个用户访问一个 JSP 页面时，如果该页面用 page 指令设置页面的 contentType 属性是 text/html，那么 JSP 引擎将按照这个属性值做出反应。

如果要动态改变这个属性值来响应客户，就需要使用 Response 对象的 setContentType(String s)方法来改变 contentType 的属性值。

response.setContentType(String s)；参数 s 可取 text/html, application/x-msexcel, application/msword 等。

在某些情况下，当响应客户时，需要将客户重新引导至另一个页面，可以使用 Response 的 sendRedirect(URL)方法实现客户的重定向。

例如：response.sendRedirect(index.jsp)。

11.4.3 Session 对象

Session 对象是一个 JSP 内置对象，它在第一个 JSP 页面被装载时自动创建，完成会话期管理。从一个客户打开浏览器并连接到服务器开始，到客户关闭浏览器离开这个服务器结束，被称为一个会话。当一个客户访问一个服务器时，可能会在这个服务器的几个页面之间切换，服务器应当通过某种办法知道这是一个客户，就需要 Session 对象。

当一个客户首次访问服务器上的一个 JSP 页面时，JSP 引擎产生一个 Session 对象，同时分配一个 String 类型的 ID 号，JSP 引擎同时将这个 ID 号发送到客户端，存放在 Cookie 中，直到客户关闭浏览器后，服务器端该客户的 Session 对象才取消，并且和客户的会话对应关系消失。当客户重新打开浏览器再连接到该服务器时，服务器为该客户再创建一个新的 Session 对象。

Session 对象是由服务器自动创建的与用户请求相关的对象。服务器为每个用户都生成一个 Session 对象，用于保存该用户的信息，跟踪用户的操作状态。

Session 对象内部使用 Map 类来保存数据，因此保存数据的格式为“Key/Value”。Session 对象的 Value 可以是复杂的对象类型，而不仅局限于字符串类型。

（1）public String getId()：获取 Session 对象编号。

（2）public void setAttribute(String key, Object obj)：将参数 Object 指定的对象 obj 添加到 Session 对象中，并为添加的对象指定一个索引关键字。

（3）public Object getAttribute(String key)：获取 Session 对象中含有关键字的对象。

（4）public Boolean isNew()：判断是否是一个新的客户。

11.4.4 Application 对象

Application 对象可将信息保存在服务器中，直到服务器关闭，否则 Application 对象中保存的信息会在整个应用中都有效。与 Session 对象相比，Application 对象生命周期更长，类似于系统的“全局变量”。

服务器启动后就产生了这个 Application 对象，当客户在所访问的网站的各个页面之间浏览时，这个 Application 对象都是同一个，直到服务器关闭。但是与 Session 对象不同的是，所有客户的 Application 对象都是同一个，即所有客户共享这个内置的 Application 对象。

setAttribute(String key, Object obj)：将参数 Object 指定的对象 obj 添加到 Application 对象中，并为添加的对象指定一个索引关键字。

getAttribute(String key)：获取 Application 对象中含有关键字的对象。

11.4.5 Out 对象

Out 对象用于在 Web 浏览器内输出信息，并且管理应用服务器上的输出缓冲区。在使用 Out 对象输出数据时，可以对数据缓冲区进行操作，及时清除缓冲区中的残余数据，为其他的输出让出缓冲空间。待数据输出完毕后，要及时关闭输出流。

Out 对象是一个输出流，用来向客户端输出数据。Out 对象用于各种数据的输出。其常用方法如下。

out.print()：输出各种类型数据。

out.newLine()：输出一个换行符。

out.close()：关闭流。

11.4.6 PageContext 对象

PageContext 对象的作用是取得任何范围的参数，通过它可以获取 JSP 页面的 Out、Request、Response、Session、Application 等对象。

PageContext 对象的创建和初始化都是由容器来完成的，在 JSP 页面中可以直接使用 PageContext 对象。

Page 对象代表 JSP 本身，只有在 JSP 页面内才是合法的。Page 隐含对象本质上包含当前 Servlet 接口引用的变量，类似于 Java 编程中的 this 指针。

11.4.7 Config 对象

Config 对象的主要作用是取得服务器的配置信息。通过 PageConext 对象的 getServletConfig()方法可以获取一个 Config 对象。当一个 Servlet 初始化时，容器把某些信息通过 Config 对象传递给这个 Servlet。开发者可以在 web.xml 文件中为应用程序环境中的 Servlet 程序和 JSP 页面提供初始化参数。

11.4.8 Cookie 对象

Cookie 是 Web 服务器保存在用户硬盘上的一段文本。Cookie 允许一个 Web 站点在用户计算机上保存信息并且随后再取回它。举例来说，一个 Web 站点可能会为每一个访问者产生一个唯一的 ID，然后以 Cookie 文件的形式保存在每个用户的机器上。

调用 Cookie 对象的构造函数就可以创建 Cookie 对象。Cookie 对象的构造函数有两个字符串参数：Cookie 名字和 Cookie 值。

例如：Cookie c = new Cookie(username, "john")；将 Cookie 对象传送到客户端。

JSP 中，如果要将封装好的 Cookie 对象传送到客户端，可使用 Response 对象的 addCookie()方法。

例如：response.addCookie(c)，读取保存到客户端的 Cookie。

使用 Request 对象的 getCookie()方法，执行时将所有客户端传来的 Cookie 对象以数组的形式排列，如果要取出符合需要的 Cookie 对象，就需要循环比较数组内每个对象的关键字。设置 Cookie 对象的有效时间，用 Cookie 对象的 setMaxAge()方法便可以设置 Cookie 对象的有效时间。

例如：Cookie c = newCookie(username, "john")；c.setMaxAge(3600)。

Cookie 对象的典型应用是用来统计网站的访问人数。由于代理服务器、缓存等的使用，唯一能帮助网站精确统计来访人数的方法就是为每个访问者建立一个唯一 ID。使用 Cookie，网站可以完成以下工作：测定多少人访问过；测定访问者有多少是新用户（即第一次来访），多少是老用户；测定一个用户多久访问一次网站；当一个用户第一次访问时，网站在数据库中建立一个新的 ID，并把 ID 通过 Cookie 传送给用户，用户再次来访时，网站把该用户 ID 对应的计数器加 1，得到用户的来访次数。

11.4.9 Exception 对象

Exception 对象的作用是显示异常信息，只有在包含 isErrorPage="true"的页面中才可以被使用，在一般的 JSP 页面中使用该对象将无法编译 JSP 文件。

Excepation 对象和 Java 的所有对象一样，都具有系统提供的继承结构。

Exception 对象几乎定义了所有异常情况。在 Java 程序中，可以使用 try/catch 关键字来处理异常情况；如果在 JSP 页面中出现没有捕获到的异常，就会生成 Exception 对象，并把 Exception 对象传送到在 Page 指令中设定的错误页面中，然后在错误页面中处理相应的 Exception 对象。

11.5 综合案例

【例 11-8】使用 pageContext 的 findAttribute 方法查找属性值。

```
<%@page contentType="text/html; charset=UTF-8"%>
<%@page import="java.util.*"%>
<!DOCTYPE HTML PUBLIC "-//W3C//DTD HTML 4.01 Transitional//EN">
<html>
<head>
   <title>pageContext 的 findAttribute 方法查找属性值</title>
</head>
<body>
<%
   pageContext.setAttribute("name1", "孤傲苍狼");
   request.setAttribute("name2", "白虎神皇");
   session.setAttribute("name3", "玄天邪帝");
   application.setAttribute("name4", "灭世魔尊");
%>
<%
   //使用 pageContext 的 findAttribute 方法查找属性,由于取得的值为 Object 类型,因此必须使用 String 强制向
   //下转型,转换成 String 类型
   //查找 name1 属性,按照 page→request→session→application 顺序在这 4 个对象中去查找
   String refName1 = (String)pageContext.findAttribute("name1");
   String refName2 = (String)pageContext.findAttribute("name2");
   String refName3 = (String)pageContext.findAttribute("name3");
   String refName4 = (String)pageContext.findAttribute("name4");
   String refName5 = (String)pageContext.findAttribute("name5"); //查找一个不存在的属性
%>
<h1>pageContext.findAttribute 方法查找到的属性值: </h1>
<h3>pageContext 对象的 name1 属性: <%=refName1%></h3>
<h3>request 对象的 name2 属性: <%=refName2%></h3>
<h3>session 对象的 name3 属性: <%=refName3%></h3>
<h3>application 对象的 name4 属性: <%=refName4%></h3>
<h3>查找不存在的 name5 属性: <%=refName5%></h3>
</body>
</html>
```

运行结果如图 11-9 所示。

pageContext.findAttribute方法查找到的属性值：

pageContext对象的name1属性：孤傲苍狼

request对象的name2属性：白虎神皇

session对象的name3属性：玄天邪帝

application对象的name4属性：灭世魔尊

查找不存在的name5属性：null

图 11-9 pageContext 获取属性值

11.6 就业面试解析与技巧

11.6.1 面试解析与技巧（一）

面试官：JSP 中动态 include 与静态 include 有什么区别?

应聘者：动态 include 用 jsp:include 动作实现，它总是会检查所含文件中的变化，适合用于包含动态页面，并且可以带参数；静态 include 用 include 伪码实现，一定不会检查所含文件的变化，适用于包含静态页面。

面试官：JSP 乱码如何解决？给出三种以上的对应解决方案。

应聘者：

（1）JSP 页面显示乱码。

解决办法：<%@ page contentType="text/html; charset=UTF-8"%>。

（2）表单提交中文时出现乱码。

解决办法：request.seCharacterEncoding("GBK")对请求进行统一编码。

（3）数据库连接出现乱码，涉及中文的地方全部是乱码。

解决办法：在数据库的数据库 URL 中加上 useUnicode=true&characterEncoding=GBK。

（4）通过过滤器完成。

（5）在 server.xml 中设置编码格式。

11.6.2 面试解析与技巧（二）

面试官：Forward 与 Redirect 有什么区别?有哪些方式实现？

应聘者：Forward 是把另一个页面加载到本页面，不改变浏览器的路径；Redirect 是跳转到另一个页面，会改变浏览器的路径。

面试官：JSP 内置对象有哪些？它们的作用分别是什么？

应聘者：JSP 有 9 个内置对象：Request、Response、Out、Session、Application、Pagecontext、Config、Page、Exception。

作用如下。

（1）HttpServletRequest 类的 Request 对象。

作用：代表请求对象，主要用于接受客户端通过 HTTP 连接传输到服务器端的数据。

（2）HttpServletResponse 类的 Respone 对象。

作用：代表响应对象，主要用于向客户端发送数据。

（3）JspWriter 类的 Out 对象。

作用：主要用于向客户端输出数据； Out 的基类是 JspWriter。

（4）HttpSession 类的 Session 对象。

作用：主要用来分别保存每个用户的信息与请求关联的会话；会话状态维持是 Web 应用开发者必须面对的问题。

（5）ServletContex 类的 Application 对象。

作用：主要用于保存用户信息，代码片段的运行环境；它是一个共享的内置对象，即一个容器中的多个用户共享一个 Application 对象，故其保存的信息被所有用户所共享。

（6）PageContext 类的 PageContext 对象。

作用：管理网页属性，为 JSP 页面包装页面的上下文，管理对属于 JSP 中特殊可见部分中已命名对象的访问，它的创建和初始化都是由容器来完成的。

（7）ServletConfig 类的 Config 对象。

作用：代码片段配置对象，表示 Servlet 的配置。

（8）Object 类的 Page（相当于 this）对象。

作用：处理 JSP 网页，是 Object 类的一个实例，指的是 JSP 实现类的实例，即它也是 JSP 本身，只有在 JSP 页面范围之内才是合法的。

（9）Exception。

作用：处理 JSP 文件执行时发生的错误和异常。

第 12 章

Java 中的组件——JavaBean

学习指引

在进行 JSP 开发过程中，不难发现很多代码并没有把 Java 面向对象的思想很好地体现出来，导致代码重复甚至混乱，所以需要使用 JavaBean 来提高程序的可读性、易维护性，提高代码的重用性。把 JavaBean 应用到 JSP 编程中，使 JSP 的发展更上一层楼。本章将介绍 JavaBean 的使用方法。

重点导读

- 掌握如何使用 JavaBean。
- 掌握 JavaBean 属性的设置和获得。
- 掌握如何设置 JavaBean 的范围。
- 掌握如何删除 JavaBean。

12.1 JavaBean 组件的使用

JavaBean 在 Java 语言开发中是一个很重要的组件，在 JSP 中使用 JavaBean 组件可以减少很多的重复代码，从而使 JSP 代码更加简洁。JavaBean 是特殊的 Java 类，使用 Java 语言书写，并且遵守 JavaBean API 规范。接下来给出的是 JavaBean 与其他 Java 类相比而言独一无二的特征。

（1）提供一个默认的无参数构造函数。

（2）需要被序列化并且实现了 Serializable 接口。

（3）可能有一系列可读写属性。

（4）可能有一系列的 getter 或 setter 方法。

下面将介绍纯 JSP 开发模式与 JSP+JavaBean 开发模式。

从图 12-1 中可以看到，纯 JSP 开发模式流程简单，但与此同时也伴随着一些问题，这种开发模式将大量的 Java 代码嵌入到 JSP 页面中，必定影响后期的修改和维护，因为这种开发模式的 JSP 页面上包含 Java 代码、CSS 代码、HTML 代码，同时还要加入业务逻辑处理代码，既不方便开发人员，也不能体现面向对象的思想，所以要学习使用 JavaBean+JSP 开发模式。

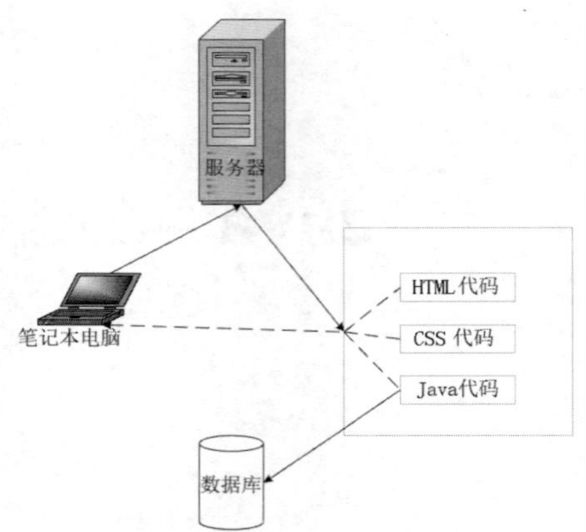

图 12-1　纯 JSP 开发模式

从图 12-2 中可以看出，JavaBean 的使用大大简化了 JSP 页面，在 JSP 页面中只包含 HTML 代码和 CSS 代码等，但 JSP 页面可以引用 JavaBean 组件完成业务逻辑处理，如字符串处理、数据库操作等。

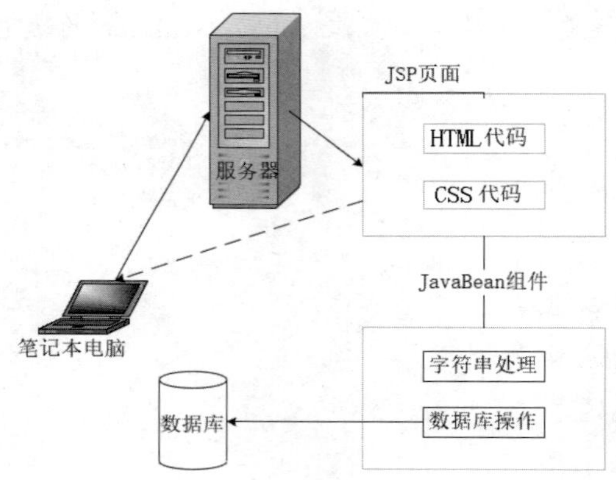

图 12-2　JavaBean+JSP 开发模式

接下来通过一个简单的例子说明如何使用 JavaBean。

【例 12-1】第一个 JavaBean。

```
package com.lzl.demo;
public class FirstBean{
 //包含两个属性
   private String name;
   private int age;
 //对应的 getter、setter 方法
   public void setName(String name ) {
      this.name=name;
   }
   public void setAge(int age) {
      this.age=age;
   }
   public String getName() {
```

```
        return name;
    }
    public int getAge() {
        return age;
    }
}
```

这个 JavaBean 的功能非常简单，包含 name 和 age 两个属性以及对应的 getter 和 setter 方法。

编写完 JavaBean 后，需要进行编译，那么编译好的 JavaBean 又应该放在哪里呢？

下面就需要了解表 12-1 中的 Web 开发目录结构。

表 12-1　Web 开发目录结构

序　　号	目录或文件	作　　用
1	WEB ROOT	根目录，必须包含 WEB-INF，对应虚拟目录
2	WEB-INF	最安全的目录，保存配置文件、第三方 jar 包、各种类
3	web.xml	部署描述符
4	lib	保存所有的第三方 jar 文件
5	classes	保存所有的 JavaBean
6	tags	保存所有的标签文件
7	jsp	保存所有的*.jsp 文件，一般根据功能再建立子文件夹
8	js	保存所有的*.js 文件
9	css	保存样式文件
10	images	保存图片
11	首页	index.html、index.jsp，可以通过 web.xml 修改

从表中不难发现，编译好的 JavaBean 应该放在 classes 文件夹中，如图 12-3 所示。

图 12-3　classes 文件夹

接下来编写 JSP 页面。

【例 12-2】导入并使用 JavaBean。

```
<%@ page language="java" contentType="text/html; charset=UTF-8" pageEncoding="GBK"%>
<%@ page import="com.lzl.demo.*" %>  <!-- 导入 com.lzl.demo 包 -->
<html>
```

```
<head>
<meta http-equiv="Content-Type" content="text/html; charset=ISO-8859-1">
<title>Insert title here</title>
</head>
<body>
<%
FirstBean first=new FirstBean();    //声明并实例化 FirstBean 对象
first.setName("smile");             //设置 name 属性
first.setAge(20);                   //设置 age 属性
%>
<h1>姓名：<%=first.getName() %></h1>
<h1>年龄：<%=first.getAge() %></h1>
</body>
</html>
```

上面这个程序只是将需要的开发包导入 JSP 文件中，然后生成 FirstBean 的实例化对象，接着调用 getter 和 setter 方法获取属性值并显示，运行结果如图 12-4 所示。

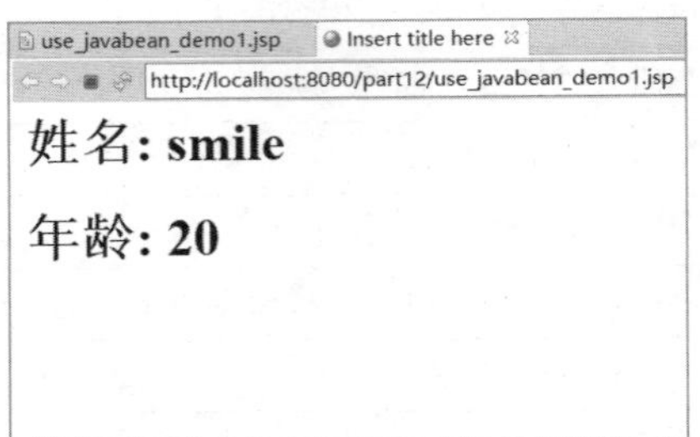

图 12-4　在 JSP 中使用简单的 JavaBean

12.2　JavaBean 属性的设置和获得

首先说明属性如何设置，这就要引入一个 JSP 标签<jsp:setProperty>。<jsp:setProperty>标签设置属性的方法一共有 4 种，4 种方法的详细介绍见表 12-2。

表 12-2　JavaBean 属性设置方法

序　　号	类　　型	语 法 格 式
1	自动匹配	<jsp:setProperty name="实例化对象名" property="*"/>
2	指定属性	<jsp:setProperty name="实例化对象名" property="属性名称"/>
3	指定参数	<jsp:setProperty name="实例化对象名" property="*"param="参数名称"/>
4	指定内容	<jsp:setProperty name="实例化对象名"property="属性名称"value="内容"/>

接下来将分别举例说明每个方法的用法。

第一种：自动匹配。

【例 12-3】JavaBean 与表单，通过表单将属性的值提交到 JSP 页面。

```
<html>
<head>
<meta charset="UTF-8">
```

```
    <title>Insert title here</title>
    </head>
    <body>
    <form action="setup_property_demo1.jsp" method="post"><!--将输入表单的 name 和 age 传递给 setup_
property_demo1.jsp -->
    姓名: <input type="text" name="name"><br><!--name 输入框-->
    年龄: <input type="text" name="age"><br><!--age 输入框-->
    <input type="submit" value="提交">
    <input type="reset" value="重置">
    </form>
    </body>
    </html>
```

上面的表单有 name 和 age 控件，名称分别和 FirstBean.java 中的 name 和 age 属性相同。

【例 12-4】接收页面。

```
    <%@ page language="java" contentType="text/html; charset=UTF-8"
       pageEncoding="GBK"%>
       <jsp:useBean id="first" scope="page" class="com.lzl.demo.FirstBean"/> <!--引入 JavaBean-->
       <jsp:setProperty name="first" property="*"/> //自动匹配
    <html>
    <head>
    <title>Insert title here</title>
    </head>
    <body>
    <!--获取输入的表单信息-->
    <h1>姓名: <%=first.getName() %></h1>
    <h1>年龄: <%=first.getAge() %></h1>
    </body>
    </html>
```

上面的程序设置了属性自动匹配，输入的信息如图 12-5 所示。输出跟表单输入的一样，如图 12-6 所示。

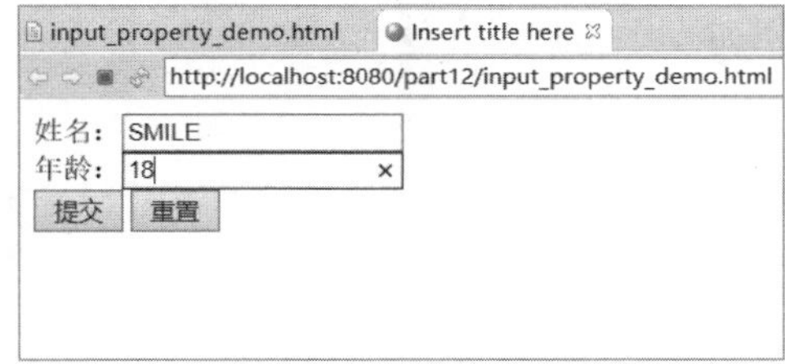

图 12-5　输入提交

图 12-6　设置属性（自动匹配）

第二种：指定属性。

【例 12-5】指定属性。

```
    <%@ page language="java" contentType="text/html; charset=UTF-8"
       pageEncoding="GBK"%>
       <jsp:useBean id="first" scope="page" class="com.lzl.demo.FirstBean"/> <!--引入 JavaBean-->
       <jsp:setProperty name="first" property="name"/> <!-- 设置 name 属性 -->
    <html>
    <head>
    <meta http-equiv="Content-Type" content="text/html; charset=ISO-8859-1">
    <title>Insert title here</title>
    </head>
    <body>
```

```
<!--获取输入的表单信息-->
<h1>姓名：<%=first.getName() %></h1>
<h1>年龄：<%=first.getAge() %></h1>
</body>
</html>
```

上面的程序只设置了 name 属性的内容，所以输出时 name 不变，但是 age 却变成了默认值 0，如图 12-7 所示。

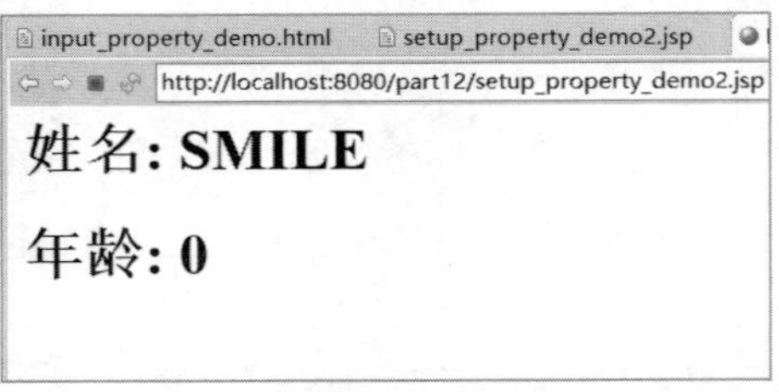

图 12-7　设置属性（指定属性）

第三种：指定参数。

【例 12-6】指定参数。

```
<%@ page language="java" contentType="text/html; charset=UTF-8"
   pageEncoding="GBK"%>
   <jsp:useBean id="first" scope="page" class="com.lzl.demo.FirstBean"/>
   <jsp:setProperty name="first" property="name" param="age"/> <!--name 参数的内容赋给 age 属性-->
   <jsp:setProperty name="first" property="age" param="name"/><!--age 参数的内容赋给 name 属性-->
<html>
<head>
<meta http-equiv="Content-Type" content="text/html; charset=ISO-8859-1">
<title>Insert title here</title>
</head>
<body>
<!--name 和 age 获取到的值是对方的 -->
<h1>姓名：<%=first.getName() %></h1>
<h1>年龄：<%=first.getAge() %></h1>
</body>
</html>
```

运行以上代码，输入的信息如图 12-8 所示。

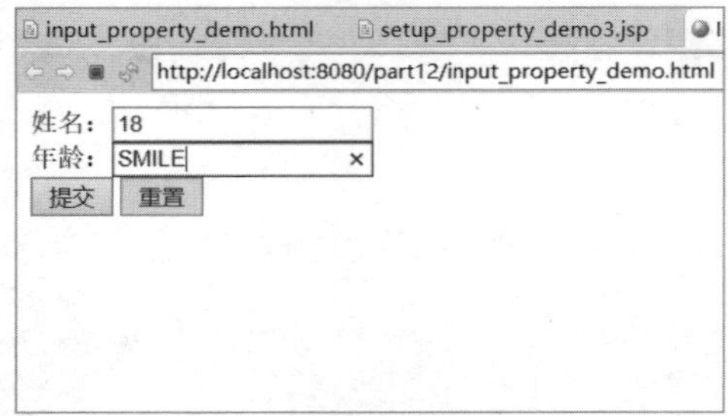

图 12-8　输入提交

由于将请求 name 参数的内容赋给 age 属性，将 age 参数内容赋给 name 属性，输出的信息会跟输入的对换，如图 12-9 所示。

第四种：指定内容。

图 12-9 设置属性（设置参数）

【例 12-7】指定内容。

```
<%@ page language="java" contentType="text/html; charset=UTF-8"
    pageEncoding="GBK"%>
    <%int age=16; %>  <!--声明一个 age 变量并赋初值为 16 -->
    <jsp:useBean id="first" scope="page" class="com.lzl.demo.FirstBean"/>
    <jsp:setProperty name="first" property="name" value="JACK"/> <!--指定 name 属性的内容为 JACK-->
    <jsp:setProperty name="first" property="age" value="<%=age%>"/><!--指定 age 属性的内容为上面声
明的变量值 16-->
<html>
<head>
<meta http-equiv="Content-Type" content="text/html; charset=ISO-8859-1">
<title>Insert title here</title>
</head>
<body>
<h1>姓名: <%=first.getName() %></h1>
<h1>年龄: <%=first.getAge() %></h1>
</body>
</html>
```

上述代码直接使用 value 对 name、age 两个属性的内容进行了设置，所以不论输入提交的是什么，输出都是分别设置的内容，如图 12-10 所示。

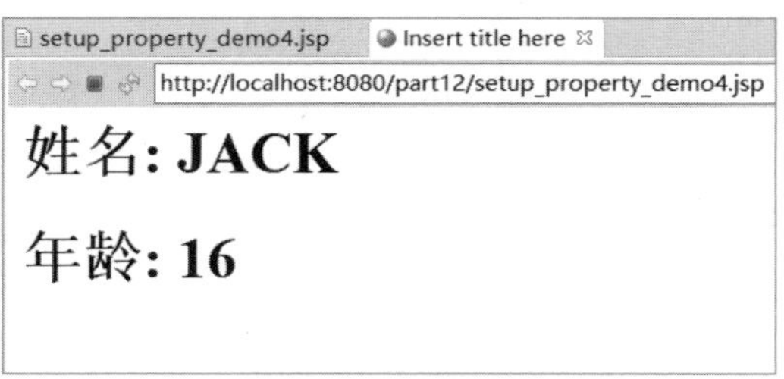

图 12-10 设置属性（指定内容）

通过上述 4 种方法的比较，相信读者都可以感觉得到，使用自动匹配是最方便的，在开发中也较为常见。

讲完了属性的设置，接着将介绍属性的获得，引入 JSP 标签<jsp:getProperty>，这个标签会自动调用 JavaBean 的 getter()方法，它只有如下一种语法格式。

```
<jsp: getProperty name="实例化对象的名称"  property="属性名称"/>
```

【例 12-8】取得属性。

```
<%@ page language="java" contentType="text/html; charset=UTF-8"
    pageEncoding="GBK"%>
```

```
<jsp:useBean id="first" scope="page" class="com.lzl.demo.FirstBean"/><!--引入JavaBean-->
<jsp:setProperty name="first" property="*"/>
<html>
<head>
<meta http-equiv="Content-Type" content="text/html; charset=ISO-8859-1">
<title>Insert title here</title>
</head>
<body>
<!--<jsp:getProperty>标签代替getter()方法的调用-->
<h1>姓名: <jsp:getProperty name="first" property="name"/></h1>
<h1>年龄: <jsp:getProperty name="first" property="age"/></h1>
</body>
</html>
```

本程序直接用<jsp:getProperty>标签代替 getter()方法的调用，输入信息如图 12-11 所示，输出的信息如图 12-12 所示。

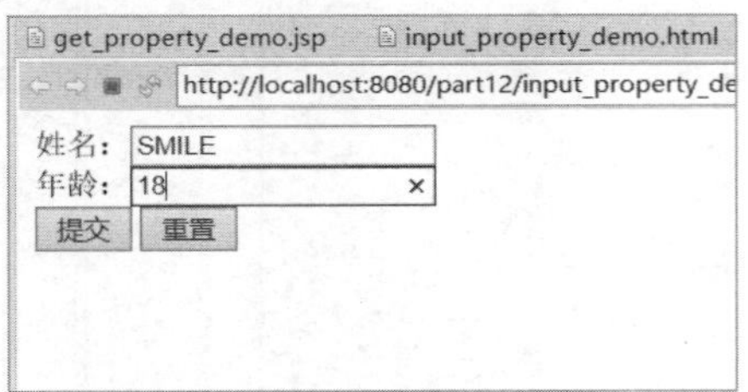

图 12-11　输入提交

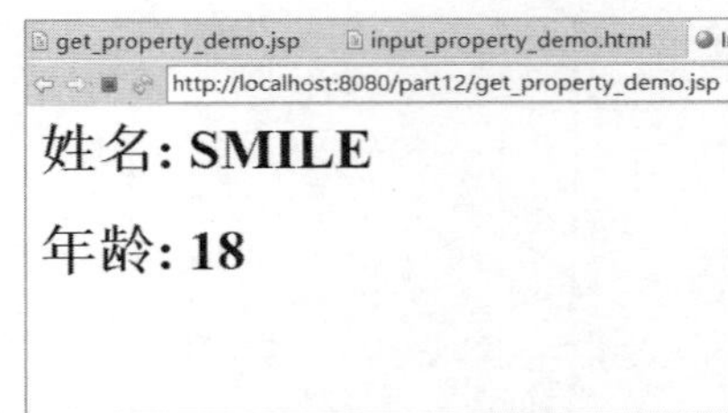

图 12-12　取得属性

12.3　设置 JavaBean 的范围

<jsp:useBean>指令上存在一个 scope 属性，表示一个 JavaBean 的范围，保存的范围有如下 4 种。

（1）Page：保存在一页的范围中，跳转后这个 JavaBean 就无效了。

（2）Request：保存在一次服务器的跳转范围中。

（3）Session：保存在一个用户的操作范围中。

（4）Application：在整个服务器上保存，服务器关闭才会消失。

下面通过一个简单的例子测试这 4 种属性范围。

【例 12-9】 计数操作。

```
package com.lzl.demo;
public class Count{
    private int count=0;
    public Count(){
        System.out.println("产生一个新的 Count 对象");
    }
    public int getCount() {
        return ++count;
    }
}
```

将这个类打包编译后生成的 Count.class 保存在 WEB-INF→classes 文件夹中，如图 12-13 所示。

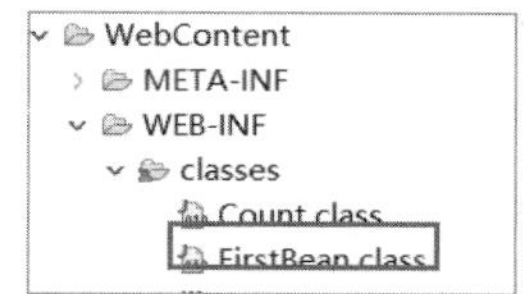

图 12-13 保存 Count.class

第一种：Page 范围的 JavaBean。

【例 12-10】定义 JavaBean 在 Page 范围内。

```
<%@ page language="java" contentType="text/html; charset=UTF-8"
    pageEncoding="GBK"%>
<jsp:useBean id="coun" scope="page" class="com.lzl.demo.Count"/><!-- 定义 Page 范围的 JavaBean-->
<html>
<head>
<meta http-equiv="Content-Type" content="text/html; charset=ISO-8859-1">
<title>Insert title here</title>
</head>
<body>
<!--<jsp:getProperty>标签代替 getter()方法的调用-->
<h1>访问次数：<jsp:getProperty name="coun" property="count"/></h1>
<jsp:forward page="page_bean_1.jsp"/>
</body>
</html>
```

跳转页面——page_bean_1.jsp。

```
<%@ page language="java" contentType="text/html; charset=UTF-8"
    pageEncoding="GBK"%>
<jsp:useBean id="coun" scope="page" class="com.lzl.demo.Count"/><!-- 定义 Page 范围的 JavaBean-->
<html>
<head>
<meta http-equiv="Content-Type" content="text/html; charset=ISO-8859-1">
<title>Insert title here</title>
</head>
<body>
<!--<jsp:getProperty>标签代替 getter()方法的调用-->
<h1>访问次数：<jsp:getProperty name="coun" property="count"/></h1>
</body>
</html>
```

首先在 page_bean.jsp 中定义了一个 Page 范围内的 JavaBean，之后跳转到 page_bean_1.jsp 页面，运行结果如图 12-14 所示。

图 12-14 Page 范围的 JavaBean

因为定义的是 Page 范围的 JavaBean，所以跳转后会产生新的 Count 对象，在后台会显示，如图 12-15 所示。

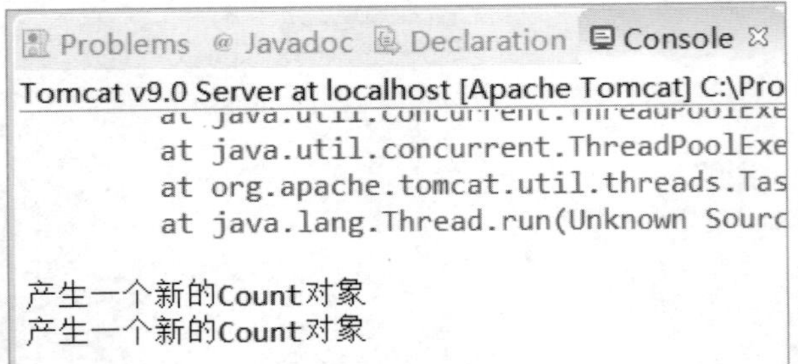

图 12-15　Tomcat 后台输出

第二种：Request 范围的 JavaBean（在一次跳转中，不会重复产生新的对象）。

【例 12-11】设置 Request 范围内的 JavaBean 并跳转。

```
<%@ page language="java" contentType="text/html; charset=UTF-8"
    pageEncoding="GBK"%>
<jsp:useBean id="coun" scope="request" class="com.lzl.demo.Count"/> <!--定义了一个 Request 范围的 JavaBean -->
<html>
<head>
<meta http-equiv="Content-Type" content="text/html; charset=ISO-8859-1">
<title>Insert title here</title>
</head>
<body>
<h1>访问次数：<jsp:getProperty name="coun" property="count"/></h1>
<jsp:forward page="request_bean_1.jsp"/>
</body>
</html>
```

跳转页面。

```
<%@ page language="java" contentType="text/html; charset=UTF-8"
    pageEncoding="GBK"%>
<jsp:useBean id="coun" scope="request" class="com.lzl.demo.Count"/><!--定义了一个 Request 范围的 JavaBean -->
<html>
<head>
<meta http-equiv="Content-Type" content="text/html; charset=ISO-8859-1">
<title>Insert title here</title>
</head>
<body>
<h1>访问次数：<jsp:getProperty name="coun" property="count"/></h1>
</body>
</html>
```

以上程序在 request_bean.jsp 中定义了 Request 范围内的 JavaBean，运行结果如图 12-16 所示。

当进行服务器跳转到 request_bean_1.jsp 时就不会再重复产生 Count 对象，所以控制台只会显示一句“产生一个新的 Count 对象”，如图 12-17 所示。

图 12-16　Request 范围的 JavaBean

```
Problems  @ Javadoc  Declaration  Console
Tomcat v9.0 Server at localhost [Apache Tomcat] C:\Pro
信息: Starting ProtocolHandler ["http-nio-808
七月 25, 2018 4:16:16 下午 org.apache.coyote.A
信息: Starting ProtocolHandler ["ajp-nio-8009
七月 25, 2018 4:16:16 下午 org.apache.catalina
信息: Server startup in 8258 ms
产生一个新的Count对象
```

图 12-17　Tomcat 后台输出

第三种：Session 范围内的 JavaBean。

当一个用户连接到 JSP 页面后，这个 Session 对象会一直保留，无论进行什么操作都不会重新声明新的 JavaBean 对象。

【例 12-12】定义 Session 范围内的 JavaBean。

```
<%@ page language="java" contentType="text/html; charset=UTF-8"
    pageEncoding="GBK"%>
<jsp:useBean id="coun" scope="session" class="com.lzl.demo.Count"/>
<html>
<head>
<title>Insert title here</title>
</head>
<body>
<h1>访问次数: <jsp:getProperty name="coun" property="count"/></h1>
</body>
</html>
```

运行以上程序，结果如图 12-18 所示。

以上程序定义 Session 范围内的 JavaBean，当一个用户连接到 JSP 页面后，这个 Session 对象会一直保留，无论进行什么操作都不会重新声明新的 JavaBean 对象。无论刷新这个页面几次，它都不会产生新的 JavaBean 对象，所以最终就只会显示一句“产生一个新的 Count 对象”，运行结果如图 12-19 所示。

图 12-18　Session 范围内的 JavaBean

```
Problems  @ Javadoc  Declaration  Console
Tomcat v9.0 Server at localhost [Apache Tomcat] C:\Pro
信息: Starting ProtocolHandler ["http-nio-808
七月 25, 2018 4:34:25 下午 org.apache.coyote.A
信息: Starting ProtocolHandler ["ajp-nio-8009
七月 25, 2018 4:34:25 下午 org.apache.catalina
信息: Server startup in 7853 ms
产生一个新的Count对象
```

图 12-19　Tomcat 后台输出

第四种：Application 范围内的 JavaBean。

Application 范围的 JavaBean 是所有用户共同拥有的，声明之后就会保存在服务器中，所有用户都可以访问。

【例 12-13】定义 Application 范围内的 JavaBean。

```
<%@ page language="java" contentType="text/html; charset=UTF-8"
    pageEncoding="GBK"%>
<jsp:useBean id="coun" scope="application" class="com.lzl.demo.Count"/>
```

```
<html>
<head>
<title>Insert title here</title>
</head>
<body>
<h1>访问次数：<jsp:getProperty name="coun" property="count"/></h1>
</body>
</html>
```

无论有多少用户连接，都只操作一个 JavaBean 对象，当服务器关闭时，JavaBean 对象也就消失了，运行结果如图 12-20 所示。

图 12-20　Application 范围内的 JavaBean

12.4　移除 JavaBean

JavaBean 使用<jsp:ubeBean>创建后，如果不想使用了，该怎样删除呢？

可以使用 4 种属性范围内的 removeAttribute()方法移除 JavaBean。

（1）Page：使用 pageContext. removeAttribute（JavaBean 名称）。

（2）Request：使用 request. removeAttribute（JavaBean 名称）。

（3）Session：使用 session. removeAttribute（JavaBean 名称）。

（4）Application：使用 application. removeAttribute（JavaBean 名称）。

【例 12-14】移除 Page 范围内的 JavaBean 对象。

```
<%@ page language="java" contentType="text/html; charset=UTF-8"
   pageEncoding="GBK"%>
<jsp:useBean id="coun" scope="page" class="com.lzl.demo.Count"/>
<html>
<head>
<title>Insert title here</title>
</head>
<body>
<h1>访问次数：<jsp:getProperty name="coun" property="count"/></h1>
<% pageContext.removeAttribute("coun");%>
</body>
</html>
```

删除 JavaBean 时，4 种属性范围的操作都可以达到目的，选择其中一种即可。

12.5 综合案例

学习完以上 JavaBean 相关内容以后，接下来完成一个简单的注册验证程序，用户在表单中填写姓名、年龄。如果输入正确就将输入的内容显示出来，若输入的内容不正确，则在错误的地方进行提示，正确的内容将保留下来。

在 JavaBean 中完成数据的验证以及错误信息的显示，为了方便错误信息显示，在这里使用 Map 保存错误信息（Map 接口中保存了 Key→Value 的集合，主要实现查找功能，如果想了解更多关于 Map 接口的知识读者可以自行查阅学习）。

【例 12-15】注册验证 JavaBean。

```
package com.lzl.demo;
import java.util.HashMap;
import java.util.Map;
public class Register{
   private String name;
   private String age;
   private Map<String,String>errors=null;
 //构造方法
   public Register(){
      this.name="";
      this.age="";
      this.errors=new HashMap<String,String>();          //实例化 Map 对象,保存错误信息
   }
   public boolean isValidate(){                          //数据验证
      boolean flag=true;
      if(!this.name.matches("\\w{6,15}")){               //为 name 添加验证
         flag=false;
         this.name="";
         errors.put("errname", "用户名是 6~15 位字母或数字");
      }
      if(!this.age.matches("\\d+")){                     //为 age 添加验证
         flag=false;
         this.age="";
         errors.put("errage", "年龄只能是数字");
      }
      return flag;
   }
   public String getErrorMsg(String key) {               //取出对应的错误信息
      String value=this.errors.get(key);
      return value==null?"":value;
   }
   public String getName() {
      return name;
   }
   public void setName(String name) {
      this.name = name;
   }
   public String getAge() {
      return age;
   }
```

```
    public void setAge(String age) {
        this.age = age;
    }
}
```

上面的 JavaBean 在 isValidate()方法中使用了正则表达式对输入的姓名、年龄分别进行验证，如果验证失败，对应的错误信息会保存在 Map 中，getErrorMsg()方法会根据错误的 Key 取出对应的错误信息。

表单输入页面——input.jsp。

```
<%@ page language="java" contentType="text/html; charset=UTF-8"
    pageEncoding="GBK"%>
<jsp:useBean id="reg" scope="request" class="com.lzl.demo.Register"/>
<html>
<head>
<title>Insert title here</title>
</head>
<body>
<form action="check.jsp" method="post">
<h3>姓名: <input type="text" name="name" value="<jsp:getProperty name="reg" property="name"/>">
<%=reg.getErrorMsg("errname") %></h3><br>
<h3>年龄: <input type="text" name="age" value="<jsp:getProperty name="reg" property="age"/>">
<%=reg.getErrorMsg("errage") %></h3><br>
<input type="submit" value="注册" ><input type="reset" value="重置" >
</form>
</body>
</html>
```

input.jsp 的功能主要是显示表单和错误信息，为了能够将 Register 类中的错误信息保存到此页面使用，所以 JavaBean 范围定义为 Request。

数据验证页面——check.jsp。

```
<%@ page language="java" contentType="text/html; charset=UTF-8"
    pageEncoding="GBK"%>
<jsp:useBean id="reg" scope="request" class="com.lzl.demo.Register"/><!--Request 范围内的 JavaBean -->
<jsp:setProperty name="reg" property="*"/> <!--为属性自动赋值 -->
<html>
<head>
<title>Insert title here</title>
</head>
<body>
<%
if(reg.isValidate()){
%>
<jsp:forward page="success.jsp"/>
<%
}else{
%>
<jsp:forward page="input.jsp"/>
<%
}
%>
</body>
</html>
```

check.jsp 页面中，也将 JavaBean 范围定义为 Request，然后使用 isValidate()进行验证，验证通过跳转 success.jsp 显示输入信息，验证失败跳转 input.jsp 页面显示输入错误信息。

验证通过显示页面——success.jsp。

```
<%@ page language="java" contentType="text/html; charset=UTF-8"
    pageEncoding="GBK"%>
<jsp:useBean id="reg" scope="request" class="com.lzl.demo.Register"/>
<html>
<head>
<title>Insert title here</title>
</head>
<body>
<h3>姓名：<jsp:getProperty name="reg" property="name"/></h3>
<h3>年龄：<jsp:getProperty name="reg" property="age"/></h3>
</body>
</html>
```

success.jsp 用于输出用户输入的信息，表示输入的信息通过验证。

图 12-21 中输入的姓名、年龄都合法，验证通过，显示结果如图 12-22 所示。

图 12-21　合法输入

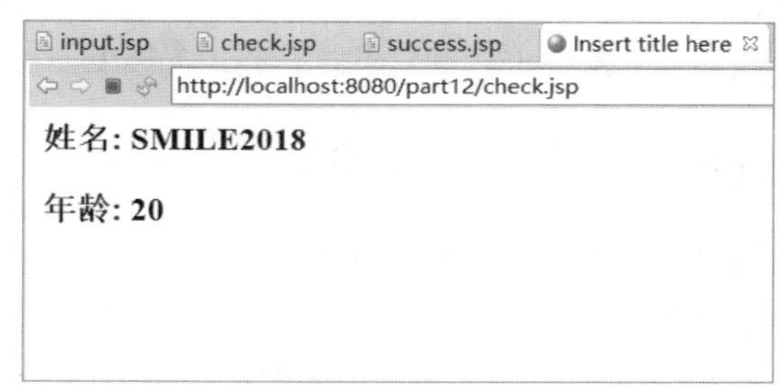

图 12-22　success.jsp 输出

图 12-23 中输入的姓名长度为 5，验证不通过，因此显示结果如图 12-24 所示，提示用户名是 6～15 位的数字或字母。

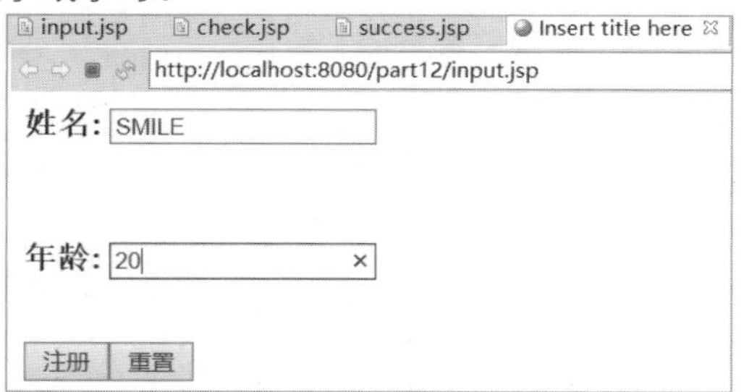

图 12-23　姓名输入不合法

图 12-24　提示错误信息

12.6　就业面试解析与技巧

12.6.1　面试解析与技巧（一）

面试官：什么是 JavaBean?

应聘者：JavaBean 是一个遵循特定写法的 Java 类，它通常具有如下特点。

（1）这个 Java 类必须具有一个无参构造函数；

（2）属性必须私有化；

（3）私有化的属性必须通过 public 类型的方法暴露给其他程序，并且方法的命名也必须遵守一定的命名规范。

JavaBean 在 J2EE 开发中，通常用于封装数据，对于遵循以上写法的 JavaBean 组件，其他程序可以通过反射技术实例化 JavaBean 对象，并且通过反射那些遵守命名规则的方法，从而获知 JavaBean 的属性，进而调用其属性保存数据。

技巧：首先要深入理解 JavaBean 的构成，然后再叙述什么是 JavaBean。

面试官：JSP 与 JavaBean 搭配使用有何好处?

应聘者：

（1）使得 HTML 和 Java 程序分离，便于维护。

（2）可以降低对 JSP 页面开发人员的 Java 编程能力要求。

（3）JSP 侧重于动态生成页面，事务处理由 JavaBean 来完成，可以利用 JavaBean 的可重用性，提高开发效率。

技巧：理解纯 JSP 开发模式与 JSP+JavaBean 开发模式的区别。

12.6.2 面试解析与技巧（二）

面试官：简述 JavaBean 的范围。

应聘者：

（1）Page 范围：从 JSP 页面开始到结束，每次访问都会创建一个对象。如果 scope 中有了就不创建。

（2）Request 范围：到 Request 销毁的时候销毁。

（3）Session 范围：在会话范围内共享。

（4）Application 范围：Web 应用中共享。

技巧：掌握每个范围的设置方法，再进行简述。

第 13 章 JSP 标签

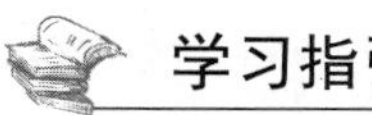

学习指引

JSTL 是一个开源的，不断完善的 JSP 标签库，使用标签库可以避免过多的 Scriptlet 代码，但是如果使用自定义的标签库，会非常烦琐，此时就需要使用一些公共的标签来完成开发，而 JSTL 就是这种被广泛使用的公共标签，使用 JSTL 可以取代在传统 JSP 程序中嵌入 Java 代码的做法，可以大大提高程序的易维护性。

EL 是 JSTL 2.0 引入的一个新内容，通过 EL 可以简化在 JSP 开发中对对象的引用，从而规范页面代码。本章将对 JSTL 的下载、使用以及 El 的语法、运算符，JSP 内置标签进行详细介绍。

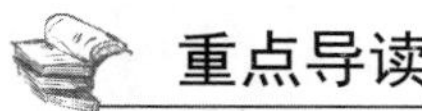

重点导读

- 了解如何配置 JSTL。
- 掌握 JSTL 的表达式标签、条件标签、循环标签。
- 掌握 JSTL 的 URL 相关标签。
- 掌握 EL 语法、特点、保留的关键字。
- 掌握如何禁用 EL 表达式。
- 掌握 EL 表达式的运算符使用，以及运算符的优先关系。
- 掌握 JSP 内置标签的使用方法。

13.1 JSP 标准标签——JSTL

JSTL（Java Server Pages Standard Tag Library，JSP 标准标签库）是一个不断完善的开放源代码的 JSP 标签库，是由 Apache 的 Jakarta 小组来维护的，由 4 个定制标记库（core、format、xml 和 sql）和一对通用标记库验证器（ScriptFreeTLV 和 PermittedTaglibsTLV）组成，组成对应下面 5 个标签库。JSTL 的下载及使用等具体介绍如下。

13.1.1 JSTL 简介

JSTL 由 Apcahe 的 Jakarta 小组开发，可以从 http://tomcat.apache.org/taglibs/上下载，如图 13-1 所示。

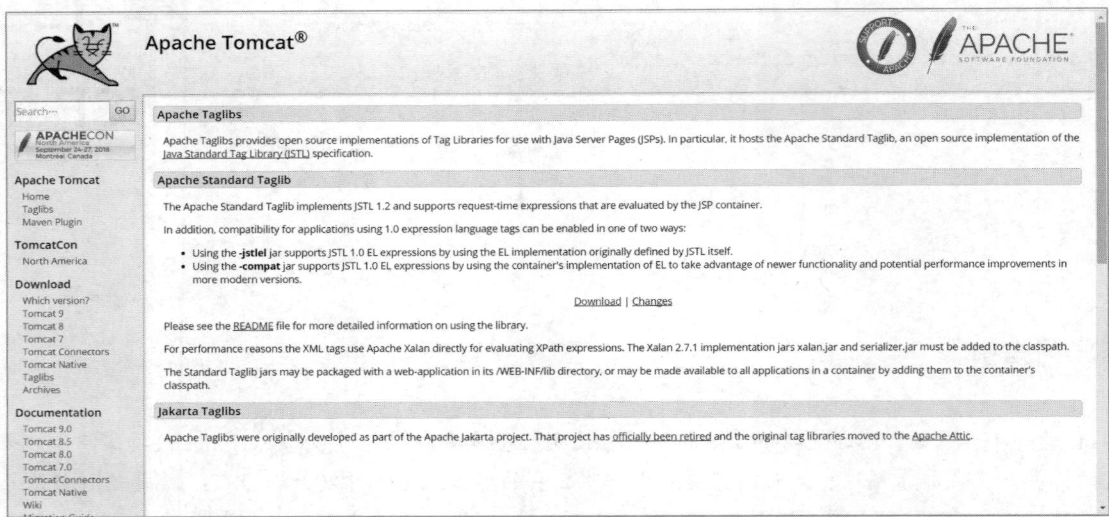

图 13-1 JSTL 下载页

JSTL 由 5 个功能不同的标签库组成，分别是核心标签库、格式标签库、SQL 标签库、XML 标签和函数标签库，在使用这些标签库之前必须在 JSP 顶部使用<%@ taglib%>定义引用的标签库和访问前缀。

使用各个标签库的 taglib 指令格式如下。

（1）核心标签库：<%@ taglib prefix="c" uri="http://java.sun.com/jstl/core" %>。

（2）格式标签库：<%@ taglib prefix="fmt" uri="http://java.sun.com/jstl/fmt" %>。

（3）SQL 标签库：<%@ taglib prefix="sql" uri="http://java.sun.com/jstl/sql" %>。

（4）XML 标签库：<%@ taglib prefix="xml" uri="http://java.sun.com/jstl/xml" %>。

（5）函数标签库：<%@ taglib prefix="fn" uri="http://java.sun.com/jstl/functions" %>。

下面分别对这 5 个标签库进行简要介绍。

1. 核心标签库

主要用于完成 JSP 页面常用功能，包括表达式标签、URL 标签、流程控制标签和循环标签，其包含的标签基本作用如表 13-1 所示。

表 13-1 核心标签库的基本作用

标　签	作　用
<c:out>	用于在 JSP 中显示数据
<c:set>	用于保存数据
<c:remove>	用于删除数据
<c:catch>	用来处理产生错误的异常状况，并且将错误信息存储起来
<c:if>	与我们在一般程序中用的 if 一样
<c:choose>	本身只当作<c:when>和<c:otherwise>的父标签

续表

标　签	作　用
<c:when>	<c:choose>的子标签，用来判断条件是否成立
<c:otherwise>	<c:choose>的子标签，接在<c:when>标签后，当<c:when>标签判断为 false 时被执行
<c:import>	检索一个绝对或相对 URL，然后将其内容暴露给页面
<c:forEach>	基础迭代标签，接受多种集合类型
<c:forTokens>	根据指定的分隔符来分隔内容并迭代输出
<c:param>	用来给包含或重定向的页面传递参数
<c:redirect>	重定向至一个新的 URL
<c:url>	使用可选的查询参数来创造一个 URL

2. 格式标签库

用于处理和解决国际化相关问题以及格式化数字和日期显示的格式，其标签的基本作用如表 13-2 所示。

表 13-2　格式标签库的基本作用

标　签	作　用
<fmt:formatNumber>	使用指定的格式或精度格式化数字
<fmt:parseNumber>	解析一个代表着数字、货币或百分比的字符串
<fmt:formatDate>	使用指定的风格或模式格式化日期和时间
<fmt:parseDate>	解析一个代表着日期或时间的字符串
<fmt:bundle>	绑定资源
<fmt:setLocale>	指定地区
<fmt:setBundle>	绑定资源
<fmt:timeZone>	指定时区
<fmt:setTimeZone>	指定时区
<fmt:message>	显示资源配置文件信息
<fmt:requestEncoding>	设置 Request 的字符编码

3. SQL 标签库

提供基本访问关系型数据的能力，可以简化对数据库的访问。由于该标签库在实际项目开发中并不常用，在此不过多介绍。

4. XML 标签库

可以处理和生成 XML 标记，方便开发基于 XML 的 Web 应用，由于该标签库在实际项目开发中并不常用，在此不过多介绍。

5. 函数标签库

提供一系列字符串操作函数，由于该标签库在实际项目开发中并不常用，在此不过多介绍。

13.1.2 JSTL 安装与配置

下载的 JSTL 是以 jar 包存在的，直接将此包保存在 WEB-INF→lib 目录下，使用 WinRAR 工具打开这个包下面的 WETA-INF 文件夹，把 c.tld、fmt.tld、fn/tld、sql.tld、x.tld 这几个主要标签配置文件放在 Web-INF 文件夹中即可，如图 13-2 所示。

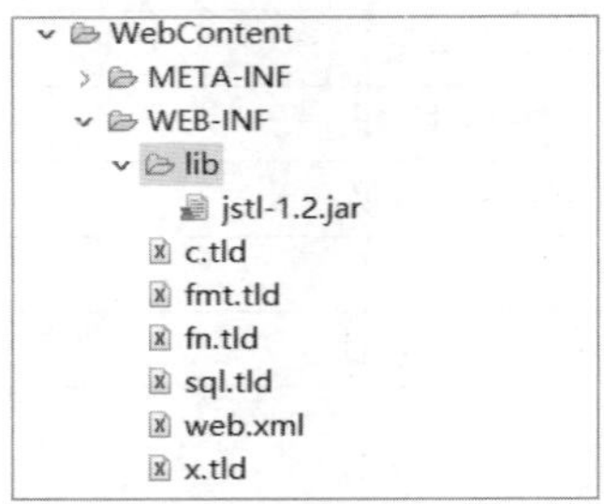

图 13-2 配置 JSTL

现在就可以进行 JSTL 项目的开发了，先通过一段代码来测试一下。

【例 13-1】JSTL 测试程序。

```
<%@ page language="java" contentType="text/html; charset=UTF-8"
    pageEncoding="UTF-8"%>
    <%@ taglib uri="/WEB-INF/c.tld" prefix="c" %><!--导入 JSTL 标签库-->
<head>
<title>Insert title here</title>
</head>
<body>
<!—使用 JSTL 的<c:out>输出一句话-->
<h1><c:out value="hello JSTL!"></c:out></h1>
</body>
</html>
```

本程序使用标签命令导入 c.tld 文件，然后使用<c:out>输出“hello JSTL!”，运行结果如图 13-3 所示。

图 13-3 JSTL 测试

以上程序是直接通过 URI 引入 c.tld，还可以通过 web.xml 设置一个标签文件的映射名称。

【例 13-2】配置 web.xml。

```
<jsp-config>
   <taglib>
   <taglib-uri>http://java.sun.com/jstl/fmt</taglib-uri>
   <taglib-location>/WEB-INF/fmt.tld</taglib-location>
   </taglib>
<!--设置核心标签的映射 -->
```

```
    <taglib>
    <taglib-uri>http://java.sun.com/jstl/core</taglib-uri>
    <taglib-location>/WEB-INF/c.tld</taglib-location>
    </taglib>
<!--设置 sql 标签的映射 -->
    <taglib>
    <taglib-uri>http://java.sun.com/jstl/sql</taglib-uri>
    <taglib-location>/WEB-INF/sql.tld</taglib-location>
    </taglib>
<!--设置 XML 标签的映射 -->
    <taglib>
    <taglib-uri>http://java.sun.com/jstl/x</taglib-uri>
    <taglib-location>/WEB-INF/x.tld</taglib-location>
    </taglib>
<!--设置函数标签的映射 -->
    <taglib>
    <taglib-uri>http://java.sun.com/jstl/fn</taglib-uri>
    <taglib-location>/WEB-INF/fn.tld</taglib-location>
    </taglib>
    </jsp-config>
```

然后就可以引入标签库配置文件了：

```
<%@ taglib uri="http://java.sun.com/jsp/jstl/core" prefix="c"%>
```

13.1.3 表达式标签

表达式标签包括<c:out>标签、<c:set>标签、<c:remove>标签、<c:catch>4 个标签，接下来分别介绍每个标签的使用方法。

1. <c:out>标签

用于将表达式的值输出到 JSP 页面中，有以下两种语法格式。

（1）<c:out value="输出的内容" [escapeXml="[true→false]"][default="默认值"]>。

（2）<c:out value="输出的内容" [escapeXml="[true→false]"] >默认值</c:out>。

标签属性如表 13-3 所示。

表 13-3 <c:out>标签属性

属 性 名 称	EL 支持	描　述
value	支持	设置要显示的内容
default	支持	如果 value 的内容为 null，显示 default 的内容
escapeXml	支持	是否转换字符串，默认为 true

【例 13-3】 使用<c:out>输出。

```
<%@ page language="java" contentType="text/html; charset=UTF-8"
    pageEncoding="UTF-8"%>
    <%@ taglib uri="http://java.sun.com/jsp/jstl/core" prefix="c"%>
<head>
<title>Insert title here</title>
</head>
```

```
<body>
<!-- 设置了一个 Page 范围内的属性 a-->
<%
pageContext.setAttribute("a", "JSTL");
%>
<h2>属性存在: <c:out value="${a}"/></h2>
<!-- 在 default 中设置 b 的默认值-->
<h2>属性不存在: <c:out value="${b}" default="value 为 NUlL"/></h2>
<!-- 在标签主体中设置 b 的默认值-->
<h2>属性不存在: <c:out value="${b}">value 为 NUlL</c:out></h2>
</body>
</html>
```

上面的程序设置了一个 Page 范围内的属性 a，然后用<c:out>输出，可以发现 a 存在，输出 a 的具体内容；b 不存在，显示默认值；默认值可以设置在标签主体中，也可以在 default 中，运行结果如图 13-4 所示。

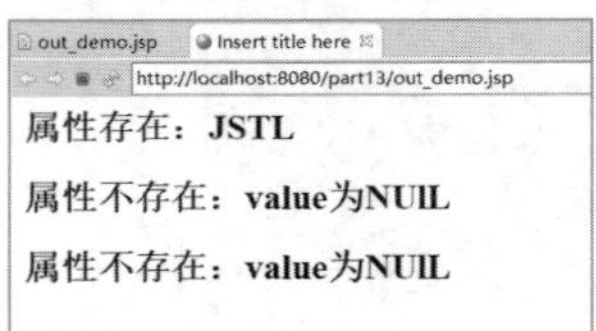

图 13-4　<c:out>输出

2. <c:set>标签

用于将属性保存在 4 种属性范围内，语法如下。

（1）<c:set var="属性名称" value="属性内容" [scope="[page→request→session→application]"]/>。

（2）<c:set var="属性名称" [scope="[page→request→session→application]"]/>属性内容</c:set>。

（3）<c:set value="属性内容" target="属性名称" property="属性名称"/>。

（4）<c:set target="属性名称" property="属性名称"/>属性内容</c:set>。

<c:set>标签属性如表 13-4 所示。

表 13-4　<c:set>标签属性

属 性 名 称	EL 支持	描　　述
value	支持	属性内容，若为 null 表示删除属性
var	不支持	属性名称
scope	不支持	保存范围，默认为 Page
target	支持	存储的目标属性
property	支持	指定的 target 属性

【例 13-4】通过<c:set>设置属性。

```
<%@ page language="java" contentType="text/html; charset=UTF-8"
   pageEncoding="UTF-8"%>
   <%@ taglib uri="http://java.sun.com/jsp/jstl/core" prefix="c"%>
<head>
<title>Insert title here</title>
</head>
<body>
<!-- <c:set>标签设置了一个 Request 范围的属性-->
```

```
<c:set var="a" value="JSTL" scope="request"/>
<!--使用表达式语言输出-->
<h2>属性内容:${a}</h2>
</body>
</html>
```

上面的程序通过<c:set>标签设置了一个 Request 范围的属性，之后用表达式语言输出，运行结果如图 13-5 所示。

图 13-5 <c:set>设置属性并输出

还可以将指定的内容设置到一个 JavaBean 的属性中，这就需要用到 target 和 property。

【例 13-5】 定义一个 JavaBean。

```
package com.lzl.jstl;
public class Smallset{
    private String tent;
//Getter 和 Setter 方法
    public String getTent() {
        return tent;
    }
    public void setTent(String tent) {
        this.tent = tent;
    }
}
```

设置属性——set_bean.jsp。

```
<%@ page language="java" contentType="text/html; charset=UTF-8"
    pageEncoding="UTF-8"%>
    <%@page import="com.lzl.jstl.*" %><!--JavaBean 保存在 Page 范围内 -->
    <%@ taglib uri="http://java.sun.com/jsp/jstl/core" prefix="c"%><!-- 引入标签库-->
<head>
<title>Insert title here</title>
</head>
<body>
<%
//sma 对象实例化
Smallset sma=new Smallset();
request.setAttribute("small", sma);
%>
<!-- 通过<c:set>将 value 的内容设置到 tent 属性-->
<c:set value="JSTL" target="${small}" property="tent"/>
<h2>属性内容:${small.tent}</h2>
</body>
</html>
```

在 JSP 中引入 JavaBean，并将 JavaBean 保存在 Page 范围内，然后在 Request 范围中保存了一个 small 属性，之后通过<c:set>将 value 的内容设置到 tent 属性中，运行结果如图 13-6 所示。

图 13-6 使用<c:set>设置属性内容

3. <c:remove>标签

<c:remove>标签的作用是删除指定范围中的属性，语法如下。

```
<c:remove var="属性名称" [scope="[page→request→session→application]"]/>
```

<c:remove>标签属性如表 13-5 所示。

表 13-5 <c:remove>标签属性

属性名称	EL 支持	描述
var	不支持	要删除的属性名称，必须指定
scope	不支持	删除属性保存范围，默认为 Page 范围

【例 13-6】 删除属性。

```
<%@ page language="java" contentType="text/html; charset=UTF-8"
    pageEncoding="UTF-8"%>
    <%@ taglib uri="http://java.sun.com/jsp/jstl/core" prefix="c"%>
<head>
<title>Insert title here</title>
</head>
<body>
<!--<c:set>标签设置了一个 Request 范围的属性 a-->
<c:set var="a" value="JSTL" scope="request"/>
<!-- <c:remove>删除了 a 属性-->
<c:remove var="a" scope="request"/>
<h2>属性内容:${a}</h2>
</body>
</html>
```

以上程序先使用<c:set>标签设置了一个 Request 范围的属性 a，接着用<c:remove>删除了 a 属性，运行结果如图 13-7 所示。

图 13-7 <c:remove>删除属性

4. <c:catch>标签

<c:catch>标签用来处理程序中产生的异常情况，并进行相关处理，语法如下。

<c:catch var="保存异常信息属性名称">可能发生异常的语句</c:catch>

var 不支持 EL，用来保存异常信息属性名称。

【例 13-7】 <c:catch>标签异常处理。

```
<%@ page language="java" contentType="text/html; charset=UTF-8"
    pageEncoding="UTF-8"%>
    <%@ taglib uri="http://java.sun.com/jsp/jstl/core" prefix="c"%>
<head>
<title>Insert title here</title>
</head>
<body>
<!-- <c:catch>标签异常处理-->
<c:catch var="error">
<%
int a=10/0;
%>
</c:catch>
<h2>异常信息:${error}</h2>
</body>
</html>
```

上面的程序在<c:catch>标签中设置了被除数为 0 的计算操作，所以程序肯定会出现异常，用 error 保存异常信息，然后将 error 的内容输出，运行结果如图 13-8 所示。

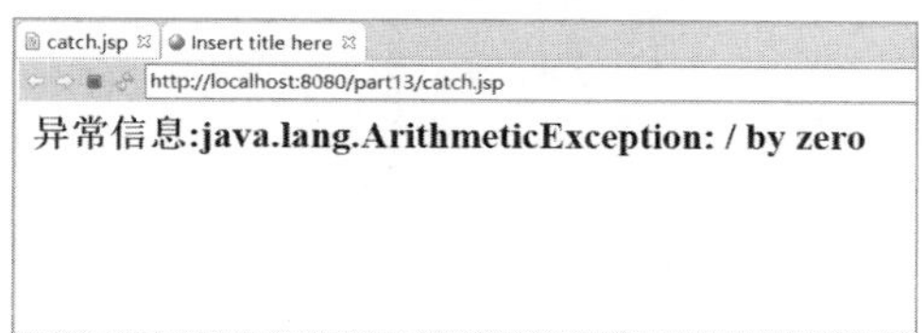

图 13-8 <c:catch>标签异常处理

13.1.4 URL 标签

JSTL 中提供了与 URL 相关的标签，分别为<c:import>、<c:url>、<c:redirect>和<c:param>。其中，<c:param>通常与其他标签配合使用。

1. <c:import>标签

<c:import>标签可以将别的页面内容一起显示，这和<jsp:include>标签功能类似，但不同的是，<c:import>标签可以包含外部的页面，其语法如下。

语法 1：

```
<c:import url="url" [context="context"] [var="name"] [scope="{page→request→session→application}"] [charEncoding="charencoding"]> 内容</c:import>
```

语法 2：

```
<c:import url="url" [context="context"] varReader="name" [charEncoding="charencoding"]> 内容</c:import>
```

<c:import>标签属性如表 13-6 所示。

表 13-6　<c:import>标签属性

属 性 名 称	EL 支持	描　　述
url	支持	要包含的文件路径
context	支持	上下文路径，用于访问统一服务器的其他 Web 应用，必须以“/”开头
var	不支持	指定变量名称，用于存储导入的文件内容
scope	不支持	定义 var 的保存范围，默认为 Page 范围
varReader	不支持	存储导入的文件内容，以 Reader 类型存入
charEncoding	支持	定义的字符编码

【例 13-8】导入外部站点。

```
<%@ page contentType="text/html" pageEncoding="UTF-8"%>
<%@ page import="java.util.*"%>
<%@ taglib uri="http://java.sun.com/jsp/jstl/core" prefix="c"%>
<html>
<head><title>import</title></head>
<body>
    <c:import url="https://www.baidu.com/" charEncoding="UTF-8"/>
</body>
</html>
```

以上程序通过<c:import>标签将百度的首页导入进来进行显示，运行结果如图 13-9 所示。

图 13-9　<c:import>标签导入百度首页

2. <c:url>标签

<c:url>标签可以产生一个 URL 地址，语法如下。

语法 1：

```
<c:url value="操作的 url" context="上下文路径" var="保存的属性名称" scope="page→request→session→
application"/>
```

语法 2：

```
<c:url value="操作的 url" context="上下文路径" var="保存的属性名称"
```

```
scope="page→request→session→application"><c:param name="参数名称" value="参数内容"/></c:url>
```

<c:url>标签属性如表 13-7 所示。

表 13-7 <c:url>标签属性

属性名称	EL 支持	描述
value	支持	要执行的 URL
context	支持	上下文路径，用于访问统一服务器的其他 Web 应用，必须以“/”开头
var	不支持	指定变量名称，用于存储导入的文件内容
scope	不支持	定义 var 的保存范围，默认为 Page 范围

【例 13-9】产生 URL 地址。

```
<%@ page contentType="text/html" pageEncoding="UTF-8"%>
<%@ page import="java.util.*"%>
<%@ taglib uri="http://java.sun.com/jsp/jstl/core" prefix="c"%>
<html>
<head><title>create_url</title></head>
<body>
    <c:url value="https://www.baidu.com/" var="url">
        <c:param name="author" value="smile"/>
        <c:param name="logo" value="hgd"/>
    </c:url>
    <a href="${url}">新的地址</a>
</body>
</html>
```

以上程序通过<c:url>标签产生了一个地址，保存在 url 属性后，生成的地址采用地址栏重写的方式，生成的新地址是“https://www.baidu.com/?author=smile&logo=hgd”，运行结果如图 13-10 所示。

单击图 13-10 中“新的地址”链接，跳转到百度，如图 13-11 所示。

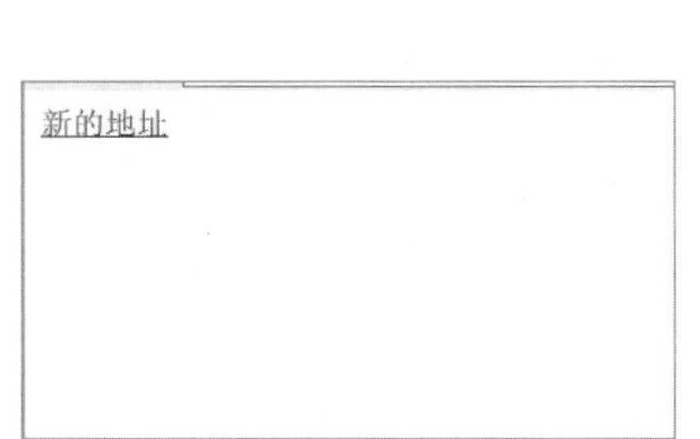

图 13-10 运行结果

图 13-11 跳转到百度

3. <c:redirect>与<c:param>标签

<c:redirect>标签可以将客户端发出的 Request 请求重新定向到别的 URL 服务端，说简单点就是进行客户端跳转，其语法如下。

（1）<c:redirect url="跳转地址" context="上下文路径"/>

（2）<c:redirect url="跳转地址" context="上下文路径"><c:param name="参数名称" value="参数内容"/>

```
</c:redirect>
```

<c:redirect>标签属性如表 13-8 所示。

表 13-8　<c:redirect>标签属性

属 性 名 称	EL 支持	描　　述
url	支持	跳转地址
content	支持	上下文路径，用于访问统一服务器的其他 Web 应用，必须以“/”开头

<c:param>标签用于为其他标签提供参数信息，其语法格式如下。

<c:param name="参数名称" value="参数内容"/>

<c:param>标签属性如表 13-9 所示。

表 13-9　<c:param>标签属性

属 性 名 称	EL 支持	描述
name	支持	指定参数名，若为 null 或空，该标签不起任何作用
value	支持	指定参数值，若为 null，该标签做空值处理

【例 13-10】跳转到 param.jsp 文件中。

```
<%@ page contentType="text/html" pageEncoding="UTF-8"%>
<%@ page import="java.util.*"%>
<%@ taglib uri="http://java.sun.com/jsp/jstl/core" prefix="c"%>
<html>
<head><title>redirect</title></head>
<body>
    <c:redirect url="param.jsp">
        <c:param name="name" value="SMILE"/>
        <c:param name="url" value="https://www.baidu.com/"/>
    </c:redirect>
</body>
</html>
param.jsp
<%@ page contentType="text/html" pageEncoding="UTF-8"%>
<h2>name 参数: ${param.name}</h2>
<h2>url 参数: ${param.url}</h2>
```

以上程序通过<c:redirect>标签完成客户端跳转，传递了 name、url 两个参数，运行结果如图 13-12 所示。

图 13-12　客户端跳转

13.1.5 流程控制标签

流程控制标签包括<c:if>、<c:choose>、<c:when>、<c:otherwise>，接下来分别介绍它们的使用方法。

1. <c:if>标签

<c:if>标签用来实现分支语句，功能上和程序中的 if 语句一样，语法如下。

（1）<c:if test="判断条件" var="存储判断结果" scope="page→request→session→application"/>。

（2）<c:if test="判断条件" var="存储判断结果" scope="page→request→session→application">满足条件是执行语句</c:if>。

```
<c:if>
```

标签属性如表 13-10 所示。

表 13-10　<c:if>标签属性

属 性 名 称	EL 支持	描　　述
test	支持	用于判断条件，若为 true，则执行标签体的内容
var	不支持	保存判断结果
scope	不支持	指定结果保存范围，默认为 Page 范围

【例 13-11】 判断操作。

```
<%@ page contentType="text/html" pageEncoding="UTF-8"%>
<%@ taglib uri="http://java.sun.com/jsp/jstl/core" prefix="c"%>
<html>
<head><title>if</title></head>
<body>
    <c:if test="${10<30}" var="res">
        <h2>10 比 30 小</h2>
    </c:if>
</body>
</html>
```

以上程序使用<c:if>标签判断“10<30”，如果满足就输出“10 比 30 小”，运行结果如图 13-13 所示。

图 13-13　判断语句

2. <c:choose>、<c:when>和<c:otherwise>标签

<c:if>标签只能用于一个条件的判断，当遇到需要判断多个条件时，就需要使用<c:choose>，但是<c:choose>标签只能作为<c:when>和<c:otherwise>的父标签。

<c:choose>标签语法如下。

```
<c:choose>标签体（<c:when>、<c:otherwise>）</c:choose>
```

其中，<c:when>可以出现一次或多次，但是<c:otherwise>只能出现 0 次或 1 次。

<c:when>标签语法如下。

```
<c:when test="判断条件">满足条件时执行语句</c:when>
```

<c:when>标签只有一个属性 test，跟<c:if>的 test 一致，见表 13-10。

当所有的<c:when>标签定义的条件都不能满足时才使用<c:otherwise>标签，其语法如下。

```
<c:otherwise>标签体</c:otherwise>
```

【例 13-12】多条件判断。

```
<%@ page contentType="text/html" pageEncoding="UTF-8"%>
<%@ taglib uri="http://java.sun.com/jsp/jstl/core" prefix="c"%>
<html>
<head><title>choose</title></head>
<body>
   <%
      pageContext.setAttribute("a",1) ;
   %>
   <c:choose>
      <c:when test="${b==1}">
         <h3>b 属性的内容是 1! </h3>
      </c:when>
      <c:when test="${b==2}">
         <h3>b 属性的内容是 2! </h3>
      </c:when>
      <c:otherwise>
         <h3>没有一个条件满足! </h3>
      </c:otherwise>
   </c:choose>
</body>
</html>
```

以上程序在 Page 范围内保存了一个 a 属性，之后使用<c:choose>标签、<c:when>和<c:otherwise>多条件判断，运行结果如图 13-14 所示。

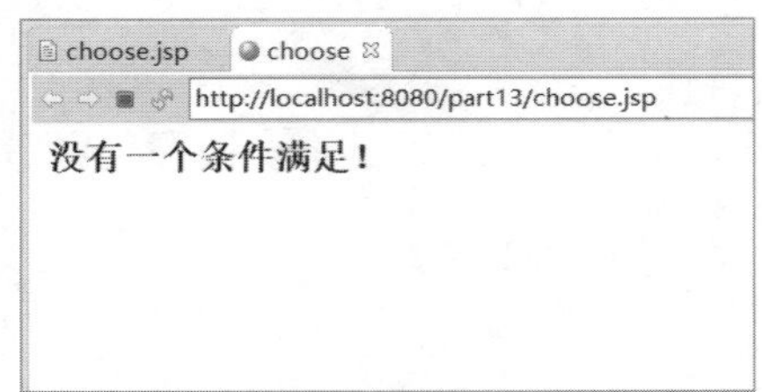

图 13-14　多条件判断

13.1.6　循环标签

循环标签包括<c:forEach>、<c:forTokens>两个标签，接下来分别介绍它们的用法。

1. <c:forEach>标签

<c:forEach>标签功能主要是控制循环，可以将集合中的元素迭代输出，其语法如下。

```
<c:forEach var="各个对象属性名称" items="集合" varstatus="保存相关成员信息" begin="集合的开始输出位置" end="集合的结束输出位置" step="每次增长">标签体</c:forEach>
```

<c:forEach>标签的属性如表 13-11 所示。

表 13-11 <c:forEach>标签属性

属性名称	EL 支持	描述
var	不支持	保存集合中每一个元素
iteams	支持	保存所有集合，主要是数组、List、Set、Map
varstatus	不支持	保存当前对象的成员信息
begin	支持	集合开始位置，默认 0
end	支持	集合结束位置，默认最后一个元素
step	支持	每次迭代间隔，默认 1

【例 13-13】输出数组。

```
<%@ page contentType="text/html" pageEncoding="UTF-8"%>
<%@ taglib uri="http://java.sun.com/jsp/jstl/core" prefix="c"%>
<html>
<head><title>print array</title></head>
<body>
    <%
        String array[] = {"S","M","ILE"} ;
        pageContext.setAttribute("ref",array) ;
    %>
    <h3>输出全部:
    <c:forEach items="${ref}" var="mem">
        ${mem}、
    </c:forEach></h3>
    <h3>输出全部(间隔为 3):
    <c:forEach items="${ref}" var="mem" step="3">
        ${mem}、
    </c:forEach></h3>
    <h3>输出前两个:
    <c:forEach items="${ref}" var="mem" begin="0" end="1">
        ${mem}、
    </c:forEach></h3>
</body>
</html>
```

以上程序在 Page 范围内保存了一个数组的信息，接着用<c:forEach>输出，运行结果如图 13-15 所示。

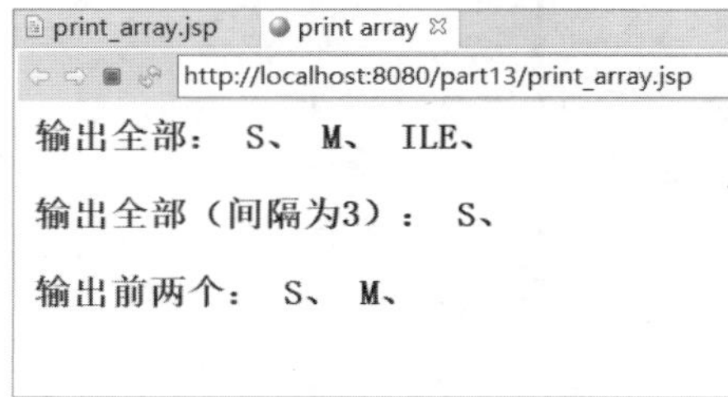

图 13-15 输出数组

【例 13-14】输出集合。

```
<%@ ]page contentType="text/html" pageEncoding="UTF-8"%>
<%@ page import="java.util.*"%>
<%@ taglib uri="http://java.sun.com/jsp/jstl/core" prefix="c"%>
<html>
<head><title>print list</title></head>
<body>
   <%
      List list = new ArrayList() ;
      list.add("S") ;
      list.add("M") ;
      list.add("ILE") ;
    //定义了一个保存在 Page 范围内的 list 集合
      pageContext.setAttribute("ref",list) ;
   %>
   <h3>输出 list:
   <c:forEach items="${ref}" var="mem">
      ${mem}、
   </c:forEach></h3>
</body>
</html>
```

以上程序先定义了一个保存在 Page 范围内的 List 集合，然后向集合中添加了三个内容，之后采用<c:forEach>输出，运行结果如图 13-16 所示。

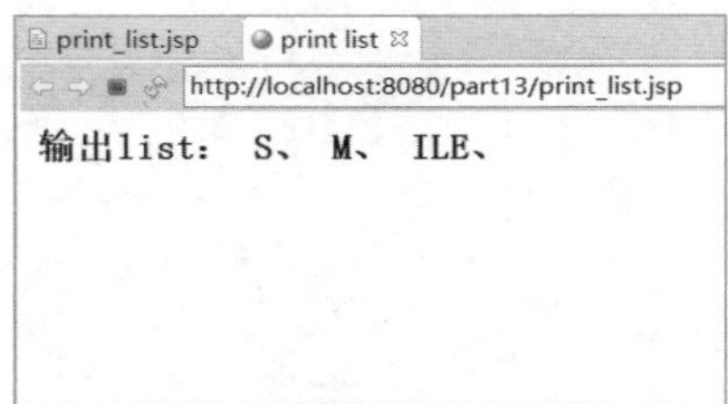

图 13-16 输出 list 集合

【例 13-15】输出 Map。

```
<%@ page contentType="text/html" pageEncoding="UTF-8"%>
<%@ page import="java.util.*"%>
<%@ taglib uri="http://java.sun.com/jsp/jstl/core" prefix="c"%>
<html>
<head><title>print map</title></head>
<body>
   <%
      Map map = new HashMap() ;
      map.put("c","ry") ;
      map.put("s","mile") ;
      pageContext.setAttribute("ref",map) ;
   %>
   <c:forEach items="${ref}" var="mem">
      <h3>${mem.key} --> ${mem.value}</h3>
   </c:forEach>
</body>
</html>
```

以上程序通过 Map 保存了两组数据，然后用<c:forEach>输出，值得注意的是，Map 中的对象都是以 Key→Value 的形式存放的，所以要分离 Key 和 Value 就需要使用 getKey()和 getValue()方法，运行结果如图 13-17 所示。

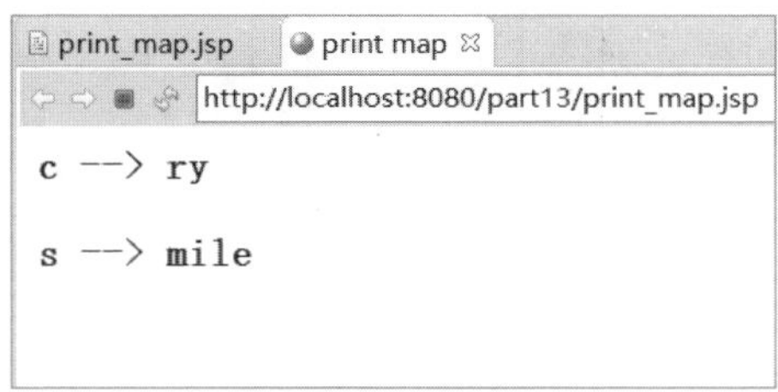

图 13-17 输出 Map

2. <c:forTokens>标签

<c:forTokens>标签也用于输出，其语法如下。

```
<c:forTokens items="输出字符串" delims="字符串分隔符" var="保存每个字符串变量" varstatus="保存相关成员信息" begin="输出位置" end="结束位置" step="输出间隔">标签体</c:forTokens>.
```

<c:forTokens>标签属性如表 13-12 所示。

表 13-12 <c:forTokens>标签属性

属性名称	EL 支持	描 述
var	不支持	存放集合中每个对象
items	支持	要输出的字符串
delims	不支持	定义用什么把字符串分隔开
varstatus	不支持	保存当前对象的相关信息
begin	支持	开始输出位置，默认为 0
end	支持	结束的输出位置，默认最后一个
step	支持	迭代输出间隔

【例 13-16】使用<c:forTokens>输出。

```
<%@ page contentType="text/html" pageEncoding="UTF-8"%>
<%@ page import="java.util.*"%>
<%@ taglib uri="http://java.sun.com/jsp/jstl/core" prefix="c"%>
<html>
<head><title>print tokens</title></head>
<body>
    <%
        String a= "SMI,LE" ;
        pageContext.setAttribute("ref",a) ;
    %>
    <h3>拆分结果是:
        <c:forTokens items="${ref}" delims="," var="con">
          ${con}、
        </c:forTokens></h3>
    <h3>拆分结果是:
        <c:forTokens items="for:Tokens" delims=":" var="con">
          ${con}、
```

```
        </c:forTokens></h3>
    </body>
    </html>
```

以上程序通过两种方式验证<c:forTokens>标签，一种是通过属性范围设置 items，另一种是把一个字符串设置到 items 中，并分别指定了分隔的字符，运行结果如图 13-18 所示。

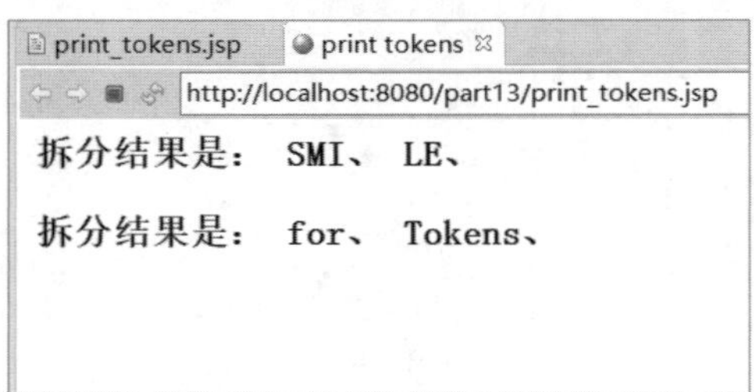

图 13-18　<c:forTokens>输出

13.2　JSP 内置标签

JSP 内置标签也叫动作标签，包括<jsp:forward />转发标签、<jsp:pararm/>参数标签、<jsp:include/>包含标签，详细介绍在第 11.3 节，在此就不重复介绍了。

13.3　JSP 表达式语言——EL

表达式语言（Expression Language，EL），是 JSP 2.0 中引入的一个新内容。通过 EL 可以简化在 JSP 开发中对对象的引用，从而规范页面代码，增加程序的可读性及可维护性。EL 为不熟悉 Java 语言页面开发的人员提供了一个开发 Java Web 应用的新途径。下面对 EL 的语法、运算符及隐含对象进行详细介绍。

13.3.1　EL 简介

在 EL 出现之前，开发 Java Web 应用程序时，经常需要将大量的 Java 代码片段嵌入到 JSP 页面中，这会使页面看起来很乱，如下面这段代码。

```
<%if(session.getAttribute("name")!= null){
   out.println(session.getAttribute("name").toString());
}%>
```

而使用 EL 则只需要一句代码即可实现：${name}。

通过上面的例子可以知道，EL 表达式的语法非常简单，它以“${”开头，以“EL”结束，中间为合法的表达式，具体的语法格式为：

```
${expression}
```

其中，expression 用于指定要输出的内容，可以是字符串，也可以是由 EL 运算符组成的表达式，例如，在 EL 表达式中要输出一个字符串，可以将此字符串放在一对单引号或双引号内：

```
${"EL"} 或 ${"EL"}
```

EL 的特点如下。

（1）EL 可以与 JSTL、JavaScript 语句结合使用。

（2）EL 中会自动进行类型转换。如果想通过 EL 输入两个字符串型数值的和，可以直接通过“+”号进行连接，如${num1+num2}。

（3）EL 不仅可以访问一般变量，还可以访问 JavaBean 中的属性以及嵌套属性和集合对象。

（4）在 EL 中可以获得命名空间（pageContext 对象，它是页面中所有其他内置对象的最大范围的集成对象，通过它可以访问其他内置对象）。

（5）在使用 EL 进行除法运算时，如果除数为 0，则返回无穷大 Infinity，而不是错误。

（6）在 EL 中可以访问 JSP 的作用域（Request、Session、Application 以及 Page）。

（7）扩展函数可以与 Java 类的静态方法进行映射。

13.3.2 禁用 EL

只要安装的 Web 服务器能够支持 Servlet 2.4/JSP 2.0，就可以在 JSP 页面中直接使用 EL。由于在 JSP 2.0 以前版本中没有 EL，所以 JSP 为了和以前的规范兼容，还提供了以下三种禁用 EL 的方法。

（1）使用斜杠“\”（适用于禁用页面中的一个或几个 EL）。只需要在 EL 的起始标记“$”前加上“\”即可，如\${name}。

（2）使用 page 指令（适用于禁用一个页面的 EL）。使用 JSP 的 page 指令也可以禁用 EL 表达式，语法格式如下。

```
<%@ page isELIgnored="布尔值"%>   当 isELIgnored 为 true 时禁用 EL
```

（3）在 web.xml 文件中配置<el-ignored>元素（适用于禁用所有 JSP 页面的 EL）。

```
<jsp-config>
<jsp-property-group>
<url-pattern>*.jsp</url-pattern>
<el-ignored>true</el-ignored>
</jsp-property-group>
</jsp-config>
```

13.3.3 EL 中保留的关键字

首先来了解一下什么叫作保留关键字，保留关键字指在高级语言中已经定义过的字，使用者不能再将这些字作为变量名或过程名使用。每种程序设计语言都规定了自己的一套保留关键字。

EL 也不例外，也有保留的关键字，在为变量命名时，应该避免使用如下关键字。

and	eq	gt
instanceof	div	or
le	false	empty
not	lt	ge

13.3.4 EL 的运算符

EL 的运算符包括数据运算符，算术运算符，条件运算符，逻辑运算符，关系运算符，empty 运算符等，运算符之间存在着优先级，其优先级如图 13-19 所示。

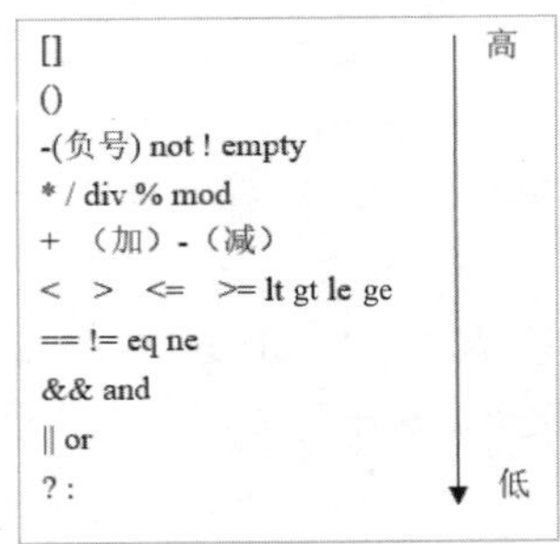

图 13-19　EL 运算符优先级

13.3.5　通过 EL 访问数据

EL 提供的“[]”和“.”运算符可以访问数据，通常情况下这两个运算符是等价的，可以相互代替。例如：

```
${user.name}
${user[name]}
```

但也有特殊情况，例如，当对象的属性名中包含一些特殊的符号（-或.）时，就只能使用“[]”来访问那个需要的属性。例如：

（1）${user[user-id]}是正确的。

（2）${user.user-id}是错误的。

【例 13-17】 EL 获取数组元素（只能使用[]，不能用.）。

```
<%@ page contentType="text/html" pageEncoding="UTF-8"%>
<%@ page import="java.util.*"%>
<%@ taglib uri="http://java.sun.com/jsp/jstl/core" prefix="c"%>
<html>
<head><title>EL array</title></head>
<body>
<%
String[] str = {"S" , "M" , "I" , "L" , "E"};
request.setAttribute("user",str);
%>
<%
String[] str1 =(String[])request.getAttribute("user");
for(int i=0; i < str1.length; i++){
request.setAttribute("rt",i);
%>
${rt}: ${user[rt] }<br>
<% }%>
</body>
</html>
```

以上程序定义了一个一维数组并赋初始值，接着用 for 循环和 EL 表达式输出这个数组的全部元素，运行结果如图 13-20 所示。

【例 13-18】 EL 获取集合元素（只能使用[]，不能用.）。

```
<%@ page contentType="text/html" pageEncoding="UTF-8"%>
<%@ page import="java.util.*"%>
<%@ taglib uri="http://java.sun.com/jsp/jstl/core" prefix="c"%>
```

```
<html>
<head><title>EL list</title></head>
<body>
<%
List<String> list = new ArrayList<String>();
list.add("S");
list.add("M");
list.add("ILE");
session.setAttribute("user",list);
%>
<%
List<String> list1 =(List<String>)session.getAttribute("user");
for(int i = 0 ; i < list1.size() ;i++){
request.setAttribute("rt",i);
%>
${rt}: ${user[rt] }<br>
<%  }%>
</body>
</html>
```

以上程序定义了一个 Session 范围的 List 集合对象，包含三个元素，然后用 EL 表达式获取并输出，运行结果如图 13-21 所示。

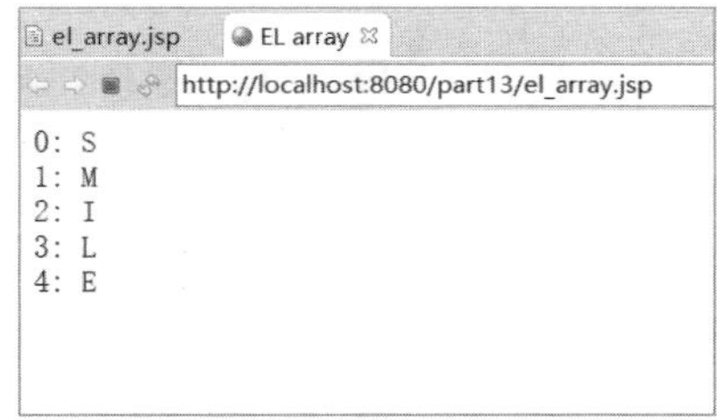

图 13-20　EL 获取数组元素

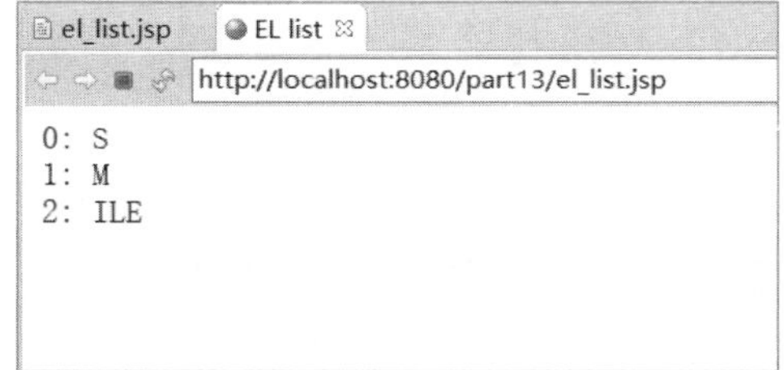

图 13-21　EL 获取 List 集合对象

值得注意的是，如果在获取数组、集合元素时使用“.”，运行时将会报错。说明应该使用“[]”。

13.3.6　EL 中进行算术运算

EL 中有加、减、乘、除、求余等算术运算，下面着先介绍一下各个运算符的用法，如表 13-13 所示。

表 13-13　运算符用法

运　算　符	功　　能	实　　例	结　　果
+	加	${1+1}	2
-	减	${1-1}	0
*	乘	${1*1}	1
/或 div	除	${2/1}或${2 div 1}	2
/或 div	除（被除数 0）	${2/0}或${2 div 0}	Infinity
%或 mod	求余	${3%2}或${3mod2}	1
%或 mod	求余	${3%0}或${3mod0}	报错

【例 13-19】EL 算术运算。

```
<%@ page contentType="text/html" pageEncoding="UTF-8"%>
<%@ page import="java.util.*"%>
<%@ taglib uri="http://java.sun.com/jsp/jstl/core" prefix="c"%>
<html>
<head><title>EL list</title></head>
<body>
1+1=${1+1}<br>
1-1=${1-1}<br>
1*1=${1*1}<br>
2/1=${2/1}<br>
2/0=${2/0}<br>
3%2=${3%2}<br>
</body>
</html>
```

以上程序将表 13-13 中的算术运算用 EL 表达式实现并输出，运行结果如图 13-22 所示。

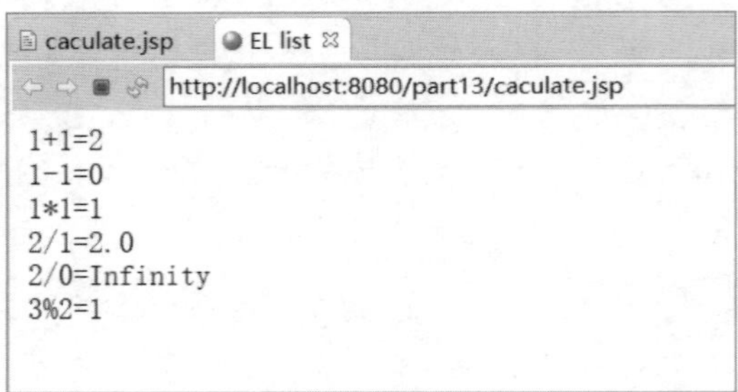

图 13-22　EL 算术运算

13.3.7　EL 判断对象是否为空

通过 empty 运算符实现判断对象或变量是否为空，语法如下。

```
${empty expression}
```

其中，expression 用于指定要判断的对象或变量。

【例 13-20】EL 判断对象是否为空。

```
<%@ page contentType="text/html" pageEncoding="UTF-8"%>
<%@ page import="java.util.*"%>
<%@ taglib uri="http://java.sun.com/jsp/jstl/core" prefix="c"%>
<html>
<head><title>EL empty</title></head>
<body>
<%request.setAttribute("user" , "");%>
<%request.setAttribute("user1"  , null);%>
<%request.setAttribute("user2"  , 2);%>
${empty user}<br>    <!--  返回值为 true -->
${empty user1}<br>     <!-- 返回值为 true -->
${empty user2}<br>    <!-- 返回值为 false -->
</body>
</html>
```

以上程序定义了三个 Request 范围的变量 user、user1、user2，其中只有 user2 不为空，运行结果如图 13-23 所示。

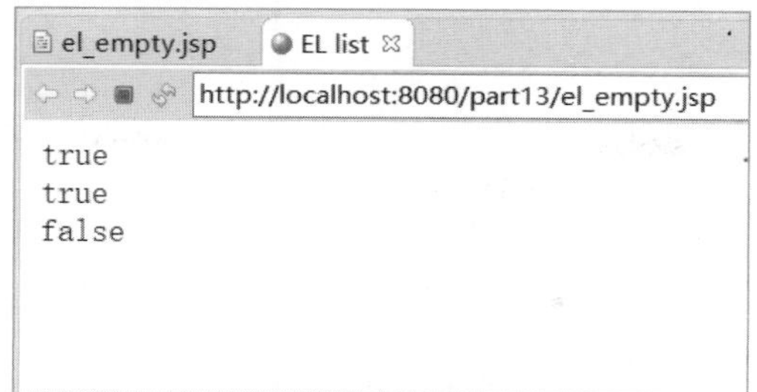

图 13-23 EL 判空

13.3.8 EL 中进行逻辑运算

在 EL 中，通过逻辑运算符和关系运算符可以实现逻辑关系运算。

【例 13-21】在 EL 中进行逻辑运算。

```
<%@ page contentType="text/html" pageEncoding="UTF-8"%>
<%@ page import="java.util.*"%>
<%@ taglib uri="http://java.sun.com/jsp/jstl/core" prefix="c"%>
<html>
<head><title>EL list</title></head>
<body>
<%
request.setAttribute("username","smile");
request.setAttribute("pwd","123456");
%>
姓名:${username}<br>
密码: ${pwd }<br>
\${username!= "" and (pwd == "asd" )}<br><!—直接输出此行 -->
${username!= "" and (pwd == "asd" )}<br><!—username 为空,密码不对,输出 false -->
\${username== "smile" and pwd == "123456" }<br><!—直接输出此行 -->
${username== "smile" and pwd == "123456" }<br><!—username,密码都对,输出 true -->
</body>
</html>
```

以上程序定义了两个 Request 范围的变量 username 和 pwd，然后将这两个变量与逻辑运算符、关系运算符组成条件表达式进行输出，运行结果如图 13-24 所示。

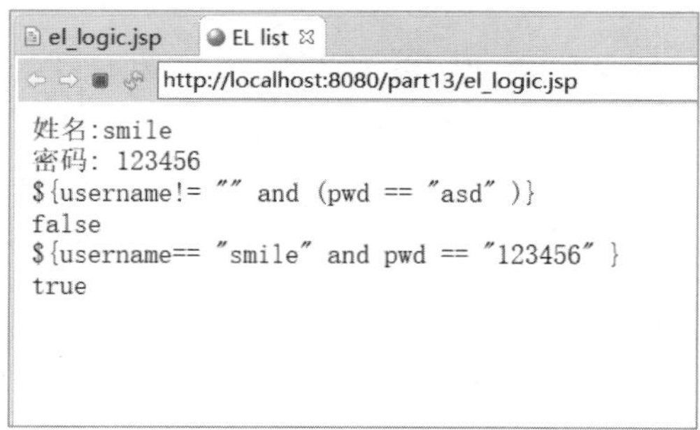

图 13-24 EL 逻辑运算

13.3.9 EL 中的条件表达式

在 EL 中进行条件运算和在 Java 中用法一致，优点就是简单方便，其语法如下。

```
${条件表达式? 表达式1:表达式2}
```

各参数说明如表 13-14 所示。

表 13-14 条件运算参数说明

参　数	说　明
条件表达式	指定一个条件表达式，Boolean 型
表达式 1	当条件表达式返回 true 时显示的值
表达式 2	当条件表达式返回 false 时显示的值

【例 13-22】 EL 条件运算。

```
<%@ page contentType="text/html" pageEncoding="UTF-8"%>
<%@ page import="java.util.*"%>
<%@ taglib uri="http://java.sun.com/jsp/jstl/core" prefix="c"%>
<html>
<head><title>EL boolean</title></head>
<body>
  ${1==1? "YES":"NO"}<br>    <!-- 返回值为 true,显示 YES -->
</body>
</html>
```

以上程序用 EL 表达式判断 1==1？，显然返回值为 true，然后让其输出 YES，运行结果如图 13-25 所示。

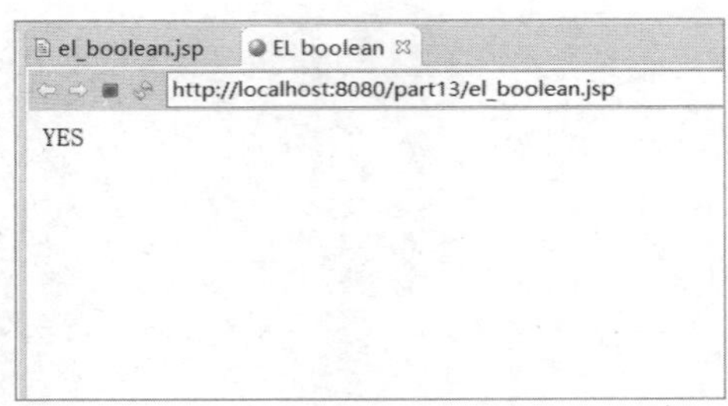

图 13-25　EL 条件运算

13.3.10　EL 的隐含对象

为了能够获得 Web 应用程序中的相关数据，EL 提供了 11 个隐含对象，这些对象类似于 JSP 的内置对象，也是直接通过对象名进行操作。包括页面上下文对象、访问作用域范围的隐含对象和访问环境信息的隐含对象，下面将分别介绍。

1. 页面上下文对象

页面上下文对象（PageContext）用于访问 JSP 内置对象和 ServletContext。在获取到这些内置对象后，就可以获取其属性值。这些属性与对象的 get×××()方法相似，在使用时，去掉方法名中的 get，并将首字母改为小写即可。下面介绍如何应用页面上下文对象访问 JSP 的内置对象和 ServletContext 对象。

（1）访问 Request 对象。

```
${pageContext.request}
```

获取到 request 对象后，就可以通过该对象获取与客户端相关的信息。例如，要访问 getServerPort()方法，可以使用下面的代码。

```
${pageContext.request.serverPort}。
```

注意不可以通过 PageContext 对象获取保存到 Request 范围内的变量。

（2）访问 Response 对象。

```
${pageContext.response}
```

获取到 Response 对象后，就可以通过该对象获取相应的信息。

（3）访问 Out 对象。

```
${pageContext.out}
```

获取到 Out 对象后，就可以通过该对象获取与输出相关的信息。

（4）访问 Session 对象。

```
${pageContext.session}
```

获取到 Session 对象后，就可以通过该对象获取与 Session 相关的信息。

（5）访问 Exception 对象。

```
${pageContext.exception}
```

获取到 Exception 对象后，就可以通过该对象获取 JSP 页面中的异常信息。

（6）访问 Page 对象。

```
${pageContext.page}
```

获取到 Page 对象后，就可以通过该对象获取当前页面的类。

（7）访问 ServletContext 对象。

```
${pageContext.servletContext}
```

获取到 ServletContext 对象后，就可以通过该对象获取 Servlet 相关的信息。

2. 访问作用域范围内的隐含对象

EL 用于访问作用域范围内的隐含对象，有 pageScope、requestScope、sessionScope、applicationScope 这 4 个，接下来分别介绍这 4 个隐含对象。

（1）pageScope 隐含对象。

pageScope 对象用于返回包含 Page（页面）范围内的属性的集合，返回值为 java.util.Map 对象。

【例 13-23】 pageScope 对象读取 Page 范围内的 JavaBean 属性值。

本章之前新建过一个 JavaBean，在此直接引用即可。

```
package com.lzl.jstl;
public class Smallset{
    private String tent;
    public String getTent() {
        return tent;
    }
    public void setTent(String tent) {
        this.tent = tent;
    }
}
```

pagescope.jsp：

```
<%@ page language="java" contentType="text/html; charset=UTF-8"
    pageEncoding="UTF-8"%>
    <%@ taglib uri="http://java.sun.com/jsp/jstl/core" prefix="c"%>
<head>
```

```
<jsp:useBean id="sma" scope="page" class="com.lzl.jstl.Smallset"/>
<jsp:setProperty name="sma" property="tent" value="pageScope"/>
<title>Insert title here</title>
</head>
<body>
${pageScope.sma.tent}
</body>
</html>
```

以上程序运用<jsp:useBean>创建了一个 Page 范围的 JavaBean 实例，设置了 tent 属性的值为 pageScope，然后用 pageScope 隐含对象获取这个 tent 属性的值并输出，运行结果如图 13-26 所示。

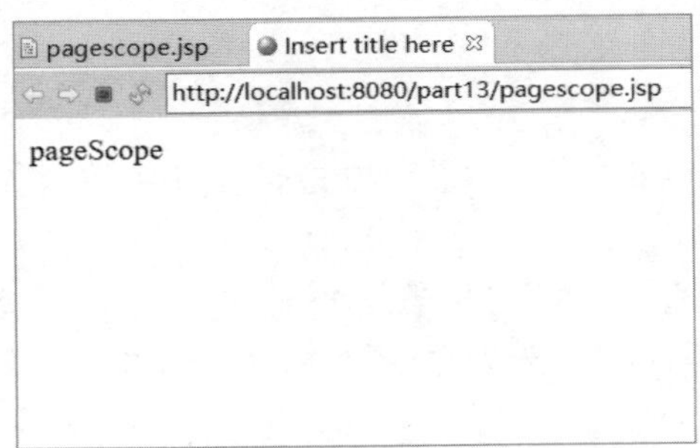

图 13-26　pageScope 获取 JavaBean 属性值

（2）requestScope 隐含对象。

requestScope 隐含对象用于返回包含 Request 范围内的属性值的集合，返回值为 java.util.Map 对象。

【例 13-24】 获取保存在 Request 范围内的 name 变量。

```
<%@ page language="java" contentType="text/html; charset=UTF-8"
   pageEncoding="UTF-8"%>
   <%@ taglib uri="http://java.sun.com/jsp/jstl/core" prefix="c"%>
<head>
<title>Insert title here</title>
</head>
<body>
<%
request.setAttribute("name", "SMILE");
%>
${requestScope.name}
</body>
</html>
```

以上程序定义了一个 Request 范围的变量 name，并赋值 SMILE，然后通过 requestScope 隐含对象获取这个变量的值并输出，运行结果如图 13-27 所示。

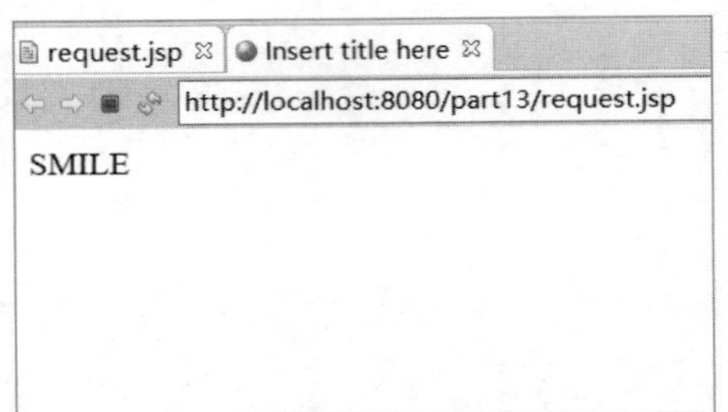

图 13-27　requestScope 获取变量

（3）sessionScope 隐含对象。

sessionScope 隐含对象用于返回包含 Session 范围内的属性值的集合。

【例 13-25】 获取保存在 Session 范围内的 name 变量。

主要代码：

```
<%
session.setAttribute("name", "SMILE");
%>
${sessionScope.name}
```

（4）applicationScope 隐含对象。

applicationScope 隐含对象用于返回包含 Application 范围内的属性值的集合。

【例 13-26】 获取保存在 Application 范围内的 name 变量。

主要代码：

```
<%
application.setAttribute("name", "SMILE");
%>
${applicationScope.name}
```

3. 访问环境信息的隐含变量

EL 中提供了 6 个可以访问环境信息的隐含变量，分别是 Param 对象、paramValues 对象、Header 对象、headerValues 对象、Cookie 对象和 initParam 对象，接下来分别介绍这 6 种隐含变量的用法。

（1）Param 对象。

Param 对象用于获取请求参数的值，应用在参数值只有一个的情况，返回结果为字符串。

【例 13-27】 Param 获取请求参数的值（1 个）。

主要代码：

```
<form action="" method="get" name="form1" >
<input name="user" type="text" value="SMILE">
<input type="submit">
</form>
${param.user}
```

（2）paramValues 对象。

如果一个请求参数名对应多个值，则需要使用 paramValues 对象获取请求参数的值，该对象返回的结果为数组。

【例 13-28】 paramValues 获取一个参数的多个值。

```
<%@ page contentType="text/html" pageEncoding="UTF-8"%>
<%@ page import="java.util.*"%>
<%@ taglib uri="http://java.sun.com/jsp/jstl/core" prefix="c"%>
<html>
<head><title>paramValues</title></head>
<body>
<form action="" method="get" name="form1"  >
      <input type="checkbox"name="affect" id="affect" value="1">
      <input type="checkbox"name="affect" id="affect" value="2">
      <input type="checkbox"name="affect" id="affect" value="3">
      <input type="checkbox"name="affect" id="affect" value="4">
      <input type="submit">
</form>
<%request.setCharacterEncoding("GB18030"); %>
```

```
选择的是:
${paramValues.affect[0]}${paramValues.affect[1]}${paramValues.affect[2]}${paramValues.affect[3]}
</body>
</html>
```

以上程序在 JSP 页面中有一个复选框，只有 affect 一个参数值，然后使用 paramValues 获取选中的值，运行结果如图 13-28 和图 13-29 所示。

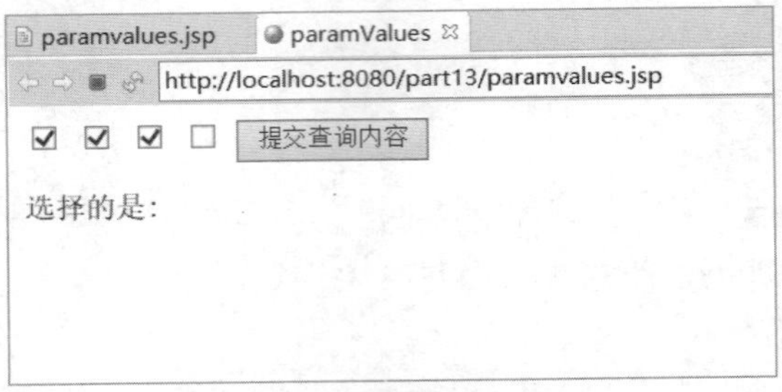

图 13-28　选择前三个

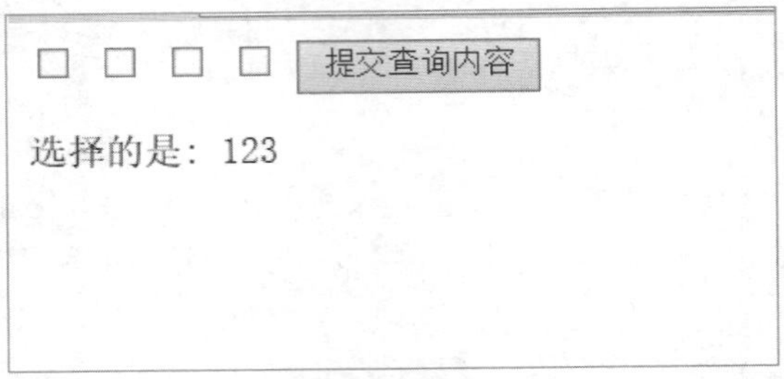

图 13-29　提交后输出

（3）Header 对象和 headerValues 对象。

用于获取 HTTP 请求的一个具体的 Header 值，当同一个 Header 存在多个值时需使用 headerValues 对象。例：${header["connection"]}。

（4）initParam 对象。

用于获取 Web 应用初始化参数的值。

【例 13-29】在 web.xml 文件中设置一个初始化参数 user。

```
<context-param>
   <param-name>user</param-name>
    <param-value>SMILE</param-value>
</context-param>
```

使用 initParam 获取该参数：${initParam.user}，运行该实例后会在页面显示“SMILE”。

（5）Cookie 对象。

用于访问由请求设置的 Cookie。

【例 13-30】使用 Response 设置一个请求有效的 Cookie 对象，然后使用 Cookie 获取这个对象的值。

```
<%
   Cookie cookie = new Cookie("user", "SMILE");
   response.addCookie(cookie);
%>
${cookie.user.value }
```

运行该实例后会在页面显示“SMILE”。

13.4　综合案例

通过本章的学习，读者应该掌握 JSTL 如何配置，以及相关标签的使用方法，还应该掌握 EL 的特点、语法、保留关键字以及隐含对象等内容，接下来通过一个实例回顾这一章的内容。

【例 13-31】编写程序实现通过 EL 获取并显示用户注册信息，包括用户名、密码、邮箱、性别（单选框）、爱好（多选框）等信息。

本案例主要由两个 JSP 组成，一个是 register.jsp，另一个是 el_get.jsp。在此给出运行结果（如图 13-30 和图 13-31 所示），有兴趣的读者可以参考文件夹下的源码学习。

用户名：smile
密　码：••••••
确认密码：••••••
E-mail：627417163@qq.com
性　别：◉ 男 ○ 女
爱　好：☑ 游泳 ☐ 旅游 ☑ 看书 ☑ 唱歌
备　注：qq
注册　重置

图 13-30　注册界面

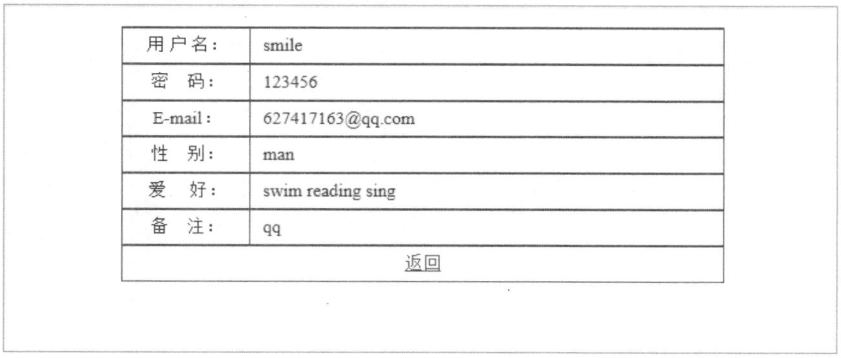

用户名：	smile
密　码：	123456
E-mail：	627417163@qq.com
性　别：	man
爱　好：	swim reading sing
备　注：	qq
返回	

图 13-31　提交后显示注册的信息

13.5　就业面试解析与技巧

13.5.1　面试解析与技巧（一）

面试官：JSTL 是怎么使用的？

应聘者：将 jstl.jar、standard.jar 复制到 Tomcat 的 WEB-INF→lib 中。若要在 JSP 网页中使用 JSTL 时，

一定要先声明：< %@ taglib prefix="c" uri="http://java.sun.com/jsp/jstl/core" %>。

面试官：EL 有哪两种访问格式？有什么区别？

应聘者：EL 提供“.”和“[]”两种运算符来存取数据。当要存取的属性名称中包含一些特殊字符，如.或-等并非字母或数字的符号，就一定要使用“EL”。例如：${user. My-Name}应当改为${user["My-Name"]}，如果要动态取值时，就可以用“EL”来做，而“.”无法做到动态取值。例如：${sessionScope.user[data]}中 data 是一个变量。

13.5.2 面试解析与技巧（二）

面试官：EL 表达式中怎样拿到 Request、Session 里的值？

应聘者：可以通过它的隐藏对象 requestScope 来获取到 Request 范围的属性名称所对应的值。可以通过它的隐藏对象 sessionScope 来获取到 Session 范围的属性名称所对应的值。

面试官：EL 表达式怎样得到上下文路径？

应聘者：可以使用${pageContext.request.contextPath}。

第 14 章

程序设计的准则——DAO 和 MVC 设计模式

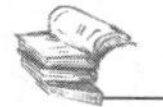

学习指引

学完之前的知识，已经掌握了 Web 开发的基础知识，接下来这一章将要介绍两种设计模式——DAO 设计模式和 MVC 设计模式，并通过一些具体的实例来展现如何使用这两种设计模式进行程序的开发。

重点导读

- 理解 DAO 开发模式的原理。
- 理解 MVC 开发模式的原理。
- 掌握使用 DAO 设计模式，并能够熟练使用 DAO 设计模式进行程序开发。
- 掌握使用 MVC 设计模式，并能够熟练使用 MVC 设计模式进行程序开发。
- 了解当下主流的框架。

14.1　DAO 设计模式

DAO 模式是标准的 J2EE 设计模式之一，开发人员使用这个模式把底层的数据访问操作和上层的商务逻辑分开，DAO 最适用于单系统应用程序或小范围本地分布式应用程序使用，详细介绍如下。

14.1.1　DAO 简介

DAO（Data Access Object，数据访问对象）的主要功能就是操作数据库，也就是数据的增删改查。所以 DAO 在标准的开发架构中属于数据层，下面先来看一下标准开发架构，如图 14-1 所示。

接下来分别介绍每一层的功能。

（1）客户层：目前采用 B/S 开发架构居多，客户使用浏览器访问，当然也可以使用别的工具访问。

（2）显示层：使用 JSP/Servlet 进行页面显示。

（3）业务层：负责将 DAO 层的操作进行组合，形成一个完整的业务逻辑。

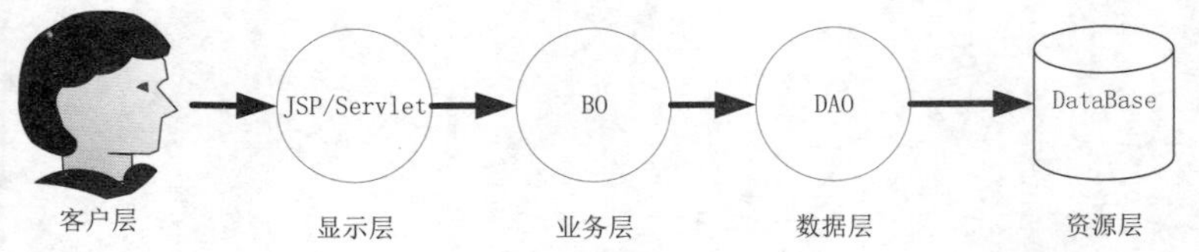

图 14-1　程序标准开发架构

（4）数据层：提供原子性操作，比如增加、删除、修改、查询。

以上比较让人不好理解的就是 BO 层，当面对一些较大的系统，而且业务逻辑非常复杂时，使用 BO 层才会发挥明显的作用，业务逻辑特别简单的可以不用 BO 层，完全靠 DAO 来实现，后面的案例就是业务不复杂的，我们将不使用 BO 层。

14.1.2　DAO 各部分详解

DAO 的设计流程（包括 6 个部分）如下。

1. DatabaseConnection

设计一个专门负责打开连接数据库和关闭数据库操作的类。

命名规则：×××.dbc.DatabaseConnection。

2. VO

设计 VO（值对象），其主要由属性、setter 和 getter 方法构成，与数据库中的字段项对应。

命名规则：×××.vo.ttt；ttt 要与数据库中的表的名字一致。

3. DAO

定义一系列的原子性操作，如增删改查等操作的接口。

命名规则：×××.dao.I×××.DAO。

4. Impl

设计 DAO 接口的真正实现的类，完成具体的数据库操作。但是不再去负责数据库的打开和关闭。

命名规则：×××.dao.impl.×××DAOImpl。

5. Proxy

Proxy 代理类的实现：主要将以上 4 部分合起来，完成整个操作过程。

命名规则：×××.dao.proxy.×××Proxy。

6. Factory

Factory 类主要用来获得一个 DAO 类的实例对象。

命名规则：×××.factory.DAOFactory。

一个好的程序必须要有严格的命名要求，在使用 DAO 时一定要按照以上设计流程的命名方法去命名。

14.1.3　JDBC 与 DAO

本节将通过一个实例将 JDBC 与 DAO 联系在一起。使用 worker 表的结构如表 14-1 所示。

表 14-1　worker 表结构

序　号	列 名 称	描　述
1	empno	编号，长度为 4 位的数字表示
2	ename	姓名，长度 10 位以内非空的字符串表示
3	job	工作
4	hiredate	工作日期，日期形式表示
5	sal	工资，用整数位 5 位，小数位 2 位的小数表示

现在开始进行实例开发。

步骤 1：创建数据库。根据以上表结构创建数据库表，在此使用 MySQL 数据库。

数据库创建脚本——worker.sql：

```
/* 删除数据库 */
DROP DATABASE IF EXISTS smile ;
/* 创建数据库 */
CREATE DATABASE smile ;
/* 使用数据库 */
USE smile ;
/* 删除数据表 */
DROP TABLE IF EXISTS worker ;
/* 创建数据表 */
CREATE TABLE worker(
   empno          INT(4)        PRIMARY KEY,
   ename          VARCHAR(10),
   job            VARCHAR(9),
   hiredate           DATE,
   sal            FLOAT(7,2)
) ;
/*====================== 插入测试数据 ======================*/
INSERT INTO worker(empno,ename,job,hiredate,sal) VALUES (7369,'董鸣楠','销售','2003-10-09',1500.90) ;
INSERT INTO worker(empno,ename,job,hiredate,sal) VALUES (8964,'李祺','分析员','2003-10-01',3000) ;
INSERT INTO worker(empno,ename,job,hiredate,sal) VALUES (7698,'张惠','销售','2005-03-12',800) ;
INSERT INTO worker(empno,ename,job,hiredate,sal) VALUES (7782,'杨军','分析员','2005-01-12',2500) ;
INSERT INTO worker(empno,ename,job,hiredate,sal) VALUES (7762,'刘明','销售','2005-03-09',1000) ;
INSERT INTO worker(empno,ename,job,hiredate,sal) VALUES (7839,'王月','经理','2006-09-01',2500) ;
```

执行以上脚本就创建了一个含有 worker 表的 smile 数据库，如图 14-2 所示。

图 14-2　创建数据库

步骤 2：创建好数据库之后，接下来定义 VO 类，注意命名规范——类名与表名一致，首字母大写。

【例 14-1】定义与表对应的 VO 类。

```
package com.lzl.vo ;
import java.util.Date ;
public class Worker {
 //声明 5 个属性
   private int empno ;
   private String ename ;
   private String job ;
   private Date hiredate ;
   private float sal ;
 //各个属性对应的 getter 和 setter 方法
   public void setEmpno(int empno){
      this.empno = empno ;
   }
   public void setEname(String ename){
      this.ename = ename ;
   }
   public void setJob(String job){
      this.job = job ;
   }
   public void setHiredate(Date hiredate){
      this.hiredate = hiredate ;
   }
   public void setSal(float sal){
      this.sal = sal ;
   }
   public int getEmpno(){
      return this.empno ;
   }
   public String getEname(){
      return this.ename ;
   }
   public String getJob(){
      return this.job ;
   }
   public Date getHiredate(){
      return this.hiredate ;
   }
   public float getSal(){
      return this.sal ;
   }
}
```

以上的 VO 类很简单，包含 5 个属性以及各属性对应的 getter、setter 方法。

步骤 3：定义一个数据库连接类，主要功能是数据库的打开与关闭，为了方便我们将所有的异常向上抛出到调用方法。

【例 14-2】定义数据库连接类。

```
package com.lzl.db ;
import java.sql.Connection ;
import java.sql.DriverManager ;
public class DatabaseConnection {
```

```
    private static final String DBDRIVER = "com.mysql.jdbc.Driver" ;
    private static final String DBURL = "jdbc:mysql://localhost:3306/smile" ;
    private static final String DBUSER = "root" ;
    private static final String DBPASSWORD = "357703" ;
    private Connection conn ;
    public DatabaseConnection() throws Exception {
       Class.forName(DBDRIVER) ;//加载数据库驱动
     //进行数据库连接
       this.conn = DriverManager.getConnection(DBURL,DBUSER,DBPASSWORD) ;
    }
  //取得数据库连接
    public Connection getConnection(){
       return this.conn ;
    }
  //关闭数据库连接
    public void close() throws Exception {
       if(this.conn != null){              //判断空指针
          try{
              this.conn.close() ;
          }catch(Exception e){             //抛出异常
              throw e ;
          }
       }
    }
}
```

步骤 4：新建 DAO 接口，DAO 接口在 DAO 设计模式中是最重要的，在定义 DAO 接口之前要先了解详细的业务逻辑，比如上面创建的表要完成什么功能。这个实例将会完成数据库表数据的增加、查询所有以及按编号查询。

【例 14-3】 新建 DAO 接口。

```
package com.lzl.dao ;
import java.util.* ;
import com.lzl.vo.*;
public interface IWorkerDAO {
    //数据增加操作
    //@work 要增加的数据对象
    //@boolean 型,return 是否增加成功
    //@throws Exception 抛出异常给被调用处
    public boolean doCreate(Worker work) throws Exception ;
    //查询所有记录
    public List<Worker> findAll(String keyWord) throws Exception ;
    //根据编号查询
    public Worker findById(int empno) throws Exception ;
}
```

在 DAO 接口类中定义了 doCreate()、findAll()、findById()三个方法。doCreate()用于向数据库中插入数据，在执行时需要一个保存了要插入数据信息的 Worker 对象；findAll()用于查询数据库中所有记录，使用 List 返回；findById()用于根据一个要查询的编号查询该条记录，返回一个包含一条完整记录的 Worker 对象。

在定义接口的时候，接口名前面加了一个 I，这是接口的命名规范，表示这是一个接口。

步骤 5：DAO 接口定义完成之后，就要写具体的实现类。分为两种，一种是真实实现类，还有一种是

代理操作类。真实实现类负责数据库的具体操作，不包括数据库的打开与关闭；代理操作类真正负责的就是数据库的打开与关闭。

【例 14-4】真实实现类。

```
package com.lzl.dao.impl ;
import java.util.* ;
import java.sql.* ;
import com.lzl.dao.* ;
import com.lzl.vo.* ;

public class WorkerDAOImpl implements IWorkerDAO {
    private Connection conn = null ;                //数据库连接对象
    private PreparedStatement pstmt = null ;        //数据库操作对象
    public WorkerDAOImpl(Connection conn){          //通过构造方法取得数据库连接
        this.conn = conn ;
    }
    //数据增加操作
    public boolean doCreate(Worker work) throws Exception{
        boolean flag = false ;                      //设置标志位
        //添加 SQL 语句
        String sql = "INSERT INTO worker(empno,ename,job,hiredate,sal) VALUES (?,?,?,?,?)" ;
        this.pstmt = this.conn.prepareStatement(sql) ; //实例化 PrepareStatement 对象
        //设置对应 VO 类的值
        this.pstmt.setInt(1,work.getEmpno()) ;
        this.pstmt.setString(2,work.getEname()) ;
        this.pstmt.setString(3,work.getJob()) ;
        this.pstmt.setDate(4,new java.sql.Date(work.getHiredate().getTime())) ;
        this.pstmt.setFloat(5,work.getSal()) ;
        if(this.pstmt.executeUpdate() > 0){
            flag = true ;
        }
        this.pstmt.close() ;  //关闭 PrepareStatement 对象
        return flag ;
    }
    //查询操作
    public List<Worker> findAll(String keyWord) throws Exception{
        List<Worker> all = new ArrayList<Worker>() ;        //定义集合接收全部数据
        String sql = "SELECT empno,ename,job,hiredate,sal FROM worker WHERE ename LIKE ? OR job LIKE ?" ;
        this.pstmt = this.conn.prepareStatement(sql) ;      //实例化 PrepareStatement 对象
        this.pstmt.setString(1,"%"+keyWord+"%") ;           //设置查询关键字
        this.pstmt.setString(2,"%"+keyWord+"%") ;           //设置查询关键字
        ResultSet rs = this.pstmt.executeQuery() ;          //执行查询
        Worker work = null ;
        while(rs.next()){                                   //遍历集合取出每一条数据
            work = new Worker() ;
            work.setEmpno(rs.getInt(1)) ;
            work.setEname(rs.getString(2)) ;
            work.setJob(rs.getString(3)) ;
            work.setHiredate(rs.getDate(4)) ;
            work.setSal(rs.getFloat(5)) ;
            all.add(work) ;
        }
```

```
        this.pstmt.close() ;            //关闭操作
        return all ;                    //返回结果
    }
    //根据编号查询操作
    public Worker findById(int empno) throws Exception{
        Worker emp = null ;
        String sql = "SELECT empno,ename,job,hiredate,sal FROM worker WHERE empno=?" ;
        this.pstmt = this.conn.prepareStatement(sql) ;  //执行查询
        this.pstmt.setInt(1,empno) ;
        ResultSet rs = this.pstmt.executeQuery() ;
        if(rs.next()){
            emp = new Worker() ;
            emp.setEmpno(rs.getInt(1)) ;
            emp.setEname(rs.getString(2)) ;
            emp.setJob(rs.getString(3)) ;
            emp.setHiredate(rs.getDate(4)) ;
            emp.setSal(rs.getFloat(5)) ;
        }
        this.pstmt.close() ;
        return emp ;
    }
}
```

以上程序在 DAO 的实现类中定义了 Connection 和 PreparedStatement 两个接口对象，并在构造方法中接收外部传递来的实例化对象。

在进行增加操作时，先实例化 PreparedStatement 对象，然后将 Worker 对象中的内容按照顺序设置到 PreparedStatement 中，若返回值为 true 则表示添加成功。

在进行查询所有数据时，采用的是模糊查询，首先实例化了 List 对象，然后将姓名和工作设置为模糊查询字段并设置到 PreparedStatement 对象中，由于查询到的是多条记录，每一条记录实例化一个 Worker 对象，同时将内容设置到每个 Worker 对象的对应属性中。

在进行按编号查询时，若这个编号存在就实例化一个 Worker 对象并将内容取出来设置给 Worker 对象对应的属性；若没有这个编号就返回 NULL。

【例 14-5】代理操作类。

```
package com.lzl.dao.proxy ;
import java.util.* ;
import com.lzl.dao.* ;
import com.lzl.db.* ;
import com.lzl.dao.impl.* ;
import com.lzl.vo.* ;
public class WorkerDAOProxy implements IWorkerDAO {
    private DatabaseConnection db = null ;        //数据库连接对象
    private IWorkerDAO dao = null ;               //DAO 对象
    public WorkerDAOProxy() throws Exception {     实例化数据库连接和 DAO 对象
        this.db = new DatabaseConnection() ;      //连接数据库
        this.dao = new WorkerDAOImpl(this.db.getConnection()) ;     //实例化真实操作类对象
    }
    public boolean doCreate(Worker work) throws Exception{
        boolean flag = false ;
```

```
        try{
           if(this.dao.findById(work.getEmpno()) == null){          //如果要插入的雇员编号不存在
                flag = this.dao.doCreate(work) ;                    //真实操作类调用
           }
        }catch(Exception e){
           throw e ;
        }finally{
           this.db.close() ;                                        //关闭数据库连接
        }
        return flag ;
    }
    public List<Worker> findAll(String keyWord) throws Exception{
        List<Worker> all = null ;                                   //定义集合
        try{
           all = this.dao.findAll(keyWord) ;                        //调用真实操作类
        }catch(Exception e){
           throw e ;
        }finally{
           this.db.close() ;                                        //关闭数据库连接
        }
        return all ;
    }
    public Worker findById(int empno) throws Exception{
        Worker emp = null ;         //定义 Worker 对象
        try{
           emp = this.dao.findById(empno) ;
        }catch(Exception e){
           throw e ;
        }finally{
           this.db.close() ;
        }
        return emp ;
    }
}
```

不难看出，代理操作类中的各个方法只不过是调用了真实实现类中的相应方法。同时这个代理类也能够使代码开发结构更清晰。

步骤 6：编写工厂类。

【例 14-6】 工厂类。

```
ackage com.lzl.factory ;
import com.lzl.dao.IWorkerDAO ;
import com.lzl.dao.proxy.WorkerDAOProxy ;
public class DAOFactory {
    public static IWorkerDAO getIWorkerDAOInstance() throws Exception{    //取得 DAO 接口实例
        return new WorkerDAOProxy() ;    //取得代理类的实例
    }
}
```

这个类的功能就是直接返回 DAO 接口的实例化对象，也就是说在客户端直接通过工厂类就可以获取

DAO 接口的实例化对象。

到现在 DAO 层的开发可以说已经完成了，接下来测试一下功能是否可以正常运行。

【例 14-7】测试添加功能。

```
package com.lzl.dao.test ;
import com.lzl.factory.DAOFactory ;
import com.lzl.vo.* ;
public class TestdoCreate{
    public static void main(String args[]) throws Exception{   //异常抛出
        Worker work = null ;                                     //定义 Worker 对象
            work = new Worker() ;                                //实例化 Worker 对象
            work.setEmpno(1000) ;
            work.setEname("SMILE") ;
            work.setJob("程序员 " ) ;
            work.setHiredate(new java.util.Date()) ;
            work.setSal(10000) ;
            DAOFactory.getIWorkerDAOInstance().doCreate(work);   //执行插入操作
            }
    }
```

通过以上程序成功测试添加功能正常，插入一条记录，观察 MySQL 数据库表的内容如图 14-3 所示。

empno	ename	job	hiredate	sal
1000	SMILE	程序员	2018-08-01	10000
7369	董鸣楠	销售	2003-10-09	1500.9
7698	张惠	销售	2005-03-12	800
7762	刘明	销售	2005-03-09	1000
7782	杨军	分析员	2005-01-12	2500
7839	王月	经理	2006-09-01	2500
8964	李祺	分析员	2003-10-01	3000

图 14-3 执行添加操作后的数据库

接下来测试查询操作。

【例 14-8】测试查询功能。

```
package com.lzl.dao.test ;
import java.util.* ;
import com.lzl.factory.DAOFactory ;
import com.lzl.vo.* ;
public class TestfindAll{
    public static void main(String args[]) throws Exception{
        List<Worker> all = DAOFactory.getIWorkerDAOInstance().findAll("") ;
        Iterator<Worker> iter = all.iterator() ;  //迭代
        while(iter.hasNext()){                    //循环输出
            Worker work = iter.next() ;
            System.out.println(work.getEmpno() + "、" + work.getEname() + " 、 " + work.getJob()+"、
"+work.getHiredate() + " 、 "+work.getSal()) ;          //控制台输出
        }
    }
}
```

查询功能可以正常使用，后台输出如图 14-4 所示。

```
1000、SMILE 、 程序员 、2018-08-01 、 10000.0
7369、董鸣楠 、 销售、2003-10-09 、 1500.9
7698、张惠 、 销售、2005-03-12 、 800.0
7762、刘明 、 销售、2005-03-09 、 1000.0
7782、杨军 、 分析员、2005-01-12 、 2500.0
7839、王月 、 经理、2006-09-01 、 2500.0
8964、李祺 、 分析员、2003-10-01 、 3000.0
```

图 14-4　查询操作输出

此时，DAO 的测试也完成了，整个 DAO 层已经开发好了，不管是 Application 程序还是 Web 程序都可以不用做任何修改就进行使用，可见 DAO 层代码重用性很高。

接下来在 JSP 中调用 DAO，在 JSP 中应用 DAO 完成增加、查询操作。

【例 14-9】增加页面。

```
<%@ page contentType="text/html" pageEncoding="GBK"%>
<html>
<head><title>work add</title></head>
<body>
<form action="work_add_do.jsp" method="post">
    编    号: <input type="text" name="empno"><br>
    姓    名: <input type="text" name="ename"><br>
    职    位: <input type="text" name="job"><br>
    工作日期: <input type="text" name="hiredate"><br>
    工    资: <input type="text" name="sal"><br>
    <input type="submit" value="注册">
    <input type="reset" value="重置">
</form>
</body>
</html>
```

【例 14-10】执行增加操作。

```
<%@ page contentType="text/html" pageEncoding="GBK"%>
<%@ page import="com.lzl.factory.*,com.lzl.vo.*"%>
<%@ page import="java.text.*"%>
<html>
<head><title>work add do</title></head>
<% request.setCharacterEncoding("GBK"); %>
<body>
<%
    Worker work = new Worker() ;   //实例化 Worker 对象
    work.setEmpno(Integer.parseInt(request.getParameter("empno"))) ;
    work.setEname(request.getParameter("ename")) ;
    work.setJob(request.getParameter("job")) ;
    work.setHiredate(new SimpleDateFormat("yyyy-MM-dd").parse(request.getParameter("hiredate"))) ;
    work.setSal(Float.parseFloat(request.getParameter("sal"))) ;
try{
    if(DAOFactory.getIWorkerDAOInstance().doCreate(work)){   //执行插入操作
%>
        <h3>信息添加成功! </h3>
<%
    } else {
%>
        <h3>信息添加失败! </h3>
```

```
<%
    }
%>
<%
}catch(Exception e){
    e.printStackTrace() ;
}
%>
</body>
</html>
```

以上程序在 work_add.jsp 页面填写表单，填写时需注意，由于表单没有引入对数据的校验功能，所以在输入的时候，编号必须是数字，日期格式必须为 yyyy-mm-dd。填写好之后 work_add.jsp 把信息传递给 work_add_do.jsp，执行增加操作，运行结果如图 14-5 和图 14-6 所示。

图 14-5　添加表单

图 14-6　添加成功提示信息

添加成功后，下面编写查询操作。

【例 14-11】数据查询页面。

```
<%@ page contentType="text/html" pageEncoding="GBK"%>
<%@ page import="com.lzl.factory.*,com.lzl.vo.*"%>
<%@ page import="java.util.*"%>
<html>
<head><title>work list</title></head>
<% request.setCharacterEncoding("GBK") ;    %>
<body>
<%
    String keyWord = request.getParameter("kw") ;
    if(keyWord == null){
        keyWord = "" ;  //如果没有查询关键字,则查询全部
    }
    List<Worker> all = DAOFactory.getIWorkerDAOInstance().findAll(keyWord) ;
    Iterator<Worker> iter = all.iterator() ;
%>
<center>
<form action="emp_list.jsp" method="post">
    请输入查询关键字: <input type="text" name="kw">
    <input type="submit" value="查询">
</form>
<table border="1" width="80%">
    <tr>
        <td>编号</td>
        <td>姓名</td>
        <td>工作</td>
```

```
            <td>工作日期</td>
            <td>工资</td>
        </tr>
<%
        while(iter.hasNext()){
            Worker work = iter.next();
%>
        <tr>
            <td><%=work.getEmpno()%></td>
            <td><%=work.getEname()%></td>
            <td><%=work.getJob()%></td>
            <td><%=work.getHiredate()%></td>
            <td><%=work.getSal()%></td>
        </tr>
<%
        }
%>
</table>
</center>
</body>
</html>
```

以上程序根据 DAO 中的 findAll()方法取得全部的信息，然后迭代输出，运行结果如图 14-7 所示。

http://localhost:8080/part14/work_list.jsp

请输入查询关键字： 查询

编号	姓名	工作	工作日期	工资
1000	SMILE	程序员	2018-08-01	10000.0
1001	JACK	全栈工程师	2018-08-01	20000.0
7369	董鸣楠	销售	2003-10-09	1500.9
7698	张惠	销售	2005-03-12	800.0
7762	刘明	销售	2005-03-09	1000.0
7782	杨军	分析员	2005-01-12	2500.0
7839	王月	经理	2006-09-01	2500.0
8964	李祺	分析员	2003-10-01	3000.0

图 14-7 查询全部信息

14.2 MVC 设计模式

MVC 全名是 Model View Controller，是 Model（模型）- View（视图）- Controller（控制器）的缩写。MVC 是一种软件设计典范，用一种业务逻辑、数据、界面显示分离的方法组织代码，将业务逻辑聚集到一个部件里面，在改进和个性化定制界面及用户交互的同时，不需要重新编写业务逻辑。MVC 被独特地发展起来用于映射传统的输入、处理和输出功能在一个逻辑的图形化用户界面的结构中，详细介绍如下。

14.2.1 MVC 简介

MVC 是 Xerox PARC 在 20 世纪 80 年代为编程语言 Smalltalk-80 发明的一种软件设计模式，已被广泛使用。后来被推荐为 Oracle 旗下 Sun 公司 Java EE 平台的设计模式，并且受到越来越多的使用 ColdFusion

和 PHP 的开发者的欢迎。MVC 模式是一个有用的工具箱，它有很多好处，但也有一些缺点。

那么 Model、View、Controller 分别在应用程序中代表什么呢？

（1）Model（模型）是应用程序中用于处理应用程序数据逻辑的部分，通常模型对象负责在数据库中存取数据。

（2）View（视图）是应用程序中处理数据显示的部分，通常视图是依据模型数据创建的。

（3）Controller（控制器）是应用程序中处理用户交互的部分，通常控制器负责从视图读取数据，控制用户输入，并向模型发送数据。

为什么要把应用程序分为三层呢？

（1）MVC 分层有助于管理复杂的应用程序，因为用户可以在一段时间内专门关注一个方面。例如，用户可以在不依赖业务逻辑的情况下专注于视图设计。同时也让应用程序的测试更加容易。

（2）MVC 分层同时也简化了分组开发。不同的开发人员可同时开发视图、控制器逻辑和业务逻辑。

下面介绍 MVC 框架的主要内容。

MVC 指 MVC 模式的某种框架，它强制性地使应用程序的输入、处理和输出分开。使用 MVC 的应用程序被分成三个核心部件：模型、视图、控制器，它们各自处理自己的任务。最典型的 MVC 就是 JSP + Servlet + JavaBean 的模式，其工作原理图如图 14-8 所示。

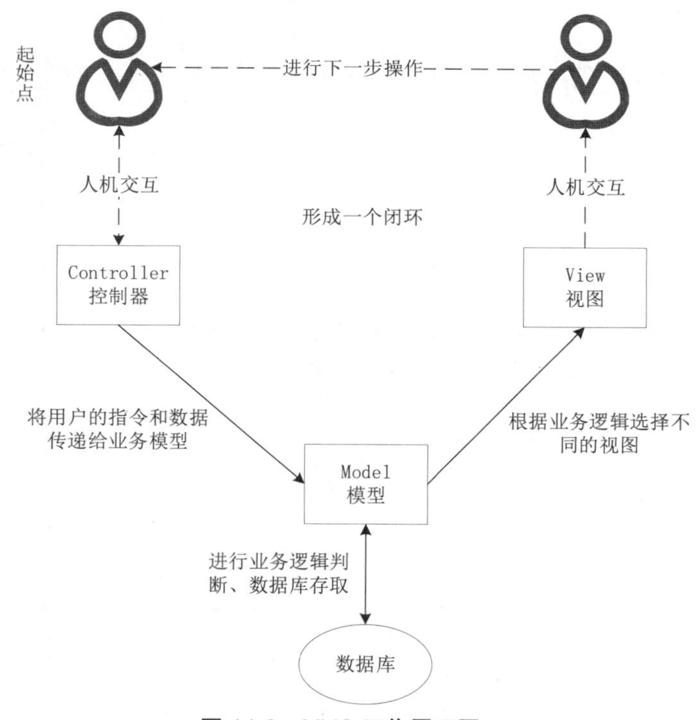

图 14-8 MVC 工作原理图

视图是用户看到并与之交互的界面。对老式的 Web 应用程序来说，视图就是由 HTML 元素组成的界面，在新式的 Web 应用程序中，HTML 依旧在视图中扮演着重要的角色，但一些新的技术层出不穷，它们包括 Adobe Flash 和像 XHTML、XML/XSL、WML 等一些标识语言和 Web Services。

模型表示企业数据和业务规则。在 MVC 的三个部件中，模型拥有最多的处理任务。例如，它可能用像 EJBs 和 ColdFusion Components 这样的构件对象来处理数据库，被模型返回的数据是中立的，就是说模型与数据格式无关，这样一个模型能为多个视图提供数据，由于应用于模型的代码只需写一次就可以被多个视图重用，所以减少了代码的重复性。

控制器接受用户的输入并调用模型和视图去完成用户的需求，所以当单击 Web 页面中的超链接和发送 HTML 表单时，控制器本身不输出任何东西和做任何处理。它只是接收请求并决定调用哪个模型构件去处理请求，然后再确定用哪个视图来显示返回的数据。

讲到这里，读者可能会对设计模式和框架有点儿混淆，区分不开，接下来介绍一下二者的区别。

框架、设计模式这两个概念总容易被混淆，其实它们之间还是有区别的。框架通常是代码重用，而设计模式是设计重用，架构则介于两者之间，部分代码重用，部分设计重用，有时分析也可重用。在软件生产中有三种级别的重用：①内部重用，即在同一应用中能公共使用的抽象块；②代码重用，即将通用模块组合成库或工具集，以便在多个应用和领域中都能使用；③应用框架的重用，即为专用领域提供通用的或现成的基础结构，以获得最高级别的重用性。

框架与设计模式虽然相似，但却有着根本的不同。设计模式是对在某种环境中反复出现的问题以及解决该问题的方案的描述，它比框架更抽象；框架可以用代码表示，也能直接执行或复用，而对模式而言只有实例才能用代码表示；设计模式是比框架更小的元素，一个框架中往往含有一个或多个设计模式，框架总是针对某一特定应用领域，但同一模式却可适用于各种应用。可以说，框架是软件，而设计模式是软件的知识。

14.2.2 主要流行框架简介

当今流行的框架有很多，有些已经发展得很成熟，有些正处于兴起阶段，接下来将会挑选一些成熟的框架和一些正在兴起的框架进行介绍。

1. 成熟框架

1）Hibernate 框架

Hibernate 是一种 ORM 框架，全称为 Object-Relative Database-Mapping，在 Java 对象与关系型数据库之间建立某种映射，以实现直接存取 Java 对象（POJO）。ORM 框架是不同于 MVC 的另一种思想框架，适用范围也与 MVC 截然不同。

使用 JDBC 连接来读写数据库，我们最常见的就是打开数据库连接，使用复杂的 SQL 语句进行读写，关闭连接，获得的数据又需要转换或封装后往外传，这是一个非常烦琐的过程。

这时出现了 Hibernate 框架，它需要用户创建一系列的持久化类，每个类的属性都可以被简单地看作和一张数据库表的属性一一对应，当然也可以实现关系数据库的各种表间关联的对应。当我们需要相关操作时，不用再关注数据库表。不用再去一行行地查询数据库，只需要持久化类就可以完成增删改查的功能。这就使我们的软件开发真正面向对象，而不是面向混乱的代码。作者的感受是，使用 Hibernate 比 JDBC 方式减少了 80%的编程量。

2）Struts 2 框架

Struts 2 以 WebWork 优秀的设计思想为核心，吸收了 Struts 框架的部分优点，提供了一个更加整洁的 MVC 设计模式实现的 Web 应用程序框架。

Struts 2 引入了几个新的框架特性：从逻辑中分离出横切关注点的拦截器、减少或者消除配置文件、贯穿整个框架的强大表达式语言、支持可变更和可重用的基于 MVC 模式的标签 API。Struts 2 充分利用了从其他 MVC 框架学到的经验和教训，使得 Struts 2 框架更加清晰灵活。

3）Struts 框架（目前已淘汰）

Struts 框架是一个完美的 MVC 实现，它有一个中央控制类（一个 Servlet），针对不同的业务，需要一个 Action 类负责页面跳转和后台逻辑运算，一个或几个 JSP 页面负责数据的输入和输出显示，还有一个 Form 类负责传递 Action 和 JSP 中间的数据。JSP 中可以使用 Struts 框架提供的一组标签，就像使用 HTML 标签一样简单，但是可以完成非常复杂的逻辑。从此 JSP 页面中不需要出现一行<%%>包围的 Java 代码了。可是所有的运算逻辑都放在 Struts 的 Action 里将使得 Action 类复用度低和逻辑混乱，所以通常人们会把整个 Web 应用程序分为三层：Struts 负责显示层，它调用业务层完成运算逻辑，业务层再调用持久层完成数据库的读写。

4）MyBatis 框架

MyBatis 本是 Apache 的一个开源项目 iBATIS，2010 年这个项目由 Apache Software Foundation 迁移到了 Google Code，并且改名为 MyBatis。2013 年 11 月迁移到 GitHub。

iBATIS 一词来源于“Internet”和“Abatis”的组合，是一个基于 Java 的持久层框架。iBATIS 提供的持久层框架包括 SQL Maps 和 Data Access Objects（DAOs）。

5）Spring 框架

调用者依赖被调用者，它们之间形成了强耦合，如果想在其他地方复用某个类，则这个类依赖的其他类也需要包含，程序就会变得很混乱，每个类互相依赖互相调用，复用度极低。如果一个类做了修改，则依赖它的很多类都会受到牵连。为此，出现了 Spring 框架。

Spring 的作用就是完全解耦类之间的依赖关系，一个类如果要依赖什么，那就是一个接口。至于如何实现这个接口，这都不重要了。只要拿到一个实现了这个接口的类，就可以轻松地通过 XML 配置文件把实现类注射到调用接口的那个类里。所有类之间的这种依赖关系就完全通过配置文件的方式替代了。所以 Spring 框架最核心的就是所谓的依赖注射和控制反转。

6）Spring MVC 框架

Spring MVC 属于 Spring FrameWork 的后续产品，已经融合在 Spring Web Flow 里面。Spring 框架提供了构建 Web 应用程序的全功能 MVC 模块。使用 Spring 可插入的 MVC 架构，从而在使用 Spring 进行 Web 开发时，可以选择使用 Spring 的 SpringMVC 框架或集成其他 MVC 开发框架，如 Struts 1、Struts 2 等。

它是一个典型的教科书式的 MVC 框架，而不像 Struts 等都是变种或者不是完全基于 MVC 系统的框架，对于初学者或者想了解 MVC 的人来说 Spring 是最好的，它的实现就是教科书！第二，它和 Tapestry 一样是一个纯正的 Servlet 系统，这也是它和 Tapestry 相比 Struts 所具有的优势。而且框架本身有代码，看起来容易理解。

7）ZF 框架

Zend Framework（简写 ZF）是由 Zend 公司支持开发的完全基于 PHP 5 的开源 PHP 开发框架，可用于开发 Web 程序和服务。ZF 采用 MVC 架构模式来分离应用程序中不同的部分以方便程序的开发和维护。

8）.NET 框架

.NET MVC 是微软官方提供的以 MVC 模式为基础的.NET Web 应用程序（Web Application）框架，它由 Castle 的 MonoRail 而来（Castle 的 MonoRail 由 Java 而来）。

成熟的框架还有很多，在此不过多介绍了。

2. 正在兴起的框架

1）Jersey 框架

Jersey 框架是开源的 RESTful 框架，实现了 JAX-RS(JSR 311 & JSR 339)规范。它扩展了 JAX-RS 参考

实现，提供了更多的特性和工具，可以进一步地简化 RESTful Service 和 Client 开发。尽管相对年轻，它已经是一个产品级的 RESTful Service 和 Client 框架。与 Struts 类似，它同样可以和 Hibernate、Spring 框架整合。

由于 Struts 2+Hibernate+Spring 整合在市场的占有率太高，所以只有很少一部分人去关注 Jersey。所以网上有关于 Jersey 的介绍很少。但是它确实是一个非常不错的框架。对于请求式服务，对于 GET、DELETE 请求，甚至只需要给出一个 URI 即可完成操作。

举个简单的例子，如果想获得服务器数据库中的所有数据，那么可以在浏览器或者利用 AJAX 的 GET 方法，将路径设置好，例如，localhost:8080/Student（项目名称）/studentinfo（项目服务总体前缀）/student（处理 student 对象的签注）/getStudentInfo（最后前缀），这样就可以获取所有学生信息。可以选择 GET 获取的数据的返回类型：JSON, XML, TEXT_HTML(String)...获取之后，可以通过 JS 将这些数据塞到 HTML 或者 JSP 页面上。

2）Spring Boot 框架

Spring Boot 框架，被称作一栈式解决方案，比较轻量，也是当前微服务下的趋势。Spring Boot 本身就是构建于 Spring 之上，各种思想和特性无须多说，去掉了 Spring 烦琐的配置，简化了原有 Spring 开发的流程，提供了各种实用的特性，如 metric、actuctor 等。最重要的是，Spring Boot 附带了整个 Spring Cloud 生态。两个框架对解决大、中、小项目都没有任何问题。

3）Play 框架

Play 可能更加偏向于 Scala，本身轻量，性能高，随着逐步的优化，其易用性以及扩展性都变得越来越好。

4）JFinal 框架

JFinal 是基于 Java 语言的极速 Web 开发框架，其核心设计目标是开发迅速、代码量少、学习简单、功能强大、轻量级、易扩展、Restful。在拥有 Java 语言所有优势的同时再拥有 Ruby、Python 等动态语言的开发效率。

随着社会和科技的发展还有很多正在兴起的框架，这里不可能列举完，因此就不过多介绍了，有兴趣的读者可以从网络查阅相关资料。

14.3 综合案例

上面介绍了 MVC 设计模式的基本内容，接下来将围绕一个简单的登录程序案例说明 MVC 在实际开发中的作用。

使用 MVC 设计模式开发登录流程，在程序中，用户在 JSP 页面输入的登录信息提交给 Servlet，然后 Servlet 对接收到的数据做合法性校验（是否为空或长度是否满足要求等），验证失败则将错误信息传递给登录页显示；验证成功则调用 DAO 层操作数据库，然后跳转登录成功的页面。

完成本程序需要的表结构如表 14-2 所示。

表 14-2 user 表结构

序　号	列 名 称	描　述
1	userid	用户登录 ID
2	name	用户姓名
3	password	用户密码

步骤 1：根据以下数据库建表脚本创建 smile 数据库下的 user 表，并插入一条数据测试，插入后表内容如图 14-9 所示。

```
/*使用 smile 数据库 */
USE smile ;
/*删除 user 数据表*/
DROP TABLE IF EXISTS user ;
/*创建 user 数据表 */
CREATE TABLE user(
    userid              VARCHAR(30)  PRIMARY KEY ,
    name            VARCHAR(30)  NOT NULL ,
    password        VARCHAR(32)  NOT NULL
) ;
/*插入测试数据 */
INSERT INTO user (userid,name,password) VALUES ('model','modelview','123456') ;
```

图 14-9　user 表中内容

步骤 2：根据之前 DAO 的设计模式，接下来应该定义属性与表中每列一一对应的 VO 类。

【例 14-12】定义与表结构对应的 VO 类。

```
package com.lzl.mvcdemo.vo ;
public class User {
    private String userid ;
    private String name ;
    private String password ;
    //各个属性对应的 getter 和 setter 方法
    public void setUserid(String userid){
        this.userid = userid ;
    }
    public void setName(String name){
        this.name = name ;
    }
    public void setPassword(String password){
        this.password = password ;
    }
    public String getUserid(){
        return this.userid ;
    }
```

```
    public String getName(){
        return this.name ;
    }
    public String getPassword(){
        return this.password ;
    }
}
```

步骤 3：定义 DatabaseConnection 类负责数据库的打开与关闭。

【例 14-13】定义 DatabaseConnection 类。

```
package com.lzl.mvcdemo.db ;
import java.sql.* ;
public class DatabaseConnection {
    private static final String DBDRIVER = "com.mysql.jdbc.Driver" ;
    private static final String DBURL = "jdbc:mysql://localhost:3306/smile" ;
    private static final String DBUSER = "root" ;
    private static final String DBPASSWORD = "357703" ;
    private Connection conn = null ;
    public DatabaseConnection() throws Exception{  //在构造方法中进行数据库连接
        try{
            Class.forName(DBDRIVER) ;  //加载驱动程序
            this.conn = DriverManager.getConnection(DBURL,DBUSER,DBPASSWORD) ; //连接数据库
        }catch(Exception e){
            throw e ;
        }
    }
    public Connection getConnection(){  //取得数据库连接
        return this.conn ;
    }
    public void close() throws Exception{
        if(this.conn != null){
            try{
                this.conn.close() ;
            }catch(Exception e){
                throw e ;
            }
        }
    }
}
```

步骤 4：定义 DAO 接口，其中包含一个登录验证的方法。

【例 14-14】定义 DAO 接口。

```
package com.lzl.mvcdemo.dao ;
import com.lzl.mvcdemo.vo.User ;
public interface IUserDAO {
    //登录验证,登录操作只有 true/false 两种返回结果
    public boolean findLogin(User user) throws Exception ;
}
```

步骤 5：定义 DAO 的真实实现类和代理操作类。

【例 14-15】定义 DAO 实现类。

```
package com.lzl.mvcdemo.dao.impl ;
import com.lzl.mvcdemo.vo.User ;
import com.lzl.mvcdemo.dao.* ;
import java.sql.* ;
public class UserDAOImpl implements IUserDAO {
    private Connection conn = null ;                  //数据库连接对象
    private PreparedStatement pstmt = null ;          //数据库操作对象
    public UserDAOImpl(Connection conn){              //设置数据库连接
        this.conn = conn ;
    }
    public boolean findLogin(User user) throws Exception{
        boolean flag = false ;
        String sql = "SELECT name FROM user WHERE userid=? AND password=?" ;
        this.pstmt = this.conn.prepareStatement(sql) ;    //实例化操作
        this.pstmt.setString(1,user.getUserid()) ;
        this.pstmt.setString(2,user.getPassword()) ;
        ResultSet rs = this.pstmt.executeQuery() ;
        if(rs.next()){
            user.setName(rs.getString(1)) ;           //取出一个用户的姓名
            flag = true ;
        }
        this.pstmt.close() ;                          //关闭操作
        return flag ;
    }
}
```

在实现类中对用户输入的 ID 和密码验证，如果验证通过就返回用户的姓名。

【例 14-16】定义 DAO 的代理操作类。

```
package com.lzl.mvcdemo.dao.proxy ;
import com.lzl.mvcdemo.vo.User ;
import com.lzl.mvcdemo.db.* ;
import com.lzl.mvcdemo.dao.* ;
import com.lzl.mvcdemo.dao.impl.* ;
public class UserDAOProxy implements IUserDAO {
    private DatabaseConnection db = null ;            //数据库连接对象
    private IUserDAO dao = null ;                     //定义 DAO 接口
    public UserDAOProxy(){
        try{
            this.db = new DatabaseConnection() ;      //数据库连接
        }catch(Exception e){
            e.printStackTrace() ;
        }
        this.dao = new UserDAOImpl(db.getConnection()) ;
    }
    public boolean findLogin(User user) throws Exception{
        boolean flag = false ;
```

```
        try{
          flag = this.dao.findLogin(user) ;        //调用真实主题,完成操作
        }catch(Exception e){
          throw e ;
        }finally{
          this.db.close() ;
        }
        return flag ;
    }
}
```

步骤 6：定义工厂类用来取得 DAO 的实例。

【例 14-17】定义工厂类。

```
package com.lzl.mvcdemo.factory ;
import com.lzl.mvcdemo.dao.* ;
import com.lzl.mvcdemo.dao.proxy.* ;
public class DAOFactory {
    public static IUserDAO getIUserDAOInstance(){//取得 DAO 实例
        return new UserDAOProxy() ;   //返回代理实例
    }
}
```

步骤 7：DAO 层到这里就写完了，接下来编写 Servlet。

【例 14-18】定义 Servlet。

```
package com.lzl.mvcdemo.servlet ;
import java.io.* ;
import java.util.* ;
import javax.servlet.* ;
import javax.servlet.http.* ;
import com.lzl.mvcdemo.factory.* ;
import com.lzl.mvcdemo.vo.* ;
public class Login extends HttpServlet {
    public void doGet(HttpServletRequest req,HttpServletResponse resp) throws ServletException,
IOException{
        String path = "login.jsp" ;
        String userid = req.getParameter("userid") ;
        String userpass = req.getParameter("userpass") ;
        List<String> info = new ArrayList<String>() ; //收集错误
      //判断 id 是否为空
        if(userid==null →→ "".equals(userid)){
          info.add("用户 id 不能为空！") ;
        }
      //判断密码是否为空
        if(userpass==null →→ "".equals(userpass)){
          info.add("密码不能为空！") ;
        }
        if(info.size()==0){                  //里面没有记录任何的错误
          User user = new User() ;          //实例化 user 对象
        //将用户输入的 id 和密码设置为 user 对象属性值
```

```
            user.setUserid(userid) ;
            user.setPassword(userpass) ;
            try{
                if(DAOFactory.getIUserDAOInstance().findLogin(user)){
                    info.add("用户登录成功,欢迎" + user.getName() + "光临! ") ;
                } else {
                    info.add("用户登录失败,错误的用户名和密码! ") ;
                }
            }catch(Exception e){
                e.printStackTrace() ;
            }
        }
        req.setAttribute("info",info) ;
        req.getRequestDispatcher(path).forward(req,resp) ;
    }
    public void doPost(HttpServletRequest req,HttpServletResponse resp) throws ServletException,
IOException{
        this.doGet(req,resp) ;
    }
}
```

在 Servlet 中对接收的 ID 和密码进行了验证，若输入参数为空则会在 info 属性中产生对应的错误信息，验证通过后调用 DAO 进行数据层操作并根据 DAO 的返回结果来反馈给客户端对应的信息。

步骤 8：编写 JSP 页面。

【例 14-19】编写 JSP 页面。

```
<%@ page contentType="text/html" pageEncoding="GBK"%>
<%@ page import="java.util.*"%>
<html>
<head><title>login</title></head>
<body>
<h2>MVC 设计登录程序</h2>
<script language="javascript">
    function validate(f){
        if(!(/^\w{5,15}$/.test(f.userid.value))){
            alert("用户 ID 必须是 5~15 位! ") ;
            f.userid.focus() ;
            return false ;
        }
        if(!(/^\w{5,15}$/.test(f.userpass.value))){
            alert("密码必须是 5~15 位! ") ;
            f.userpass.focus() ;
            return false ;
        }
    }
</script>
<%
    request.setCharacterEncoding("GBK") ;
%>
```

```
<%
    List<String> info = (List<String>) request.getAttribute("info") ;
    if(info != null){  //有信息返回
        Iterator<String> iter = info.iterator() ;
        while(iter.hasNext()){
%>
            <h4><%=iter.next()%></h4>
<%
        }
    }
%>
<form action="Login" method="post" onSubmit="return validate(this)">
    用户 ID: <input type="text" name="userid"><br>
    密  码: <input type="password" name="userpass"><br>
    <input type="submit" value="登录">
    <input type="reset" value="重置">
</form>
</body>
</html>
```

步骤 9：配置 web.xml 文件，需要为 Login 配置页面的映射路径才能正常运行。

【例 14-20】配置 Login 的页面映射路径。

```
<servlet>
        <servlet-name>login</servlet-name>
        <servlet-class>
          com.lzl.mvcdemo.servlet.Login
        </servlet-class>
    </servlet>
    <servlet-mapping>
        <servlet-name>login</servlet-name>
        <url-pattern>/Login</url-pattern>
    </servlet-mapping>
```

配置完成后，运行程序，结果如图 14-10～图 14-12 所示。

http://localhost:8080/part14/login.jsp

MVC设计登录程序

用户ID: mode1

密　码: ••••••

登录　重置

图 14-10　表单输入页面

通过本程序与之前 DAO 案例的对比，很明显的就是本程序中 JSP 页面中 Java 代码变得少了，也使得程序代码结构更清晰。

http://localhost:8080/part14/Login

MVC设计登录程序

用户登录成功，欢迎modelview光临！

用户ID：

密　码：

登录　重置

图 14-11　登录成功返回的信息

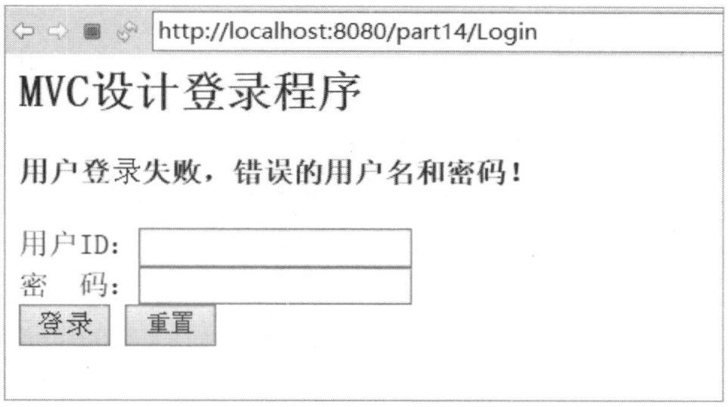

http://localhost:8080/part14/Login

MVC设计登录程序

用户登录失败，错误的用户名和密码！

用户ID：

密　码：

登录　重置

图 14-12　登录失败返回的信息

14.4　就业面试解析与技巧

14.4.1　面试解析与技巧（一）

面试官：什么是 DAO 模式？

应聘者：DAO 模式是标准的 J2EE 设计模式之一，开发人员使用这个模式把底层的数据访问操作和上层的业务逻辑分开，此模式的主要作用是封装对数据库的各种操作。

从 DAO 设计模式的运行原理去叙述即可。

面试官：DAO 由哪几部分组成？

应聘者：DAO 由以下 6 部分组成。

DatabaseConnection：专门负责数据库打开与关闭操作的类。

VO：主要由属性、setter、getter 方法组成，VO 类中的属性与表中的字段相对应，每一个 VO 类的对象都表示表中的每一条记录。

DAO：主要定义操作的接口，定义一系列数据库的原子性操作，例如增删改查等。

Impl：DAO 接口的真实实现类，主要完成具体数据库操作，但不负责数据库的打开和关闭。

Proxy：代理实现类，主要完成数据库的打开和关闭，并且调用真实实现类对象的操作。

Factory：工厂类，通过工厂类取得一个 DAO 的实例化对象。

14.4.2 面试解析与技巧（二）

面试官： 你能解释下 MVC 的完整流程吗？

应聘者： MVC（模型、视图、控制器）架构的控制流程为：所有的终端用户请求被发送到控制器，控制器依赖请求去选择加载哪个模型，并把模型附加到对应的视图，附加了模型数据的最终视图作为响应发送给终端用户。

面试官： 使用 MVC 有哪些好处?

应聘者： MVC 有以下两个大的好处。

（1）分离了关注点。后台代码被移到单独的类文件，可以最大限度地重复利用代码。

（2）自动化 UI 测试成为可能，因为后台代码移到了.NET 类，这让我们更容易进行单元测试和自动化测试。

第 4 篇

高级应用

在本篇中，主要讲解 Spring 应用、MyBatis 应用、JDBC 应用开发、Servlet 应用开发、Servlet 和 JSP 应用开发、Spring 整合 MyBatis 应用开发等。学好本篇内容可以进一步提高运用 Java Web 进行编程和安全维护的能力。

- **第 15 章** 一站式轻量级框架技术——Spring 应用
- **第 16 章** 持久化框架技术——MyBatis 应用
- **第 17 章** JDBC 应用开发——操作用户信息
- **第 18 章** Servlet 应用开发——用户在线计数
- **第 19 章** Servlet 和 JSP 应用开发——注册登录系统
- **第 20 章** Spring 整合 MyBatis 应用开发

第 15 章
一站式轻量级框架技术——Spring 应用

学习指引

Spring 是一个开放源代码的设计层面框架，它解决的是业务逻辑层和其他各层的轻松耦合问题，因此它将面向接口的编程思想贯穿整个系统应用。Spring 是于 2003 年兴起的一个轻量级的 Java 开发框架，简单来说，Spring 是一个分层的 Java SE/EE 一站式轻量级开源框架。这个框架是为了解决企业级的应用开发复杂性问题而出现的，所以作为 Java Web 的学习者来说，当然也要去学习如何使用 Spring 框架。

重点导读

- 了解 Spring 框架的概念和优点。
- 掌握 Spring 依赖注入的使用方法。
- 理解 Spring 中的核心理论。

15.1 初探 Spring

Spring 是一个开源框架，它由 Rod Johnson 创建，是为了解决企业应用开发的复杂性而创建的。Spring 使用基本的 JavaBean 来完成以前只可能由 EJB 完成的事情。然而，Spring 的用途不仅限于服务器端的开发。从简单性、可测试性和松耦合的角度而言，任何 Java 应用都可以从 Spring 中受益，具体介绍如下。

15.1.1 Spring 框架简介

Spring 是一个轻量级的控制反转（IoC）和面向切面（AOP）的容器框架，特点如下。

（1）轻量：从大小与开销两方面而言，Spring 都是轻量的。完整的 Spring 框架可以在一个大小只有 1MB 多的 JAR 文件里发布，并且 Spring 所需的处理开销也是微不足道的。此外，Spring 是非侵入式的，也就是说 Spring 应用中的对象不依赖于 Spring 的特定类。

（2）控制反转：Spring 通过一种称作控制反转（IoC）的技术促进了松耦合。当应用了 IoC 这种技术，一个对象依赖的其他对象会通过被动的方式传递进来，而不是这个对象自己创建或者查找依赖对象。

（3）面向切面：Spring 提供了面向切面编程的丰富支持，允许通过分离应用的业务逻辑与系统级服务［例如审计（auditing）和事务（transaction）管理］进行内聚性的开发。应用对象只实现它们应该做的（完成业务逻辑）。它们并不负责其他的，例如日志或事务支持。

（4）容器：Spring 包含并管理应用对象的配置和生命周期，在这个意义上它是一种容器，用户可以配置自己的每个 Bean，用户的 Bean 可以创建一个单独的实例或者每次需要时都生成一个新的实例，以及它们是如何相互关联的。

（5）框架：Spring 可以将简单的组件配置、组合成为复杂的应用。在 Spring 中，应用对象被声明式地组合，典型的是在一个 XML 文件里。Spring 也提供了很多基础功能（如事务管理、持久化框架集成等），将应用逻辑的开发留给开发者。

所有 Spring 的这些特征使用户能够编写更干净、更可管理，并且更易于测试的代码。它们也为 Spring 中的各种模块提供了基础支持。

15.1.2 Spring 框架的优点

Spring 的特点是简单、可测试和松耦合等，Spring 框架的这些特点使得 Spring 不仅可用于服务器端的开发，还可用于 Java 应用的开发，具体特点如下。

1. 方便解耦，简化开发（高内聚低耦合）

Spring 就是一个大工厂（容器），可以将所有对象创建和依赖关系维护交给 Spring 管理，大大降低了组件之间的耦合性，而其中的 Spring 工厂用于生成 Bean。

2. AOP 编程的支持

Spring 提供面向切面编程，可以方便地实现对程序进行权限拦截、运行监控等功能。

3. 声明式事务的支持

只需要通过配置就可以完成对事务的管理，而无须手动编程。

4. 方便程序的测试

Spring 支持 Junit 4，可以通过注解方便地测试 Spring 程序。

5. 方便集成各种优秀框架

Spring 不排斥各种优秀的开源框架，其内部提供了对各种优秀框架（如 Struts、Hibernate、MyBatis、Quartz 等）的直接支持。

6. 降低 Java EE API 的使用难度

Spring 对 Java EE 开发中非常难用的一些 API（JDBC、JavaMail、远程调用等）都提供了封装，使这些 API 应用难度大大降低。

15.1.3 Spring 框架的体系结构

Spring 框架采用的是分层架构，一系列的功能被划分为很多模块，这些模块大体上分为 Core Container、

Data Access/Integration、Web、AOP、Instrumentation、Test 等部分，如图 15-1 所示。

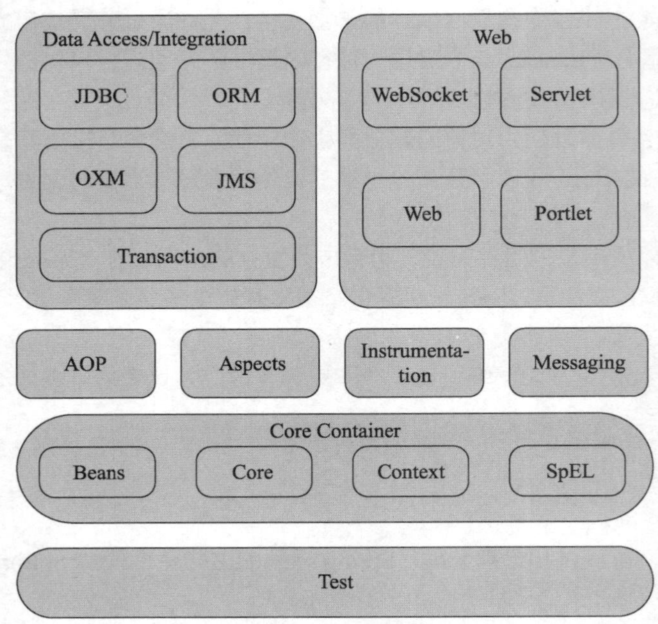

图 15-1　Spring 框架体系结构

接下来分别对体系结构中的模块作用进行简单介绍，具体内容如下。

1. Core Container（核心容器）

Spring 的核心容器主要由 Beans 模块、Core 模块、Context 模块和 SpEL（Spring Expression Language，Spring 表达式语言）组成。

（1）Beans 模块：Spring 将管理对象称为 Bean，该模块就是 Bean 工厂。

（2）Core 模块：提供 Spring 的基本组成部分，如 DI 和 IOC。

（3）Context 模块：基于 Core 和 Bean 来构建，它提供了用一种框架风格的方式来访问对象，有些像 JNDI 注册表。Context 封装包继承了 Beans 包的功能，还增加了国际化（I18N）、事件传播、资源装载，以及透明创建上下文，例如，通过 Servlet 容器，以及对大量 Java EE 特性的支持，如 EJB、JMX。其核心接口是 ApplicationContext。

（4）SpEL 模块：表达式语言模块，提供了在运行期间查询和操作对象的强大能力。支持访问和修改属性值、方法调用，支持访问及修改数组、容器和索引器，命名变量，支持算术和逻辑运算，支持从 Spring 容器获取 Bean，也支持列表投影、选择和一般的列表聚合等。

2. Data Access/Integration（数据访问/集成）

Spring 的数据访问/集成包括 JDBC 模块、ORM 模块、OXM 模块、JMS 模块和 Transaction 模块。

（1）JDBC 模块：提供对 JDBC 的抽象，它可消除冗长的 JDBC 编码和解析数据库厂商特有的错误代码。

（2）ORM 模块：提供了常用的“对象/关系”映射 API 的集成层，其中包括 JPA、JDO、Hibernate 和 iBATIS。利用 ORM 封装包，可以混合使用所有 Spring 提供的特性进行“对象/关系”映射，如简单声明式事务管理。

（3）OXM 模块：提供一个支持 Object 和 XML 进行映射的抽象层，其中包括 JAXB、Castor、XMLBeans、

JiBX 和 XStream。

（4）JMS 模块：提供一套“消息生产者、消费者”模板用于更加简单地使用 JMS，JMS 用于在两个应用程序之间或分布式系统中发送消息，进行异步通信。

（5）Transaction 模块：支持程序通过简单声明式事务管理，只要是 Spring 管理对象都能得到 Spring 管理事务的好处，即使是 POJO，也可以为它们提供事务。

3. Web 模块

Spring 的 Web 模块包括 WebSocket 模块、Web 模块、Servlet 模块和 Portlet 模块。

（1）WebSocket 模块：WebSocket Protocol 是 HTML 5 的一种新协议，它实现了浏览器与服务器全双工通信，Spring 支持 WebSocket 通信。

（2）Web 模块：提供了基础的 Web 功能，例如多文件上传、集成 IOC 容器、远程过程访问，以及对 WebService 的支持，并提供一个 RestTemplate 类来提供方便的 Restful Services 访问。

（3）Servlet 模块：提供了 Web 应用的 Model-View-Controller(MVC)实现。Spring MVC 框架提供了基于注解的请求资源注入、更简单的数据绑定、数据验证等及一套非常易用的 JSP 标签，完全无缝与 Spring 其他技术协作。

（4）Portlet 模块：提供了在 Portlet 环境下的 MVC 实现。

4. AOP 模块

AOP 模块提供了符合 AOP 联盟规范的面向切面的编程实现，让用户可以定义方法拦截器和切入点，从逻辑上讲，可以减弱代码的功能耦合，清晰地被分离开。

5. Aspects 模块

Aspects 模块提供了对 AspectJ 的集成功能。

6. Instrumentation 模块

Instrumentation 模块提供一些类级的工具支持和类加载器的实现，可以在一些特定的应用服务器中使用。

7. Messaging 模块

Messaging 模块提供对消息传递体系结构和协议的支持。

8. Test 模块

Test 模块提供了对单元测试和集成测试的支持。

15.1.4 Spring 的下载

Spring 开发所需要的 jar 包分为 Spring 框架包和第三方依赖包，编写本书时用的是 5.0.4 版本，建议读者也下载该版本。各部分下载方式及介绍具体如下。

1. Spring 框架包

可以通过 http://repo.spring.io/simple/libs-release-local/org/springframework/spring/这个网址去下载需要的 Spring 版本，如图 15-2 所示，此处有 Spring 的多个版本，可以根据自己的需要选择版本下载。

下载 spring-framework-5.0.4.RELEASE-dist.zip 压缩包解压后得到一个名为 spring-framework-5.0.4.RELEASE 的文件夹，打开该文件夹目录结构如图 15-3 所示。

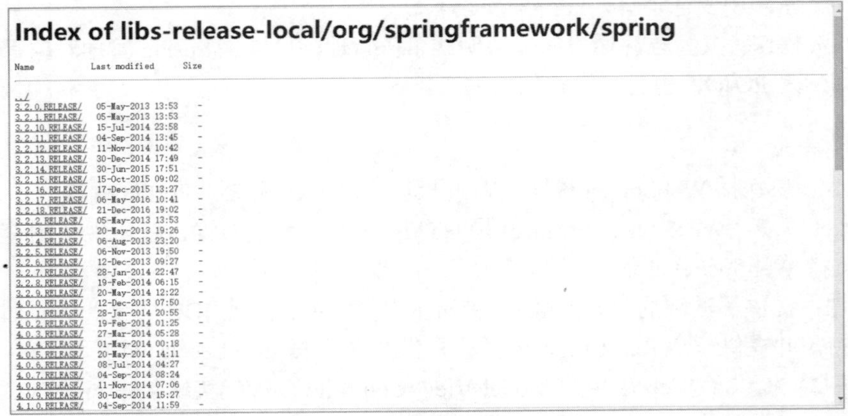

Index of libs-release-local/org/springframework/spring

Name	Last modified	Size
../		
3.2.0.RELEASE/	05-May-2013 13:53	-
3.2.1.RELEASE/	05-May-2013 13:53	-
3.2.10.RELEASE/	15-Jul-2014 23:58	-
3.2.11.RELEASE/	04-Sep-2014 13:45	-
3.2.12.RELEASE/	11-Nov-2014 10:42	-
3.2.13.RELEASE/	30-Dec-2014 17:49	-
3.2.14.RELEASE/	30-Jun-2015 17:51	-
3.2.15.RELEASE/	15-Oct-2015 09:02	-
3.2.16.RELEASE/	17-Dec-2015 13:27	-
3.2.17.RELEASE/	06-May-2016 10:41	-
3.2.18.RELEASE/	21-Dec-2016 19:02	-
3.2.2.RELEASE/	05-May-2013 13:53	-
3.2.3.RELEASE/	20-May-2013 19:26	-
3.2.4.RELEASE/	06-Aug-2013 23:20	-
3.2.5.RELEASE/	06-Nov-2013 19:50	-
3.2.6.RELEASE/	12-Dec-2013 09:27	-
3.2.7.RELEASE/	28-Jan-2014 22:47	-
3.2.8.RELEASE/	19-Feb-2014 06:15	-
3.2.9.RELEASE/	20-May-2014 12:22	-
4.0.0.RELEASE/	12-Dec-2013 07:50	-
4.0.1.RELEASE/	28-Jan-2014 20:55	-
4.0.2.RELEASE/	19-Feb-2014 01:25	-
4.0.3.RELEASE/	27-Mar-2014 05:28	-
4.0.4.RELEASE/	01-May-2014 00:18	-
4.0.5.RELEASE/	20-May-2014 14:11	-
4.0.6.RELEASE/	08-Jul-2014 04:27	-
4.0.7.RELEASE/	04-Sep-2014 08:24	-
4.0.8.RELEASE/	11-Nov-2014 07:06	-
4.0.9.RELEASE/	30-Dec-2014 15:27	-
4.1.0.RELEASE/	04-Sep-2014 11:59	-

图 15-2　Spring 下载网址

JAR包 > spring-framework-5.0.4.RELEASE　　搜索"spring-framework-5.0...

名称	修改日期	类型	大小
docs	2018/2/19 11:11	文件夹	
libs	2018/2/19 11:11	文件夹	
schema	2018/2/19 11:11	文件夹	
license.txt	2018/2/19 10:39	文本文档	15 KB
notice.txt	2018/2/19 10:39	文本文档	1 KB
readme.txt	2018/2/19 10:39	文本文档	1 KB

图 15-3　spring-framework-5.0.4.RELEASE 目录

在图 15-3 的目录中，docs 文件夹里面包含 Spring 的 api 文档和开发规范；libs 文件夹中包含所需 jar 包和源码；schema 文件夹中包含所需要的 schema 文件。打开 libs 文件夹如图 15-4 所示。

JAR包 > spring-framework-5.0.4.RELEASE > libs　　搜索"libs"

名称	修改日期	类型	大小
spring-aop-5.0.4.RELEASE.jar	2018/2/19 10:41	Executable Jar File	352 KB
spring-aop-5.0.4.RELEASE-javadoc.jar	2018/2/19 11:09	Executable Jar File	1,212 KB
spring-aop-5.0.4.RELEASE-sources.jar	2018/2/19 11:09	Executable Jar File	350 KB
spring-aspects-5.0.4.RELEASE.jar	2018/2/19 10:43	Executable Jar File	41 KB
spring-aspects-5.0.4.RELEASE-javado...	2018/2/19 11:09	Executable Jar File	72 KB
spring-aspects-5.0.4.RELEASE-source...	2018/2/19 11:09	Executable Jar File	30 KB
spring-beans-5.0.4.RELEASE.jar	2018/2/19 10:40	Executable Jar File	639 KB
spring-beans-5.0.4.RELEASE-javadoc.	2018/2/19 11:09	Executable Jar File	1,917 KB
spring-beans-5.0.4.RELEASE-sources.	2018/2/19 11:09	Executable Jar File	612 KB
spring-context-5.0.4.RELEASE.jar	2018/2/19 10:41	Executable Jar File	1,054 KB
spring-context-5.0.4.RELEASE-javado...	2018/2/19 11:10	Executable Jar File	3,402 KB

图 15-4　libs 目录

在 libs 目录中，这些 jar 包按照结尾不同可以划分为三类，其中，以 RELEASE.jar 结尾的是 Spring 框架 class 文件的 jar 包；以 RELEASE-javadoc.jar 结尾的是 Spring 框架的 api 文档压缩包；以 RELEASE-sources.jar 结尾的是 Spring 框架源文件的压缩包。

其中有 4 个是 Spring 框架的基础包，分别对应 Spring 核心容器的 4 个模块，具体介绍如下。

（1）spring-core-5.0.4.RELEASE.jar：Spring 框架核心工具类。

（2）spring-beans-5.0.4.RELEASE.jar：所有应用都会用到，包含访问配置文件、Bean 的创建和管理以及 IOC 或 DI 操作实现。

（3）spring-context-5.0.4.RELEASE.jar：基于 Core 和 Beans，提供扩展。

（4）spring-expression-5.0.4.RELEASE.jar：定义了 Spring 的表达式语言。

2. 第三方依赖包

Spring 除了需要自身的 jar 包还需要依赖 commons.logging 的 jar 包。可以通过 http://commons. apache.org/proper/commons-logging/download_logging.cgi 下载，如图 15-5 所示，直接单击 commons-logging- 1.2-bin.zip 这个链接即可下载。

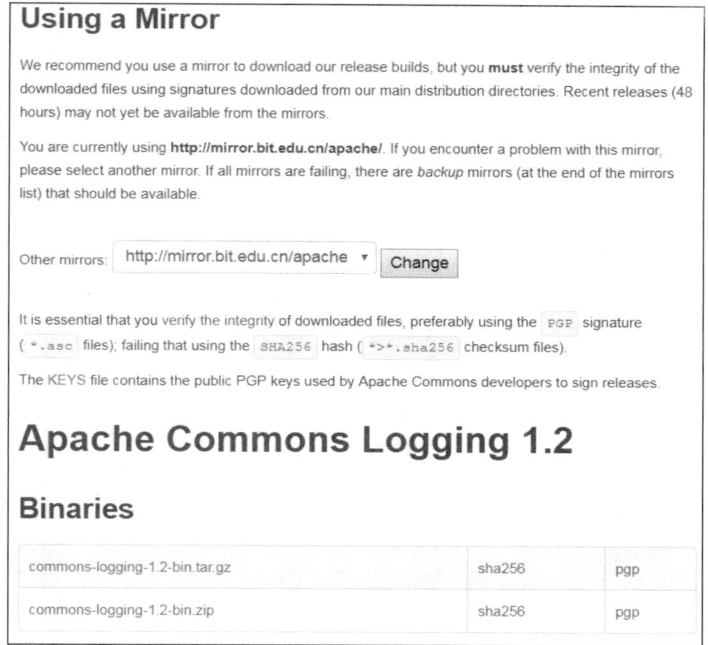

图 15-5　下载 commons.logging 的 jar 包

下载完成后得到一个名为 commons-logging-1.2-bin.zip 的压缩包，解压后即可找到 commons-logging-1.2.jar，如图 15-6 所示。

› JAR包 › commons-logging-1.2　　搜索"commons-logging-1.2"

名称	修改日期	类型	大小
apidocs	2014/7/5 20:11	文件夹	
commons-logging-1.2.jar	2014/7/5 20:11	Executable Jar File	61 KB
commons-logging-1.2-javadoc.jar	2014/7/5 20:12	Executable Jar File	155 KB
LICENSE.txt	2014/7/5 20:11	文本文档	12 KB
NOTICE.txt	2014/7/5 20:11	文本文档	1 KB
RELEASE-NOTES.txt	2014/7/5 20:11	文本文档	2 KB

图 15-6　commons-logging-1.2 目录

在进行 Spring 学习的时候只需要将 4 个基础包和 commons-logging-1.2.jar 复制到工程下面的 lib 目录并发布到类路径即可。

15.1.5 Spring 框架入门案例

相信通过以上内容的学习，读者对 Spring 已经有了一个初步的了解，接下来通过一个简单的入门案例帮助读者更快速地学习 Spring。本案例就是采用 Spring 框架从控制台输出一句话，首先要配置 Spring 框架的核心配置文件，接着采用简单的 DAO 开发方式来实现，具体步骤如下。

步骤 1：在 Eclipse 中新建一个 Web 项目，将 4 个基础包和 commons-logging-1.2.jar 复制到工程下面的 lib 目录并发布到类路径（发布方法参见 20.4 节开发过程常见问题及解决），如图 15-7 所示。

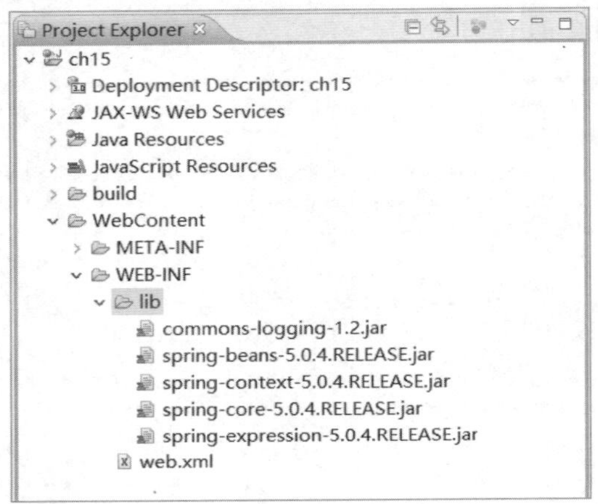

图 15-7 导入 jar 包

步骤 2：创建一个名为 com.smile.ioc 的 package，并且在包中新建一个接口 UserDao，在接口中定义一个 show()方法。

```
package com.smile.ioc;
public interface UserDao {
    public void show();
}
```

步骤 3：在 com.smile.ioc 包下，创建 UserDao 接口的实现类 UserDaoImpl 实现接口中的 show()方法，并在方法中编写语句用于输出“Spring 入门程序”。

```
package com.smile.ioc;
public class UserDaoImpl implements UserDao{
    @Override
    public void show() {
        //TODO Auto-generated method stub
        System.out.println("Spring 入门程序");
    }
}
```

步骤 4：在 src 目录下，创建 Spring 的配置文件 applicationContext.xml，并在配置文件中创建一个 id 为 UserDao 的 Bean。

```
<?xml version="1.0" encoding="UTF-8"?>
<beans xmlns="http://www.springframework.org/schema/beans"
xmlns:xsi="http://www.w3.org/2001/XMLSchema-instance"
xsi:schemaLocation="http://www.springframework.org/schema/beans
```

```
http://www.springframework.org/schema/beans/spring-beans-4.3.xsd">
<!--以上几行为约束配置-->
<!--创建一个 id 为 userDao 的 Bean-->
<bean id="userDao" class="com.smile.ioc.UserDaoImpl" />
</beans>
```

以上代码中的约束配置，不需要读者手写，可以打开 Spring 解压文件夹的 docs 目录，在 spring-framework-reference 文件夹下找到 HTML 5 文件夹，打开找到 index.html，如图 15-8 所示。

接着用浏览器打开 index.html，在浏览器页面中单击 Core，接着在新的页面中单击 1.2. Container overview，即可找到如图 15-9 所示的 XML 配置信息。

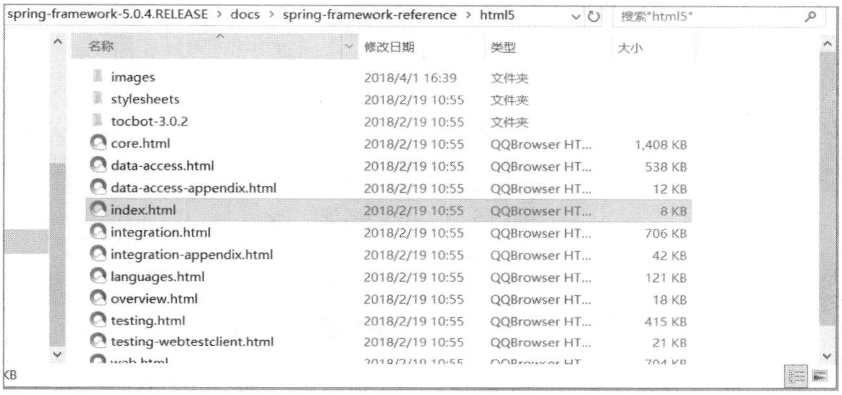

spring-framework-5.0.4.RELEASE › docs › spring-framework-reference › html5

名称	修改日期	类型	大小
images	2018/4/1 16:39	文件夹	
stylesheets	2018/2/19 10:55	文件夹	
tocbot-3.0.2	2018/2/19 10:55	文件夹	
core.html	2018/2/19 10:55	QQBrowser HT...	1,408 KB
data-access.html	2018/2/19 10:55	QQBrowser HT...	538 KB
data-access-appendix.html	2018/2/19 10:55	QQBrowser HT...	12 KB
index.html	2018/2/19 10:55	QQBrowser HT...	8 KB
integration.html	2018/2/19 10:55	QQBrowser HT...	706 KB
integration-appendix.html	2018/2/19 10:55	QQBrowser HT...	42 KB
languages.html	2018/2/19 10:55	QQBrowser HT...	121 KB
overview.html	2018/2/19 10:55	QQBrowser HT...	18 KB
testing.html	2018/2/19 10:55	QQBrowser HT...	415 KB
testing-webtestclient.html	2018/2/19 10:55	QQBrowser HT...	21 KB

图 15-8 HTML 5 目录

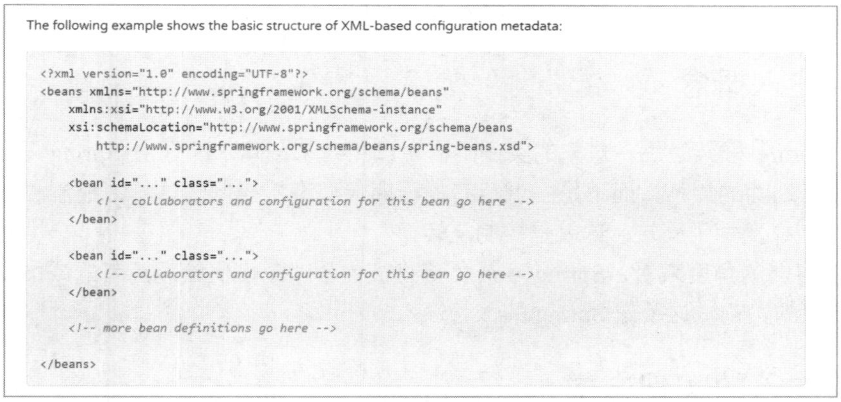

The following example shows the basic structure of XML-based configuration metadata:

```
<?xml version="1.0" encoding="UTF-8"?>
<beans xmlns="http://www.springframework.org/schema/beans"
    xmlns:xsi="http://www.w3.org/2001/XMLSchema-instance"
    xsi:schemaLocation="http://www.springframework.org/schema/beans
        http://www.springframework.org/schema/beans/spring-beans.xsd">

    <bean id="..." class="...">
        <!-- collaborators and configuration for this bean go here -->
    </bean>

    <bean id="..." class="...">
        <!-- collaborators and configuration for this bean go here -->
    </bean>

    <!-- more bean definitions go here -->

</beans>
```

图 15-9 配置文件信息

步骤 5：在 com.smile.ioc 包下，创建测试类 Test.java。

```
package com.smile.ioc;
import org.springframework.context.ApplicationContext;
import org.springframework.context.support.ClassPathXmlApplicationContext;
public class Test {
    @SuppressWarnings("resource")
    public static void main(String[] args) {
        //初始化 Spring 容器，并加载配置文件
        ApplicationContext applicationContext
        =new ClassPathXmlApplicationContext("applicationContext.xml");
      //通过 Spring 容器获取 userDao 实例
        UserDao userDao = (UserDao) applicationContext.getBean("userDao");
```

```
        userDao.show();
    }
}
```

以上代码在 Test 类中编写 main()方法。在 main()方法中初始化 Spring 容器，并加载配置文件，然后通过 Spring 容器获取 UserDao 实例（即 Java 对象），最后调用实例中的 show()方法，运行结果如图 15-10 所示。

```
Markers  Properties  Servers  Data Source Explorer  Snippets  Console
<terminated> Test [Java Application] C:\Program Files\Java\jre1.8.0_181\bin\javaw.exe (2018年10月25日 下午7:53:31)
十月 25, 2018 7:53:31 下午 org.springframework.context.support.ClassPathXmlApplicationContext prepareRefresh
信息: Refreshing org.springframework.context.support.ClassPathXmlApplicationContext@4d76f3f8: startup date
十月 25, 2018 7:53:31 下午 org.springframework.beans.factory.xml.XmlBeanDefinitionReader loadBeanDefinitions
信息: Loading XML bean definitions from class path resource [applicationContext.xml]
Spring 入门程序
```

图 15-10　运行结果

15.2　Spring 的依赖注入

依赖注入（Dependency Injection，DI）与控制反转（IoC）的含义是相同的，只不过是从两个角度描述同一个概念。接下来介绍依赖注入的概念和实现方式。

15.2.1　依赖注入概念

IoC：在使用 Spring 框架之后，对象的实例不再由调用者来创建，而是由 Spring 容器来创建，Spring 容器会负责控制程序之间的关系，而不是由调用者的程序代码直接控制。这样，控制权由应用代码转移到了 Spring 容器，控制权发生了反转，这就是控制反转。

DI：从 Spring 容器的角度来看，Spring 容器负责将被依赖对象赋值给调用者的成员变量，这相当于为调用者注入了它依赖的实例，这就是 Spring 的依赖注入。

15.2.2　依赖注入的实现方式

接下来通过一个小案例帮助读者学习依赖注入的实现方式（使用 setter 方法实现依赖注入），具体步骤如下。

步骤 1：在 com.smile.ioc 包中，创建接口 UserDao2.java，在接口中编写一个 show2()方法。

```
package com.smile.ioc;
public interface UserDao2 {
    public void show2();
}
```

步骤 2：在 com.smile.ioc 包中，创建 UserDao2 接口的实现类 UserDao2Impl.java，在类中声明 userDao 属性，并添加属性的 setter 方法。

```
package com.smile.ioc;
```

```
public class UserDao2Impl implements UserDao2{
    private UserDao userDao;
    public void setUserDao(UserDao userDao) {
        this.userDao = userDao;
        }
    @Override
    public void show2() {
        //TODO Auto-generated method stub
        this.userDao.show();
        System.out.println("userDao2 Print 依赖注入的实现 !");
    }
}
```

步骤 3：在配置文件 applicationContext.xml 中创建一个 id 为 UserService 的 Bean，该 Bean 用于实例化 UserServiceImpl 类的信息，并将 UserDao 的实例注入到 UserService 中。

```
<?xml version="1.0" encoding="UTF-8"?>
<beans xmlns="http://www.springframework.org/schema/beans"
xmlns:xsi="http://www.w3.org/2001/XMLSchema-instance"
xsi:schemaLocation="http://www.springframework.org/schema/beans
http://www.springframework.org/schema/beans/spring-beans-4.3.xsd">
<bean id="userDao" class="com.smile.ioc.UserDaoImpl" />
<bean id="userdao2" class="com.smile.ioc.UserDao2Impl">
            <property name="userDao" ref="userDao" />
    </bean>
</beans>
```

在新增的代码中，<property>是<bean>的子元素，用于调用 Bean 实例中的 setUserDao()方法完成属性赋值，从而实现依赖注入。

步骤 4：在 com.smile.ioc 包中，创建测试类 Test2.java，来对程序进行测试。

```
package com.smile.ioc;
import org.springframework.context.ApplicationContext;
import org.springframework.context.support.ClassPathXmlApplicationContext;
public class Test2 {
public static void main(String[] args) {
    ApplicationContext applicationContext =
            new ClassPathXmlApplicationContext("applicationContext.xml");
        UserDao2 userdao2 = (UserDao2) applicationContext.getBean("userdao2");
        userdao2.show2();
    }
}
```

在以上程序中，使用 Spring 容器通过 UserDao2Impl 类中的 show2()方法调用了 UserDaoImpl 类中的 show()方法，并输出了结果，这就是 Spring 容器的 setter 注入的方式，运行结果如图 15-11 所示。

```
Markers  Properties  Servers  Data Source Explorer  Snippets  Problems  Console
<terminated> Test2 [Java Application] C:\Program Files\Java\jre1.8.0_181\bin\javaw.exe (2018年10月25日 下午8:41:18)
十月 25, 2018 8:41:18 下午 org.springframework.context.support.ClassPathXmlApplicationContext prepareRefresh
信息: Refreshing org.springframework.context.support.ClassPathXmlApplicationContext@4d76f3f8: startup date [
十月 25, 2018 8:41:18 下午 org.springframework.beans.factory.xml.XmlBeanDefinitionReader loadBeanDefinitions
信息: Loading XML bean definitions from class path resource [applicationContext.xml]
Spring 入门程序
userDao2 Print 依赖注入的实现！
```

图 15-11　依赖注入实现

15.3 Spring 的装配方式

Bean 的装配可以理解为依赖关系注入，Bean 的装配方式即 Bean 依赖注入的方式。Spring 容器支持多种形式的 Bean 的装配方式，如基于 XML 的装配、基于注解（Annotation）的装配和自动装配（其中最常用的是基于注解的装配），本节将主要讲解这三种装配方式的使用。

15.3.1 基于 XML 的装配

基于 XML 的装配分为两种：设值注入和构造注入。下面分别介绍这两种装配方式。

1. 设值注入

需要满足两个条件：Bean 类必须有一个无参构造方法，Bean 类必须为属性提供 setter 方法。

装配方式：在配置文件中，使用<property>元素来为每个属性注入值。

2. 构造注入

需要满足 Bean 类必须提供有参构造方法。

装配方式：配置文件中，使用<constructor-arg>元素来为参数注入值。

15.3.2 基于 Annotation 的装配

基于 XML 的装配可能会导致 XML 配置文件过于臃肿，给后续的维护和升级带来一定的困难。为此，Spring 提供了对 Annotation（注解）技术的全面支持。

主要注解及说明如下。

（1）@Component：用于描述 Spring 中的 Bean，它是一个泛化的概念，仅表示一个组件。

（2）@Repository：用于将数据访问层（DAO）的类标识为 Spring 中的 Bean。

（3）@Service：用于将业务层（Service）的类标识为 Spring 中的 Bean。

（4）@Controller：用于将控制层（Controller）的类标识为 Spring 中的 Bean。

（5）@Autowired：用于对 Bean 的属性变量、属性的 setter 方法及构造方法进行标注，配合对应的注解处理器完成 Bean 的自动配置工作。

（6）@Resource：其作用与@Autowired 一样。@Resource 中有两个重要属性：name 和 type。Spring 将 name 属性解析为 Bean 实例名称，type 属性解析为 Bean 实例类型。

（7）@Qualifier：与@Autowired 注解配合使用，会将默认的按 Bean 类型装配修改为按 Bean 的实例名称装配，Bean 的实例名称由@Qualifier 注解的参数指定。

接下来通过一个案例来演示如何通过这些注解装配 Bean，具体步骤如下。

步骤 1：在之前的工程下新建一个 com.smile.annotation 的包，创建接口文件 UserDao.java，在接口中定义一个 show()方法。

```
package com.smile.annotation;
public interface UserDao {
    public void show();
}
```

步骤 2：在 com.smile.annotation 包中，创建 UserDao 接口的实现类 UserDaoImpl.java。

```
package com.smile.annotation;
import org.springframework.stereotype.Repository;
@Repository("userDao")
public class UserDaoImpl implements UserDao {
    @Override
    public void show() {
        //TODO Auto-generated method stub
        System.out.println("userdao...show");
    }
}
```

以上程序使用@Repository 注解将 UserDaoImpl 类标记为 Bean，接着在 show()方法中输出一句话。

步骤 3：在 com.smile.annotation 包中，创建接口文件 UserService.java（源码\ch15\ch15\src\com\smile\annotation\ UserService.java）。

```
package com.smile.annotation;
public interface UserService {
    public void show();
}
```

步骤 4：在 com.smile.annotation 包中，创建接口 UserService 的实现类 UserServiceImpl.java。

```
package com.smile.annotation;
import javax.annotation.Resource;
import org.springframework.stereotype.Service;
@Service("userService")
public class UserServiceImpl implements UserService{
        @Resource(name="userDao")
        private UserDao userDao;
        public void show() {
           this.userDao.show();
           System.out.println("userservice...show");
           }
        }
```

以上程序中用@Service 注解将 UserServiceImpl 类标记为 Spring 中的 Bean，用@Resource 注解在属性 userDao 上，接着调用 userDao 中的 show()方法并输出一句话。

步骤 5：在 com.smile.annotation 包中，创建配置文件 beans.xml（源码\ch15\ch15\src\com\smile\annotation\beans.xml）。

```
<?xml version="1.0" encoding="UTF-8"?>
<beans xmlns="http://www.springframework.org/schema/beans"
xmlns:xsi="http://www.w3.org/2001/XMLSchema-instance"
xmlns:context="http://www.springframework.org/schema/context"
xsi:schemaLocation="http://www.springframework.org/schema/beans
http://www.springframework.org/schema/beans/spring-beans-4.3.xsd
http://www.springframework.org/schema/context
http://www.springframework.org/schema/context/spring-context-4.3.xsd">
```

```
    <context:component-scan base-package="com.smile.annotation" />
</beans>
```

这次的配置文件跟之前的不太一样，增加了第 4、7 和 8 行，这三行包含 context 的约束信息；还使用了一种高效的注解配置方式（对包下所有的 Bean 文件进行扫描），也就是配置文件的倒数第二行。值得注意的是，在使用这种方式的时候，要先导入 Spring AOP 的 jar 包 spring-aop-5.0.4.RELEASE.jar，这个包与基础包在一个目录下，不导入将会导致运行报错。

步骤 6：在 com.smile.annotation 包中，创建测试类 AnnotationTest.java。

```
package com.smile.annotation;
import org.springframework.context.ApplicationContext;
import org.springframework.context.support.ClassPathXmlApplicationContext;
public class AnnotationTest {
        public static void main(String[] args) {
            String xmlPath="com/smile/annotation/beans.xml";
            ApplicationContext applicationContext =
                new ClassPathXmlApplicationContext(xmlPath);
            UserController userController =
                (UserController) applicationContext.getBean("userController");
            userController.show();
            }
        }
```

以上程序通过 Spring 容器加载配置文件 beans.xml，然后获取 userConroller 对象，接着调用 show()方法。运行结果如图 15-12 所示。

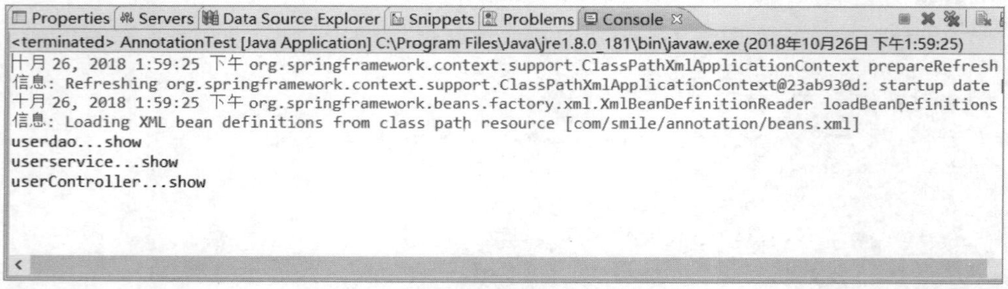

```
Properties | Servers | Data Source Explorer | Snippets | Problems | Console
<terminated> AnnotationTest [Java Application] C:\Program Files\Java\jre1.8.0_181\bin\javaw.exe (2018年10月26日 下午1:59:25)
十月 26, 2018 1:59:25 下午 org.springframework.context.support.ClassPathXmlApplicationContext prepareRefresh
信息: Refreshing org.springframework.context.support.ClassPathXmlApplicationContext@23ab930d: startup date
十月 26, 2018 1:59:25 下午 org.springframework.beans.factory.xml.XmlBeanDefinitionReader loadBeanDefinitions
信息: Loading XML bean definitions from class path resource [com/smile/annotation/beans.xml]
userdao...show
userservice...show
userController...show
```

图 15-12　Annotation 装配

15.3.3　自动装配

自动装配，就是将一个 Bean 自动地注入到其他 Bean 的 Property 中。Spring 的<bean>元素中包含一个 autowire 属性，可以通过设置 autowire 的属性值来自动装配 Bean。autowire 属性有 5 个值，其值及说明如表 15-1 所示。

表 15-1　autowire 属性值

属　性　值	说　　明
default（默认值）	由<bean>的上级标签<beans>的 default-autowire 属性值确定
byName	根据属性的名称自动装配

续表

属　性　值	说　　明
byType	根据属性的数据类型自动装配
constructor	根据构造函数的类型，进行 byType 模式的自动装配
no	在默认情况下，不使用自动装配，Bean 依赖必须通过 ref 元素定义

15.4　Spring 核心理论

Spring 的核心理论就是面向切面编程，接下来对面向切面编程做详细介绍。

15.4.1　面向切面编程简介

AOP 的全称是 Aspect-Oriented Programming，即面向切面编程（也称面向方面编程）。它是面向对象编程（OOP）的一种补充，目前已成为一种比较成熟的编程方式。

在传统的业务处理代码中，通常都会进行事务处理、日志记录等操作。虽然使用 OOP 可以通过组合或者继承的方式来达到代码的重用，但如果要实现某个功能（如日志记录），同样的代码仍然会分散到各个方法中。这样，如果想要关闭某个功能，或者对其进行修改，就必须修改所有的相关方法。这不但增加了开发人员的工作量，而且提高了代码的出错率。

为了解决这一问题，AOP 思想随之产生。AOP 采取横向抽取机制，将分散在各个方法中的重复代码提取出来，然后在程序编译或运行时，再将这些提取出来的代码应用到需要执行的地方。这种采用横向抽取机制的方式，采用传统的 OOP 思想显然是无法办到的，因为 OOP 只能实现父子关系的纵向的重用。虽然 AOP 是一种新的编程思想，但却不是 OOP 的替代品，它只是 OOP 的延伸和补充。

AOP 的优点：AOP 的使用，使开发人员在编写业务逻辑时可以专心于核心业务，而不用过多地关注于其他业务逻辑的实现，这不但提高了开发效率，而且增强了代码的可维护性。

15.4.2　AOP 术语

AOP 中有很多专业术语，包括 Aspect、JoinPoint、Pointcut、Advice、Target Object、Proxy 和 Weaving，具体介绍如下。

Aspect（切面）：封装的用于横向插入系统功能（如事务、日志等）的类，是一个关注点的模块化，这个关注点可能会横切多个对象。事务管理是 J2EE 应用中一个关于横切关注点的很好的例子，在 Spring AOP 中，切面可以使用通用类或者在普通类中以@Aspect 注解来实现。

JoinPoint（连接点）：在程序执行过程中的某个阶段点。它实际上是对象的一个操作，例如方法的调用或异常的抛出。在 Spring AOP 中，一个连接点总是代表一个方法的执行。通过声明一个 org.aspectj.lang.JoinPoint 类型的参数可以使通知（Advice）的主体部分获得连接点信息。

Pointcut（切入点）：切面与程序流程的交叉点，即那些需要处理的连接点。

以上三部分在程序流程中的位置如图 15-13 所示。

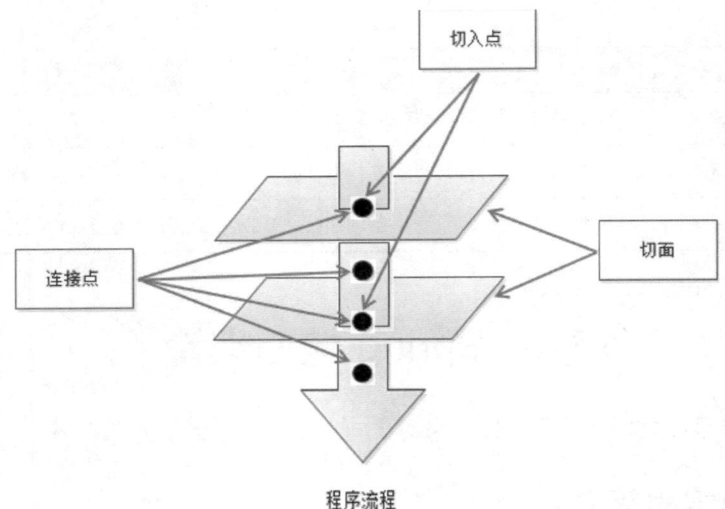

图 15-13　切面、连接点和切入点

Advice（通知/增强处理）：定义好在切入点要执行的程序代码，可以理解为是切面类中的方法。通知有各种类型，其中包括 around、before 和 after 等。Spring AOP 框架是以拦截器作通知模型，并维护一个以连接点为中心的拦截器链。

Target Object（目标对象）：指所有被通知的对象，也可以说成是被增强的对象。

Proxy（代理）：将通知应用到目标对象之后，被动态创建的对象。在 Spring 中，AOP 代理可以是 JDK 动态代理或者 CGLIB 代理。

Weaving（织入）：将切面代码插入到目标对象上，从而生成代理对象的过程。

15.5　就业面试解析与技巧

15.5.1　面试解析与技巧（一）

面试官：使用 Spring 框架的好处是什么？

应聘者：

（1）轻量：Spring 是轻量的。

（2）控制反转：Spring 通过控制反转实现了松散耦合，对象们给出它们的依赖，而不是创建或查找依赖的对象们。

（3）面向切面的编程（AOP）：Spring 支持面向切面的编程，并且把应用业务逻辑和系统服务分开。

（4）容器：Spring 包含并管理应用中对象的生命周期和配置。

（5）MVC 框架：Spring 的 Web 框架是个精心设计的框架，是 Web 框架的一个很好的替代品。

（6）事务管理：Spring 提供一个持续的事务管理接口，可以扩展到上至本地事务下至全局事务（JTA）。

（7）异常处理：Spring 提供方便的 API 把具体技术相关的异常（比如由 JDBC、Hibernate 或 JDO 抛出的）转换为一致的 unchecked 异常。

面试官：什么是 Bean 的自动装配？

应聘者：Spring 容器能够自动装配相互合作的 Bean，这意味着容器不需要<constructor-arg>和<property>配置，能通过 Bean 工厂自动处理 Bean 之间的协作。

15.5.2 面试解析与技巧（二）

面试官：解释 AOP。

应聘者：面向切面的编程或 AOP，是一种编程技术，允许程序模块化横向切割关注点，或横切典型的责任划分，如日志和事务管理。

面试官：在 Spring AOP 中，关注点和横切关注的区别是什么？

应聘者：关注点是应用中一个模块的行为，一个关注点可能会被定义成一个我们想实现的功能。

横切关注点是一个关注点，此关注点是整个应用都会使用的功能，并影响整个应用，比如日志、安全和数据传输，几乎应用的每个模块都需要的功能。因此这些都属于横切关注点。

第 16 章

持久化框架技术——MyBatis 应用

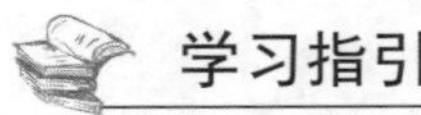

学习指引

本章主要介绍一个当前主流的 Java 持久层框架，这个框架几乎是所有互联网企业做项目的首选，所以作为 Java Web 的学习者来说，MyBatis 框架当然也是必须学习和掌握的。

重点导读

- 了解 MyBatis 框架的基础和优点。
- 掌握 MyBatis 的工作原理。
- 掌握 MyBatis 中基础程序的编写。

16.1 初涉 MyBatis

MyBatis 是当前主流的 Java 持久层框架之一，是一种 ORM 框架，其性能优异，具有高度的灵活性、可优化性和可维护性，受到了广大互联网企业的喜爱。本章将对 MyBatis 框架做详细介绍。

16.1.1 MyBatis 简介

MyBatis 的前身叫 iBATIS，本是 Apache 的一个开源项目， 2010 年这个项目由 Apache Software Foundation 迁移到了 Google Code，并且改名为 MyBatis。

MyBatis 是一款优秀的持久层框架，它支持定制化 SQL、存储过程以及高级映射。MyBatis 避免了几乎所有的 JDBC 代码和手动设置参数以及获取结果集。MyBatis 可以使用简单的 XML 或注解来配置和映射原生信息，将接口和 Java 的 POJO（Plain Ordinary Java Object，普通的 Java 对象）映射成数据库中的记录。

每个 MyBatis 应用程序都主要使用 SqlSessionFactory 实例，一个 SqlSessionFactory 实例可以通过 SqlSessionFactoryBuilder 获得。SqlSessionFactoryBuilder 可以从一个 XML 配置文件或者一个预定义的配置类的实例获得。用 XML 文件构建 SqlSessionFactory 实例是非常简单的事情。推荐在这个配置中使用类路径资源，但用户可以使用任何 Reader 实例，包括用文件路径或 file://开头的 URL 创建的实例。MyBatis 有一个实用类——Resources，它有很多方法，可以方便地从类路径及其他位置加载资源。

16.1.2 MyBatis 的优点

MyBatis 具有简单易学、灵活等优点，具体介绍如下。

（1）简单易学：MyBatis 本身就很小且简单。没有任何第三方依赖，最简单的安装只要两个 JAR 文件并配置几个 SQL 映射文件，易于学习，易于使用，通过文档和源代码可以比较完全地掌握它的设计思路和实现。

（2）灵活：MyBatis 不会对应用程序或者数据库的现有设计强加任何影响。SQL 写在 XML 里，便于统一管理和优化。通过 SQL 基本上可以实现不使用数据访问框架可以实现的所有功能，或许更多。

（3）解除 SQL 与程序代码的耦合：通过提供 DAO 层，将业务逻辑和数据访问逻辑分离，使系统的设计更清晰，更易维护，更易单元测试。SQL 和代码的分离，提高了可维护性。

（4）提供映射标签，支持对象与数据库的 ORM 字段关系映射。

（5）提供对象关系映射标签，支持对象关系组建维护。

（6）提供 XML 标签，支持编写动态 SQL。

16.1.3 MyBatis 下载和使用

编写本书时 MyBatis 的最新版本是 mybatis-3.4.6，读者下载时应尽量下载相同版本，以便于学习。

下载方法：可以通过网址 https://github.com/mybatis/mybatis-3/releases 下载得到，在浏览器打开以上网址，显示页面如图 16-1 所示。

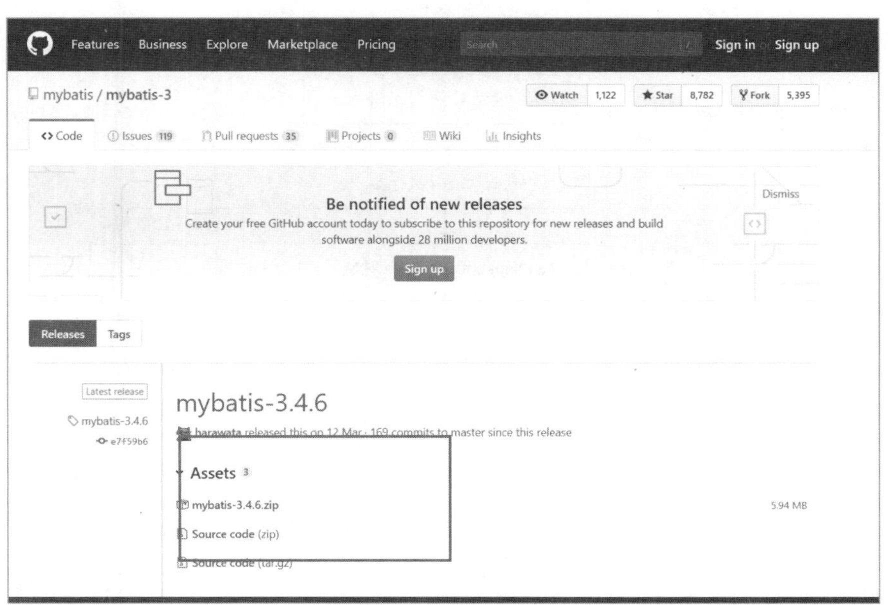

图 16-1 MyBatis 的下载

图 16-1 中框中有三个链接：第一个是 MyBatis 框架包；第二个是 Windows 系统下 MyBatis 框架源码包；第三个是 Linux 系统下的 MyBatis 框架源码包。选择第一个下载即可。

下载完成后解压得到的目录如图 16-2 所示。在使用 MyBatis 框架的时候只需要在项目下引入 MyBatis 核心包 mybatis-3.4.6.jar 和 lib 目录下的依赖包即可。

图 16-2　MyBatis 文件目录

16.1.4　MyBatis 工作原理

MyBatis 工作原理流程图如图 16-3 所示，能帮助读者更加清晰地理解 MyBatis 程序的运行原理。

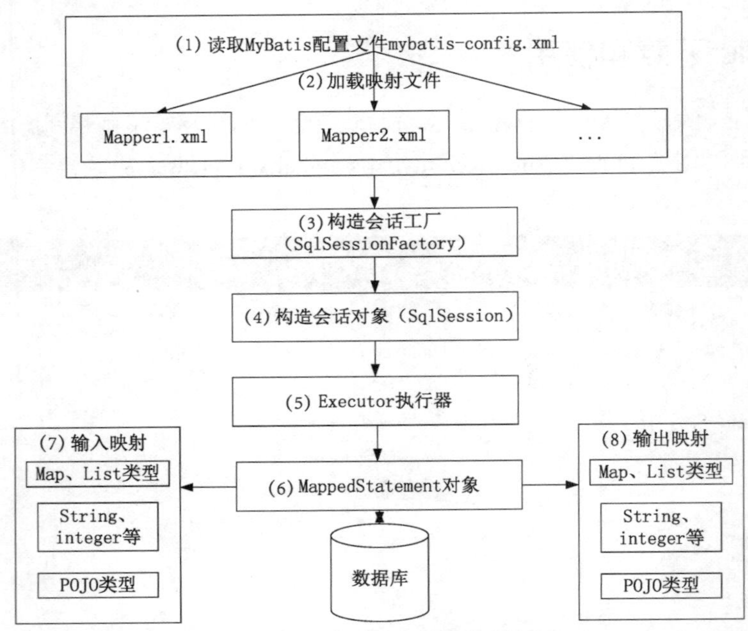

图 16-3　MyBatis 工作原理流程图

从图 16-3 中可以看到，MyBatis 在操作数据库时大体经过了 8 个步骤，具体说明如下。

（1）读取 MyBatis 配置文件 mybatis-config.xml。mybatis-config.xml 是 MyBatis 的全局配置文件，主要内容是获取数据库连接。

（2）加载映射文件 Mapper.xml（SQL 映射文件）。

（3）构造会话工厂。

（4）创建 SqlSession 对象，该对象中包含执行 SQL 的所有方法。

（5）MyBatis 底层定义了一个 Executor 接口来操作数据库，会根据 SqlSession 传递的参数动态生成需要执行的 SQL 语句，还负责查询缓存的维护。

（6）MappedStatement 对象，主要用于存储 SQL 语句的 id、name 等参数。

（7）输入参数映射。

（8）输出参数映射。

16.2　MyBatis 的核心配置

了解了 MyBatis 的工作原理之后，接下来学习 MyBatis 的核心对象、配置文件的元素以及映射文件。

16.2.1　MyBatis 核心对象

在使用 MyBatis 时主要涉及两个核心对象，一个是 SqlSessionFactory，另一个是 SqlSession，这两个对象在框架中起到很重要的作用，具体介绍如下。

1. SqlSessionFactory 对象

SqlSessionFactory 是 MyBatis 框架中十分重要的对象，它是单个数据库映射关系经过编译后的内存镜像，其主要作用是创建 SqlSession。

SqlSessionFactory 对象的实例可以通过 SqlSessionFactoryBuilder 对象来构建，而 SqlSessionFactoryBuilder 则可以通过 XML 配置文件或一个预先定义好的 Configuration 实例构建出 SqlSessionFactory 的实例。

通过 XML 配置文件构建出的 SqlSessionFactory 实现代码如下。

```
InputStream inputStream = Resources.getResourceAsStream("配置文件位置");
SqlSessionFactory sqlSessionFactory = new SqlSessionFactoryBuilder().build(inputStream);
```

SqlSessionFactory 对象是线程安全的，它一旦被创建，在整个应用执行期间都会存在。如果多次地创建同一个数据库的 SqlSessionFactory，那么此数据库的资源将很容易被耗尽。为此，通常每一个数据库都会只对应一个 SqlSessionFactory，所以在构建 SqlSessionFactory 实例时，建议使用单列模式。

2. SqlSession 对象

SqlSession 是 MyBatis 框架中另一个重要的对象，它是应用程序与持久层之间执行交互操作的一个单线程对象，其主要作用是执行持久化操作。

SqlSession 对象中包含很多方法，常用方法及其介绍如下。

1）查询方法

（1）<T> T selectOne(String statement);参数 statement 是配置文件中定义的<select>元素的 id，返回一条泛型对象。

（2）<T> T selectOne(String statement, Object parameter);参数 statement 是配置文件中定义的<select>元素的 id，parameter 是查询所需的参数，返回一条泛型对象。

（3）<E> List<E> selectList(String statement);参数 statement 是配置文件中定义的<select>元素的 id，返回泛型对象的集合。

（4）<E> List<E> selectList(String statement, Object parameter);参数 statement 是配置文件中定义的<select>元素的 id，parameter 是查询所需的参数，返回泛型对象的集合。

（5）<E> List<E> selectList(String statement, Object parameter, RowBounds rowBounds);参数 statement 是配置文件中定义的<select>元素的 id，parameter 是查询所需的参数，rowBounds 是分页的参数对象，返回泛

型对象的集合。

（6）void select(String statement, Object parameter, ResultHandler handler);参数 statement 是配置文件中定义的<select>元素的 id，parameter 是查询所需的参数，handler 用于处理查询返回的复杂结果集，通常用于多表查询。

2）插入、更新和删除方法

（1）int insert(String statement);插入方法，参数 statement 是配置文件中定义的<select>元素的 id，返回执行 SQL 语句影响的行数。

（2）int insert(String statement, Object parameter);插入方法，参数 statement 是配置文件中定义的<select>元素的 id，parameter 是插入所需的参数，返回执行 SQL 语句影响的行数。

（3）int update(String statement);更新方法，参数 statement 是配置文件中定义的<select>元素的 id，返回执行 SQL 语句影响的行数。

（4）int update(String statement, Object parameter);更新方法，参数 statement 是配置文件中定义的<select>元素的 id，parameter 是更新所需的参数，返回执行 SQL 语句影响的行数。

（5）int delete(String statement);删除方法，参数 statement 是配置文件中定义的<select>元素的 id，返回执行 SQL 语句影响的行数。

（6）int delete(String statement, Object parameter);删除方法，参数 statement 是配置文件中定义的<select>元素的 id，parameter 是删除时所需的参数，返回执行 SQL 语句影响的行数。

3）其他方法

（1）void commit();提交事务的方法。

（2）void rollback();回滚事务的方法。

（3）void close();关闭 SqlSession 对象。

（4）<T> T getMapper(Class<T> type);返回 Mapper 接口的代理对象。

（5）Connection getConnection();获取 JDBC 数据库连接对象的方法。

为了简化开发，通常在实际项目中都会使用工具类来创建 SqlSession，具体代码如下。

```
public class MybatisUtils {
    private static SqlSessionFactory sqlSessionFactory = null;
    static {
        try {
            Reader reader = Resources.getResourceAsReader("mybatis-config.xml");
            sqlSessionFactory =  new SqlSessionFactoryBuilder().build(reader);
        } catch (Exception e) {
            e.printStackTrace();
            }
        }
        public static SqlSession getSession() {
        return sqlSessionFactory.openSession();
    }
}
```

16.2.2 MyBatis 配置文件

在 MyBatis 框架的核心配置文件中，<configuration>元素是配置文件的根元素，其他元素都要在<configuration>元素内配置，否则会报错。

1. <properties>元素

<properties>是一个配置属性的元素，该元素通常用来将内部的配置外在化，即通过外部的配置来动态地替换内部定义的属性。例如，数据库的连接等属性，就可以通过典型的 Java 属性文件中的配置来替换，具体方式如下。

步骤 1：编写 db.properties。

```
jdbc.driver=com.mysql.jdbc.Driver
jdbc.url=jdbc:mysql://localhost:3306/mybatis
jdbc.username=root
jdbc.password=root
```

步骤 2：配置<properties…/>属性。

```
<properties resource="db.properties" />
```

步骤 3：修改配置文件中数据库连接的信息。

```
<dataSource type="POOLED">
    <!-- 数据库驱动 -->
    <property name="driver" value="${jdbc.driver}" />
    <!-- 连接数据库的 url -->
    <property name="url" value="${jdbc.url}" />
    <!-- 连接数据库的用户名 -->
    <property name="username" value="${jdbc.username}" />
    <!-- 连接数据库的密码 -->
    <property name="password" value="${jdbc.password}" />
</dataSource>
```

2. <settings>元素

<settings>元素主要用于改变 MyBatis 运行时的行为。

表 16-1 是<settings>元素中的常见配置及其描述。

表 16-1　<settings>元素参数

设置参数	描述	有效值	默认值
cacheEnabled	全局地开启或关闭配置文件中的所有映射器已经配置的任何缓存	true → false	true
lazyLoadingEnabled	延迟加载的全局开关。当开启时，所有关联对象都会延迟加载。特定关联关系中可通过设置 fetchType 属性来覆盖该项的开关状态	true → false	false
aggressiveLazyLoading	当开启时，任何方法的调用都会加载该对象的所有属性。否则，每个属性会按需加载	true → false	false
multipleResultSetsEnabled	是否允许单一语句返回多结果集（需要兼容驱动）	true → false	true
useColumnLabel	使用列标签代替列名。不同的驱动在这方面会有不同的表现，具体可参考相关驱动文档或通过测试这两种不同的模式来观察所用驱动的结果	true → false	true
useGeneratedKeys	允许 JDBC 支持自动生成主键，需要驱动兼容。如果设置为 true 则这个设置强制使用自动生成主键，尽管一些驱动不能兼容但仍可正常工作（比如 Derby）	true → false	False

续表

设置参数	描　　述	有效值	默认值
autoMappingBehavior	指定 MyBatis 应如何自动映射列到字段或属性。NONE 表示取消自动映射；PARTIAL 只会自动映射没有定义嵌套结果集映射的结果集；FULL 会自动映射任意复杂的结果集（无论是否嵌套）	NONE、PARTIAL、FULL	PARTIAL
defaultExecutorType	配置默认的执行器。SIMPLE 就是普通的执行器；REUSE 执行器会重用预处理语句；BATCH 执行器将重用语句并执行批量更新	SIMPLE、REUSE、BATCH	SIMPLE
defaultStatementTimeout	设置超时时间，它决定驱动等待数据库响应的秒数	任意正整数	未设置
mapUnderscoreToCamelCase	是否开启自动驼峰命名规则映射，即从经典数据库列名 A_COLUMN 到经典 Java 属性名 aColumn 的类似映射	true → false	False
jdbcTypeForNull	当没有为参数提供特定的 JDBC 类型时，为空值指定 JDBC 类型。某些驱动需要指定列的 JDBC 类型，多数情况直接用一般类型即可，比如 NULL、VARCHAR 或 OTHER	NULL、ARCHAR、OTHER	OTHER

使用方式举例如下。

```
<settings>
  <setting name="cacheEnabled" value="true" />
  <setting name="lazyLoadingEnabled" value="true" />
  <setting name="multipleResultSetsEnabled" value="true" />
  <setting name="useColumnLabel" value="true" />
  <setting name="useGeneratedKeys" value="false" />
  <setting name="autoMappingBehavior" value="PARTIAL" />
  ...
</settings>
```

3. <typeAliases>元素

<typeAliases>元素用于为配置文件中的Java类型设置一个简短的名字，即设置别名。别名的设置与XML配置相关，其使用的意义在于减少全限定类名的冗余。

使用<typeAliases>元素配置别名的方法如下。

```
<typeAliases>
   <typeAlias alias="user" type="com.smile.po.User"/>
</typeAliases>
```

当 POJO 类过多时，可以通过自动扫描包的形式自定义别名，具体如下。

```
<typeAliases>
   <package name="com.smile.po"/>
</typeAliases>
```

表 16-2 是一些 MyBatis 为常见的 Java 类型内建的相应的类型别名。它们都是大小写不敏感的，需要注意的是由基本类型名称重复导致的特殊处理。

表 16-2 类型别名

别 名	映射的类型	别 名	映射的类型
_byte	byte	double	Double
_long	long	float	Float
_short	short	boolean	Boolean
_int	int	date	Date
_integer	int	decimal	BigDecimal
_double	double	bigdecimal	BigDecimal
_float	float	object	Object
_boolean	Boolean	map	Map
string	String	hashmap	HashMap
byte	Byte	list	List
long	Long	arraylist	ArrayList
short	Short	collection	Collection
int	Integer	iterator	Iterator
integer	Integer		

4. <typeHandler>元素

<typeHandler>元素的作用就是将预处理语句中传入的参数从 javaType（Java 类型）转换为 jdbcType（JDBC 类型），或者从数据库取出结果时将 jdbcType 转换为 javaType。

<typeHandler>元素可以在配置文件中注册自定义的类型处理器，它的使用方式有两种，具体如下。

（1）注册一个类的类型处理器。

```
<typeHandlers>
    <typeHandler handler="com.smile.type.CustomtypeHandler" />
</typeHandlers>
```

（2）注册一个包中所有的类型处理器。

```
<typeHandlers>
    <package name="com.smile.type" />
</typeHandlers>
```

为了方便转换，MyBatis 提供了一些默认的类型处理器，如表 16-3 所示。

表 16-3 类型处理器

类型处理器	Java 类型	JDBC 类型
BooleanTypeHandler	java.lang.Boolean,boolean	数据库兼容的 BOOLEAN
ByteTypeHandler	java.lang.Byte,byte	数据库兼容的 NUMERIC 或 BYTE
ShortTypeHandler	java.lang.Short,short	数据库兼容的 NUMERIC 或 SHORT INTEGER
IntegerTypeHandler	java.lang.Integer,int	数据库兼容的 NUMERIC 或 INTEGER
LongTypeHandler	java.lang.Long, long	数据库兼容的 NUMERIC 或 LONG INTEGER
FloatTypeHandler	java.lang.Float,float	数据库兼容的 NUMERIC 或 FLOAT

续表

类型处理器	Java 类型	JDBC 类型
DoubleTypeHandler	java.lang.Double,double	数据库兼容的 NUMERIC 或 DOUBLE
BigDecimalTypeHandler	java.math.BigDecimal	数据库兼容的 NUMERIC 或 DECIMAL
StringTypeHandler	java.lang.String	CHAR, VARCHAR
ClobTypeHandler	java.lang.String	CLOB, LONGVARCHAR
ByteArrayTypeHandler	byte[]	数据库兼容的字节流类型
BlobTypeHandler	byte[]	BLOB, LONGVARBINARY
DateTypeHandler	java.util.Date	TIMESTAMP
SqlTimestampTypeHandler	java.sql.Timestamp	TIMESTAMP
SqlDateTypeHandler	java.sql.Date	DATE
SqlTimeTypeHandler	java.sql.Time	TIME

5. <objectFactory>元素

MyBatis 每次创建结果对象的新实例时，都会使用一个对象工厂（ObjectFactory）的实例来完成。默认的对象工厂需要做的仅仅是实例化目标类，要么通过默认构造方法，要么在参数映射存在的时候通过参数构造方法来实例化。如果想覆盖对象工厂的默认行为，则可以通过创建自己的对象工厂来实现。

创建自己的对象工厂，具体方式如下。

步骤 1：自定义一个对象工厂。

```
//自定义的工厂类
public class ExampleObjectFactory extends DefaultObjectFactory {
  public Object create(Class type) {
    return super.create(type);
  }
  public Object create(Class type, List<Class> constructorArgTypes, List<Object> constructorArgs) {
    return super.create(type, constructorArgTypes, constructorArgs);
  }
  public void setProperties(Properties properties) {
    super.setProperties(properties);
  }
  public <T> boolean isCollection(Class<T> type) {
    return Collection.class.isAssignableFrom(type);
  }
}
```

步骤 2：在配置文件中使用<objectFactory>元素配置以上 ObjectFactory。

```
<!-- mybatis-config.xml -->
<objectFactory type="org.mybatis.example.ExampleObjectFactory">
  <property name="someProperty" value="100"/>
</objectFactory>
```

6. <plugins>元素

MyBatis 允许用户在已映射语句执行过程中的某一点进行拦截调用。默认情况下，MyBatis 允许使用插件来拦截的方法调用包括：

（1）Executor(update, query, flushStatements, commit, rollback, getTransaction, close, isClosed)

（2）ParameterHandler(getParameterObject, setParameters)

（3）ResultSetHandler(handleResultSets, handleOutputParameters)

（4）StatementHandler(prepare, parameterize, batch, update, query)

这些类中方法的细节可以通过查看每个方法的签名来发现，或者直接查看 MyBatis 发行包中的源代码。如果想做的不仅是监控方法的调用，那么最好相当了解要重写的方法的行为。因为如果在试图修改或重写已有方法的行为的时候，很可能在破坏 MyBatis 的核心模块。这些都是更低层的类和方法，所以使用插件的时候要特别当心。

7. <environments>元素

<environments>元素用于对环境进行配置。MyBatis 的环境配置实际上就是数据源的配置，可以通过<environments>元素配置多种数据源，即配置多种数据库。

使用<environments>元素进行环境配置的实例如下。

```
< environments default="development">
<environment id="development">
<!--使用 JDBC 事务管理-->
    <transactionManager type="JDBC" />
    <!--配置数据源-->
        <dataSource type="POOLED">
        <property name="driver" value="${jdbc.driver}" />
        <property name="url" value="${jdbc.url}" />
        <property name="username" value="${jdbc.username}" />
        <property name="password" value="${jdbc.password}" />
        </dataSource>
    </environment>
        ...
</environments>
```

注意这里的关键点:

（1）默认的环境 id（比如 default="development"）。

（2）每个 environment 元素定义的环境 id（比如 id="development"）。

（3）<transactionManager>用于事务管理器的配置（比如 type="JDBC"）。

（4）<dataSource>数据源的配置（比如 type="POOLED"）。

默认的环境和环境 id 是自解释的，因此一目了然。用户可以对环境随意命名，但一定要保证默认的环境 id 要匹配其中一个环境 id。

接下来学习一下数据源的配置，具体如下。

许多 MyBatis 的应用程序会按实例中的样子来配置数据源。虽然这是可选的，但为了使用延迟加载，数据源是必须配置的，MyBatis 提供了三种内建的数据源类型（也就是 type="[UNPOOLED→POOLED→JNDI]"）。

（1）UNPOOLED。UNPOOLED 数据源的实现只是每次被请求时打开和关闭连接。虽然有点儿慢，但对于在数据库连接可用性方面没有太高要求的简单应用程序来说，是一个很好的选择。不同的数据库在性能方面的表现也是不一样的，对于某些数据库来说，使用连接池并不重要，这个配置就很适合这种情形。UNPOOLED 类型的数据源仅需要配置以下 5 种属性。

①driver——这是 JDBC 驱动的 Java 类的完全限定名（并不是 JDBC 驱动中可能包含的数据源类）。

②url——这是数据库的 JDBC URL 地址。

③username——登录数据库的用户名。

④password——登录数据库的密码。

⑤defaultTransactionIsolationLevel——默认的连接事务隔离级别。

作为可选项，也可以传递属性给数据库驱动。如果要这样做，属性的前缀为“driver.”。例如：driver.encoding=UTF8。这将通过 DriverManager.getConnection(url, driverProperties)方法传递值为 UTF8 的 encoding 属性给数据库驱动。

（2）POOLED。POOLED 数据源的实现利用“池”的概念将 JDBC 连接对象组织起来，避免了创建新的连接实例时所必需的初始化和认证时间。这是一种使得并发 Web 应用快速响应请求的流行处理方式。

除了上述提到的 UNPOOLED 下的属性外，还有更多属性用来配置 POOLED 的数据源。

①poolMaximumActiveConnections——在任意时间可以存在的活动（也就是正在使用）连接数量，默认值为 10。

②poolMaximumIdleConnections——任意时间可能存在的空闲连接数。

③poolMaximumCheckoutTime——在被强制返回之前，池中连接被检出的时间，默认值为 20 000 ms（即 20s）。

④poolTimeToWait——这是一个底层设置，如果获取连接花费了相当长的时间，连接池会打印状态日志并重新尝试获取一个连接（避免在误配置的情况下一直安静地失败），默认值为 20 000 ms（即 20s）。

⑤poolMaximumLocalBadConnectionTolerance——这是一个关于坏连接容忍度的底层设置， 作用于每一个尝试从缓存池获取连接的线程。如果这个线程获取到的是一个坏的连接，那么这个数据源允许这个线程尝试重新获取一个新的连接，但是这个重新尝试的次数不应该超过 poolMaximumIdleConnections 与 poolMaximumLocalBadConnectionTolerance 之和。默认值为 3。

⑥poolPingQuery——发送到数据库的侦测查询，用来检验连接是否正常工作并准备接受请求。默认是“NO PING QUERY SET”，这会导致多数数据库驱动失败时带有一个恰当的错误消息。

⑦poolPingEnabled——是否启用侦测查询。若开启，需要设置 poolPingQuery 属性为一个可执行的 SQL 语句（最好是一个速度非常快的 SQL 语句），默认值为 false。

⑧poolPingConnectionsNotUsedFor——配置 poolPingQuery 的频率。可以被设置为和数据库连接超时时间一样，来避免不必要的侦测，默认值为 0（即所有连接每一时刻都被侦测——当然仅当 poolPingEnabled 为 true 时适用）。

（3）JNDI。JNDI 数据源的实现是为了能在如 EJB 或应用服务器这类容器中使用，容器可以集中或在外部配置数据源，然后放置一个 JNDI 上下文的引用。这种数据源配置只需要以下两个属性。

①initial_context——这个属性用来在 InitialContext 中寻找上下文（即 initialContext.lookup(initial_ context)）。这是个可选属性，如果忽略，那么 data_source 属性将会直接从 InitialContext 中寻找。

②data_source——这是引用数据源实例位置的上下文的路径。提供了 initial_context 配置时会在其返回的上下文中进行查找，没有提供时则直接在 InitialContext 中查找。

8. <mappers>元素

<mappers>元素用于指定 MyBatis 映射文件的位置，一般可以使用以下 4 种方法引入映射器文件。

（1）使用相对于类路径的资源引用。

```
<mappers>
  <mapper resource="org/mybatis/builder/AuthorMapper.xml"/>
</mappers>
```

（2）使用完全限定资源定位符（URL）。

```
<mappers>
  <mapper url="file:///var/mappers/AuthorMapper.xml"/>
</mappers>
```

（3）使用映射器接口实现类的完全限定类名。

```
<mappers>
  <mapper class="org.mybatis.builder.AuthorMapper"/>
</mappers>
```

（4）将包内的映射器接口实现全部注册为映射器。

```
<mappers>
  <package name="org.mybatis.builder"/>
</mappers>
```

16.2.3 MyBatis 映射文件

MyBatis 的真正强大之处在于它的映射语句，也是它的魔力所在。由于它的异常强大，映射器的 XML 文件就显得相对简单。如果拿它跟具有相同功能的 JDBC 代码进行对比，会立即发现省掉了将近 95%的代码。MyBatis 就是针对 SQL 构建的，并且比普通的方法做得更好，接下来具体介绍。

1. SQL 映射文件主要元素

SQL 映射文件根元素是<mapper>，其他的都是其子元素（按照它们应该被定义的顺序）。

（1）cache——给定命名空间的缓存配置。

（2）cache-ref——其他命名空间缓存配置的引用。

（3）resultMap——是最复杂也是最强大的元素，用来描述如何从数据库结果集中来加载对象。

（4）sql——可被其他语句引用的可重用语句块。

（5）insert——映射插入语句。

（6）update——映射更新语句。

（7）delete——映射删除语句。

（8）select——映射查询语句。

下一部分将从语句本身开始来描述每个元素的细节。

2. <select>元素

查询语句是 MyBatis 中最常用的元素之一，光能把数据存到数据库中价值并不大，如果还能重新取出来才有用，多数应用也都是查询比修改要频繁。对每个插入、更新或删除操作，通常对应多个查询操作。这是 MyBatis 的基本原则之一，也是将焦点和努力放到查询和结果映射的原因。查询 select 元素是非常简单的，具体如下。

```
<select id="selectPerson" parameterType="int" resultType="hashmap">
    SELECT * FROM PERSON WHERE ID = #{id}
</select>
```

这个语句被称作 selectPerson，接收一个 int 类型的参数，并返回一个 HashMap 类型的对象，其中的键是列名，值便是结果行中的对应值。

select 元素有很多属性允许用户来配置，以决定每条语句的作用细节，如表 16-4 所示。

表 16-4　select 元素属性

属　性	描　述
id	在命名空间中唯一的标识符，可以被用来引用这条语句
parameterType	将会传入这条语句的参数类的完全限定名或别名。这个属性是可选的，因为 MyBatis 可以通过 TypeHandler 推断出具体传入语句的参数，默认值为 unset
resultType	从这条语句中返回的期望类型的类的完全限定名或别名。注意如果是集合情形，那应该是集合可以包含的类型，而不能是集合本身。使用 resultType 或 resultMap，但不能同时使用
resultMap	外部 resultMap 的命名引用。结果集的映射是 MyBatis 最强大的特性，如果对其有一个很好的理解的话，许多复杂映射的情形都能迎刃而解。使用 resultMap 或 resultType，但不能同时使用
flushCache	将其设置为 true，任何时候只要语句被调用，都会导致本地缓存和二级缓存都会被清空，默认值为 false
useCache	将其设置为 true，将会导致本条语句的结果被二级缓存，默认值对于 select 元素为 true
timeout	这个设置是在抛出异常之前，驱动程序等待数据库返回请求结果的秒数。默认值为 unset（依赖驱动）
fetchSize	这是尝试影响驱动程序每次批量返回的结果行数和这个设置值相等。默认值为 unset
statementType	STATEMENT，PREPARED 或 CALLABLE 的一个。这会让 MyBatis 分别使用 Statement，PreparedStatement 或 CallableStatement，默认值为 PREPARED
resultSetType	FORWARD_ONLY，SCROLL_SENSITIVE 或 SCROLL_INSENSITIVE 中的一个，默认值为 unset（依赖驱动）
databaseId	如果配置了 databaseIdProvider，MyBatis 会加载所有不带 databaseId 或匹配当前 databaseId 的语句；如果带或者不带的语句都有，则不带的会被忽略
resultOrdered	这个设置仅针对嵌套结果 select 语句适用：如果为 true，就是假设包含嵌套结果集或是分组了，这样的话当返回一个主结果行的时候，就不会发生有对前面结果集的引用的情况。这就使得在获取嵌套的结果集的时候不至于导致内存不够用。默认值为 false
resultSets	这个设置仅对多结果集的情况适用，它将列出语句执行后返回的结果集并为每个结果集起一个名称，名称是用逗号分隔的

3. <insert>, <update> 和 <delete>元素

数据变更语句 insert（插入数据），update（更新数据）和 delete（删除数据）的实现非常接近，在执行完元素中定义的 SQL 语句后，会返回一个表示插入记录数的整数。三者常用的元素属性如表 16-5 所示。

表 16-5　insert、update 和 delete 元素属性

属　性	描　述
id	命名空间中的唯一标识符，可被用来代表这条语句
parameterType	将要传入语句的参数的完全限定类名或别名。这个属性是可选的，因为 MyBatis 可以通过 TypeHandler 推断出具体传入语句的参数，默认值为 unset
flushCache	将其设置为 true，任何时候只要语句被调用，都会导致本地缓存和二级缓存被清空，默认值为 true（对应插入、更新和删除语句）
timeout	这个设置是在抛出异常之前，驱动程序等待数据库返回请求结果的秒数。默认值为 unset（依赖驱动）
statementType	STATEMENT、PREPARED 或 CALLABLE 的一个。这会让 MyBatis 分别使用 Statement、PreparedStatement 或 CallableStatement，默认值为 PREPARED

续表

属　　性	描　　述
useGeneratedKeys	（仅对 insert 和 update 有用）这会令 MyBatis 使用 JDBC 的 getGeneratedKeys 方法来取出由数据库内部生成的主键（比如, 像 MySQL 和 SQL Server 这样的关系数据库管理系统的自动递增字段），默认值为 false
keyProperty	（仅对 insert 和 update 有用）唯一标记一个属性，MyBatis 会通过 getGeneratedKeys 的返回值或者通过 insert 语句的 selectKey 子元素设置它的键值，默认为 unset。如果希望得到多个生成的列，也可以是逗号分隔的属性名称列表
keyColumn	（仅对 insert 和 update 有用）通过生成的键值设置表中的列名，这个设置仅在某些数据库（像 PostgreSQL）是必需的，当主键列不是表中的第一列的时候需要设置。如果希望得到多个生成的列，也可以是逗号分隔的属性名称列表
databaseId	如果配置了 databaseIdProvider, MyBatis 会加载所有的不带 databaseId 或匹配当前 databaseId 的语句；如果带或者不带的语句都有，则不带的会被忽略

<insert>, <update>和<delete>的使用实例如下。

<insert>元素的使用：向 Author 表中插入一条数据。包含 id、username、password、email、bio 5 个属性。

```
<insert id="insertAuthor">
  insert into Author (id,username,password,email,bio)
  values (#{id},#{username},#{password},#{email},#{bio})
</insert>
```

<update>元素的使用：修改 Author 表中指定 id 的 username、password、email、bio 4 个属性的值。

```
<update id="updateAuthor">
  update Author set
    username = #{username},
    password = #{password},
    email = #{email},
    bio = #{bio}
  where id = #{id}
</update>
```

<delete>元素的使用：删除 Author 表中指定 id 的整条数据。

```
<delete id="deleteAuthor">
  delete from Author where id = #{id}
</delete>
```

4. <sql>元素

<sql>元素可以被用来定义可重用的 SQL 代码段，可以包含在其他语句中。它可以被静态地参数化。不同的属性值通过包含的实例变化。

```
<sql id="userColumns"> ${alias}.id,${alias}.username,${alias}.password </sql>
```

这个 SQL 片段可以被包含在其他语句中，例如：

```
<select id="selectUsers" resultType="map">
  select
    <include refid="userColumns"><property name="alias" value="t1"/></include>,
    <include refid="userColumns"><property name="alias" value="t2"/></include>
  from some_table t1
    cross join some_table t2
</select>
```

属性值也可以被用在 include 元素的 refid 属性里（<include refid="${include_target}"/>）或 include 内部语句中（${prefix}Table），具体使用方法实例如下。

定义表的前缀名：

```
<sql id="sometable">
  ${prefix}Table
</sql>
```

定义要查询的表：

```
<sql id="someinclude">
  from
    <include refid="${include_target}"/>
</sql>
```

根据查询条件进行查询：

```
<select id="select" resultType="map">
  select field1, field2, field3
  <include refid="someinclude">
    <property name="prefix" value="Some"/>
    <property name="include_target" value="sometable"/>
  </include>
查询条件
</select>
```

5. <resultMap>元素

<resultMap >元素是 MyBatis 中最重要最强大的元素。它可以让用户从 90%的 JDBC resultSets 数据提取代码中解放出来，并在一些情形下允许用户做一些 JDBC 不支持的事情。实际上，在对复杂语句进行联合映射的时候，它很可能可以代替数千行的同等功能的代码。resultMap 的设计思想是，简单的语句不需要明确的结果映射，而复杂一点儿的语句只需要描述它们的关系就行了，具体介绍如下。

```
<resultMap type="" id="">
      <constructor>    <!-- 类在实例化时,用来注入结果到构造方法中-->
      <idArg/>         <!-- id 参数;标记结果作为 id-->
      <arg/>           <!-- 注入到构造方法的一个普通结果-->
      </constructor>
      <id/>            <!-- 用于表示哪个列是主键-->
      <result/>        <!-- 注入到字段或 JavaBean 属性的普通结果-->
      <association property="" />         <!-- 用于一对一关联 -->
      <collection property="" />          <!-- 用于一对多关联 -->
      <discriminator javaType="">         <!-- 使用结果值来决定使用哪个结果映射-->
      <case value="" />                   <!-- 基于某些值的结果映射 -->
      </discriminator>
</resultMap>
```

<resultMap >元素属性如表 16-6 所示。

表 16-6 <resultMap >元素属性

属　性	描　述
id	当前命名空间中的一个唯一标识，用于标识一个 result map
type	类的完全限定名，或者一个类型别名
autoMapping	如果设置这个属性，MyBatis 将会为这个 resultMap 开启或者关闭自动映射。这个属性会覆盖全局的属性 autoMappingBehavior。默认值为 unset

16.3　MyBatis 中的动态 SQL

动态 SQL 元素和 JSTL 或基于类似 XML 的文本处理器相似。在 MyBatis 之前的版本中，有很多元素需要花时间了解。MyBatis 3 大大精简了元素种类，现在只需学习原来一半的元素便可。MyBatis 采用功能强大的基于 OGNL 的表达式来淘汰其他大部分元素，虽然在以前使用动态 SQL 并非一件易事，但正是 MyBatis 提供了可以被用在任意 SQL 映射语句中的强大的动态 SQL 得以改进这种情形，具体介绍如下。

1. 动态 SQL 中的元素

MyBatis 的强大特性之一便是它的动态 SQL。如果读者有使用 JDBC 或其他类似框架的经验，就能体会到根据不同条件拼接 SQL 语句的痛苦。例如，拼接时要确保不能忘记添加必要的空格，还要注意去掉列表最后一个列名的逗号。利用动态 SQL 这一特性可以彻底摆脱这种痛苦。动态 SQL 主要用在数据库开发工作的 SQL 拼接中。动态 SQL 中的元素如表 16-7 所示。

表 16-7　动态 SQL 中的元素

元　　素	说　　明
<if>	用于单条件分支判断
<choose>(<when>、<otherwise>)	用于多条件分支判断，相当于 Java 中的 switch、case、default 语句
<where>、<trim>、<set>	用于处理一些 SQL 拼装以及特殊字符问题
<foreach>	循环语句
<bind>	常用于模糊查询的 SQL 中

2. <if>元素

在 MyBatis 中，<if>元素是最常用的判断语句，它类似于 Java 中的 if 语句，主要用于实现某些简单的条件选择。其基本使用实例如下。

```
<select id="findActiveBlogWithTitleLike"
      resultType="Blog">
    SELECT * FROM BLOG WHERE state = 'ACTIVE'
    <if test="title != null">
    AND title like #{title}
    </if>
</select>
```

这条语句提供了一种可选的查找文本功能。如果没有传入“title”，那么所有处于“ACTIVE”状态的 BLOG 都会返回；反之若传入了“title”，那么就会对“title”一列进行模糊查找并返回 BLOG 结果（细心的读者可能会发现，“title”参数值是可以包含一些掩码或通配符的）。

如果希望通过“title”和“author”两个参数进行可选搜索该怎么办呢？首先，改变语句的名称让它更具实际意义；然后只要加入另一个条件即可，具体如下。

```
<select id="findActiveBlogLike"
     resultType="Blog">
  SELECT * FROM BLOG WHERE state = 'ACTIVE'
  <if test="title != null">
    AND title like #{title}
  </if>
  <if test="author != null and author.name != null">
```

```
    AND author_name like #{author.name}
  </if>
</select>
```

3. <choose>、<when>和<otherwise>元素

有时我们不想应用到所有的条件语句，而只想择其一项。针对这种情况，MyBatis 提供了 choose 元素，它有点儿像 Java 中的 switch 语句。

还是上面的例子，但是这次变为提供了“title”就按“title”查找、提供了“author”就按“author”查找的情形，若两者都没有提供，就返回所有符合条件的 BLOG（实际情况可能是由管理员按一定策略选出 BLOG 列表，而不是返回大量无意义的随机结果)，具体如下。

```
<select id="findActiveBlogLike"
     resultType="Blog">
  SELECT * FROM BLOG WHERE state = 'ACTIVE'
  <choose>
    <when test="title != null">
      AND title like #{title}++++
    </when>
    <when test="author != null and author.name != null">
      AND author_name like #{author.name}
    </when>
    <otherwise>
      AND featured = 1
    </otherwise>
  </choose>
</select>
```

4. <where>、<trim>和<set>元素

通过修改 16.3 节中第 2 点，<if>元素实例介绍<where>、<trim>和<set>元素的作用，修改结果如下：

```
<select id="findActiveBlogLike" resultType="Blog">
  SELECT * FROM BLOG
  WHERE
  <if test="state != null">
    state = #{state}
  </if>
  <if test="title != null">
    AND title like #{title}
  </if>
  <if test="author != null and author.name != null">
    AND author_name like #{author.name}
  </if>
</select>
```

如果这些条件没有一个能匹配上会发生什么？最终这条 SQL 会变成这样：

```
SELECT * FROM BLOG
WHERE
```

这会导致查询失败。如果仅第二个条件匹配又会怎样？这条 SQL 最终会是这样:

```
SELECT * FROM BLOG
WHERE
AND title like 'someTitle'
```

这个查询也会失败。这个问题不能简单地用条件句式来解决。

MyBatis 有一个简单的处理，这在 90%的情况下都会有用。而在不能使用的地方，用户可以自定义处理方式来令其正常工作。一个简单的修改就能达到目的，具体如下。

```
<select id="findActiveBlogLike"  resultType="Blog">
  SELECT * FROM BLOG
  <where>
    <if test="state != null">
         state = #{state}
    </if>
    <if test="title != null">
        AND title like #{title}
    </if>
    <if test="author != null and author.name != null">
        AND author_name like #{author.name}
    </if>
  </where>
</select>
```

where 元素只会在至少有一个子元素的条件返回 SQL 子句的情况下才去插入“WHERE”子句。而且，若语句的开头为“AND”或“OR”，where 元素也会将它们去除。

如果 where 元素没有按正常套路出牌，可以通过自定义 trim 元素来定制 where 元素的功能。比如，和 where 元素等价的自定义 trim 元素为：

```
<trim prefix="WHERE" prefixOverrides="AND →OR">
  ...
</trim>
```

prefixOverrides 属性会忽略通过管道分隔的文本序列（注意此例中的空格也是必要的）。它的作用是移除所有指定在 prefixOverrides 属性中的内容，并且插入 prefix 属性中指定的内容。

类似地用于动态更新语句的解决方案叫作 set。set 元素可以用于动态包含需要更新的列，而舍去其他的。比如：

```
<update id="updateAuthorIfNecessary">
  update Author
    <set>
      <if test="username != null">username=#{username},</if>
      <if test="password != null">password=#{password},</if>
      <if test="email != null">email=#{email},</if>
      <if test="bio != null">bio=#{bio}</if>
    </set>
  where id=#{id}
</update>
```

这里，set 元素会动态前置 SET 关键字，同时也会删掉无关的逗号，因为用了条件语句之后很可能就会在生成的 SQL 语句的后面留下这些逗号（注：因为用的是“if”元素，若最后一个“if”没有匹配上，而前面的匹配上，SQL 语句的最后就会有一个逗号遗留）。

5. <foreach>元素

动态 SQL 的另外一个常用的操作需求是对一个集合进行遍历，通常是在构建 IN 条件语句的时候。比如：

```
<select id="selectPostIn" resultType="domain.blog.Post">
  SELECT *
  FROM POST P
  WHERE ID in
  <foreach item="item" index="index" collection="list"
      open="(" separator="," close=")">
        #{item}
  </foreach>
</select>
```

<foreach>元素的功能非常强大，它允许指定一个集合，声明可以在元素体内使用的集合项（item）和索引（index）变量。它也允许指定开头与结尾的字符串以及在迭代结果之间放置分隔符。这个元素是很智能的，因此它不会偶然地附加多余的分隔符。

6. <bind>元素

<bind> 元素可以从 OGNL 表达式中创建一个变量并将其绑定到上下文。比如：

```
<select id="selectBlogsLike" resultType="Blog">
  <bind name="pattern" value="'%' + _parameter.getTitle() + '%'" />
  SELECT * FROM BLOG
  WHERE title LIKE #{pattern}
</select>
```

"_parameter.getTitle()"表示传递进来的参数（也可以直接写成对应的参数变量名，如 username）需要的地方直接引用<bind>元素的 name 属性值即可。

16.4 MyBatis 综合案例

接下来通过一个简单的入门案例来帮助读者更好地学习和使用 MyBatis 框架，实现对数据库用户表中信息的增加、修改、查询和删除操作。为了方便读者学习下面分步骤进行，具体如下。

步骤 1：MySQL 数据库中，创建一个名为 mybatis 的数据库，在此数据库中创建一个 customer 表（包含字段 id、name、job、phone），同时预先插入几条数据。建表脚本代码如下

```
CREATE DATABASE mybatis;
USE mybatis;
DROP TABLE IF EXISTS 'customer';
CREATE TABLE 'customer'  (
  'id' varchar(6)PRIMARY KEY,
  'name' varchar(5),
  'job' varchar(10),
  'phone' varchar(11)
);
-- ----------------------------
-- Records of customer
-- ----------------------------
INSERT INTO 'customer' VALUES ('1', 'one', 'teacher', '123456');
INSERT INTO 'customer' VALUES ('2', 'two', 'doctor', '654321');
INSERT INTO 'customer' VALUES ('3', 'three', 'writer', '666666');
```

创建好之后，表中有三条数据，如图 16-4 所示。

步骤 2：在 Eclipse 中，创建一个 Web 项目，将 MyBatis 的核心 jar 包、lib 目录中的依赖 jar 包，以及 MySQL 数据库的驱动 jar 包添加到项目的 lib 目录下，并发布到类路径中，如图 16-5 所示。

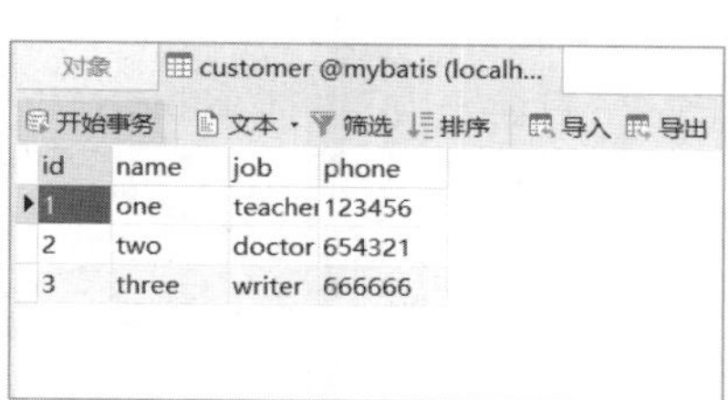

图 16-4 数据库表 customer

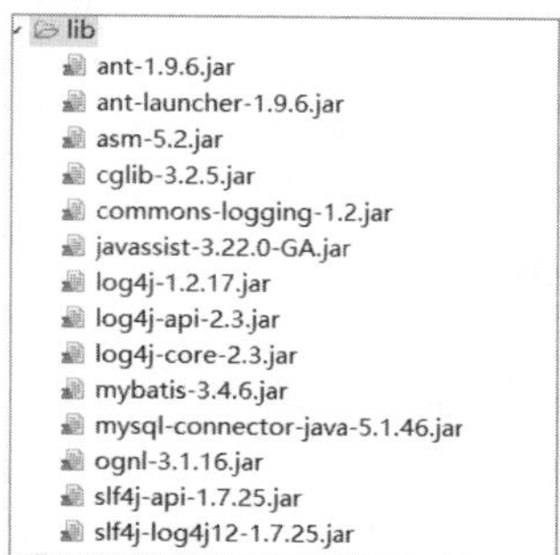

图 16-5 项目所需 jar 包

步骤 3：在 src 目录下，创建一个 com.smile.po 包，在该包下创建持久化类 Customer，并在类中声明 id、name、job 和 phone 属性，及其对应的 getter/setter 方法。

```
package com.smile.po;
public class Customer {
    private String id;
    private String name;
    private String job;
    private String phone;
    //getter 和 setter 方法
    public String getId() {
        return id;
    }
    public void setId(String id) {
        this.id = id;
    }
    public String getPhone() {
        return phone;
    }
    public void setPhone(String phone) {
        this.phone = phone;
    }
    public String getName() {
        return name;
    }
    public void setName(String name) {
        this.name = name;
    }
    public String getJob() {
        return job;
    }
    public void setJob(String job) {
        this.job = job;
    }
    //重写 toString()方法
    @Override
    public String toString() {
```

```
        return "Customer [id=" + id + ", username=" + name + ", jobs=" + job + ", phone=" + phone
+ "]";
    }
}
```

从以上代码可以看出，Customer 为持久化类，其实就是普通的 JavaBean，MyBatis 就是采用 POJO 作为持久化类来对数据库进行操作的。

步骤 4：在 src 目录下，创建一个 com.smile.mapper 包，并在包中创建映射文件 CustomerMapper.xml。

```
<?xml version="1.0" encoding="UTF-8"?>
<!DOCTYPE mapper PUBLIC "-//mybatis.org//DTD Mapper 3.0//EN"
"http://mybatis.org/dtd/mybatis-3-mapper.dtd">
<mapper namespace="com.smile.mapper.CustomerMapper">
    //根据 id 进行查询
   <select id="findCustomerById" parameterType="String"
   resultType="com.smile.po.Customer">
   select * from customer where id = #{id}
   </select>
   //模糊查询
   <select id="findCustomerByName" parameterType="String"
               resultType="com.smile.po.Customer">
            select * from customer where name like '%${value}%'
   </select>
   //添加一条数据
   <insert id="addCustomer"  parameterType="com.smile.po.Customer">
         insert into customer(id,name,job,phone)
         values(#{id},#{name},#{job},#{phone})
   </insert>
   //修改一条数据
   <update id="updateCustomer" parameterType="com.smile.po.Customer">
     update customer set name=#{name},job=#{job},phone=#{phone} where id=#{id}
   </update>
   //删除一条数据
   <delete id="deleteCustomer" parameterType="String">
     delete from customer where id=#{id}
 </delete>
</mapper>
```

以上的映射文件中包含查询、添加、修改和删除的操作配置。

步骤 5：在 src 目录下，创建 MyBatis 的核心配置文件 mybatis-config.xml。

```
<?xml version="1.0" encoding="UTF-8"?>
<!DOCTYPE configuration PUBLIC "-//mybatis.org//DTD Config 3.0//EN"
       "http://mybatis.org/dtd/mybatis-3-config.dtd">
 <configuration>
      <environments default="mysql">
           <environment id="mysql">
                //使用 JDBC 事务管理
                <transactionManager type="JDBC" />
                   //数据库连接池
```

```
                <dataSource type="POOLED">
        <property name="driver" value="com.mysql.jdbc.Driver" />
                    <property name="url" value="jdbc:mysql://localhost:3306/mybatis" />
        <property name="username" value="root" />
        <property name="password" value="357703" />
                </dataSource>
            </environment>
        </environments>
        //配置 Mapper 的位置
        <mappers>
        <mapper resource="com/smile/mapper/CustomerMapper.xml" />
        </mappers>
</configuration>
```

以上为 MyBatis 的核心配置文件，文件中配置了事务管理、数据库连接池以及 Mapper 的位置。其中，读者在使用时应该根据自己的数据库，配置对应的用户名和密码。

步骤 6：在 src 目录下，创建一个 com.smile.test 包，在该包下创建测试类 MybatisTest，并在类中编写查询测试方法 findCustomerByIdTest()。

```
package com.smile.test;
import java.io.InputStream;
import org.apache.ibatis.io.Resources;
import org.apache.ibatis.session.SqlSession;
import org.apache.ibatis.session.SqlSessionFactory;
import org.apache.ibatis.session.SqlSessionFactoryBuilder;
import org.junit.Test;
import com.smile.po.Customer;
public class MybatisTest {
    @Test
    //根据 id 查询
    public void findCustomerByIdTest() throws Exception {

            //1.读取配置文件
        String resource = "mybatis-config.xml";
        InputStream inputStream = Resources.getResourceAsStream(resource);
        //2.根据配置文件构建 sqlSessionFactory 对象
        SqlSessionFactory sqlSessionFactory = new SqlSessionFactoryBuilder().build(inputStream);
        //3.通过 sqlSessionFactory 对象创建 sqlSession
                SqlSession sqlSession = sqlSessionFactory.openSession();
        //4. sqlSession 执行 selectOne()方法进行查询操作
        Customer customer = sqlSession.selectOne("com.smile.mapper"
        + ".CustomerMapper.findCustomerById", "1");
        System.out.println(customer.toString());
        sqlSession.close();
    }
}
```

在以上程序中，首先通过输入流读取配置文件，接着构建了 SqlSessionFactory 对象，SqlSessionFactory 对象又创建了 SqlSession 对象，调用 SqlSession 对象的 selectOne()方法执行查询操作。在此是查询 id 为 1 的整条信息。使用 JUnit4 测试 findCustomerByIdTest()方法，控制台输出如图 16-6 所示。

```
Properties  Servers  Data Source Explorer  Snippets  Problems  Console
<terminated> MybatisTest [JUnit] C:\Program Files\Java\jre1.8.0_181\bin\javaw.exe (2018年10
Sun Oct 28 16:42:55 CST 2018 WARN: Establishing SSL connection without serve
Customer [id=1, username=one, jobs=teacher, phone=123456]
```

图 16-6 查询方法测试

步骤 7：在测试类 MybatisTest 中，添加测试方法 addCustomerTest()。

```
//添加方法
@Test
    public void addCustomerTest() throws Exception{
        //1.读取配置文件
          String resource = "mybatis-config.xml";
              InputStream inputStream = Resources.getResourceAsStream(resource);
         //2.根据配置文件构建 sqlSessionFactory 对象
        SqlSessionFactory sqlSessionFactory =
                       new SqlSessionFactoryBuilder().build(inputStream);
        //3.通过 sqlSessionFactory 对象创建 sqlSession
        SqlSession sqlSession = sqlSessionFactory.openSession();
        Customer customer = new Customer();
        customer.setId("4");
        customer.setName("four");
        customer.setJob("student");
        customer.setPhone("777777");
        //4. sqlSession 执行 insert()方法进行添加操作,并返回 SQL 语句影响的行数
        int rows = sqlSession.insert("com.smile.mapper"
                       + ".CustomerMapper.addCustomer", customer);
        //5.判断是否添加成功
        if (rows>0) {
          System.out.println("成功插入"+rows+"条数据");
        }else {
          System.out.println("插入数据失败");
        }
        sqlSession.commit();
        sqlSession.close();
        }
```

以上程序中，先创建了 Customer 对象，并添加了属性值，然后调用 sqlSession 的 insert()方法进行添加操作，并通过返回值判断操作是否成功。测试后运行结果如图 16-7 所示。

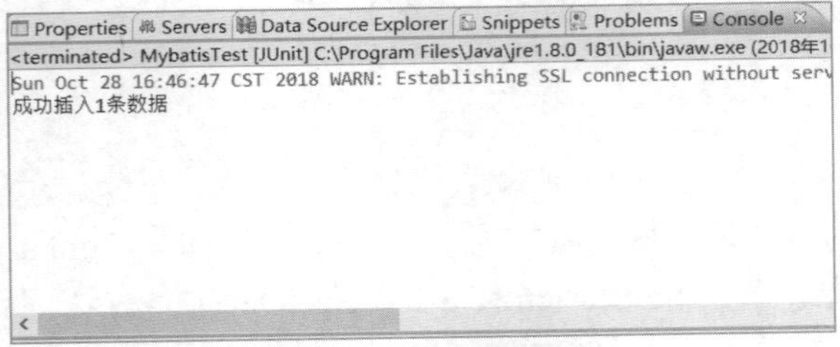

图 16-7 添加方法测试

此时查看数据库表中数据如图 16-8 所示，由此可以说明添加成功。

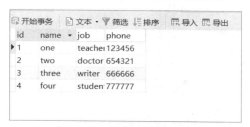

开始事务　文本 · 筛选　排序　导入　导出

id	name	job	phone
1	one	teacher	123456
2	two	doctor	654321
3	three	writer	666666
4	four	studen	777777

图 16-8　添加成功后的表

步骤 8：在测试类 MybatisTest 中，添加测试方法 updateCustomerTest()，将 id 为 4 的 name 修改为 five，job 修改为 laywer，phone 修改为 888888。

```
public void updateCustomerTest() throws Exception{
        //1.读取配置文件
        String resource = "mybatis-config.xml";
      InputStream inputStream = Resources.getResourceAsStream(resource);
      //2.根据配置文件构建 sqlSessionFactory 对象
      SqlSessionFactory sqlSessionFactory =
                    new SqlSessionFactoryBuilder().build(inputStream);
      //3.通过 sqlSessionFactory 对象创建 sqlSession
        SqlSession sqlSession = sqlSessionFactory.openSession();
      Customer customer = new Customer();
      customer.setId("4");
      customer.setName("five");
      customer.setJob("laywer");
      customer.setPhone("888888");
        //4. sqlSession 执行 update()方法进行修改操作,并返回 SQL 语句影响的行数
      int rows = sqlSession.update("com.smile.mapper"
          + ".CustomerMapper.updateCustomer", customer);
        //5.判断是否修改成功
      if (rows>0) {
        System.out.println("成功修改"+rows+"条数据");
      }else {
        System.out.println("更新数据失败");
      }
      sqlSession.commit();
      sqlSession.close();
      }
```

更新的原理和添加类似，测试后运行结果如图 16-9 所示。修改后的数据库表中数据如图 16-10 所示，由此可说明修改成功。

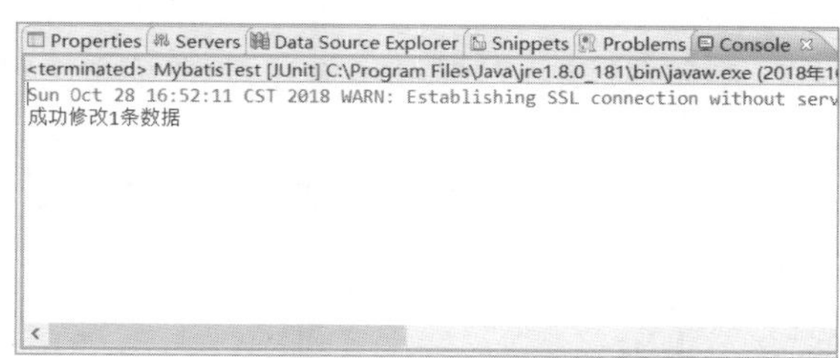

图 16-9　修改方法测试

开始事务　文本 · 筛选　排序　导入　导出

id	name	job	phone
1	one	teacher	123456
2	two	doctor	654321
3	three	writer	666666
4	five	laywer	888888

图 16-10　修改后的表数据

步骤 9：在测试类 MybatisTest 中，添加测试方法 deleteCustomerTest()，该方法用于将 id 为 4 的客户信息删除。

```
public void deleteCustomerTest() throws Exception{
        //1.读取配置文件
          String resource = "mybatis-config.xml";
        InputStream inputStream = Resources.getResourceAsStream(resource);
        //2.根据配置文件构建 sqlSessionFactory 对象
        SqlSessionFactory sqlSessionFactory =
                    new SqlSessionFactoryBuilder().build(inputStream);
        //3.通过 sqlSessionFactory 对象创建 sqlSession
        SqlSession sqlSession = sqlSessionFactory.openSession();
        //4. sqlSession 执行 delete()方法进行删除操作,并返回 SQL 语句影响的行数
        int rows = sqlSession.delete("com.smile.mapper"
                    + ".CustomerMapper.deleteCustomer", "4");
        //5.判断是否删除成功
        if (rows>0) {
          System.out.println("成功删除"+rows+"条数据");
        }else {
          System.out.println("删除数据失败");
        }
        sqlSession.commit();
        sqlSession.close();
    }
```

以上程序在进行删除操作时，调用了 SqlSession 的 delete()方法，测试后运行结果如图 16-11 所示。删除之后数据库表中数据如图 16-12 所示，可说明删除成功。

图 16-11　删除方法测试

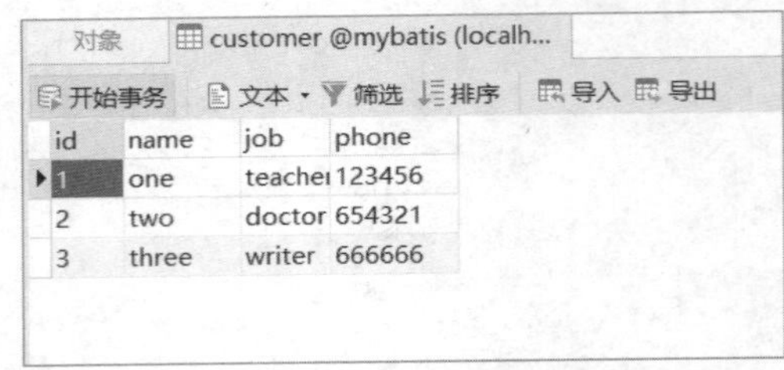

图 16-12　删除一条数据后的表

到这里本案例就已经介绍完了。

16.5　就业面试解析与技巧

16.5.1　面试解析与技巧（一）

面试官：#{}和${}的区别是什么？

应聘者：#{}是预编译处理，${}是字符串替换；MyBatis 在处理#{}时，会将 SQL 中的#{}替换为？，调用 PreparedStatement 的 set 方法来赋值；MyBatis 在处理${}时，就是把${}替换成变量的值。使用#{}可以有效地防止 SQL 注入，提高系统安全性。

面试官：MyBatis 是如何进行分页的？分页插件的原理是什么？

应聘者：MyBatis 使用 RowBounds 对象进行分页，它是针对 ResultSet 结果集执行的内存分页，而非物理分页，可以在 SQL 内直接书写带有物理分页的参数来完成物理分页功能，也可以使用分页插件来完成物理分页。分页插件的基本原理是使用 MyBatis 提供的插件接口，实现自定义插件，在插件的拦截方法内拦截待执行的 SQL，然后重写 SQL，根据 dialect 方言，添加对应的物理分页语句和物理分页参数。

16.5.2 面试解析与技巧（二）

面试官：XML 映射文件中，除了常见的 select、insert、update、delete，还有哪些标签？

应聘者：还有很多其他的标签，包括 9 个动态标签：trim、where、set、foreach、if、choose、when、otherwise、bind 以及 SQL 片段标签，通过<include refid=""/>标签引用，refid=""中的值指向需要引用的<sql>中的 id 值。

面试官：MyBatis 是如何将 SQL 执行结果封装为目标对象并返回的？都有哪些映射形式？

应聘者：第一种是使用<resultMap>标签，逐一定义列名和对象属性名之间的映射关系。第二种是使用 SQL 列的别名功能，将列别名书写为对象属性名，比如 T_NAME AS NAME，对象属性名一般是 name，小写，但是列名不区分大小写，MyBatis 会忽略列名大小写，智能找到与之对应对象的属性名，甚至可以写成 T_NAME AS NaMe，MyBatis 一样可以正常工作。

有了列名与属性名的映射关系后，MyBatis 通过反射创建对象，同时使用反射给对象的属性逐一赋值并返回，那些找不到映射关系的属性，是无法完成赋值的。

第 17 章 JDBC 应用开发——操作用户信息

学习指引

本章是对前面章节所学内容的一个整合，把知识点综合起来，将运用 Servlet、JSP、JDBC 的基础知识，创建一个简单的管理员登录系统。该系统主要是以具体的案例，介绍 JDBC 连接数据库中最常用的 select 语句，让读者在具体的案例中体验 JDBC 连接和访问数据库的基本步骤。同时，通过这个管理员登录系统的综合案例，把之前学过的 Servlet、JSP、JDBC 的知识点都串联起来。

重点导读

- 巩固 JDBC、Servlet 和 JSP 的基础知识。
- 掌握 JDBC 连接数据库的基本步骤。
- 掌握创建应用程序的具体步骤。

17.1　应用分析

实现一个基于 Servlet+JSP+JDBC 的登录系统（源码/ch17 文件夹），在这个程序中需要实现以下几点。

（1）对数据库的 user 表进行管理员账号的初始化，添加若干个管理员账号。

（2）通过 JSP 和 HTML 实现登录页面，并对页面进行简单的美化设计。

（3）通过 JDBC 实现访问 user 表，并和登录页面的输入进行对比，判断管理员身份是否正确。

（4）通过 Servlet 对判断结果进行重定向，实现跳转到不同的页面。

17.2　数据库分析与设计

本程序需要用到一个名称为 user 的表，其主要包含 username、password、email、mobile、others 5 个字段。其创建及初始化语句如下。

```
/*创建 user 数据表*/
CREATE TABLE 'user' (
  'username' varchar(20),
  'password' varchar(20),
  'email' varchar(20),
  'mobile' varchar(20),
  'others' varchar(255),
  PRIMARY KEY ('username')
) ENGINE=InnoDB AUTO_INCREMENT=17 DEFAULT CHARSET=utf8 COLLATE=utf8_bin;
/*初始化 user 数据表*/
INSERT INTO 'user' VALUES ('2016', 'sheen', '123456789@163.com', '123456789', '1');
INSERT INTO 'user' VALUES ('2017', 'admin', '123456789@126.com', '12345678', '0');
INSERT INTO 'user' VALUES ('2018', 'haut', '123456789@qq.com ', '1234567', '1');
INSERT INTO 'user' VALUES ('2020', '123456', '123', '123456', '0');
```

表格的结构如表 17-1 所示。

表 17-1　user 表结构

字段名字	字段类型	字段描述	是否为空	是否为主键
username	varchar(20)	保存用户名	否	是
password	varchar(20)	保存用户密码	否	否
email	varchar(20)	保存用户电子邮箱	是	否
mobile	varchar(20)	保存用户联系方式	是	否
others	varchar(255)	备用字段	是	否

初始化之后，表格的可视化显示如图 17-1 所示。

username	password	email	mobile	others
2016	sheen	123456789@163.com	123456789	1
2017	admin	123456789@126.com	12345678	0
2018	haut	123456789@qq.com	1234567	1
2020	123456	123	123456	0

图 17-1　user 表可视化显示

17.3　应用设计

在对数据库进行设计之后，就要对程序进行详细的设计了，下面将详细介绍程序。

17.3.1　开发环境介绍

操作系统：Windows 10。

开发工具：Eclipse Oxygen.3a Release(4.7.3a)。

技术语言：Java SE 1.8。

服务器：Tomcat 9.0。

数据库：MySQL 5.7。

17.3.2 项目所需 jar 包

本项目只需要一个 jar 包，即 JDBC 驱动包，用于连接数据库，只需要把这个包复制到 WEN-INF→lib 目录下即可，如图 17-2 所示。

图 17-2 扩展 jar 包

17.3.3 创建 Eclipse 工程

与开发任何程序一样，必须首先利用开发工具创建一个工程（项目），本书则是以 Eclipse 为开发工具来进行项目开发的，所以就需要先创建一个 Eclipse 的 Dynamic Web Project（具体步骤参考前面章节）。

17.3.4 登录页面详细设计

完成创建工程后，需要创建一个登录页面，详细设计步骤如下。

步骤 1：初始化登录页面，设计一个简单的登录页面框架，如图 17-3 所示。

图 17-3 登录页面框架图

步骤 2：使用 HTML 标签，按照登录页面框图设计出一个主页，并保存为 index.jsp，详细代码如下。

```
<%@ page language="java" contentType="text/html; charset=UTF-8"pageEncoding="UTF-8"%>
<!DOCTYPE html PUBLIC "-//W3C//DTD HTML 4.01 Transitional//EN" "http://www.w3.org/TR/html4/loose.dtd">
<html>
   <head>
      <meta http-equiv="Content-Type" content="text/html; charset=UTF-8">
      <title>管理员登录界面</title>
      <link rel="stylesheet" href="form.css"/>
   </head>
   <body>
      <div id="container">
         <div id="title_nav"></div>

         <div id="content">
            <div id="form_sub">
               <p id="manage_tx">管理员登录面板</p>
               <form id="form_sub_a" action="<%=request.getContextPath()%>/LoginTest" method=
```

```
"post">
                        <p  class="tx_01"> 账 号 :  <input  class="input_va"  type="text"
name="user" /></p>
                        <p class="tx_01">密码:  <input class="input_va" type="password"
name="password" /></p>
                        <input class="btn_s" type="submit" value="登录" />
                        <input class="btn_s" type="reset" value="取消" />
                    </form>
                </div>
            </div>

            <div id="footer"></div>

        </div>

    </body>
</html>
```

步骤 3：简单设计登录页面。利用 CSS 将页面美化，如图 17-4 所示。

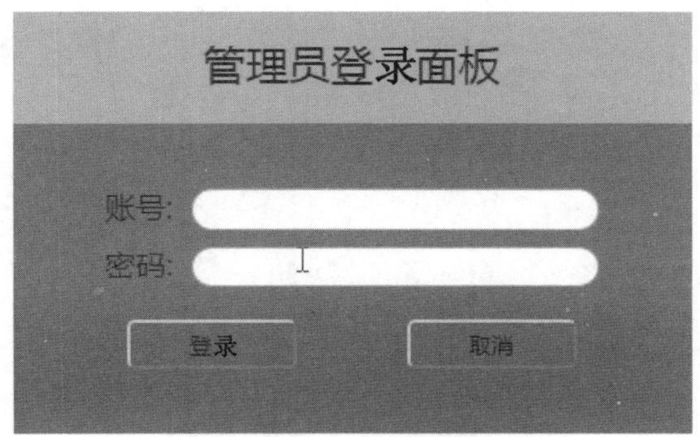

图 17-4　美化后页面

步骤 4：并将美化页面的 CSS 代码保存为 form.css 文件。详细代码如下。

```
@CHARSET "UTF-8";
*{
        margin: 0;
    }
    body{
        width: 100%;
        height: 100;
        background-color: lightpink;
    }
    #container{
        width: 100%;
        heiipsght: 100%;
    }
    #title_nav{
        width: 100%;
        height: 80px;
        background-color: skyblue;
    }
    #content{
```

```
        width: 100%;
        height: 450px;
        background-color: lightpink;
    }
    #form_sub{
        margin-left: auto;
        margin-right: auto;
        width: 400px;
        height:270px;
        margin-top: 100px;
        text-align: center;
        font-family: 微软雅黑;
        background-color: #008AB8;
    }
    #manage_tx{
        padding-top: 20px;
        padding-bottom: 20px;
        font-size: 25px;
        outline-width:2px;
        outline-style:dashed;
        color:blanchedalmond;
        background-color:#95CAE4;
        background-repeat: no-repeat;
    }
    #form_sub_a{
        margin-top: 30px;
        margin-bottom: 30px;
        font-family: sans-serif;
        font-size: 15px;
        color:purple;
        outline-width: 1px;
    }
    .tx_01{
        color:#95CAE4;
        font-size:18px;
        font-family: 微软雅黑;
    }
    .input_va{
        width:60%;
        height:25px;
        border:1px solid darkseagreen;
        outline:none;
        margin-top: 10px;
        padding-left:10px;
        padding-top: 3px;
        border-radius:30px;
    }
    .btn_s{
        width:100px;
        height:30px;
        padding: 5px;
        margin:20px 30px;
```

```
        border-radius:5px;
        background: transparent;
        color: white;
    }

    .btn_s:hover{
      color:red;
      opacity:0.5;
    }
    .btn_s:ACTIVE{
      color: orange;
    }

    .btn_s:visited{
      color: red;
    }

    .btn_s:left{
      color:white;
    }
    #footer{
      width: 100%;
        height: 150px;
        background-color: skyblue;
    }
}
```

17.3.5 连接数据库设计

根据连接数据库的一般步骤，依次进行加载驱动、建立与数据库的连接。将 JDBC 连接数据库的代码保存为 DbDao.java。具体代码如下。

```
package com.mero.test;
import java.sql.Connection;
import java.sql.DriverManager;
import java.sql.SQLException;
import java.sql.Statement;
import java.sql.CallableStatement;
import java.sql.Connection;
import java.sql.DriverManager;
import java.sql.PreparedStatement;
import java.sql.ResultSet;
import java.sql.SQLException;
import java.sql.Statement;
public class DbDao {
    public static Connection conn=null;
    public static Connection getConnection() throws ClassNotFoundException{
        try {
          //定义驱动程序名为 driver 的内容
          String driver="com.mysql.cj.jdbc.Driver";
          //定义 url
          String url="jdbc:mysql://localhost:3306/db?useSSL=false&serverTimezone=GMT";
```

```
            //定义用户名。写你想要连接到的用户
            String user="root";
            //用户密码。默认密码为空
            String pass="";
            //加载驱动,调用 java.lang 包下面的 class 类里面的 Class.forName()方法
            Class.forName(driver);
            if(null==conn){
                //System.out.println("暂时未连接");
                 //建立与 MySQL 数据库的连接
                Connection conn=DriverManager.getConnection(url,user,pass);
                //System.out.println("已连接");
                //返回连接对象
                return conn;
            }
        } catch (ClassNotFoundException e) {
            //TODO Auto-generated catch block
          System.out.println("DbDao.java 中捕获 ClassNotFound 错误");
          System.out.println(e+"ClassNotFound");
          e.printStackTrace();
        } catch (SQLException e) {
         //TODO Auto-generated catch block
          System.out.println("DbDao.java 中捕获 SQLException 错误");
          System.out.println(e+"SQLException");
           e.printStackTrace();
        }
        return conn;
    }

    public static void closeStatement(Statement statement){
        if(statement!=null){
            try {
                statement.close();
            } catch (SQLException e) {
                //TODO Auto-generated catch block
                e.printStackTrace();
            }
        }
    }

    public static void closeConnection(Connection conn){
        if(conn!=null){
            try {
                conn.close();
            } catch (SQLException e) {
                //TODO Auto-generated catch block
                e.printStackTrace();
            }
        }
    }
}
```

17.3.6 验证管理员身份和重定向详细代码

通过数据库的连接，使用 select 语句从数据库获取所有的管理员账户和密码，并进行一一比对，根据比对结果，利用 Servlet 进行重定向到响应页面。代码保存为 LoginTest.java。具体代码如下。

```
    package com.mero.test.LoginServlet;
    import java.io.IOException;
    import java.sql.Connection;
    import java.sql.ResultSet;
    import java.sql.SQLException;
    import java.sql.Statement;
    import javax.servlet.RequestDispatcher;
    import javax.servlet.ServletException;
    import javax.servlet.annotation.WebServlet;
    import javax.servlet.http.HttpServlet;
    import javax.servlet.http.HttpServletRequest;
    import javax.servlet.http.HttpServletResponse;
    import com.mero.test.DbDao;
    /**
     * 实现 Servlet 接口的 LoginTest 类
     */
    @WebServlet("/LoginTest")
    public class LoginTest extends HttpServlet {
        public Connection conn=null;
        public static String username;
        public static String password;
        private static final long serialVersionUID = 1L;
        /**
         * @实现 HttpServlet 类的 HttpServlet()方法
         */
        public LoginTest() {
            super();
            //TODO Auto-generated constructor stub
        }
        /**
         * @实现 HttpServlet 类的 doGet(HttpServletRequest request, HttpServletResponse response)方法
         */
        protected void doGet(HttpServletRequest request, HttpServletResponse response) throws
ServletException, IOException {
            doPost(request, response);
        }
        /**
         * @实现 HttpServlet 类的 doPost(HttpServletRequest request, HttpServletResponse response)方法
         */
        protected void doPost(HttpServletRequest request, HttpServletResponse response) throws
ServletException, IOException {
                //获得表单提交的数据
                username=request.getParameter("user");
                password=request.getParameter("password");
                boolean flag=false;

               //System.out.println(username);
```

```
                //System.out.println(password);
                //System.out.println("得到 request 请求参数成功");
                 try {
                    conn=DbDao.getConnection();
                    //得到 Statement 对象
                    Statement statement=conn.createStatement();

                    ResultSet set=statement.executeQuery("select username,password from user");
                    while(set.next()){
                        String name=set.getString(1);
                        String pwd=set.getString(2);
                        if(username!=null&&password!=null&&username.equals(name)&&password.equals
(pwd)){
                            String forwards="/successful.jsp";
                            request.setAttribute("error", "noJgcpGN");
                            RequestDispatcher df=request.getRequestDispatcher(forwards);
                            df.forward(request, response);
                            flag =true;
                            break;
                        }
                        else
                          continue;
                    }

                    if(flag==false) {
                      String forwards="/failed.jsp";
                      request.setAttribute("error", "noJgcpGN");
                      RequestDispatcher df=request.getRequestDispatcher(forwards);
                      df.forward(request, response);
                    }

                } catch (ClassNotFoundException e1) {
                System.out.println("LoginTest.java 中 e1 捕获错误");
                e1.printStackTrace();
                } catch (SQLException e) {
                    System.out.println("LoginTest.java 中 e 捕获错误");
                    e.printStackTrace();
            }
        }
    }
```

17.3.7 响应页面详细设计

步骤 1：设计登录成功之后的响应页面。页面代码保存为 successful.jsp，具体代码如下。

```
    <%@ page language="java" contentType="text/html; charset=UTF-8"
        pageEncoding="UTF-8"%>
    <!DOCTYPE html PUBLIC "-//W3C//DTD HTML 4.01 Transitional//EN" "http://www.w3.org/TR/html4/
loose.dtd">
    <html>
    <head>
    <meta http-equiv="Content-Type" content="text/html; charset=UTF-8">
```

```
<title>登录成功提示</title>
</head>
<body>
    登录成功 <br/>
    你的登录信息如下:<br/>
    账号:<%=request.getParameter("user") %><br/>
    密码:<%=request.getParameter("password") %><br/>
    <a href="<%=request.getContextPath()%>/index.jsp">返回登录界面</a>
</body>
</html>
```

步骤 2：设计登录失败之后的响应页面。页面代码保存为 failed.jsp，具体代码如下。

```
<%@ page language="java" contentType="text/html; charset=UTF-8"
    pageEncoding="UTF-8"%>
<!DOCTYPE html PUBLIC "-//W3C//DTD HTML 4.01 Transitional//EN" "http://www.w3.org/TR/html4/loose.
dtd">
<html>
<head>
<meta http-equiv="Content-Type" content="text/html; charset=UTF-8">
<title>登录失败提示</title>
</head>
<body>
    登录失败 <br/>
    你的登录信息如下:<br/>
    账号:<%=request.getParameter("user") %><br/>
    密码:<%=request.getParameter("password") %><br/>
    <a href="<%=request.getContextPath()%>/index.jsp">返回登录界面</a>
</body>
</html>
```

17.3.8 配置信息设计

步骤 1：对 Servlet 以及重定向页面进行配置，保存为 web.xml，具体代码如下。

```
<?xml version="1.0" encoding="UTF-8"?>
<web-app xmlns:xsi="http://www.w3.org/2001/XMLSchema-instance"
xmlns="http://xmlns.jcp.org/xml/ns/javaee"
xsi:schemaLocation="http://xmlns.jcp.org/xml/ns/javaee http://xmlns.jcp.org/xml/ns/javaee/web-
app_3_1.xsd" id="WebApp_ID" version="3.1">
  <display-name>py01</display-name>

  <servlet>
    <servlet-name>LoginTest</servlet-name>
    <servlet-class>com.mero.test.LoginServlet.LoginTest</servlet-class>
  </servlet>

  <welcome-file-list>
    <welcome-file>index.html</welcome-file>
    <welcome-file>index.htm</welcome-file>
    <welcome-file>index.jsp</welcome-file>
    <welcome-file>default.html</welcome-file>
    <welcome-file>default.htm</welcome-file>
    <welcome-file>default.jsp</welcome-file>
  </welcome-file-list>
```

```
  <servlet-mapping>
    <servlet-name>LoginTest</servlet-name>
    <url-pattern>/LoginTest</url-pattern>
  </servlet-mapping>
</web-app>
```

步骤 2：为项目配置 Web 服务器。第 4 章中已经做过详细介绍，这里不再赘述。

17.3.9 项目完整目录结构图

当上述的步骤都完成后，需要确认项目结构图是否正确，本例的完成结构图如图 17-5 所示。

图 17-5 项目完整结构图

17.4 运行应用

项目创建完成并部署 Tomcat 服务器完成之后，就可以运行该程序了。下面将介绍运行之后的页面。

（1）在 Eclipse 中，单击 Run As→Run On Server 按钮之后，弹出如图 17-6 所示的页面。

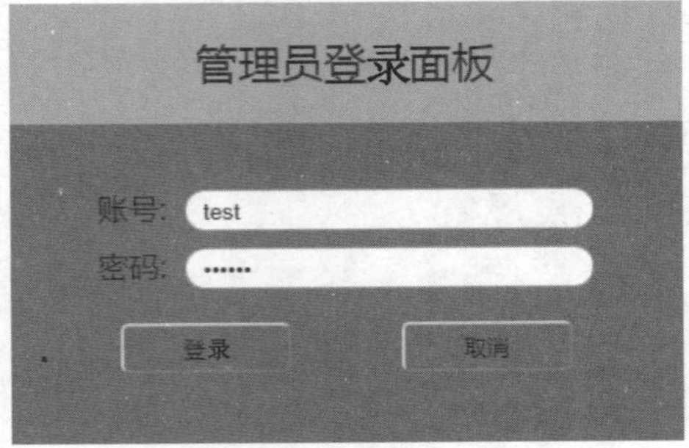

图 17-6 index.jsp 页面

（2）输入账号和密码并单击“登录”按钮，若身份信息正确，则弹出如图 17-7 所示的页面。

（3）输入账号和密码并单击“登录”按钮，若身份信息有误，则弹出如图 17-8 所示的页面。

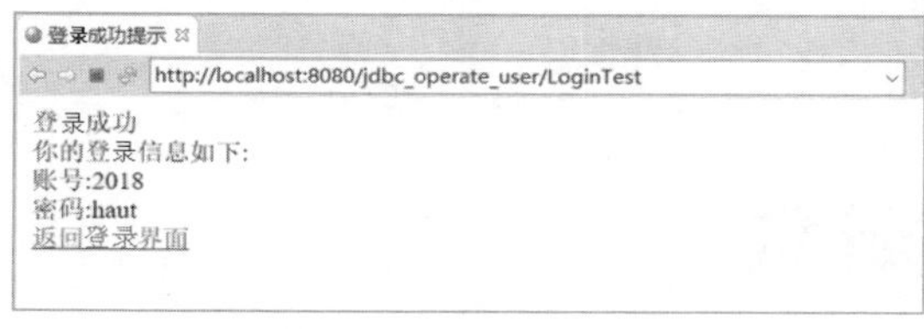

图 17-7 successful.jsp 页面

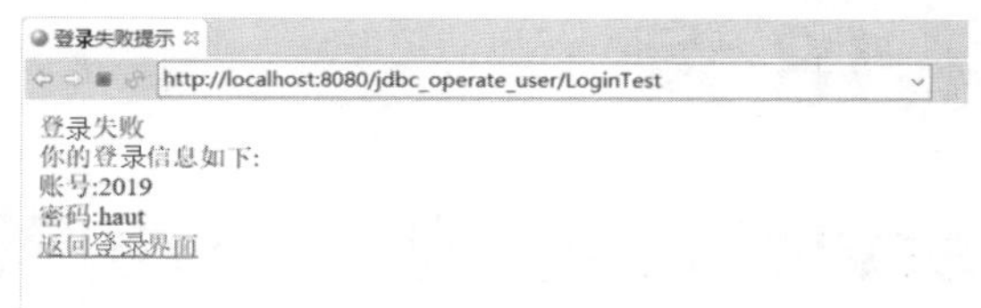

图 17-8 failed.jsp 页面

17.5 开发过程常见问题及解决

（1）在 Tomcat 服务器上运行之后，无法显示主页（index.jsp）。

检查 Tomcat 配置是否正确，确认无误之后，再运行一次，如果还是失败，可以尝试将 Tomcat 服务器删除之后，重新配置一次即可解决。

提示： 该问题一般为 Tomcat 服务器配置错误，修改配置信息即可。

（2）通过 JDBC 连接或者访问数据库失败。

根据连接访问数据库的步骤，一步一步检查失败的位置，确定导致失败的位置之后，再依据错误针对性解决，一般常见问题如下。

①JDBC 驱动包导入位置错误，删除后导入到 WEN-INF→lib 目录下即可。

②加载驱动失败，检查驱动的名称和 forName()方法的名字等是否存在错误，找到错误并改正即可。

③建立连接失败，检查数据库用户名、密码、URL 是否存在错误，找到并更正即可。

④执行 SQL 语句失败，检查调用的方法是否正确并更正即可（注意 execute()和 executeQuery()的用法）。

提示： 找到错误的位置，即可事半功倍。

（3）重定向错误。

千万注意不可以多次重定向，注意重定向到正确的页面即可。

提示： 重定向错误，可以根据提示的错误信息，很快确认错误原因及解决方案，注意利用错误提示信息。

第 18 章

Servlet 应用开发——用户在线计数

学习指引

本章是对前面章节所学内容的一个整合，把知识点综合起来，将运用 Servlet 和 JSP 的基础知识，创建一个简单的用户在线计数系统。该系统主要是以具体的案例，向读者介绍 Servlet 的入门应用，让读者在具体的案例中体验 Servlet 技术的具体应用流程与使用的步骤，从而使读者充分理解 Servlet 的原理，同时，通过这个用户在线计数系统的综合案例，把之前学过的 Servlet、JSP、监听器、过滤器的知识点都串联起来，让读者对 Servlet 技术有一个感性的认知。

重点导读

- 掌握 Servlet 的技术原理。
- 掌握 Servlet 的使用步骤。
- 掌握监听器的使用方法。

18.1 应用分析

实现一个基于 Servlet+JSP 的用户在线计数系统（源码/ch18 文件夹），在这个程序中需要实现以下几点。

（1）为了便于实现，本系统没有涉及用户信息的验证功能，即不涉及访问连接数据库等的操作。其目的是使读者充分理解 Servlet 的原理。

（2）用户在 JSP 页面输入用户名并将信息提交给 Servlet，Servlet 对接收到的数据进行简单的验证操作，然后跳转到在线用户统计页面。

（3）用户注销之后，再次跳转到新的在线用户统计页面，更新在线用户信息并显示。

18.2　应用设计

18.2.1　项目开发环境

操作系统：Windows 10。

开发工具：Eclipse Oxygen.3a Release(4.7.3a)。

技术语言：Java SE 1.8。

服务器：Tomcat 9.0。

数据库：MySQL 5.7。

18.2.2　登录页面设计

本系统的登录页面十分简单，只需要设置一个“用户名”输入框和一个“登录”按钮即可，其页面框架如图 18-1 所示。

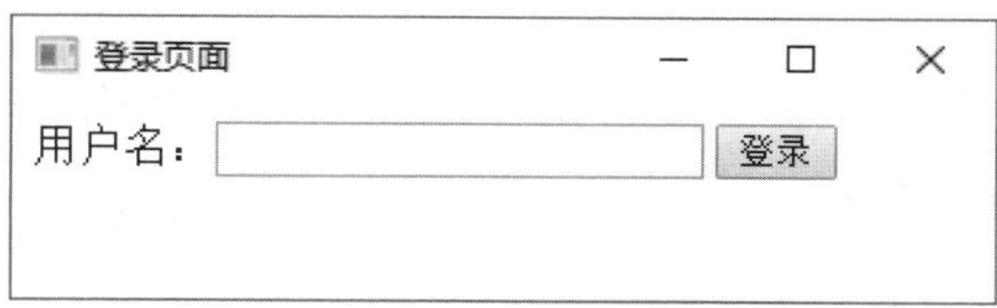

图 18-1　登录页面框架图

用 HTML 标签和 JSP 标签实现此框架的代码保存为 index.jsp 文件，保存至 WEB-INF 根目录下。index.jsp 详细代码如下。

```
<%@ page language="java" contentType="text/html; charset=UTF-8"
    pageEncoding="UTF-8"%>
<!DOCTYPE html PUBLIC "-//W3C//DTD HTML 4.01 Transitional//EN" "http://www.w3.org/TR/html4/
loose.dtd">
<html>
  <head>
    <title>登录页面</title>
    <meta name="content-type" content="text/html; charset=UTF-8"> </head> <body>
    <form action="loginListener" method="post">
    用户名: <input type="text" name="username">
    <input type="submit" value="登录"><br><br>
    </form>
  </body>
</html>
```

18.2.3　监听器监听设计

在进行 Servlet 处理之前，要先设置监听器捕捉到登录操作，监听器的设计代码保存为 OnlineListener.java 文件，保存至 Java Resources\src\com\smalle\listener 文件夹根目录下。OnlineListener.java 的详细代码如下。

```
package com.smalle.listener;

import java.util.LinkedList;
```

```
    import java.util.List;
    import javax.servlet.ServletContext;
    import javax.servlet.ServletContextEvent;
    import javax.servlet.ServletContextListener;
    import javax.servlet.http.HttpSessionAttributeListener;
    import javax.servlet.http.HttpSessionBindingEvent;
    import javax.servlet.http.HttpSessionEvent;
    import javax.servlet.http.HttpSessionListener;

    public class OnlineListener implements ServletContextListener, HttpSessionAttributeListener,
HttpSessionListener {
        private ServletContext application = null;

        //应用上下文初始时会回调的方法
        @Override
        public void contextInitialized(ServletContextEvent e) {
            //初始化一个application对象
            application = e.getServletContext();
            //设置一个列表属性,用于保存在线用户名
            this.application.setAttribute("online", new LinkedList<String>());
        }

        //往会话中添加属性时的回调方法
        @SuppressWarnings("unchecked")
        @Override
        public void attributeAdded(HttpSessionBindingEvent e) {
            //取得用户名列表
            List<String> onlines = (List<String>) this.application.getAttribute("online");
            if("username".equals(e.getName())){
                onlines.add((String) e.getValue());
            }
            //将添加后的列表重新设置到application属性中
            this.application.setAttribute("online", onlines);
        }

        //会话销毁时会回调的方法
        @SuppressWarnings("unchecked")
        @Override
        public void sessionDestroyed(HttpSessionEvent e) {
            //取得用户名列表
            List<String> onlines = (List<String>) this.application.getAttribute("online");
            //取得当前用户名
            String username = (String) e.getSession().getAttribute("username");
            //将此用户从列表中删除
            onlines.remove(username);
            //将删除后的列表重新设置到application属性中
            this.application.setAttribute("online", onlines);
        }

        public void sessionCreated(HttpSessionEvent e) {

        }
```

```
        public void attributeRemoved(HttpSessionBindingEvent e) {

        }
        public void attributeReplaced(HttpSessionBindingEvent e) {

        }
        public void contextDestroyed(ServletContextEvent e) {

        }

    }
```

18.2.4 Servlet 处理过程设计

步骤 1：利用 Servlet 实现登录处理的代码保存为 LoginServlet.java 文件，也保存至 Java Resources\src\com\smalle\listener 文件夹根目录下。LoginServlet.java 的详细代码如下。

```
    package com.smalle.listener;

    import java.io.IOException;
    import java.io.PrintWriter;
    import java.util.List;

    import javax.servlet.ServletException;
    import javax.servlet.http.HttpServlet;
    import javax.servlet.http.HttpServletRequest;
    import javax.servlet.http.HttpServletResponse;

    public class LoginServlet extends HttpServlet {

        private static final long serialVersionUID = 1L;

        public void doGet(HttpServletRequest request, HttpServletResponse response) throws ServletException,
IOException {
            this.doPost(request, response);
        }

        @SuppressWarnings("unchecked")
        public void doPost(HttpServletRequest request, HttpServletResponse response) throws
ServletException, IOException {
            request.setCharacterEncoding("utf-8");                    //设置响应内容类型
            String username= request.getParameter("username");      //获取请求参数中的用户名

            //往 session 中添加属性,会触发 HttpSessionAttributeListener 中的 attributeAdded 方法
            if(username != null && !username.equals("")) {
               request.getSession().setAttribute("username",username);
            }

            //从应用上下文中获取在线用户名列表
            List<String> online = (List<String>)getServletContext().getAttribute("online");
            //System.out.println("LoginServlet" + online);
            response.setContentType("text/html;charset=utf-8");
```

```
        PrintWriter out = response.getWriter();
        out.println("");
        out.println("  <title>用户列表</title>");
        out.println("  ");
        out.println("当前用户是: " + username);
        out.print("    <hr><h3>在线用户列表</h3>");

        int size = online == null ? 0 : online.size();
        for (int i = 0; i < size; i++) {
          if(i > 0){
               out.println("<br>");
          }
          out.println(i + 1 + "." + online.get(i));
        }

        //注意: 要对链接 URL 进行自动重写处理
        out.println("<hr/><a href=\"" + response.encodeURL("logoutListener") + "\">注销</a>");
        out.println("<hr/><a href='\'index.jsp\''>主页</a>");
        out.println("  ");
        out.println("");
        out.flush();
        out.close();
    }
}
```

步骤 2：利用 Servlet 实现注销处理的代码保存为 LogoutServlet.java 文件，也保存至 Java Resources\src\com\smalle\listener 文件夹根目录下。LogoutServlet.java 的详细代码如下。

```
package com.smalle.listener;

import java.io.IOException;
import java.io.PrintWriter;
import java.util.List;

import javax.servlet.ServletException;
import javax.servlet.http.HttpServlet;
import javax.servlet.http.HttpServletRequest;
import javax.servlet.http.HttpServletResponse;

@SuppressWarnings("serial")
public class LogoutServlet extends HttpServlet{
    public void doGet(HttpServletRequest request, HttpServletResponse response)
            throws ServletException, IOException {
        this.doPost(request, response);
    }

    @SuppressWarnings("unchecked")
    public void doPost(HttpServletRequest request, HttpServletResponse response)
            throws ServletException, IOException {
        request.setCharacterEncoding("utf-8");     //设置响应内容类型

        //销毁会话,会触发 SessionListener 中的 sessionDestroyed 方法
        request.getSession().invalidate();
```

```
        //从应用上下文中获取在线用户名列表
        List<String> online = (List<String>)getServletContext().getAttribute("online");
        response.setContentType("text/html;charset=utf-8");
        PrintWriter out = response.getWriter();
        out.println("");
        out.println("  <title>在线用户列表</title>");
        out.println("  ");
        out.print("    <h3>在线用户列表</h3>");

        int size = online == null ? 0 : online.size();
        for (int i = 0; i < size; i++) {
            if(i > 0){
                out.println("<br>");
            }
            out.println(i + 1 + ". " + online.get(i));
        }

        out.println("<hr><a href='\'index.jsp\''>主页</a>");
        out.println("  ");
        out.println("");
        out.flush();
        out.close();
    }
}
```

18.2.5　配置信息设计

步骤 1：对监听器和 Servlet 进行配置，保存为 web.xml，保存至 WEB-INF 根目录下。其详细代码如下。

```
    <?xml version="1.0" encoding="UTF-8"?>
    <web-app xmlns:xsi="http://www.w3.org/2001/XMLSchema-instance" xmlns="http://java.sun.com/
xml/ns/javaee" xsi:schemaLocation="http://java.sun.com/xml/ns/javaee http://java.sun.com/xml/ns/
javaee/web-app_3_0.xsd" id="WebApp_ID" version="3.0">
        <display-name>testServlet</display-name>
        <welcome-file-list>
        <welcome-file>index.jsp</welcome-file>
        </welcome-file-list>

        <listener>
            <listener-class>com.smalle.listener.OnlineListener</listener-class>
        </listener>

        <servlet>
            <servlet-name>LoginServlet</servlet-name>
            <servlet-class>com.smalle.listener.LoginServlet</servlet-class>
        </servlet>
        <servlet-mapping>
            <servlet-name>LoginServlet</servlet-name>
            <url-pattern>/loginListener</url-pattern>
        </servlet-mapping>
```

```
    <servlet>
        <servlet-name>LogoutServlet</servlet-name>
        <servlet-class>com.smalle.listener.LogoutServlet</servlet-class>
    </servlet>
    <servlet-mapping>
        <servlet-name>LogoutServlet</servlet-name>
        <url-pattern>/logoutListener</url-pattern>
    </servlet-mapping>
</web-app>
```

步骤 2：为项目配置 Web 服务器（Tomcat 服务器）。第 4 章中已经做过详细介绍，请读者自行查阅，这里不再赘述。

18.2.6 项目的目录结构

当上述步骤都完成后，需要确认项目结构图是否正确，本例的完成结构图如图 18-2 所示。

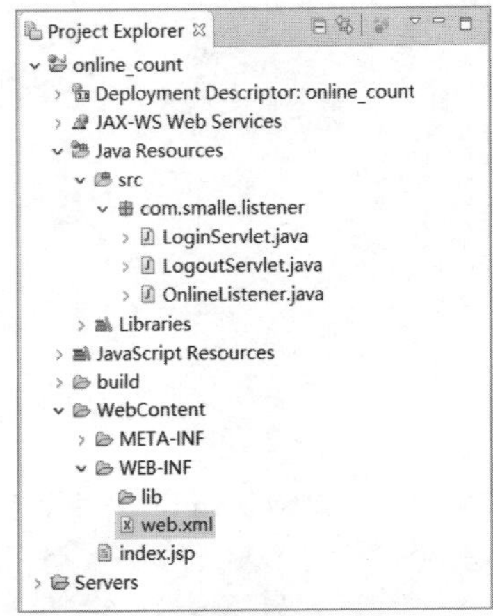

图 18-2 项目完成目录结构图

18.3 运行应用

项目创建完成并部署 Tomcat 服务器完成之后，就可以运行该程序了。下面将介绍运行之后的页面。

（1）在 Eclipse 中，单击 Run As→Run On Server 菜单按钮之后弹出页面，如图 18-3 所示。

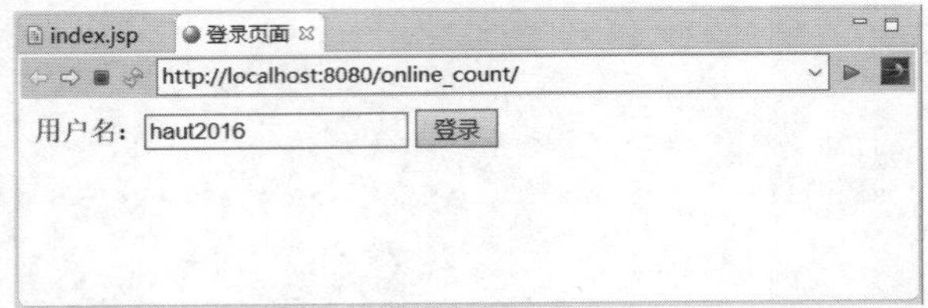

图 18-3 登录页面

（2）输入用户名，单击“登录”按钮之后，系统会跳转到如图 18-4 所示的页面。

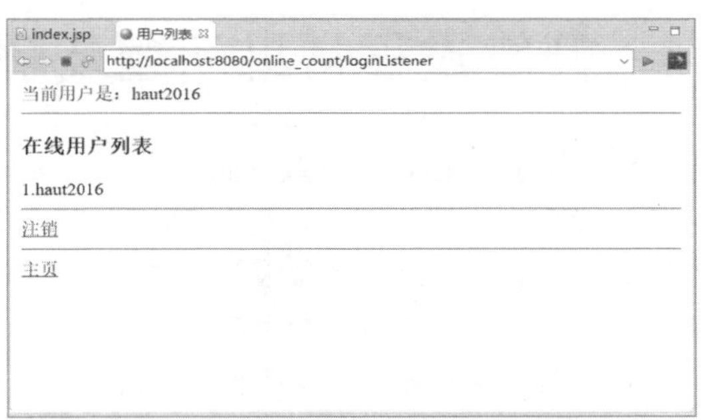

图 18-4　登录后在线用户列表页面

（3）在浏览器地址栏中输入 http://localhost:8080/online_count/并按 Enter 键后，浏览器会再次打开系统的主页，如图 18-5 所示。

图 18-5　浏览器登录页面

（4）输入用户名，单击“登录”按钮后，浏览器会跳转到如图 18-6 所示的页面。

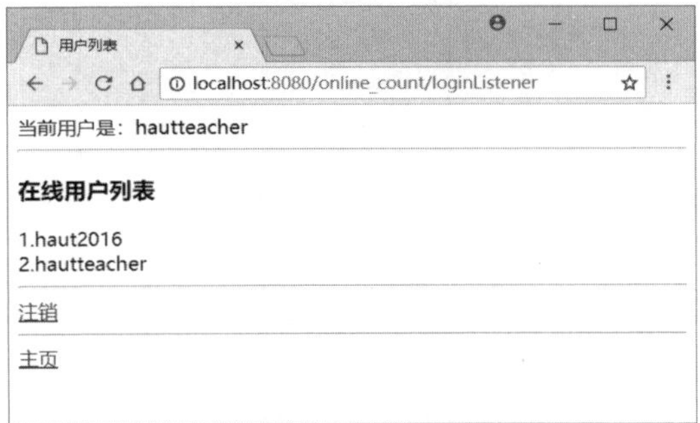

图 18-6　浏览器登录后在线用户列表页面

（5）单击“注销”后，系统会跳转到如图 18-7 所示的页面。

图 18-7　浏览器注销后在线用户列表页面

18.4　开发过程常见问题及解决

（1）Tomcat提示出现如下错误："The origin server did not find a current representation for the target resource or is not willing to disclose that one exists." 。

这个错误的意思是：找不到目标资源。一般错误的原因是：HTML 文件、JSP 文件或者是 web.xml 配置出现错误。尝试修改这三种文件以及更改存储的位置即可解决。

提示：一般是这三种文件存放的位置有误，先尝试修改位置即可。

（2）运行系统，出现启动 Tomcat 失败的错误，具体的错误如图 18-8 所示。

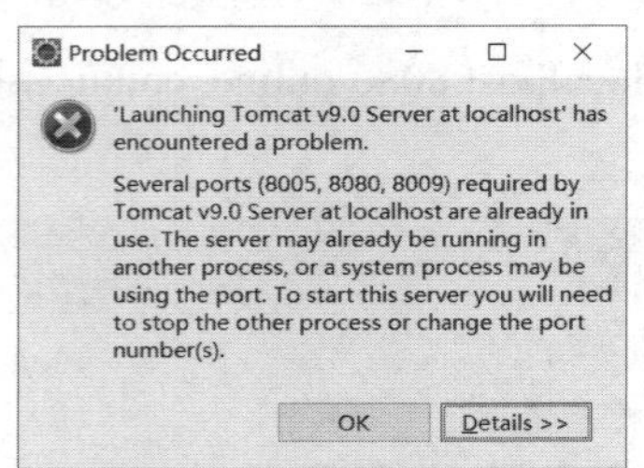

图 18-8　Tomcat 启动失败错误提示页面

这个是启动 Tomcat 服务器最容易出现的错误，常见原因是：上次启动服务器未关闭，又尝试再次启动服务器导致。关闭错误提示框，关闭 Tomcat 服务器，再次启动即可正常启动。

提示：未关闭服务器，要么选择重启服务器，要么选择关闭再启动，不可以直接再次启动服务器。

第 19 章

Servlet 和 JSP 应用开发——注册登录系统

学习指引

本章是对之前章节所学内容的一个整合，把知识点综合起来，将采用 Servlet+JSP+JDBC+JavaBean（MVC）开发模式。因为 MVC 模式程序各个模块之间层次清晰，Web 开发推荐采用此种模式。这里以一个最常用的用户登录注册程序来讲解 Servlet+JSP+JDBC+JavaBean 开发模式，通过这个用户登录注册程序综合案例，把之前学过的 Servlet、JSP、JavaBean 知识点都串联起来。

重点导读

- 对之前的知识点进行巩固。
- 掌握 Servlet 和 JSP 的使用。
- 掌握 MVC 设计模式开发应用的方法。

19.1 系统分析

实现一个基于 Servlet+JSP+JavaBean+JDBC 的注册登录系统，在这个程序中需要实现以下几点。

（1）用户在已有注册账号时可以直接通过登录页面输入账号密码进行后台验证登录，若没有账号则跳转到注册页面进行注册再进行登录操作。

（2）用户在 JSP 页面输入的登录或注册信息提交给 Servlet，然后 Servlet 对接收到的数据调用 DAO 层操作数据库进行登录或注册对应的操作，然后跳转到对应的页面。

（3）对 JSP 页面用户输入做合法性校验，即非空、长度是否合适以及输入密码与确认密码是否相同等。

实现原理图如图 19-1 所示。用户在 JSP 页面提交请求，JSP 将请求转发给 Servlet，然后调用 DAO 层进行数据操作，然后返回对应的信息给 Servlet，接着由 Servlet 跳转到应该显示的 JSP 页面，用户就完成了这一请求。

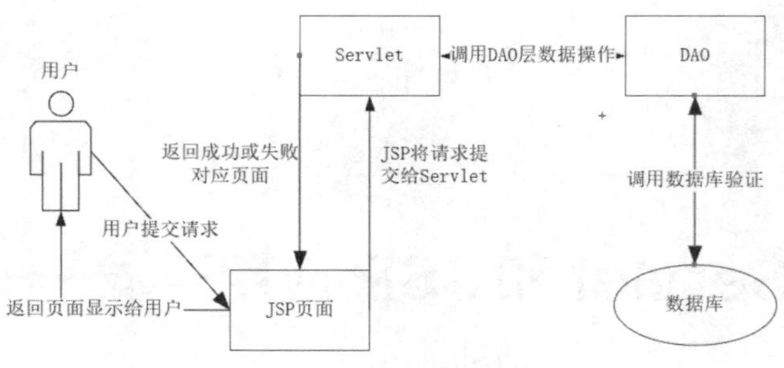

图 19-1　程序原理图

19.2　数据库分析和设计

完成本程序需要一个用户表 user，包含 id、name、password、email、phone 5 个属性，建表脚本如下。

```
/*使用 smile 数据库 */
USE smile ;
/*删除 user 数据表*/
DROP TABLE IF EXISTS 'user';
/*创建 user 数据表 */
CREATE TABLE 'user' (
  'id' int(11) NOT NULL AUTO_INCREMENT,
  'name' varchar(20) COLLATE utf8_bin DEFAULT NULL,
  'password' varchar(20) COLLATE utf8_bin DEFAULT NULL,
  'email' varchar(20) COLLATE utf8_bin DEFAULT NULL,
  'phone' varchar(20) COLLATE utf8_bin DEFAULT NULL,
  PRIMARY KEY ('id')
) ENGINE=InnoDB AUTO_INCREMENT=17 DEFAULT CHARSET=utf8 COLLATE=utf8_bin;
-- ----------------------------
-- Records of user
-- ----------------------------
INSERT INTO 'user' VALUES ('1', '张三', '123456', 'zhangsan@163.com', '12345678910');
INSERT INTO 'user' VALUES ('5', '别宏利', '123456', '1748741328@qq.com', '15236083001');
INSERT INTO 'user' VALUES ('6', 'admin', 'aaa', '1748741328@qq.com', '15236083001');
INSERT INTO 'user' VALUES ('7', 'admin', 'aaa', '1748741328@qq.com', '15236083001');
INSERT INTO 'user' VALUES ('8', 'admin', 'aaa', '1748741328@qq.com', '15236083001');
```

user 表结构如表 19-1 所示。

表 19-1　user 表结构

序　号	列 名 称	描　述	是否允许为空
1	id	保存用户 id,主键	否
2	name	保存用户姓名	否
3	password	保存用户密码	否
4	email	保存用户邮箱	是
5	phone	保存用户手机号	是

执行上述建表脚本命令，生成如图 19-2 所示的数据库表。

对象 | user @smile (localhost_330...

开始事务 文本 筛选 排序 导入 导出

id	name	password	email	phone
1	张三	123456	zhangsan@163.com	12345678910
5	别宏利	123456	1748741328@qq.co	15236083001
6	admin	aaa	1748741328@qq.co	15236083001
7	admin	aaa	1748741328@qq.co	15236083001
8	admin	aaa	1748741328@qq.co	15236083001

图 19-2 数据库表 user 内容

本程序使用 MVC 模式开发，因此按照之前章节 MVC 案例的开发步骤一步一步实现即可。

19.3 系统设计

系统设计部分包括项目开发环境、项目开发前需要准备的工具和 jar 包，以及注册登录系统的系统设计。在这里采用 MVC 的模式进行开发，这样有利于我们开发的时候思路清晰，具体如下。

模型层：用于存储数据，将数据库的表映射到类（即 JavaBean）；除此之外，模型层还需要操作数据中的映射。从这里可以看出，模型层用于和数据库打交道，还将表和类相关联。

控制层：控制用户的操作，连接模型层和视图层。

视图层：用于直观地显示界面给用户，将用户输入的操作传递给控制层，详细设计如下。

19.3.1 项目开发环境

操作系统：Windows 10。

开发工具：Eclipse Oxygen.3a Release(4.7.3a)。

技术语言：Java SE 1.8。

服务器：Tomcat 9.0。

数据库：MySQL 5.7。

19.3.2 项目所需 jar 包

本项目只需要一个 jar 包，用于连接数据库，只需要把这个包复制到 WEN-INF→lib 目录下即可，如图 19-3 所示。

图 19-3 项目所需 jar 包

19.3.3 项目结构图

本程序完整项目结构图如图 19-4 所示。

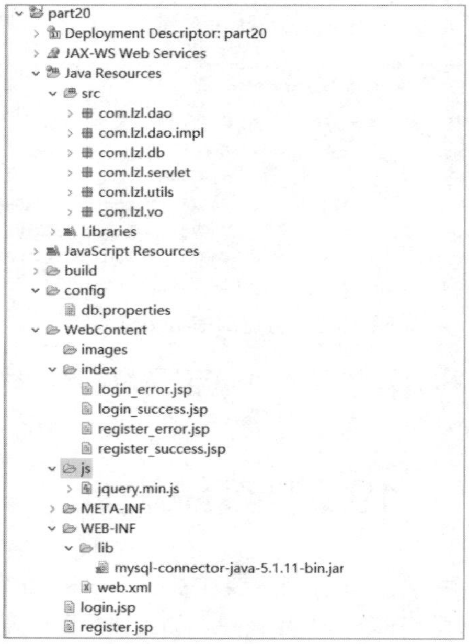

```
part20
  Deployment Descriptor: part20
  JAX-WS Web Services
  Java Resources
    src
      com.lzl.dao
      com.lzl.dao.impl
      com.lzl.db
      com.lzl.servlet
      com.lzl.utils
      com.lzl.vo
    Libraries
  JavaScript Resources
  build
  config
    db.properties
  WebContent
    images
    index
      login_error.jsp
      login_success.jsp
      register_error.jsp
      register_success.jsp
    js
      jquery.min.js
    META-INF
    WEB-INF
      lib
        mysql-connector-java-5.1.11-bin.jar
      web.xml
    login.jsp
    register.jsp
```

图 19-4　项目结构图

19.3.4　项目各部分代码实现

接下来将对每个部分的开发做详细介绍，具体步骤如下。

步骤 1：定义 VO 类，其属性与之前的数据库表中的列相对应。

【例 19-1】定义 VO 类。

```
package com.lzl.vo;
/**
* 用户的实体类
*/
public class User {
    private Integer id;
    private String name;
    private String password;
    private String email;
    private String phone;
    //各个属性的 Getter、Setter 方法
    public Integer getId() {
        return id;
    }
    public void setId(Integer id) {
        this.id = id;
    }
    public String getName() {
        return name;
    }
    public void setName(String name) {
        this.name = name;
    }
    public String getPassword() {
        return password;
```

```
        }
        public void setPassword(String password) {
            this.password = password;
        }
        public String getEmail() {
            return email;
        }
        public void setEmail(String email) {
            this.email = email;
        }
        public String getPhone() {
            return phone;
        }
        public void setPhone(String phone) {
            this.phone = phone;
        }
        //重写 toString 方法
        @Override
        public String toString() {
            return "User [id=" + id + ", name=" + name + ", password=" + password + ", email=" + email
+ ", phone=" + phone+ "]";
        }
    }
```

在以上代码中定义了 VO 类，有 4 个属性以及其对应的 Getter、Setter 方法，还重写了 toString 方法用于修改控制台输出时的格式。读者在学习时并不需要一行一行地去编写，因为 Eclipse 提供自动生成的选项，具体方法如下。

（1）生成 Getter、Setter 方法：在代码区域右击，依次选择 Source→Generate Getters and Setters 命令，如图 19-5 所示，接着在弹出的页面中选择需要添加 Getter 和 Setter 方法的属性，然后单击 OK 按钮即可，如图 19-6 所示。

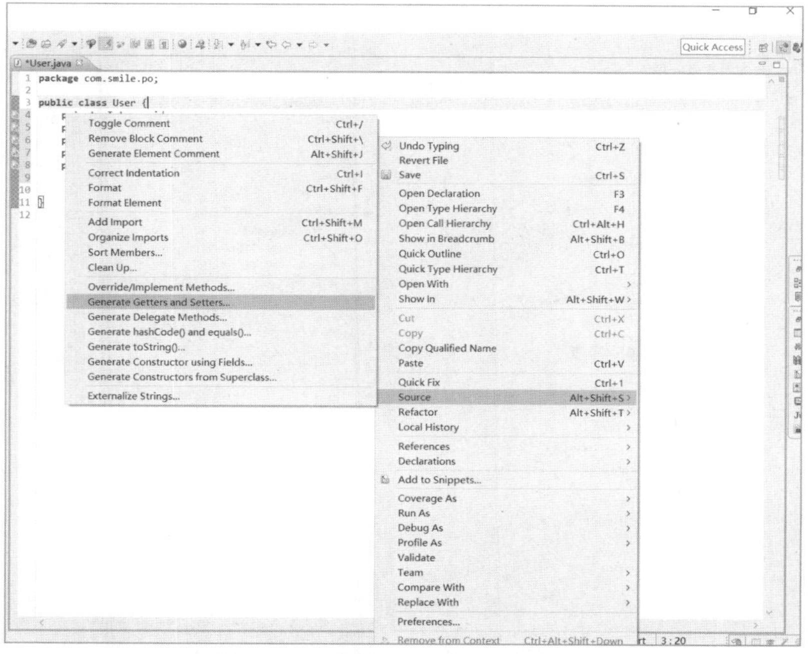

图 19-5 添加 Getter 和 Setter 方法

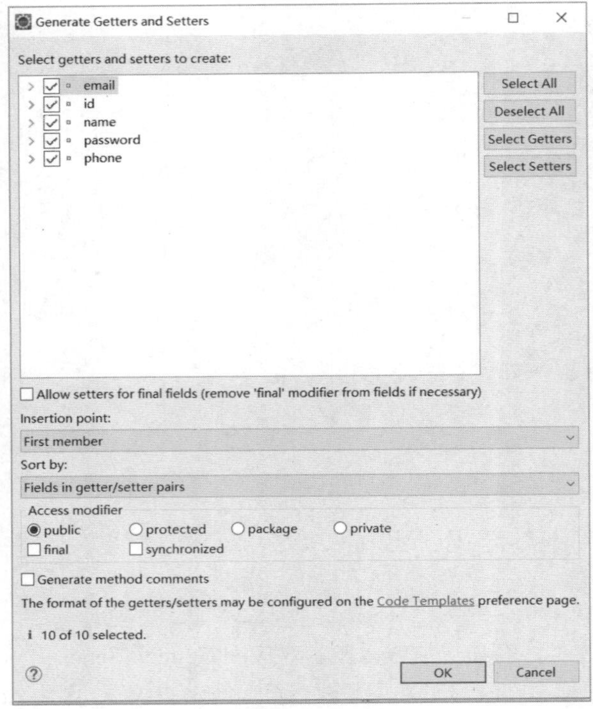

图 19-6　选择属性

（2）重写 toString 方法：在代码区域右击，依次选择 Source→Generate toString()命令，如图 19-7 所示，接着在弹出的页面中选择需要添加到 toString()方法中的属性，单击 OK 按钮即可，如图 19-8 所示。

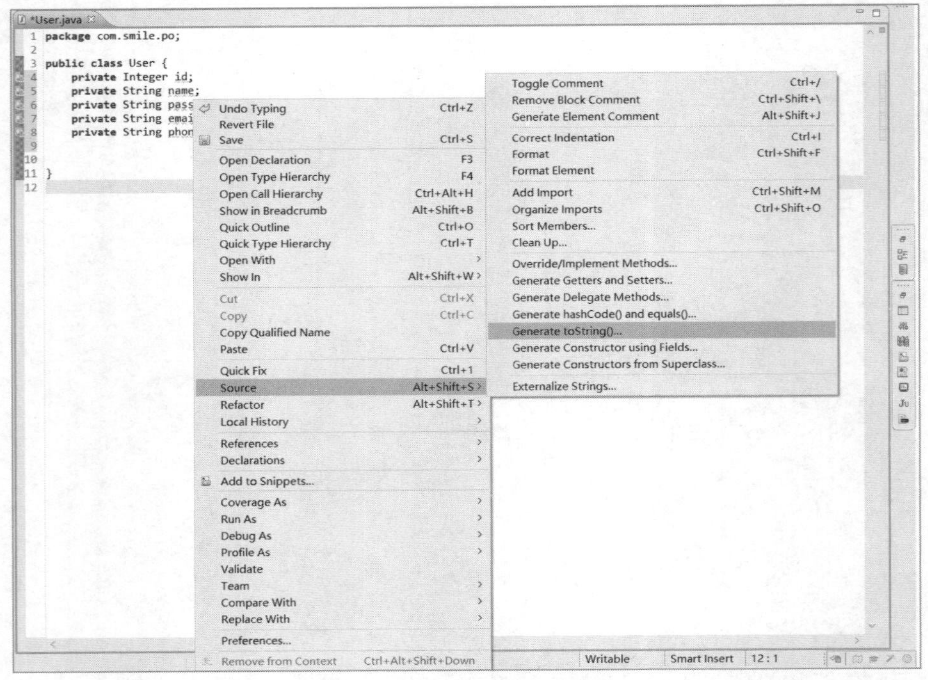

图 19-7　添加 toString()方法

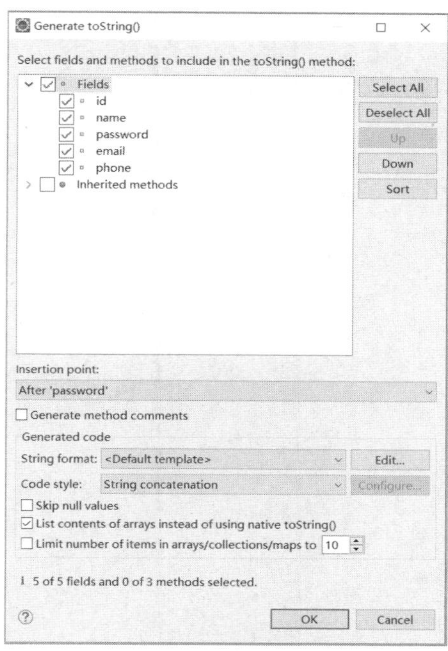

图 19-8 选择属性

步骤 2：定义数据库连接类，该类负责数据库打开与关闭，其中包含用于统一数据库增删改的方法。

【例 19-2】编写数据库连接类。

```
package com.lzl.db;
import java.sql.Connection;
import java.sql.DriverManager;
import java.sql.PreparedStatement;
import java.sql.ResultSet;
import java.sql.SQLException;
/**
* 数据库连接类
*/
public class DBConnection {
    private static final String DBDRIVER = "com.mysql.jdbc.Driver" ;//数据库驱动
    private static final String DBURL = "jdbc:mysql://localhost:3306/smile" ;//数据库路径
    private static final String DBUSER = "root" ;//用户名
    private static final String DBPASSWORD = "357703" ;//密码
    /***
     * 连接数据库的方法
     */
    public static Connection getCon() throws ClassNotFoundException, SQLException{
        Class.forName(DBDRIVER);//加载数据库驱动
        System.out.println("测试加载数据库成功");
        Connection con=DriverManager.getConnection(DBURL, DBUSER, DBPASSWORD);
        System.out.println("测试数据库连接成功");
        return con;
    }
    /***
     * 关闭数据库的方法
```

```
 */
public static void close(Connection con,PreparedStatement ps,ResultSet rs){
    if(rs!=null){//关闭资源,避免出现异常
        try {
            rs.close();
        } catch (SQLException e) {
            //TODO Auto-generated catch block
            e.printStackTrace();
        }
    }
    if(ps!=null){
        try {
            ps.close();
        } catch (SQLException e) {
            //TODO Auto-generated catch block
            e.printStackTrace();
        }
    }
    if(con!=null){
        try {
            con.close();
        } catch (SQLException e) {
            //TODO Auto-generated catch block
            e.printStackTrace();
        }
    }
}
/***
 * 统一增删改的方法
 */
public static boolean addUpdateDelete(String sql,Object[] arr){
    Connection con=null;
    PreparedStatement ps=null;
    try {
        con=DBConnection.getCon();//1: 连接数据库的操作
        ps=con.prepareStatement(sql);//2: 预编译
        //3: 设置值
        if(arr!=null && arr.length!=0){
            for(int i=0;i<arr.length;i++){
                ps.setObject(i+1, arr[i]);
            }
        }
        int count=ps.executeUpdate();//4: 执行sql语句
        if(count>0){
            return true;
        }else{
            return false;
        }
    } catch (ClassNotFoundException e) {
        //TODO Auto-generated catch block
        e.printStackTrace();
    } catch (SQLException e) {
```

```
            //TODO Auto-generated catch block
            e.printStackTrace();
        }
        return false;
    }
}
```

步骤 3：接下来开发 DAO 接口，因为要完成的是登录注册，所以 DAO 接口中需要两个方法，分别是注册方法和登录方法。

【例 19-3】编写 DAO 接口。

```
package com.lzl.dao;
import com.lzl.vo.*;
/**
 * 创建一个接口用于声明用户登录注册的方法
 */
public interface IUserDAO {
    /**
     * 用户登录的方法声明
     */
    public User login(User user);

    /**
     * 用户注册的方法声明
     */
    public boolean register(User user);
}
```

步骤 4：接着编写 DAO 接口的实现类，也就是 DAO 接口中注册和登录是怎么解决的。

【例 19-4】编写 DAO 接口实现类。

```
package com.lzl.dao.impl;
import java.sql.Connection;
import java.sql.PreparedStatement;
import java.sql.ResultSet;
import java.sql.SQLException;
import java.util.ArrayList;
import java.util.List;
import com.lzl.dao.IUserDAO;
import com.lzl.vo.User;
import com.lzl.db.DBConnection;
/**
* DAO 接口实现类
*/
public class UserDAOImpl implements IUserDAO{
    @Override
    public User login(User user) {
        Connection con=null;
        PreparedStatement ps=null;
        ResultSet rs=null;
        try {
            con=DBConnection.getCon();//1:获取数据库的连接
            //2:书写 sql 语句
            String sql="select * from user where name=? and password=? ";
```

```
        ps=con.prepareStatement(sql);//3: 预编译
        //4: 设置值
        ps.setString(1, user.getName());
        ps.setString(2, user.getPassword());
        rs=ps.executeQuery();//5:执行 sql 语句
        User users=null;
        if(rs.next()){
            users=new User();
            //从数据库中获取值设置到实体类的 setter 方法中
            users.setId(rs.getInt("id"));
            users.setName(rs.getString("name"));
            users.setPassword(rs.getString("password"));
            users.setEmail(rs.getString("email"));
            users.setPhone(rs.getString("phone"));
            return user;
        }else{
            return null;
        }
    } catch (ClassNotFoundException e) {
        //TODO Auto-generated catch block
        e.printStackTrace();
    } catch (SQLException e) {
        //TODO Auto-generated catch block
        e.printStackTrace();
    }
    return null;
}
/***
 * 插入的方法,即注册
 */
@Override
public boolean register(User user) {
    String sql="insert into user values(0,?,?,?,?) ";
    List<Object> list=new ArrayList<Object>();//声明 list 集合用来存放 user 对象的信息
    list.add(user.getName());//使用 list 集合的 add()方法把 user 信息添加到集合中
    list.add(user.getPassword());
    list.add(user.getEmail());
    list.add(user.getPhone());
    boolean flag=DBConnection.addUpdateDelete(sql,list.toArray());  //把集合转换为数组再插入
                                                                     //到数据库表中
    if(flag){
        return true;
    }else{
        return false;
    }
}
}
```

在以上程序中，实现注册方法时，先实例化了一个 List 对象用于存放 JSP 页面用户输入的注册信息，然后调用数据层进行数据库插入操作，若插入成功也就代表注册成功，返回值为 true，插入失败则注册失败；实现登录方法时，先接收 JSP 页面传递的账号和密码参数，然后根据这两个参数查询数据库中是否存在账号、密码跟输入一致的记录，如果有就能登录成功，反之则不能。

步骤 5：接着编写 Servlet 类，包括两个，一个是实现注册的 Servlet，一个是实现登录的 Servlet。

【例 19-5】实现注册的 Servlet。

```
package com.lzl.servlet;
import java.io.IOException;
import javax.servlet.ServletException;
import javax.servlet.annotation.WebServlet;
import javax.servlet.http.HttpServlet;
import javax.servlet.http.HttpServletRequest;
import javax.servlet.http.HttpServletResponse;
import com.lzl.dao.IUserDAO;
import com.lzl.dao.impl.UserDAOImpl;
import com.lzl.vo.User;
/**
 * 注册的 Servlet
 */
@WebServlet("/user/userregister")
public class RegisterServlet extends HttpServlet{
    private static final long serialVersionUID = 1L;
    @Override
    protected void doGet(HttpServletRequest request, HttpServletResponse response)
          throws ServletException, IOException {
        this.doPost(request, response);
    }
    @Override
    protected void doPost(HttpServletRequest request, HttpServletResponse response)
          throws ServletException, IOException {
        User user=new User();
        //获取 login.jsp 页面提交的账号和密码
        String name=request.getParameter("name");
        String password=request.getParameter("password");
        String email=request.getParameter("email");
        String phone=request.getParameter("phone");

        //获取 register.jsp 页面提交的账号和密码设置到实体类 User 中
        user.setName(name);
        user.setPassword(password);
        user.setEmail(email);
        user.setPhone(phone);

        //引入数据交互层
        IUserDAO dao=new UserDAOImpl();
        boolean flag=dao.register(user);
        if(flag){
          request.setAttribute("info", name);
          request.getRequestDispatcher("/index/register_success.jsp").forward(request, response);
        }else{
          request.setAttribute("info", name);
          request.getRequestDispatcher("/index/register_error.jsp").forward(request, response);
        }
    }
}
```

注册的 Servlet 先将 JSP 页面用户输入的信息设置到实体类 User 中，再调用数据交互层执行插入操作，当返回值为 true 时说明注册成功，跳转到 register_success.jsp 页面显示注册成功。

【例 19-6】 实现登录的 Servlet。

```
package com.lzl.servlet;
import java.io.IOException;
import javax.servlet.ServletException;
import javax.servlet.annotation.WebServlet;
import javax.servlet.http.HttpServlet;
import javax.servlet.http.HttpServletRequest;
import javax.servlet.http.HttpServletResponse;
import com.lzl.dao.IUserDAO;
import com.lzl.dao.impl.UserDAOImpl;
import com.lzl.vo.User;
@WebServlet("/user/userlogin")
public class LoginServlet extends HttpServlet{
    private static final long serialVersionUID = 1L;
    @Override
    protected void doGet(HttpServletRequest request, HttpServletResponse response)
          throws ServletException, IOException {
       this.doPost(request, response);
    }
    @Override
    protected void doPost(HttpServletRequest request, HttpServletResponse response)
          throws ServletException, IOException {
       User user=new User();
       //获取 login.jsp 页面提交的账号和密码
       String name=request.getParameter("name");
       String password=request.getParameter("password");
       //测试数据
       System.out.println(name+" "+password);
       //获取 login.jsp 页面提交的账号和密码设置到实体类 User 中
       user.setName(name);
       user.setPassword(password);
       //引入数据交互层
       IUserDAO dao=new UserDAOImpl();
       User us=dao.login(user);
       //测试返回的值
       System.out.println(us);
       if(us!=null){
          request.setAttribute("info", name);
          request.getRequestDispatcher("/index/login_success.jsp").forward(request, response);
       }else{
          request.setAttribute("info", name);
          request.getRequestDispatcher("/index/login_error.jsp").forward(request, response);
       }
    }
}
```

在登录的 Servlet 中，先获取 JSP 页面用户提交的账号和密码，然后设置到实体类 User 中，再调用数据交互层进行查询判断操作，再根据返回值跳转到登录成功或失败对应的 JSP 页面。

步骤 6：编写过滤器，避免乱码。

【例 19-7】过滤器。

```
package com.lzl.utils;
import java.io.IOException;
import javax.servlet.Filter;
import javax.servlet.FilterChain;
import javax.servlet.FilterConfig;
import javax.servlet.ServletException;
import javax.servlet.ServletRequest;
import javax.servlet.ServletResponse;
import javax.servlet.annotation.WebFilter;
import javax.servlet.http.HttpServletRequest;
@WebFilter("/*")
public class UTFFilter implements Filter{
    @Override
    public void destroy() {
    }
    @Override
    public void doFilter(ServletRequest servletRequest, ServletResponse servletResponse,
          FilterChain filterChain)throws IOException, ServletException {
        //将 servletRequest 转发为 HttpServletRequest
        HttpServletRequest request=(HttpServletRequest)servletRequest;
        request.setCharacterEncoding("utf-8");
        filterChain.doFilter(servletRequest, servletResponse);
    }
    @Override
    public void init(FilterConfig arg0) throws ServletException {
    }
}
```

步骤 7：接下来就只剩下 JSP 页面了，编写登录、注册、登录成功、登录失败、注册成功、注册失败的页面。

【例 19-8】登录页面。

```
<%@ page language="java" contentType="text/html; charset=UTF-8"
    pageEncoding="UTF-8"%>
<!DOCTYPE html PUBLIC "-//W3C//DTD HTML 4.01 Transitional//EN" "http://www.w3.org/TR/html4/loose.
dtd">
<html>
<head>
<title>用户登录页面</title>
<style type="text/css">
h1{text-align:left;}
h4{text-align:left;color:red;}
a{text-decoration:none;font-size:20px;color:black;}
a:hover{text-decoration:underline;font-size:24px;color:red;}
</style>
</head>
<body>
<form action="user/userlogin" method="post">
    <h1>用户登录页面</h1>
    <hr/>
    <table align="left">
```

```
        <tr>
            <td>账号：</td>
            <td><input type="text" name="name" id="name"></td>
        </tr>
        <tr>
            <td>密码：</td>
            <td><input type="password" name="password" id="password"></td>
        </tr>
        <tr>
            <td colspan="1">
            </td>
            <td>
                <input type="submit" value="登录"/>
                <input type="reset" value="重置"/>
                <a href="register.jsp" target="_blank">注册</a>
            </td>
        </tr>
    </table>
</form>
</body>
</html>
```

【例 19-9】注册页面。

```
<%@ page language="java" contentType="text/html; charset=UTF-8"
    pageEncoding="UTF-8"%>
<!DOCTYPE html PUBLIC "-//W3C//DTD HTML 4.01
Transitional//EN" "http://www.w3.org/TR/html4/loose.dtd">
<html>
<head>
<title>注册的页面</title>
<style type="text/css">
h1{text-align:center;}
h4{text-align:right;color:red;}
</style>
<script type="text/javascript" src="js/jquery.min.js"></script>
<script type="text/javascript">
    $(document).ready(function(){
        //alert("测试jQuery是否能用");
        $("#form1").submit(function(){
            var name=$("#name").val();//获取提交的值
            if(name.length==0){//进行判断,如果获取的值为0,那么提示账号不能为空
                //alert("aa");//测试使用
                $("#nameError").html("账号不能为空");
                return false;
            }
            //密码进行验证不能为空
            var password=$("#password").val();//获取提交的密码的值
            if(password.length==0){
                $("#passwordError").html("密码不能为空");
                return false;
            }
            //确认密码进行验证
```

```
            var relpassword=$("#relpassword").val();//获取提交的确认密码的值
            if(relpassword.length==0){
                $("#relpasswordError").html("确认密码不能为空哦");
                return false;
            }
            if(password!=relpassword){
                $("#relpasswordError").html("确认密码输入不正确,请重新输入");
                return false;
            }
        });

    });
</script>
</head>
<body>
<form action="user/userregister" method="post" id="form1">
    <h1>用户注册页面</h1>
    <hr/>
    <table align="center">
        <tr>
            <td>账      号: </td>
            <td>
                <input type="text" name="name" id="name"/>
                <div id="nameError" style="display:inline;color:red;"></div>
            </td>
        </tr>
        <tr>
            <td>密      码: </td>
            <td>
                <input type="password" name="password" id="password">
                <div id="passwordError" style="display:inline;color:red;"></div>
            </td>
        </tr>
        <tr>
            <td>确认密码: </td>
            <td>
                <input type="password" name="relpassword" id="relpassword">
                <div id="relpasswordError" style="display:inline;color:red;"></div>
            </td>
        </tr>
        <tr>
            <td>电话号码: </td>
            <td><input type="text" name="phone" id="phone"></td>
        </tr>
        <tr>
            <td>电子邮件: </td>
            <td><input type="text" name="email" id="email"></td>
        </tr>
        <tr>
            <td colspan="1">
            </td>
            <td>
```

```
                <input type="submit" value="注册"/>
                <input type="reset" value="重置"/>
            </td>
        </tr>
    </table>
</form>
</body>
</html>
```

在注册页面进行了输入校验，对输入的账号、密码和确认密码进行了校验。

【例 19-10】 登录成功页面。

```
<%@ page language="java" contentType="text/html; charset=UTF-8"
    pageEncoding="UTF-8"%>
<!DOCTYPE html PUBLIC "-//W3C//DTD HTML 4.01 Transitional//EN" "http://www.w3.org/TR/html4/loose.
dtd">
<html>
<head>
<title>登录成功页面</title>
<style type="text/css">
h1{text-align:center;}
h4{text-align:right;color:red;}
</style>
</head>
<body>
<!-- <h1>用户登录成功的提示页面</h1> -->
<hr/>
<h1>欢迎用户${info},登录成功! </h1>
</body>
</html>
```

登录成功之后会显示“欢迎用户××，登录成功!”。

【例 19-11】 登录失败页面。

```
<%@ page language="java" contentType="text/html; charset=UTF-8"
    pageEncoding="UTF-8"%>
<!DOCTYPE html PUBLIC "-//W3C//DTD HTML 4.01 Transitional//EN" "http://www.w3.org/TR/html4/
loose.dtd">
<html>
<head>
<title>登录失败页面</title>
<style type="text/css">
h1{text-align:center;}
h4{text-align:right;color:red;}
</style>
</head>
<body>
<!-- <h1>用户登录失败的提示页面</h1> -->
<hr/>
<h2>用户${info}登录失败!请检查账号或密码</h2>
</body>
</html>
```

登录失败会显示“用户××登录失败!请检查账号或密码”。

【例 19-12】注册成功显示页面。

```
<%@ page language="java" contentType="text/html; charset=UTF-8"
    pageEncoding="UTF-8"%>
<!DOCTYPE html PUBLIC "-//W3C//DTD HTML 4.01 Transitional//EN" "http://www.w3.org/TR/html4/
loose.dtd">
<html>
<head>
<title>注册成功的页面</title>
<style type="text/css">
h1{text-align:center;}
h4{text-align:right;color:red;}
</style>
</head>
<body>
<hr/>
<h1>恭喜! 用户${info}注册成功</h1><br>
<a href="login.jsp" target="_blank">马上去登录</a>
</body>
</html>
```

注册成功会显示“恭喜！用户××注册成功”。

【例 19-13】最后一个 JSP 页面注册失败的页面。

```
<%@ page language="java" contentType="text/html; charset=UTF-8"
    pageEncoding="UTF-8"%>
<!DOCTYPE html PUBLIC "-//W3C//DTD HTML 4.01 Transitional//EN" "http://www.w3.org/TR/html4/
loose.dtd">
<html>
<head>
<title>注册失败的页面</title>
<style type="text/css">
h1{text-align:center;}
h4{text-align:right;color:red;}
</style>
</head>
<body>
<hr/>
<h1>发生错误! 用户${info}注册失败</h1>
</body>
</html>
```

到这里整个项目的代码都编写完了，接下来就是运行项目。

19.4　运行系统

运行结果：用户注册页面如图 19-9 所示，会进行账号、密码以及密码与确认密码是否相同的校验。

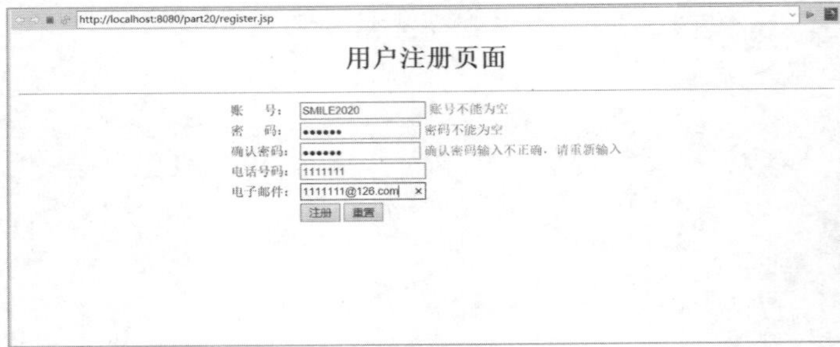

图 19-9　注册界面

注册成功页面如图 19-10 所示。

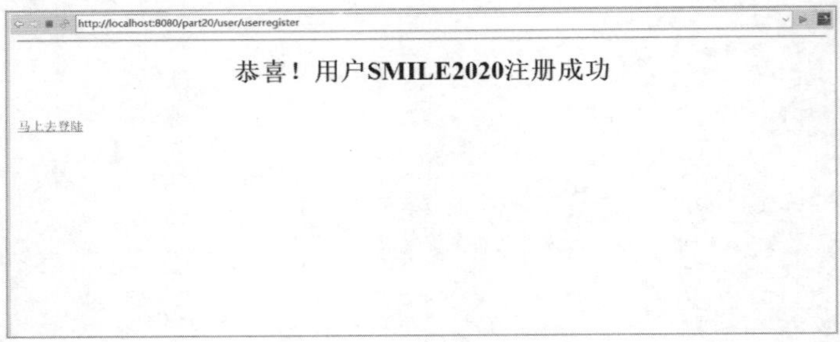

图 19-10　注册成功页面

用户登录页面如图 19-11 所示。

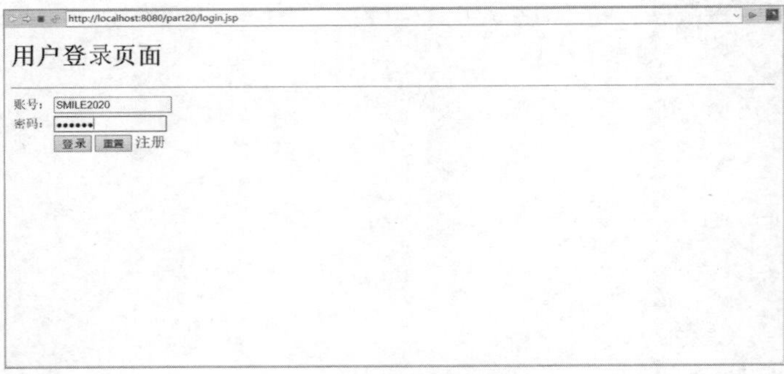

图 19-11　用户登录页面

登录成功页面如图 19-12 所示。

图 19-12　登录成功页面

登录失败页面如图 19-13 所示。

图 19-13　登录失败页面

19.5　开发过程常见问题及解决

（1）在开发过程中可能出现乱码的现象，通过编写过滤器就可以解决，代码在上面已列出。

（2）利用 Eclipse 新建的 Java Web 项目没有部署描述符 web.xml 文件怎么办？

右击项目名称→Java EE Tools→Generate Deployment descriptor stub。

（3）项目发布时，src 文件夹里的 Java 源文件编译后生成的.class 字节码文件在哪个文件夹里？

发布到 Tomcat 时（在 Eclipse 里启动 Tomcat），src 文件夹里的 Java 文件经过编译后，会把.class 文件放在 WEB-INF 文件夹里的 classes 文件夹中，编译时会自动生成。

第 20 章

Spring 整合 MyBatis 应用开发

学习指引

在第 15 章和第 16 章分别讲了 Spring 和 MyBatis 的相关知识，在实际开发过程中 Spring 和 MyBatis 都是整合在一起使用的，大型企业项目的开发往往都是采用这种框架的组合。本章将对 MyBatis 与 Spring 的整合进行讲解。

重点导读

- 学会将 Spring 与 MyBatis 整合在一起使用。
- 掌握 DAO 开发方式的整合。
- 掌握 Mapper 接口方式的整合。

20.1 环境搭建

MyBatis 与 Spring 的整合环境搭建包括准备所需要的 jar 包和编写配置文件两部分，具体内容如下。

20.1.1 准备 jar 包

要实现 MyBatis 与 Spring 的整合，很明显需要这两个框架的 jar 包，但是只使用这两个框架中所提供的 jar 包是不够的，还需要其他的 jar 包来配合使用，整合时所需准备的 jar 包如下。

1. Spring 框架所需要的 jar 包

Spring 框架所需要的 jar 包一共有 10 个，除了给出网址的两个，其余 8 个均在 Spring 框架目录下，具体如下。

AOP 开发使用的 jar 包：

- spring-aop-5.0.4.RELEASE.jar
- spring-aspects-5.0.4.RELEASE.jar

- aopalliance-1.0.jar
- aspectjweaver-1.9.2.jar

Spring 4 个核心 jar 包：

- spring-beans-5.0.4.RELEASE.jar
- spring-context-5.0.4.RELEASE.jar
- spring-core-5.0.4.RELEASE.jar
- spring-expression-5.0.4.RELEASE.jar

JDBC 和事务的 jar 包：

- spring-jdbc-5.0.4.RELEASE.jar
- spring-tx-5.0.4.RELEASE.jar

2. MyBatis 框架所需要的 jar 包

MyBatis 框架所需要的 jar 包一共有 13 个，包含核心 jar 包 mybatis-3.4.6.jar 以及 lib 目录下的依赖包，如图 20-1 所示。

图 20-1　lib 目录下的依赖包

3. MyBatis 与 Spring 整合的中间 jar 包

要把两个框架整合在一起，之间肯定需要一个中间件，就像把两个东西粘在一起需要胶水，胶水就是那个中间件。在这里这个中间件是 mybatis-spring-1.3.2.jar，官方下载网址为 https://mvnrepository.com/ artifact/ org.mybatis/mybatis-spring/1.3.2。

MyBatis-Spring 会帮助用户将 MyBatis 代码无缝地整合到 Spring 中。使用这个类库中的类，Spring 将会加载必要的 MyBatis 工厂类和 Session 类。这个类库也提供一个简单的方式来注入 MyBatis 数据映射器和 SqlSession 到业务层的 Bean 中。而且它也会处理事务，翻译 MyBatis 的异常到 Spring 的 DataAccessException 异常中。最终，它并不会依赖于 MyBatis、Spring 或 MyBatis-Spring 来构建应用程序代码。

4. 数据库驱动 jar 包

编写本书时所用的数据库驱动 jar 包是 mysql-connector-java-5.1.46.jar。

5. 数据库连接池 jar 包

DBCP（DataBase Connection Pool，数据库连接池）。是 Apache 上的一个 Java 连接池项目，也是 Tomcat 使用的连接池组件。单独使用 DBCP 需要两个包：commons-dbcp.jar 和 commons-pool.jar。由于建立数据库

连接是一个非常耗时耗资源的行为，所以通过连接池预先同数据库建立一些连接，放在内存中，应用程序需要建立数据库连接时直接到连接池中申请一个就行，用完后再放回去。官方下载网址为 http://commons.apache. org/proper/commons-dbcp/download_dbcp.cgi。

注意：以上的 jar 包在项目素材的 lib 文件夹，可以直接使用，在使用对应包时建议采用与本文一致的 jar 包版本。

20.1.2 准备配置文件

在 Eclipse 中，创建一个 Web 项目，将 20.1.1 节中所准备的全部 jar 包添加到项目的 lib 目录中，如图 20-2 所示，并发布到类路径下，接下来按照步骤进行。注意：本章案例使用与第 16 章相同的数据库。

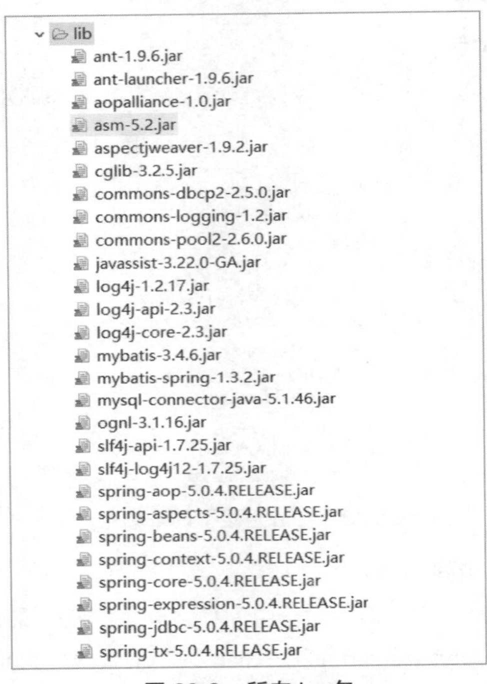

图 20-2　所有 jar 包

步骤 1：在项目的 src 目录下新建 db. properties 文件，如下所示。

```
jdbc.driver=com.mysql.jdbc.Driver
jdbc.url=jdbc:mysql://localhost:3306/mybatis
jdbc.username=root
jdbc.password=357703
jdbc.maxTotal=30
jdbc.maxIdle=10
jdbc.initialSize=5
```

db. properties 文件除了配置数据库基本的 4 项内容外，还配置了数据库最大连接数（maxTotal）和最大空闲连接数（maxIdle）以及初始化连接数（initialSize）。

步骤 2：在项目的 src 目录下新建 Spring 配置文件 applicationContext.xml。

```
<?xml version="1.0" encoding="UTF-8"?>
<beans xmlns="http://www.springframework.org/schema/beans"
```

```
    xmlns:xsi="http://www.w3.org/2001/XMLSchema-instance"
    xmlns:aop="http://www.springframework.org/schema/aop"
    xmlns:tx="http://www.springframework.org/schema/tx"
    xmlns:context="http://www.springframework.org/schema/context"
    xsi:schemaLocation="http://www.springframework.org/schema/beans
    http://www.springframework.org/schema/beans/spring-beans-4.3.xsd
    http://www.springframework.org/schema/tx
    http://www.springframework.org/schema/tx/spring-tx-4.3.xsd
    http://www.springframework.org/schema/context
    http://www.springframework.org/schema/context/spring-context-4.3.xsd
    http://www.springframework.org/schema/aop
    http://www.springframework.org/schema/aop/spring-aop-4.3.xsd">
    <!--读取db.properties -->
    <context:property-placeholder location="classpath:db.properties"/>
    <!-- 配置数据源 -->
    <bean id="dataSource"
          class="org.apache.commons.dbcp2.BasicDataSource">
        <!--数据库驱动 -->
        <property name="driverClassName" value="${jdbc.driver}" />
        <!--连接数据库的url -->
        <property name="url" value="${jdbc.url}" />
        <!--连接数据库的用户名 -->
        <property name="username" value="${jdbc.username}" />
        <!--连接数据库的密码 -->
        <property name="password" value="${jdbc.password}" />
        <!--最大连接数 -->
        <property name="maxTotal" value="${jdbc.maxTotal}" />
        <!--最大空闲连接  -->
        <property name="maxIdle" value="${jdbc.maxIdle}" />
        <!--初始化连接数  -->
        <property name="initialSize" value="${jdbc.initialSize}" />
    </bean>
    <!-- 事务管理器,依赖于数据源 -->
    <bean id="transactionManager" class=
     "org.springframework.jdbc.datasource.DataSourceTransactionManager">
       <property name="dataSource" ref="dataSource" />
    </bean>
    <!--开启事务注解 -->
    <tx:annotation-driven transaction-manager="transactionManager"/>
    <!--配置MyBatis工厂 -->
    <bean id="sqlSessionFactory"
          class="org.mybatis.spring.SqlSessionFactoryBean">
        <!--注入数据源 -->
        <property name="dataSource" ref="dataSource" />
        <!--指定核心配置文件位置 -->
       <property name="configLocation" value="classpath:mybatis-config.xml"/>
    </bean>
</beans>
```

在 Spring 的配置文件中，先定义了读取 properties 文件的配置，接着配置了数据源，开启了事务注解，最后配置了 MyBatis 工厂来与 Spring 整合。

步骤 3：在项目的 src 目录下新建 MyBatis 配置文件 mybatis-config.xml。

```
<?xml version="1.0" encoding="UTF-8" ?>
<!DOCTYPE configuration PUBLIC "-//mybatis.org//DTD Config 3.0//EN"
   "http://mybatis.org/dtd/mybatis-3-config.dtd">
<configuration>
   <!--配置别名 -->
   <typeAliases>
      <package name="com.smile.po" />
   </typeAliases>
   <!--配置 Mapper 的位置 -->
   <mappers>
     映射文件 CustomerMapper.xml 的位置
   </mappers>
</configuration>
```

在 Spring 中已经配置了数据源信息，所以这里就不需要配置了，只需要配置文件别名以及指出 Mapper 文件位置即可。

步骤 4：在 mybatis-config.xml 中配置映射文件 CustomerMapper.xml 的位置，具体如下。

```
<mapper resource="com/smile/po/CustomerMapper.xml" />
```

到这里配置文件的设置就完整了。

20.2 DAO 开发方式整合

采用 DAO 开发方式进行 MyBatis 与 Spring 框架的整合时，可以使用 mybatis-spring 包中所提供的 SqlSessionTemplate 类或 SqlSessionDaoSupport 类来实现。

SqlSessionTemplate：是 mybatis-spring 的核心类，它负责管理 MyBatis 的 SqlSession，调用 MyBatis 的 SQL 方法。当调用 SQL 方法时，SqlSessionTemplate 将会保证使用的 SqlSession 和当前 Spring 的事务是相关的。它还管理 SqlSession 的生命周期，包含必要的关闭、提交和回滚操作。

SqlSessionDaoSupport：是一个抽象支持类，它继承了 DaoSupport 类，主要是作为 DAO 的基类来使用。可以通过 SqlSessionDaoSupport 类的 getSqlSession()方法来获取所需的 SqlSession。

下面以 SqlSessionDaoSupport 类的使用为例，介绍传统 DAO 开发方式整合的实现，具体操作步骤如下。

步骤 1：编写持久层，在 src 目录下新建一个 com.smile.po 包，并在包中创建持久化类 Customer，具体如下。

```
package com.smile.po;
public class Customer {
private String id;          //id 属性
private String name;        //姓名属性
private String job;         //职业属性
private String phone;       //电话号码
//各个属性对应的 Getter 和 Setter 方法
   public String getId() {
      return id;
   }
   public void setId(String id) {
      this.id = id;
```

```
    }
    public String getName() {
        return name;
    }
    public void setName(String name) {
        this.name = name;
    }
    public String getJob() {
        return job;
    }
    public void setJob(String job) {
        this.job = job;
    }
    public String getPhone() {
        return phone;
    }
    public void setPhone(String phone) {
        this.phone = phone;
    }
    //重写了 toString 方法
    @Override
    public String toString() {
        return "Customer [id=" + id + ", name=" + name + ", job=" + job + ", phone=" + phone + "]";
    }
}
```

在以上持久化类中，有 4 个属性以及其 Getter 和 Setter 方法，还重写了 toString 方法。

步骤 2：在 com.smile.po 包中，创建映射文件 CustomerMapper.xml，在该文件中编写根据 id 查询信息的映射语句，具体如下。

```
<?xml version="1.0" encoding="UTF-8"?>
<!DOCTYPE mapper PUBLIC "-//mybatis.org//DTD Mapper 3.0//EN"
    "http://mybatis.org/dtd/mybatis-3-mapper.dtd">
<mapper namespace="com.smile.po.CustomerMapper">
    <!--根据 id 查询客户信息 -->
    <select id="findCustomerById" parameterType="String"
           resultType="customer">
        select * from customer where id = #{id}
    </select>
</mapper>
```

步骤 3：编写 DAO 层，在 src 目录下新建一个 com.smile.dao 包，并在包中创建接口文件 CustomerDao.java，并编写一个通过 id 查找信息的方法，具体如下。

```
package com.smile.dao;
import com.smile.po.Customer;
public interface CustomerDao {
//通过 id 查询客户
    public Customer findCustomerById(String id);
}
```

步骤 4：实现 DAO 层，在 src 目录下新建一个 com.smile.dao.impl 包，并在包中创建接口文件实现类 CustomerDaoImpl.java，具体如下。

```
package com.smile.dao.impl;
```

```
import org.mybatis.spring.support.SqlSessionDaoSupport;
import com.smile.dao.CustomerDao;
import com.smile.po.Customer;
public class CustomerDaoImpl
                    extends SqlSessionDaoSupport implements CustomerDao {
    //通过 id 查询客户
    public Customer findCustomerById(String id) {
          return this.getSqlSession().selectOne("com.smile.po"
                    + ".CustomerMapper.findCustomerById", id);
    }
}
```

在以上程序中，CustomerDaoImpl 类继承了 SqlSessionDaoSupport 类，并实现了 CustomerDao 接口。

步骤 5：在 Spring 的配置文件 applicationContext.xml 中编写实例化 CustomerDaoImpl 的配置。

```
<!--实例化 Dao -->
    <bean id="customerDao" class="com.smile.dao.impl.CustomerDaoImpl">
<!-- 注入 SqlSessionFactory 对象实例-->具体如下：
      <property name="sqlSessionFactory" ref="sqlSessionFactory" />
    </bean>
```

以上代码创建了一个 id 为 customerDao 的 Bean，并且将 SqlSessionFactory 对象注入到 Bean 的实例化对象中。

步骤 6：编写测试类，在 src 目录下新建一个 com.smile.test 包，并在包中创建测试类文件 DaoTest.java 并编写测试方法，具体如下。

```
package com.smile.test;
import org.junit.Test;
import org.springframework.context.ApplicationContext;
import org.springframework.context.support.ClassPathXmlApplicationContext;
import com.smile.dao.CustomerDao;
import com.smile.po.Customer;
public class DaoTest {
    @Test
    public void findCustomerByIdDaoTest(){
        ApplicationContext act = new ClassPathXmlApplicationContext("applicationContext.xml");
      //根据容器中的 Bean 的 id 来获取指定的 Bean
        CustomerDao customerDao =
                         (CustomerDao) act.getBean("customerDao");
        Customer customer = customerDao.findCustomerById("1");
        System.out.println(customer);
    }
}
```

使用 Junit4 执行上述代码后，控制台显示出了 id=1 的整条信息，运行结果如图 20-3 所示。

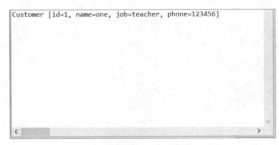

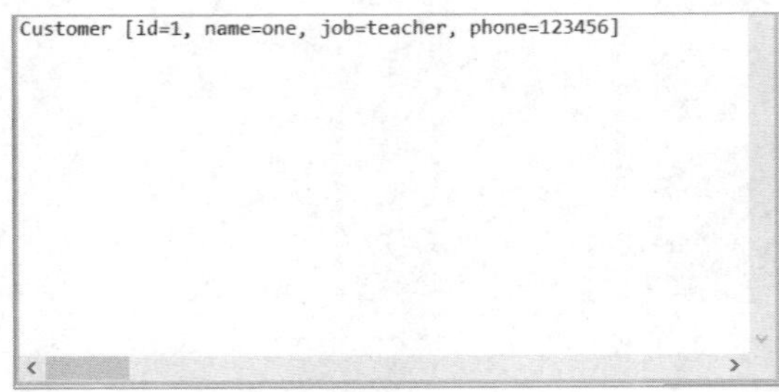

图 20-3 运行结果

20.3 Mapper 接口方式整合

在 MyBatis+Spring 的项目中，虽然使用传统的 DAO 开发方式可以实现所需功能，但是采用这种方式在实现类中会出现大量的重复代码，在方法中也需要指定映射文件中执行语句的 id，并且不能保证编写时 id 的正确性。为此，可以使用 MyBatis 提供的另外一种编程方式，即使用 Mapper 接口编程。

MapperFactoryBean 是 MyBatis-Spring 团队提供的一个用于根据 Mapper 接口生成 Mapper 对象的类，该类在 Spring 配置文件中使用时可以配置以下参数。

（1）mapperInterface：用于指定接口。

（2）SqlSessionFactory：用于指定 SqlSessionFactory。

（3）SqlSessionTemplate：用于指定 SqlSessionTemplate。如果与 SqlSessionFactory 同时设定，则只会启用 SqlSessionTemplate。

接下来介绍基于 MapperFactoryBean 的整合方法，按以下步骤进行。

步骤 1：在 src 目录下新建一个 com.smile.mapper 包，并在包中创建 CustomerMapper 接口以及对应的映射文件，具体如下。

```
package com.smile.mapper;
import com.smile.po.Customer;
public interface CustomerMapper {
    public Customer findCustomerById(String id);
    public void addCustomer(Customer customer);
}
CustomerMapper.xml
<?xml version="1.0" encoding="UTF-8"?>
<!DOCTYPE mapper PUBLIC "-//mybatis.org//DTD Mapper 3.0//EN"
    "http://mybatis.org/dtd/mybatis-3-mapper.dtd">
    <mapper namespace="com.smile.mapper.CustomerMapper">
    <!--根据 id 查询客户信息 -->
    <select id="findCustomerById" parameterType="String"
        resultType="customer">
        select * from customer where id = #{id}
    </select>
</mapper>
```

步骤 2：在 mybatis-config.xml 中，引入新的映射文件，具体如下。

```
<mapper resource="com/smile/mapper/CustomerMapper.xml" />
```

步骤 3：在 Spring 的配置文件 applicationContext.xml 中创建一个 id 为 customerMapper 的 Bean，具体如下。

```
<bean id="customerMapper" class="org.mybatis.spring.mapper.MapperFactoryBean">
      <property name="mapperInterface" value="com.smile.mapper.CustomerMapper" />
      <property name="sqlSessionFactory" ref="sqlSessionFactory" />
</bean>
```

步骤 4：在 DaoTest 中，编写测试方法 findCustomerByIdMapperTest()，具体如下。

```
@Test
public void findCustomerByIdMapperTest(){
      ApplicationContext act =
            new ClassPathXmlApplicationContext("applicationContext.xml");
```

```
        CustomerMapper customerMapper = act.getBean(CustomerMapper.class);
        Customer customer = customerMapper.findCustomerById("2");
        System.out.println(customer);
    }
```

上述方法中，通过 Spring 容器获取了 CustomerMapper 实例，并调用了实例中的 findCustomerById()方法来查询 id 为 2 的客户信息，使用 Junit4 执行上述方法，运行结果如图 20-4 所示。

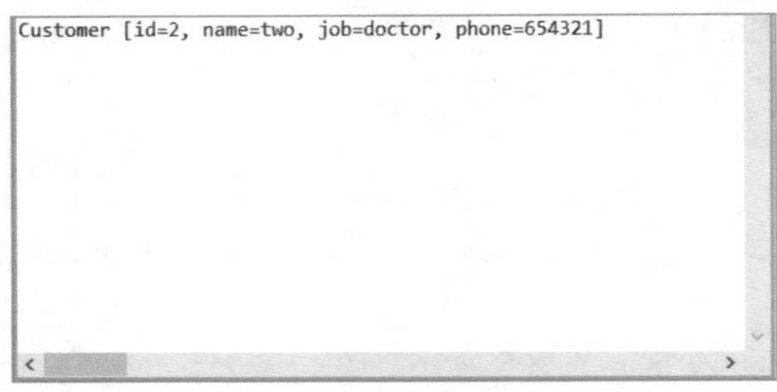

图 20-4　运行结果

20.4　开发过程常见问题及解决

在学习和使用 Spring 整合 MyBatis 框架的过程中，可能会遇到错误而无法运行，在本章的案例中最容易出错的地方就是配置文件的路径问题，如果读者在学习本案例的时候不小心没有依照说明的路径创建配置文件，很可能会出错，所以读者在学习时需要仔细，如果出错了，是可以看到错误信息的，从而分析出是哪里的问题。如果实在分析不出来，可以复制错误信息到百度下搜索，根据提示即可找到错误的地方并改正。还有一个很容易出错的地方，大多数初学者只是把那些需要的 jar 包复制到 lib 目录下，并没有添加到类路径，这样会引起很多错误。那如何将 jar 包发布到类路径下呢？具体如下。

步骤 1：将需要的 jar 包复制到 lib 目录下。

步骤 2：在项目名上右击，依次选择 Build Path→Configure Build Path 命令后将显示如图 20-5 所示界面。

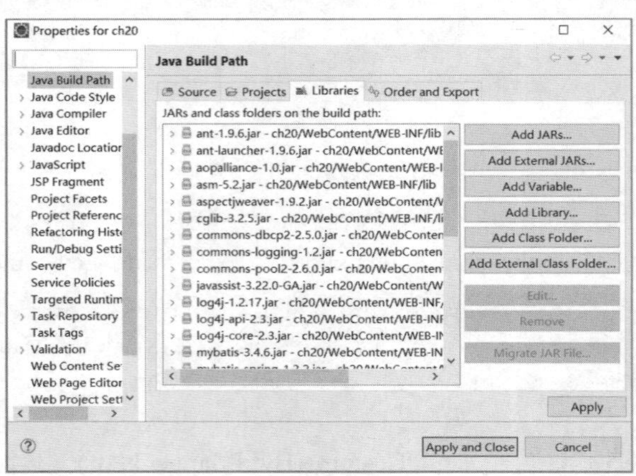

图 20-5　Java Build Path

步骤 3：先选中 Libraries 标签，再从右边单击 Add JARs 按钮，接着打开 lib 文件夹，然后选中刚才复制到项目中的 jar 包，然后单击 OK 按钮关闭窗口即可。

第 5 篇

项目实践

在本篇中将介绍在线健身管理系统、银行日常业务管理系统实战案例。通过本篇的学习，读者将对 Java Web 在项目开发中的实际应用拥有切身的体会，为日后进行软件开发积累下项目管理及实践开发经验。

第 21 章

在线健身管理系统

学习指引

在线网络事务处理是当下人们日常生活中不可或缺的一部分。各种各样的传统业务不断地被迁移到网络中来，其中就有个人健身事务，本章将引领读者开发一个在线健身管理系统。

重点导读

- 掌握项目需求分析过程。

21.1 系统背景及功能概述

本节将简单介绍在线健身管理系统的开发背景，并对其在功能上进行简要说明，使读者对系统有一个整体的认识。

21.1.1 背景简介

随着计算机的普及和信息技术的发展，信息系统应用于各个行业的日常管理，为各行各业的现代化带来了前所未有的机遇。采用信息化系统成为现代管理和现代化的重要标志。本节讲解在线健身管理系统的设计实现。

在线健身管理系统的主要任务是通过实现会员和教练之间的在线预约，提高工作效率。

21.1.2 功能概述

本系统主要为用户提供一个专属的在线健身计划制订和教练预约，主要包括如下几个功能。

1. 普通用户模块

登录：输入已经存储在数据库表中的账号和密码，可以登录该系统。

注册：用户可以通过注册来使用该系统，注册时需要输入相关信息。
重置密码：如果用户想更改自己的密码，可以通过重置密码来更改。
健身教练搜索：用户可以通过搜索来查询健身教练。
我的订单：用户可以查看自己以往的订单信息。
我的点评：用户可以对以往的订单进行点评。
健身日记：用户可以每天书写自己的健身日记。
健身计划：这里有为用户提供的合理的健康的健身计划，来帮助用户更好地健身。
提交预订：用户可以提交自己所有的已预订订单。

2. 健身教练模块

登录：输入已经存储在数据库表中的账号和密码，可以登录该系统。
注册：教练可以通过注册来使用该系统，注册时需要输入相关信息。
录入信息：教练登录后可以在本系统录入自己的详细信息，方便用户更好地了解自己。

3. 超级管理员模块

登录：输入已经存储在数据库表中的账号和密码，可以登录该系统。
管理用户：超级管理员主要管理所有的用户和健身教练的信息。

21.1.3 开发及运行环境

本系统软件开发环境如下。
编程语言：Java。
操作系统：Windows 7。
JDK 版本：7.0。
Web 服务器：Tomcat 7.0。
数据库：MySQL。
开发工具：MyEclipse。

21.2 系统分析

该案例介绍一个在线健身管理系统，是一个基于 Java 的 Web 应用程序，数据的存储是使用了现在比较流行的 MySQL 数据库。

21.2.1 系统总体设计

在线健身管理系统有普通用户、超级管理员、健身教练三种角色，并为三种角色设计了不同的功能模块。图 21-1 是在线健身管理系统设计功能图。

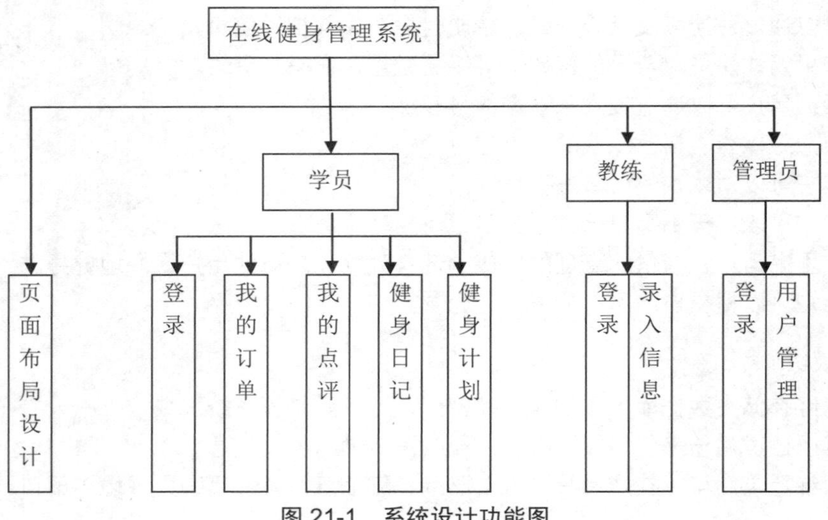

图 21-1　系统设计功能图

21.2.2　系统页面设计

在业务操作类型系统界面设计过程中，一般使用单色调，再考虑使用习惯，不能对系统使用产生影响，要以行业特点为依据，用户习惯为基础。基于以上考虑，在线健身管理系统设计界面如图 21-2 和图 21-3 所示。

图 21-2　登录页面

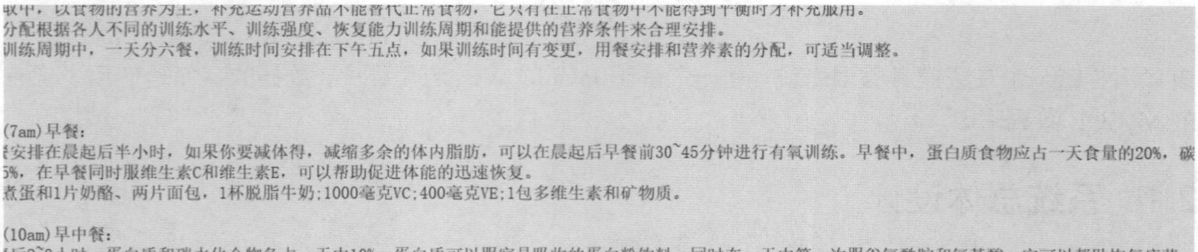

图 21-3　管理中心

21.3　系统运行及项目导入

本系统作为一个教学实例，读者可以通过运行本程序对程序功能有一个基本了解。

21.3.1　系统开发及导入步骤

首先要学会运行本系统，以对本程序的功能有所了解。下面简述运行的具体步骤。

（1）把素材中的“ch21”目录复制到硬盘中，本例使用“D:\ts\”。

（2）单击 Windows“开始”按钮，展开“所有程序”项目，在展开程序菜单中选择 MyEclipse，如图 21-4 所示。

（3）启动 MyEclipse 后，如图 21-5 所示。

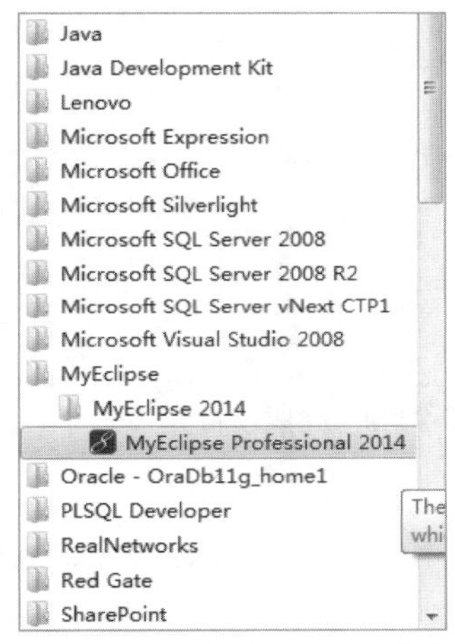

图 21-4　启动 MyEclipse 程序

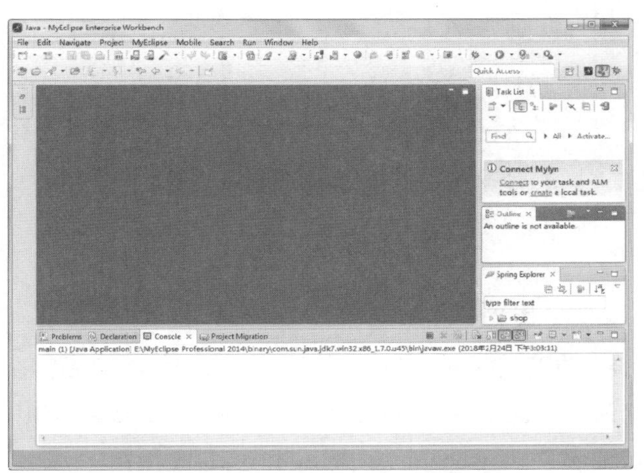

图 21-5　MyEclipse 开发工具页面

（4）在 MyEclipse 菜单中执行 File→Import 命令，如图 21-6 所示。

（5）在 Import 窗口中选择 Existing Projects into Workspace 选项，单击 Next 按钮，如图 21-7 所示。

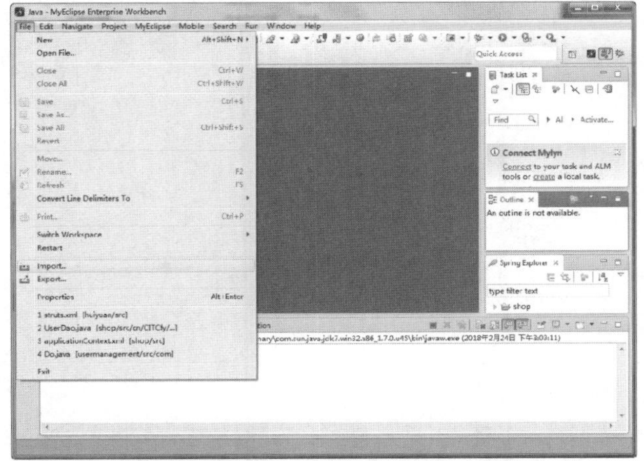

图 21-6　执行 Import 菜单命令

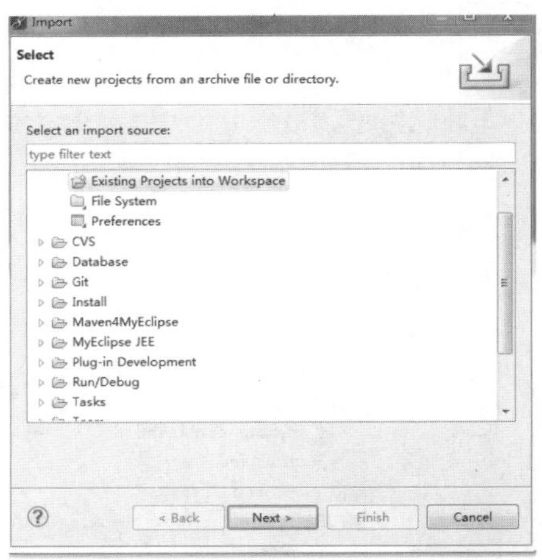

图 21-7　选择已存在的项目到工作区

（6）单击 Select root directory 右边的 Browse 按钮，选择源码根目录，本例选择 D:\ts\ch21\sjyx 目录，单击“确定”按钮，如图 21-8 所示。

（7）单击 Finish 按钮，完成项目导入，如图 21-9 所示。

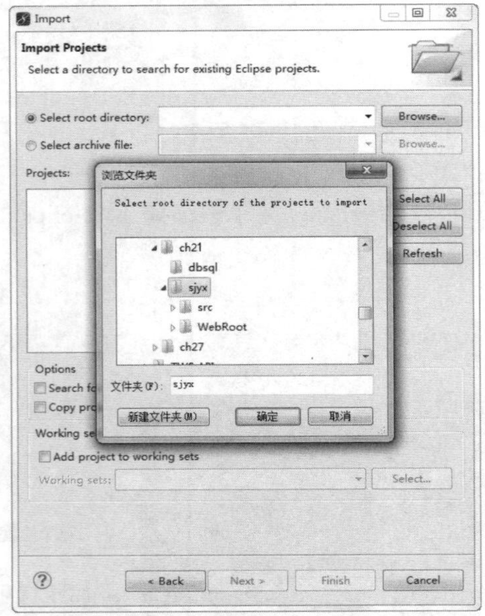

图 21-8　选择项目源码根目录

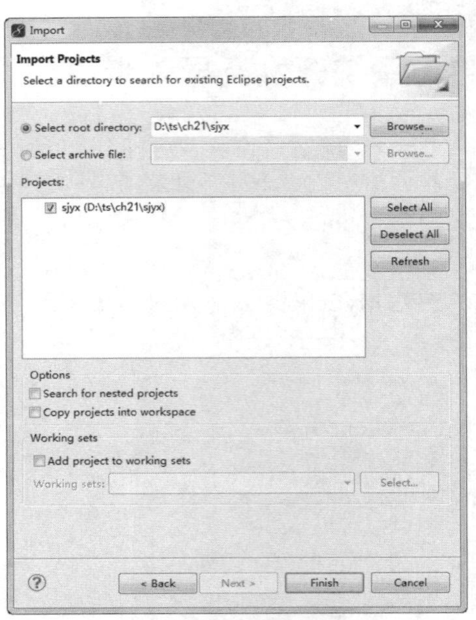

图 21-9　完成项目导入

（8）展开 sjyx 项目包资源管理器，如图 21-10 所示。

（9）加载项目到 Web 服务器。在 MyEclipse 主页面中，单击 ，单击 Manage Deployments 按钮，打开 Manage Deployments 对话框，如图 21-11 所示。

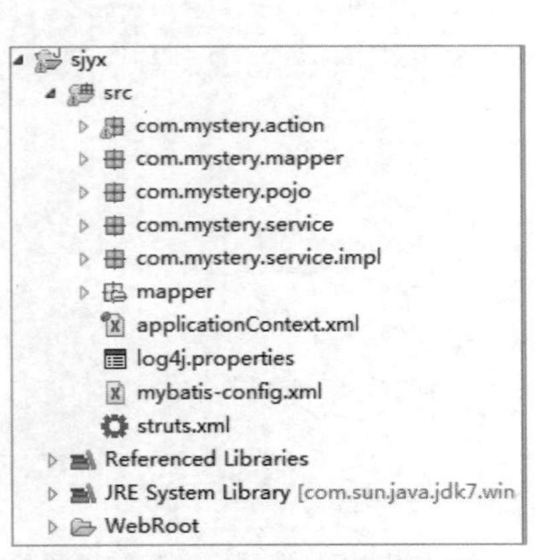

图 21-10　项目包资源管理器

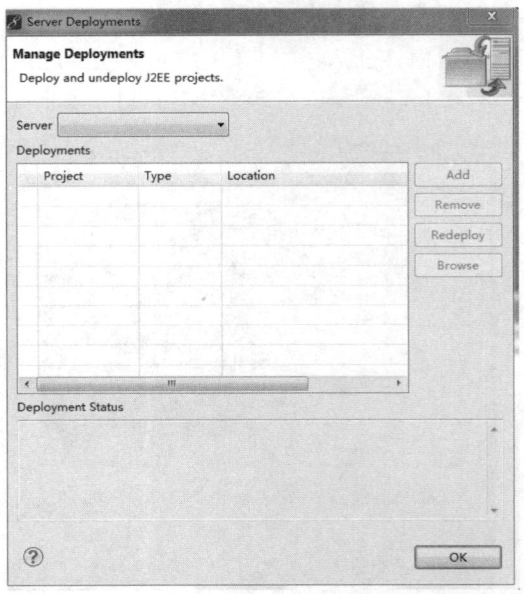

图 21-11　Manage Deployments 对话框

（10）单击 Manage Deployments 对话框中 Server 选项右边的下三角按钮，并在弹出的选项菜单中选择 MyEclipse Tomcat 7 选项。单击 Add 按钮，打开 New Deployment 对话框，如图 21-12 所示。

（11）在 New Deployment 对话框的 Project 项目中选择 sjyx 选项，单击 Finish 按钮，然后单击 OK 按钮，完成项目加载，如图 21-13 所示。

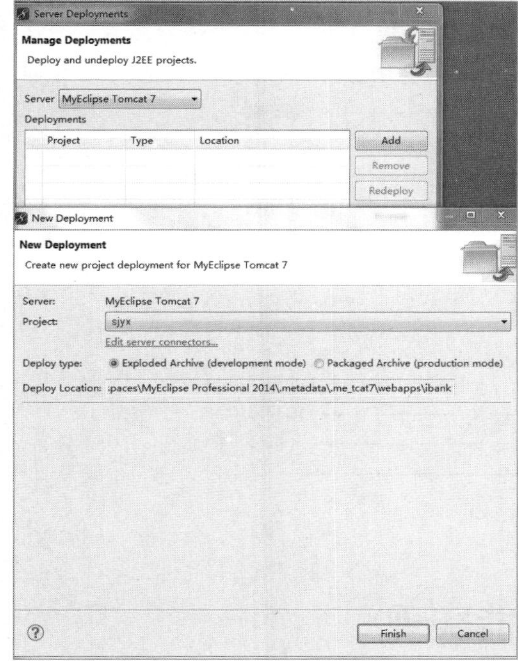

图 21-12　New Deployment 对话框

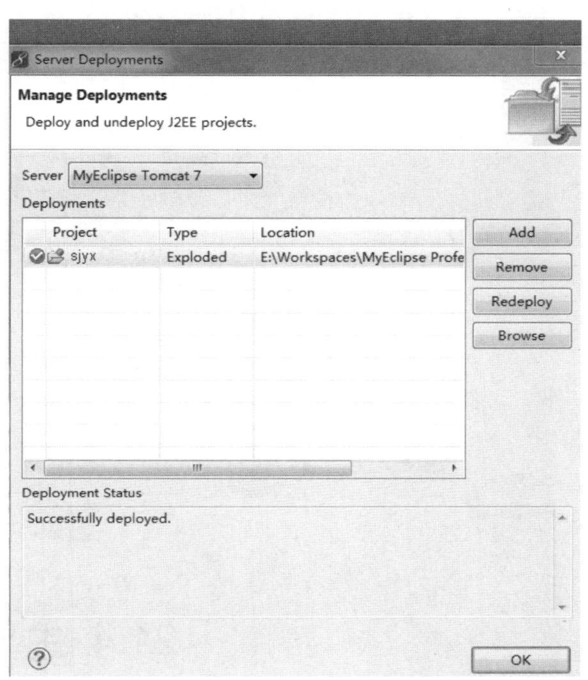

图 21-13　完成项目加载

（12）在 MyEclipse 主页面中，单击 Run/Stop/Restart MyEclipse Servers 菜单，在展开菜单中执行 MyEclipse Tomcat 7→Start 菜单命令，启动 Tomcat，如图 21-14 所示。

（13）Tomcat 启动成功，如图 21-15 所示。

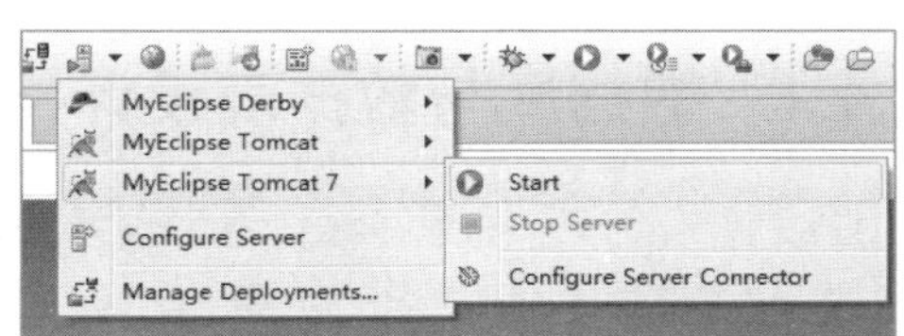

图 21-14　启动 Tomcat

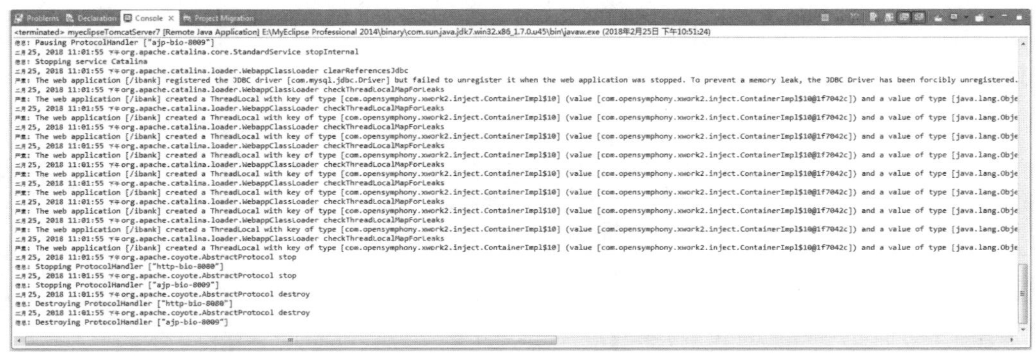

图 21-15　Tomcat 启动

21.3.2 系统文件结构图

项目开发为了方便对文件进行管理，对文件进行了分组管理，这样做的好处是方便管理和团队合作。在编写代码前，规划好系统文件组织结构，把窗体、公共类、数据模型、工具类或者图片资源放到不同的文件包中。本项目文件包如图 21-16 所示。

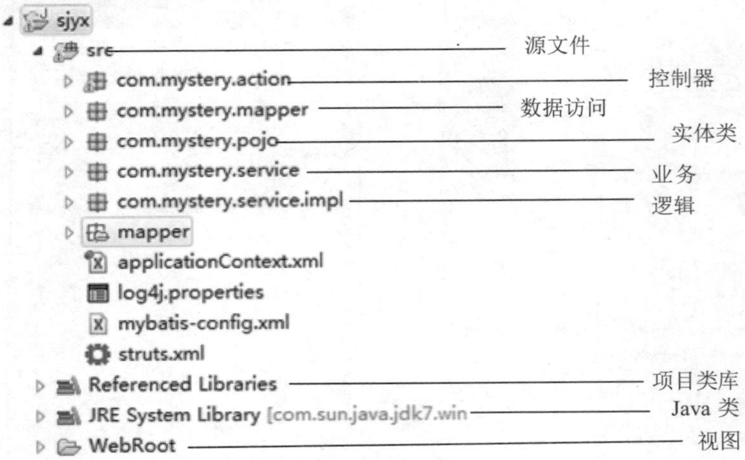

图 21-16 文件结构

21.4 主要功能实现

下面将详细介绍在线健身管理系统主要功能的实现方法。

21.4.1 数据库与数据表设计

在线健身管理系统是在线信息管理系统，数据库是其基础组成部分，系统的数据库是由基本功能需求制定的。

1. 数据库分析

根据在线健身管理系统的实际情况，本系统采用一个数据库，数据库命名为 fitness。整个数据库包含系统几大模块的所有数据信息。fitness 数据库总共分为 4 张表，如表 21-1 所示，使用 MySQL 数据库进行数据存储管理。

表 21-1 fitness 数据库表

表 名 称	说 明	备 注
fitness	教练信息表	
fitness_diary	健身日记表	
myorder	订单表	
user	用户表	

2. 创建数据库

数据库设计创建是系统开发的首要步骤，在 MySQL 中创建数据库的具体步骤如下。

（1）连接到 MySQL 数据库。首先打开 DOS 窗口，然后进入目录 mysql→bin，再输入命令 mysql -u root -p，按 Enter 键后提示输入密码。注意用户名前可以有空格也可以没有空格，但是密码前必须没有空格，否则需要重新输入密码。如果刚安装好 MySQL，超级用户 root 是没有密码的，故直接按 Enter 键即可进入到 MySQL 中，如图 21-17 所示。

```
管理员: C:\Windows\system32\cmd.exe - mysql -u root -p
D:\phpStudy\MySQL\bin>mysql -u root -p
Enter password: ****
Welcome to the MySQL monitor.  Commands end with ; or \g.
Your MySQL connection id is 9
Server version: 5.5.47 MySQL Community Server (GPL)

Copyright (c) 2000, 2015, Oracle and/or its affiliates. All rights reserved.

Oracle is a registered trademark of Oracle Corporation and/or its
affiliates. Other names may be trademarks of their respective
owners.

Type 'help;' or '\h' for help. Type '\c' to clear the current input statement.

mysql>
```

图 21-17　连接 MySQL 数据库

（2）登录成功后，运行命令“Create Database fitness;”即可创建数据库，如图 21-18 所示。

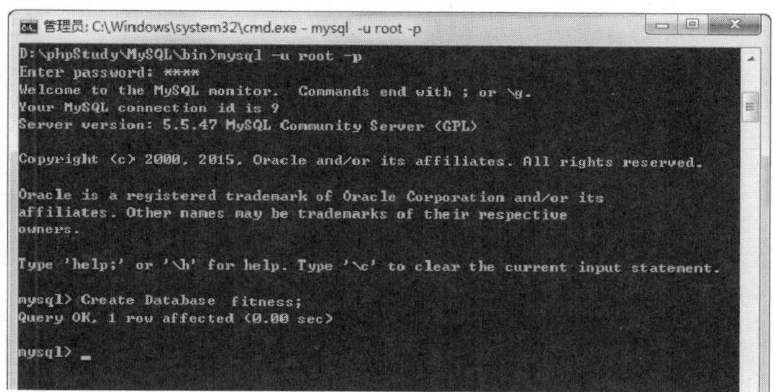

图 21-18　创建数据库

3. 创建数据表

在已创建的数据库 fitness 中创建 4 个数据表，这里列出教练信息表创建表过程，代码如下。

```
DROP TABLE IF EXISTS 'fitness';
CREATE TABLE 'fitness' (
  'id' bigint(20) NOT NULL AUTO_INCREMENT,
  'fitness_name' varchar(255) DEFAULT NULL,
  'sex' tinyint(4) DEFAULT NULL,
  'age' int(11) DEFAULT NULL,
  'height' varchar(255) DEFAULT NULL,
  'weight' varchar(255) DEFAULT NULL,
  'picture' varchar(255) DEFAULT NULL,
  'work_time' varchar(255) DEFAULT NULL,
  'information' varchar(255) DEFAULT NULL,
  'grade' varchar(255) DEFAULT NULL,
  'have_class' tinyint(4) DEFAULT NULL,
```

```
    'class_cost' varchar(255) DEFAULT NULL,
    'create_time' datetime DEFAULT NULL,
    'update_time' datetime DEFAULT NULL,
    PRIMARY KEY ('id')
  ) ENGINE=InnoDB AUTO_INCREMENT=2 DEFAULT CHARSET=utf8;
  …
```

为了避免重复创建，在创建表之前先使用 drop 进行表删除。这里创建了与需求相关的 14 个字段，并创建一个自增的标识索引字段 ID。

由于篇幅所限，省略其他数据表查看创建 SQL 语句，这里给出数据表结构。

1）教练信息表

教练信息表用于存储教练的基本信息，表名为 fitness，结构如表 21-2 所示。

表 21-2　教练信息表

字 段 名 称	字 段 类 型	说　　明	备　　注
id	bigint(20)	编号（主键）	NOT NULL AUTO_INCREMENT
fitness_name	varchar(255)	姓名	DEFAULT NULL
sex	tinyint（4）	性别	NULL
age	NUMBER（10）	年龄	NULL
height	varchar(255)	身高	DEFAULT NULL
weight	varchar(255)	体重	DEFAULT NULL
picture	varchar(255)	照片	DEFAULT NULL
work_time	varchar(255)	工作时长	DEFAULT NULL
information	varchar(255)	备注信息	DEFAULT NULL
grade	varchar(255)	评分	DEFAULT NULL
have_class	tinyint（4）	本月是否拥有课时	DEFAULT NULL
class_cost	varchar(255)	课时价格	DEFAULT NULL
create_time	datetime	创建时间	DEFAULT NULL
update_time	datetime	更新时间	DEFAULT NULL

2）健身日记表

健身日记表用于存储健身日记信息，表名为 fitness_diary，结构如表 21-3 所示。

表 21-3　健身日记表

字 段 名 称	字 段 类 型	说　　明	备　　注
id	bigint(20)	唯一标识符	NOT NULL AUTO_INCREMENT
user_id	bigint(20)	用户 id	DEFAULT NULL
diary	varchar(255)	日记内容	DEFAULT NULL
create_time	datetime	日期	DEFAULT NULL

3）订单表

订单表用来存储选择的教练及付费信息，表名为 myorder，结构如表 21-4 所示。

表 21-4　订单表

字段名称	字段类型	说　明	备　注
id	bigint(20)	唯一标识符	NOT NULL AUTO_INCREMENT
user_id	bigint(20)	用户 id	DEFAULT NULL
username	varchar(255)	用户名	DEFAULT NULL
fitness_id	bigint(20)	教练 id	DEFAULT NULL
fitness_name	varchar(255)	教练名称	DEFAULT NULL
order_number	bigint(20)	订单号	DEFAULT NULL
paid	tinyint（4）	支付状态	DEFAULT NULL
evaluate	varchar(255)	评分	DEFAULT NULL

4）用户表

用户表用来存储系统操作用户信息，表名为 admin，结构如表 21-5 所示。

表 21-5　用户表

字段名称	字段类型	说　明	备　注
id	bigint(20)	唯一标识符	NOT NULL AUTO_INCREMENT
username	varchar(255)	用户名	DEFAULT NULL
password	varchar(255)	用户密码	DEFAULT NULL
phone	varchar(255)	电话	DEFAULT NULL
address	varchar(255)	地址	DEFAULT NULL
sex	tinyint（4）	性别	DEFAULT NULL
name	varchar(255)	姓名	DEFAULT NULL
member_integral	bigint(20)	会员积分	DEFAULT NULL
train_plan	varchar(255)	健身计划	DEFAULT NULL
is_fitness	tinyint（4）	用户身份标识	DEFAULT NULL
create_time	datetime	创建时间	DEFAULT NULL
update_time	datetime	更新时间	DEFAULT NULL

21.4.2　实体类创建

实体类是用于对必须存储的信息和相关行为建模的类。实体对象（实体类的实例）用于保存和更新一些现象的有关信息，例如事件、人员或者一些现实生活中的对象。实体类通常都是永久性的，它们所具有的属性和关系是长期需要的，有时甚至在系统的整个生存期都需要。根据面向对象编程的思想，要先创建数据实体类，这些实体类与数据表设计相对应，在本项目中实体类存放在 pojo 类包中，如用户表 User 实体代码。

```
package com.mystery.pojo;
import java.util.Date;
public class User {
```

```
    private long id;
    private String username;
    private String password;
    private int phone;
    private String address;
    private boolean sex;
    private String name;
    private long memberIntegral;
    private String trainPlan;
    private boolean isFitness;
    private Date createTime;
    private Date updateTime;
    public long getId() {
        return id;
    }
    public void setId(long id) {
        this.id = id;
    }
    public String getUsername() {
        return username;
    }
    public void setUsername(String username) {
        this.username = username;
    }
    public String getPassword() {
        return password;
    }
    public void setPassword(String password) {
        this.password = password;
    }
    public int getPhone() {
        return phone;
    }
    public void setPhone(int phone) {
        this.phone = phone;
    }
    public String getAddress() {
        return address;
    }
    public void setAddress(String address) {
        this.address = address;
    }
    public boolean getSex() {
        return sex;
    }
    public void setSex(boolean sex) {
        this.sex = sex;
    }
    public String getName() {
        return name;
    }
    public void setName(String name) {
        this.name = name;
```

```
    }
    public long getMemberIntegral() {
        return memberIntegral;
    }
    public void setMemberIntegral(long memberIntegral) {
        this.memberIntegral = memberIntegral;
    }
    public String getTrainPlan() {
        return trainPlan;
    }
    public void setTrainPlan(String trainPlan) {
        this.trainPlan = trainPlan;
    }
    public boolean getIsFitness() {
        return isFitness;
    }
    public void setIsFitness(boolean fitness) {
        isFitness = fitness;
    }
    public Date getCreateTime() {
        return createTime;
    }
    public void setCreateTime(Date createTime) {
        this.createTime = createTime;
    }
    public Date getUpdateTime() {
        return updateTime;
    }
    public void setUpdateTime(Date updateTime) {
        this.updateTime = updateTime;
    }
}
```

21.4.3 数据访问类

本例数据访问类存放在 Mapper 类包中，用来操作数据库驱动、连接、关闭等数据库操作方法，这些方法包括不同数据表的操作方法，并实现所有数据表处理的共性操作，如增删改查分页等，代码如下。

```
package com.mystery.mapper;
import com.mystery.pojo.FitnessDiary;
import org.apache.ibatis.annotations.Param;
import java.util.List;
public interface FitnessDiaryMapper {
    List<FitnessDiary> findAllById(@Param("id") long id);
    int add(@Param("userId") long userId,@Param("diary") String diary);
}
```

通过 findAllById()和 add()实现日志查找和增加。

21.4.4 控制分发

本项目基于 Structs 框架进行开发，在 Struts 中，Action 是其核心功能。使用 Struts 框架，主要的开发

都是围绕 Action 进行的。Action 类包中定义了各种操作流程，本例中定义 4 个 Action：FitnessAction、FitnessDiaryAction、OrderAction、UserAction，主要是后台和页面进行交互的操作类，是页面上相关的操作和后台进行数据交互的入口。这 4 个 Action 位于 Java 经典三层架构中的 Web 层，分别是健身教练相关操作的操作类、健身日记的操作类、订单操作的操作类、用户相关的操作类。

Struts.xml 配置如下。

```
<struts>
    <!-- 修改服务器自动加载配置文件 -->
    <constant name="struts.configuration.xml.reload" value="true" />
    <!-- 国际化文件修改自动加载 -->
    <constant name="struts.i18n.reload" value="true" />
    <!-- 开启 ognl 静态方法调用 -->
    <constant name="struts.ognl.allowStaticMethodAccess" value="true" />
    <!-- 开启国际化资源包信息 -->
    <constant name="struts.custom.i18n.resources" value="message" />
    <!-- 所有 JSP 页面 样式都采用简单样式主题 -->
    <constant name="struts.ui.theme" value="simple" />
    <!-- 开启动态方法调用 -->
    <constant name="struts.enable.DynamicMethodInvocation" value="true" />
    <!-- 上传文件总大小 -->
    <constant name="struts.multipart.maxSize" value="3072000" />
    <!-- 修改默认的对象工厂 -->
    <constant name="struts.objectFactory" value="spring"></constant>

    <package name="user" namespace="/user" extends="json-default">
       <action name="userAction_*" class="com.mystery.action.UserAction" method="{1}">
          <result name="login_ok" type="redirect">/gallery.html</result>
          <result name="login_error" type="dispatcher">/jsp/userLogin.jsp</result>
          <result name="fitnessLogin_ok" type="dispatcher">/jsp/fitness_manage.jsp</result>
          <result name="fitnessLogin_error" type="dispatcher">/jsp/fitnessLogin.jsp</result>
          <result name="managerLogin_ok" type="dispatcher">/jsp/manage.jsp</result>
          <result name="managerLogin_error" type="dispatcher">/jsp/managerLogin.jsp</result>
          <result name="add_ok">/jsp/userLogin.jsp</result>
          <result name="add_error">/jsp/userRegist.jsp</result>
          <result name="addFitness_ok">/jsp/fitnessLogin.jsp</result>
          <result name="addFitness_error">/jsp/fitnessRegist.jsp</result>
          <result name="reset" type="redirect" >/jsp/userLogin.jsp</result>
          <result name="reset_error">/jsp/reset.jsp</result>
          <result name="search" type="dispatcher">/jsp/manage.jsp</result>
          <result name="delete" type="dispatcher">/jsp/manage.jsp</result>
       </action>
    </package>
    <package name="fitness" namespace="/fitness" extends="json-default">
       <action name="fitnessAction_*" class="com.mystery.action.FitnessAction" method="{1}">
          <result name="search" type="dispatcher">/jsp/fitness_list.jsp</result>
          <result name="queryAll" type="dispatcher">/jsp/fitness_list.jsp</result>
          <result name="add_ok">/jsp/fitness_manage.jsp</result>
          <result name="add_error">/jsp/fitness_manage.jsp</result>
```

```
            </action>
        </package>
        <package name="order" namespace="/order" extends="json-default">
            <action name="orderAction_*" class="com.mystery.action.OrderAction" method="{1}">
                <result name="query" type="dispatcher">/jsp/order_list.jsp</result>
                <result name="error" type="dispatcher">/jsp/login.jsp</result>
                <result name="paid" type="redirect">/order/orderAction_query</result>
                <result name="evaluate" type="dispatcher">/jsp/my_evaluate.jsp</result>
                <result name="goEvaluate" type="dispatcher">/jsp/evaluate.jsp</result>
                <result name="update_ok" type="redirect">/order/orderAction_myEvaluate</result>
                <result name="add_ok" type="redirect">/order/orderAction_myEvaluate</result>
                <result name="find" type="dispatcher">/jsp/no_paid_list.jsp</result>
            </action>
        </package>
        <package name="fitnessDiary" namespace="/fitnessDiary" extends="json-default">
            <action name="fitnessDiaryAction_*" class="com.mystery.action.FitnessDiaryAction" method=
"{1}">
                <result name="myFitnessDiary" type="dispatcher">/jsp/my_fitness_diary.jsp</result>
                <result name="findError" type="dispatcher">/jsp/my_fitness_diary.jsp</result>
                <result name="add_ok" type="redirect">/fitnessDiary/fitnessDiaryAction_myFitnessDiary
</result>
                <result name="add_error" type="dispatcher">/jsp/fitness_diary.jsp</result>
            </action>
        </package>

    </struts>
```

21.4.5　业务处理

Service 包用于业务逻辑处理，实现 Action 类包的数据调用。在本项目中业务处理 4 个 Service 和 4 个 Service 的实现类：FitnessDiaryService、FitnessService、OrderService、UserService 和 FitnessDiaryServiceImpl、FitnessServiceImpl、OrderServiceImpl、UserServiceImpl。位于 Java 经典三层架构中的 Service 层主要是对业务进行处理，也就是常说的业务层。比如 FitnessDiaryServiceImpl 是 FitnessDiaryService 的具体实现，并实现对 Mapper 数据访问层的调用。

FitnessDiaryServiceImpl 代码如下。

```
package com.mystery.service.impl;
import com.mystery.mapper.FitnessDiaryMapper;
import com.mystery.pojo.FitnessDiary;
import com.mystery.service.FitnessDiaryService;
import org.springframework.stereotype.Service;
import javax.annotation.Resource;
import java.util.List;
@Service
public class FitnessDiaryServiceImpl implements FitnessDiaryService {
    @Resource
    private FitnessDiaryMapper fitnessDiaryMapper;
```

```
    @Override
    public int add(long userId, String diary) {
        return fitnessDiaryMapper.add(userId,diary);
    }
    @Override
    public List<FitnessDiary> findAllById(long id) {
        return fitnessDiaryMapper.findAllById(id);
    }
}
```

第 22 章

银行日常业务管理系统

学习指引

随着信息化的普及，电信、银行等窗口单位均采用了日常业务管理系统，进行服务支撑。本章通过介绍银行日常业务管理系统的开发，帮助读者掌握该类系统的开发过程。

重点导读

- 掌握 Structs 编程的相关知识。
- 掌握系统设计流程使用。
- 掌握 MySQL 数据库的使用。

22.1　系统背景及功能概述

22.1.1　背景简介

作为信息化管理的一部分，使用计算机对银行日常用户的开户和存取款进行管理，具有很大的好处，可以达到传统手工管理无法达到的服务水平，使银行的管理更加科学和规范。

银行日常业务管理系统是信息化社会经济生活中的重要组成部分，该系统通过前台应用程序的开发和后台数据库的建立与维护两个方面进行设计。

22.1.2　功能概述

本节主要介绍银行日常业务管理的主要功能，包括如下几点。

（1）用户登录：基于数据安全和分布式多用户考虑，本系统首先要求操作人员进行登录，只有相应权限的人员方可操作。

（2）业务办理：实现银行日常业务办理功能，如开户、销户等。

（3）系统设置：设置一些系统参数，如利率、银行。

（4）用户管理：实现操作用户的增删改查。

22.1.3 开发及运行环境

编程语言：Java。

操作系统：Windows 7。

JDK 版本：7.0。

Web 服务器：Tomcat 7.0。

数据库：MySQL。

开发工具：MyEclipse。

22.2 系统分析

在日常业务处理中，银行业务系统作用巨大，可节省大量人力物力，提高业务办理水平，因此科学合理地设计一套稳定可靠运行的业务系统势在必行。

在金融系统设计中要处处考虑系统安全问题，保证用户数据不丢失、用户隐私等安全问题。

22.2.1 系统总体设计

1. 系统目标

银行日常业务管理系统应该具备体积小，操作界面友好，基本功能稳定，运行速度较快等特点，通过计算机技术开发出这样的银行管理系统，可以方便快捷地进行信息管理。

2. 系统架构图

银行日常业务管理系统的目标就是实现对银行各项业务的信息进行管理，促使银行业务流程信息化、系统化、规范化和智能化，使银行处于信息灵敏、管理科学、决策准确的良性循环，为银行带来更高的经济效益。

银行业务可以分为用户管理、系统设置、业务办理三个大的主题。其中，业务办理包含开户、销户、存款、取款、挂失、贷款的申请和偿还贷款等，系统设置包括利率调整，用户管理包括用户添加、删除、查询等。

图 22-1 是银行日常业务管理系统总体设计功能图。

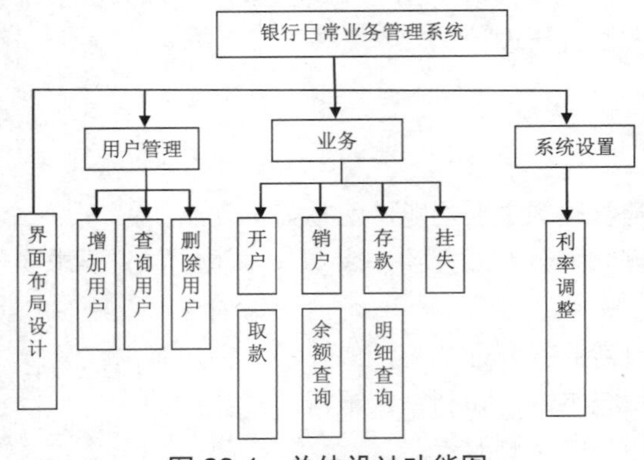

图 22-1　总体设计功能图

3. 系统业务流程图

（1）开户数据流如图 22-2 所示。

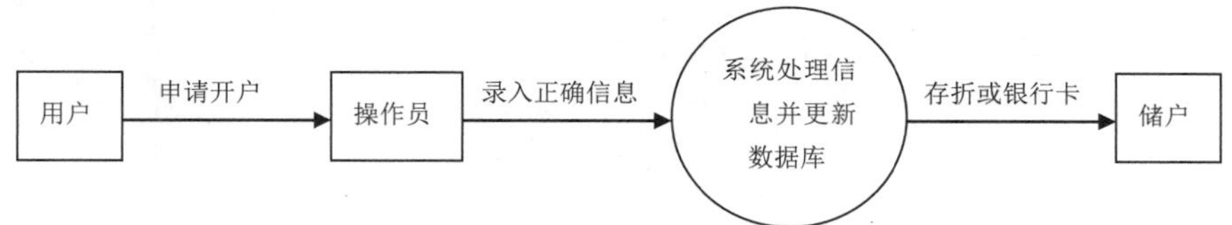

图 22-2 开户数据流

（2）销户数据流如图 22-3 所示。

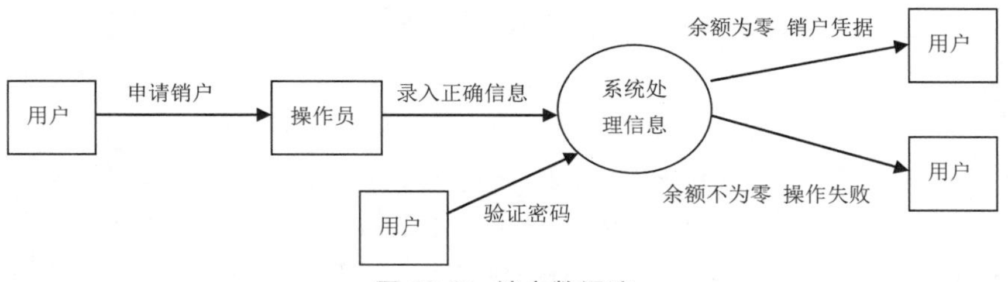

图 22-3 销户数据流

（3）存款数据流如图 22-4 所示。

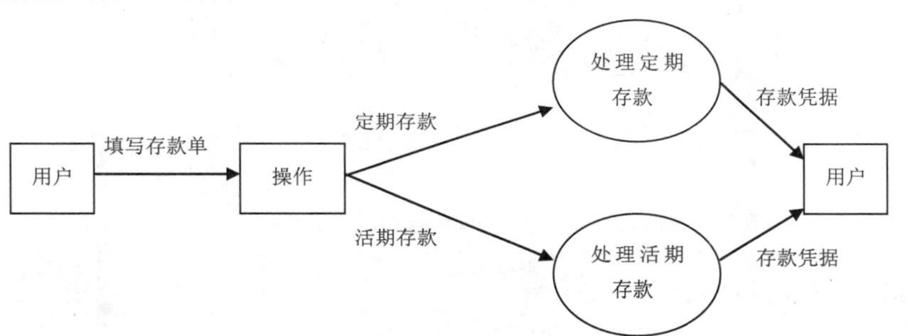

图 22-4 存款数据流

（4）取款数据流如图 22-5 所示。

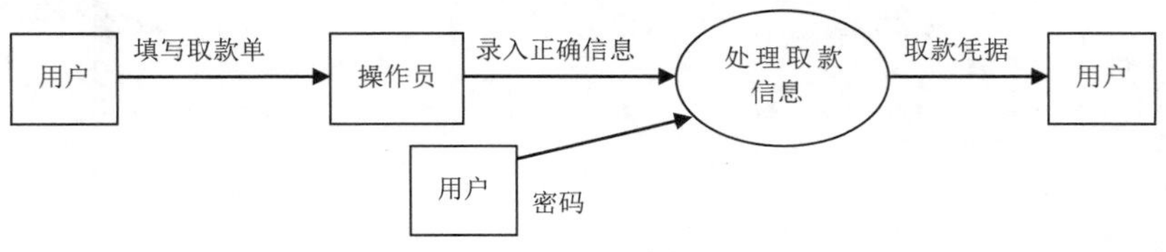

图 22-5 取款数据流

（5）转账数据流如图 22-6 所示。

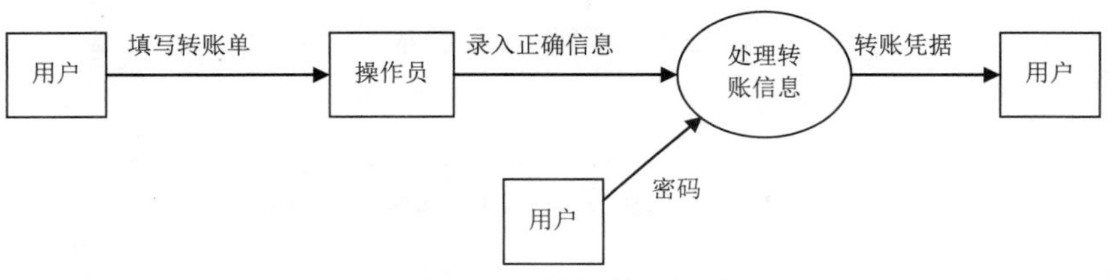

图 22-6 转账数据流

（6）查询、修改密码数据流如图 22-7 所示。

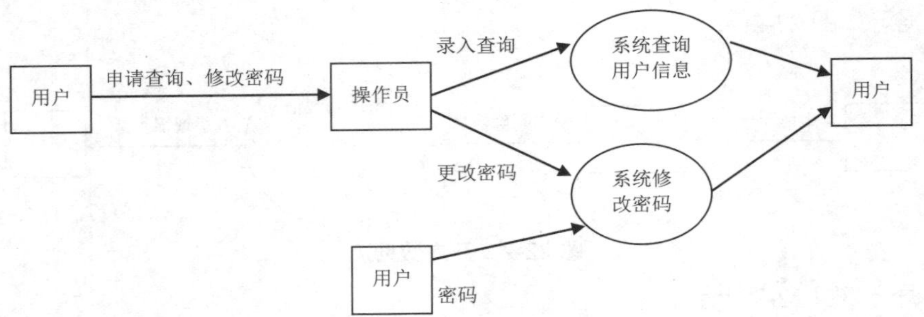

图 22-7　查询、修改密码数据流

22.2.2　系统界面设计

银行业务系统界面设计要考虑操作员使用习惯，颜色搭配稳定，长时间使用不容易视觉疲劳等方面。界面设计包括登录页面和管理中心布局两大板块。其中，管理中心按照上下（左右）进行布局，上部显示公共信息，比如系统名称、当前账号等，下左为各业务菜单，下右为功能实现页面，如图 22-8 所示。

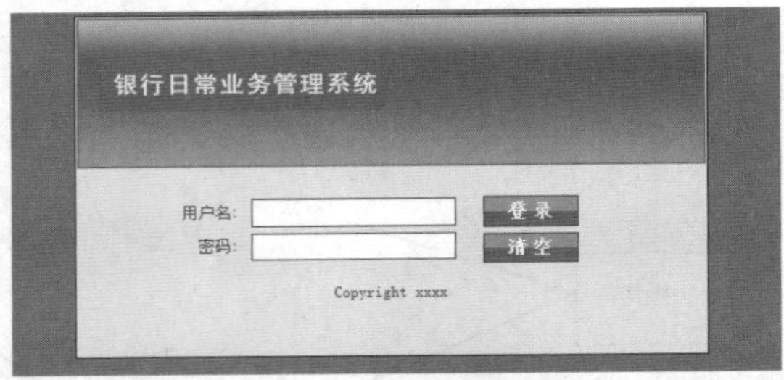

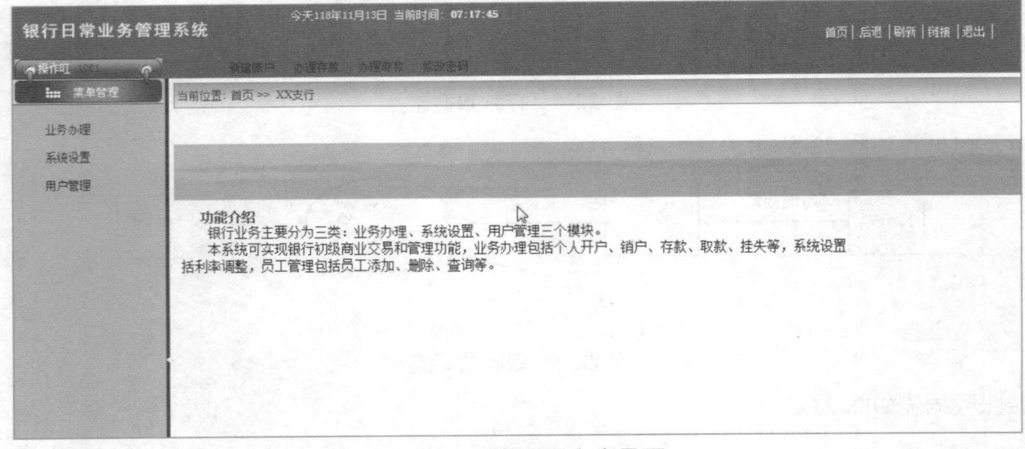

图 22-8　登录界面和主界面

22.3　系统运行及配置

本系统作为一个教学实例，读者可以通过运行本程序对程序功能有一个基本了解。

22.3.1　系统开发及导入步骤

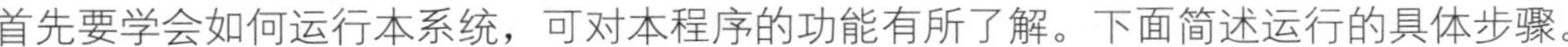

首先要学会如何运行本系统，可对本程序的功能有所了解。下面简述运行的具体步骤。

（1）把素材中的“ch22”目录复制到硬盘中，本例使用“D:\ts\”。

（2）单击 Windows“开始”按钮，展开“所有程序”项目，在展开程序菜单中选择 MyEclipse，如图 22-9 所示。

（3）启动 MyEclipse 后，如图 22-10 所示。

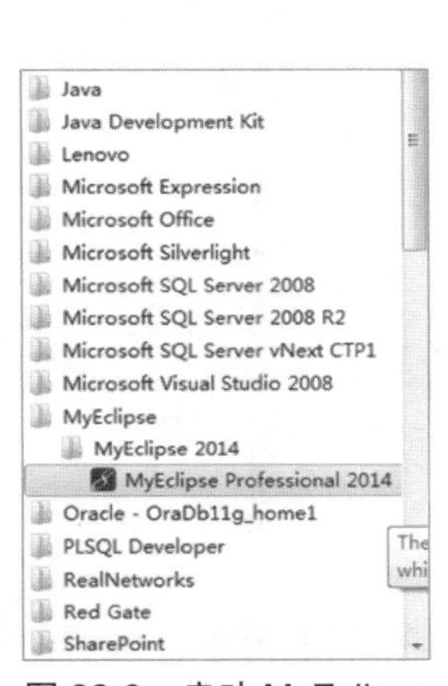

图 22-9　启动 MyEclipse

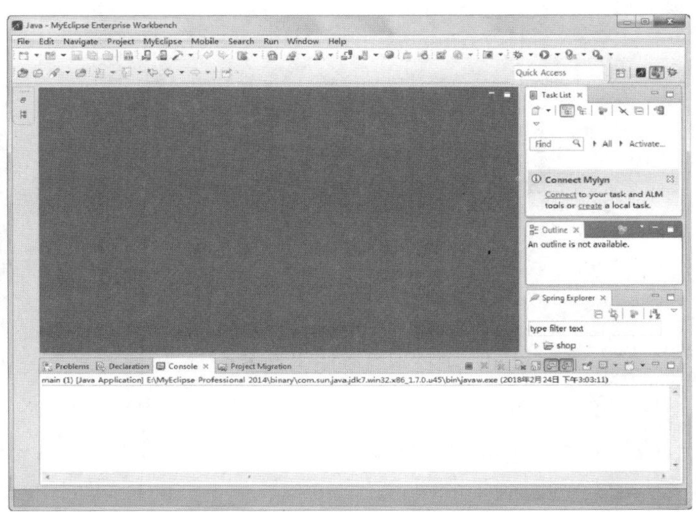

图 22-10　MyEclipse 主界面

（4）在 MyEclipse 菜单中执行 File→Import 命令，如图 22-11 所示。

（5）在 Import 窗口中选择 Existing Projects into Workspace 选项，单击 Next 按钮，如图 22-12 所示。

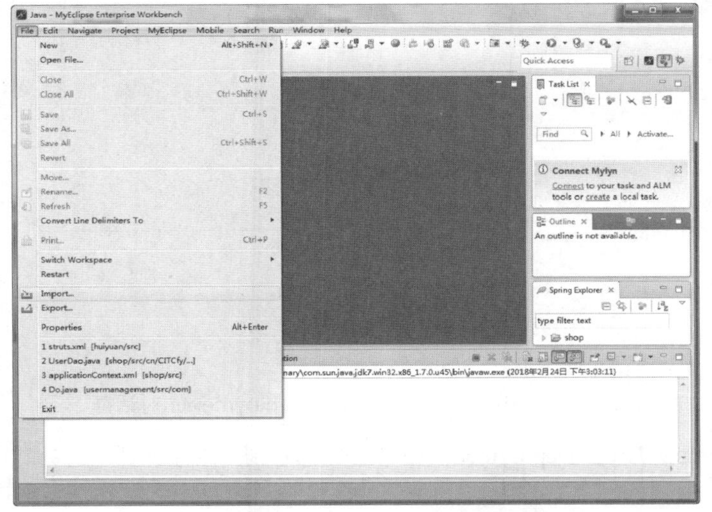

图 22-11　执行 Import 菜单命令

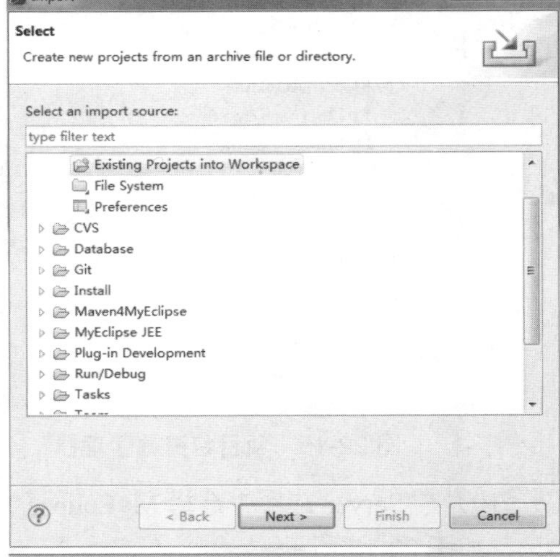

图 22-12　选择项目工作区

（6）单击 Select root directory 右边的 Browse 按钮，选择源码根目录，本例选择 D:\ts\ch22\ibank 目录，单击“确定”按钮，如图 22-13 所示。

（7）单击 Finish 按钮，完成项目导入，如图 22-14 所示。

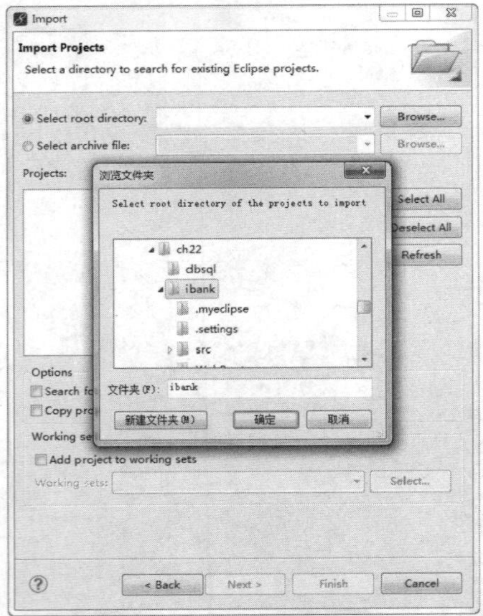

图 22-13　选择项目源码根目录

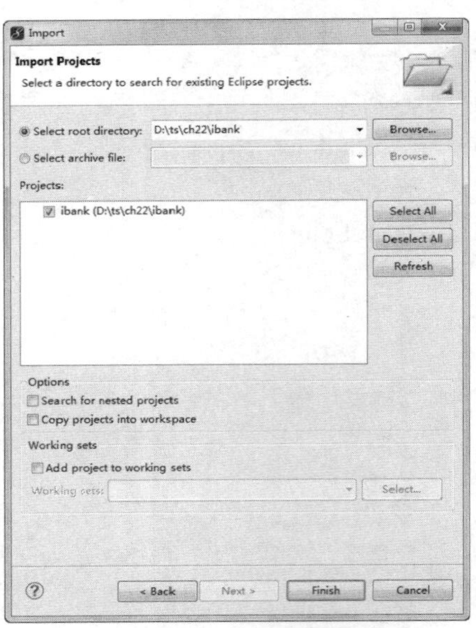

图 22-14　完成项目导入

（8）展开 ibank 项目包资源管理器，如图 22-15 所示。

（9）单击 Manage Deployments 菜单，如图 22-16 所示。

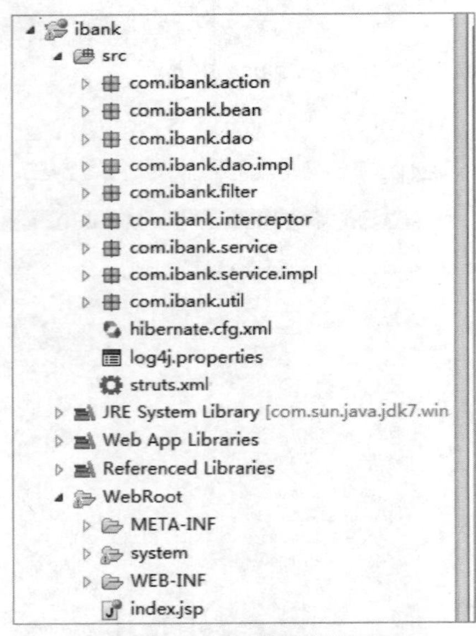

图 22-15　项目包资源管理器

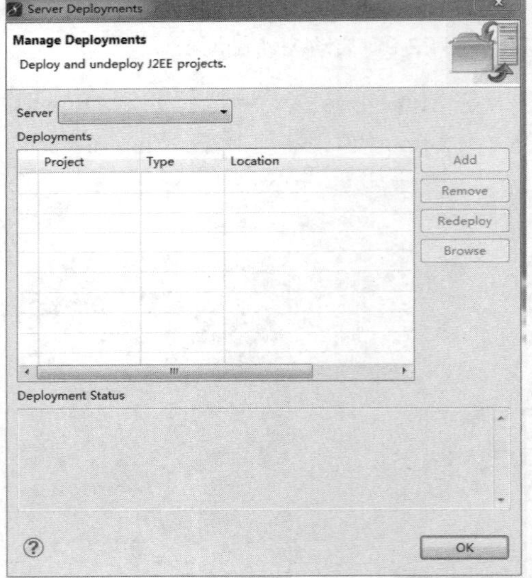

图 22-16　Manage Deployments 对话框

（10）在 Server 选项中选择 MyEclipse Tomcat 7，在 Deployments 后单击 Add 按钮，并把项目文件添加进来，如图 22-17 所示。

（11）在 New Deployment 窗口中 Project 列表中选择 ibank 后，单击 Finish 按钮，再单击 OK 按钮，如图 22-18 所示。

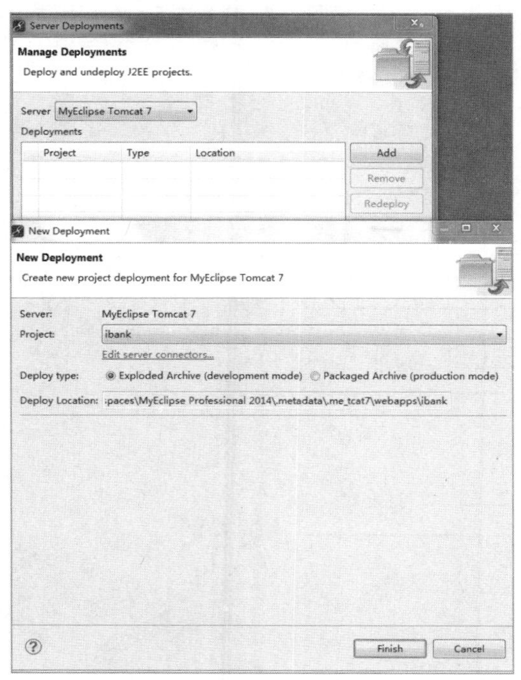

图 22-17 New Deployment 窗口

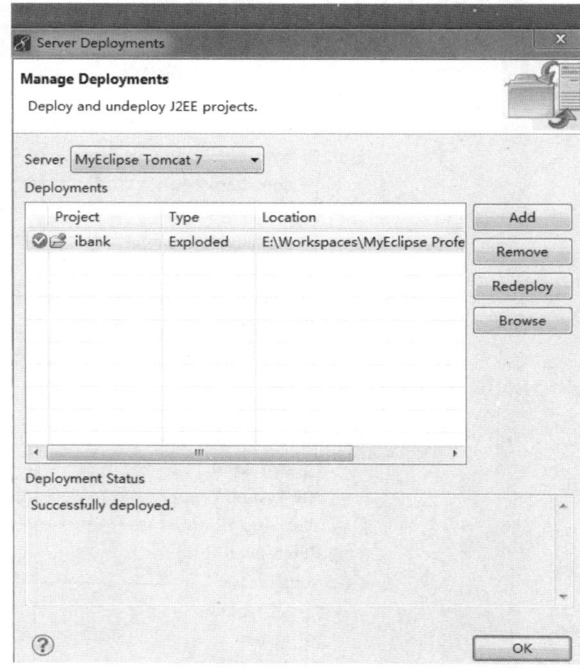

图 22-18 完成项目加载

（12）单击 Run/Stop/Restart MyEclipse Servers 菜单，在展开菜单中选择 MyEclipse Tomcat 7→Start 启动，启动后即可以在浏览器中访问项目，如图 22-19 和图 22-20 所示。

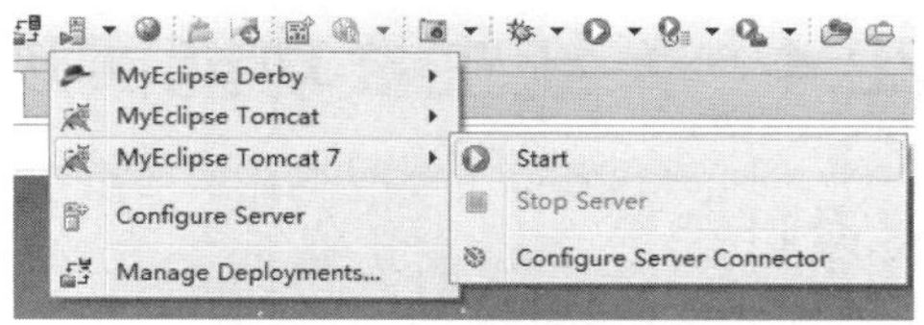

图 22-19 启动 Tomcat

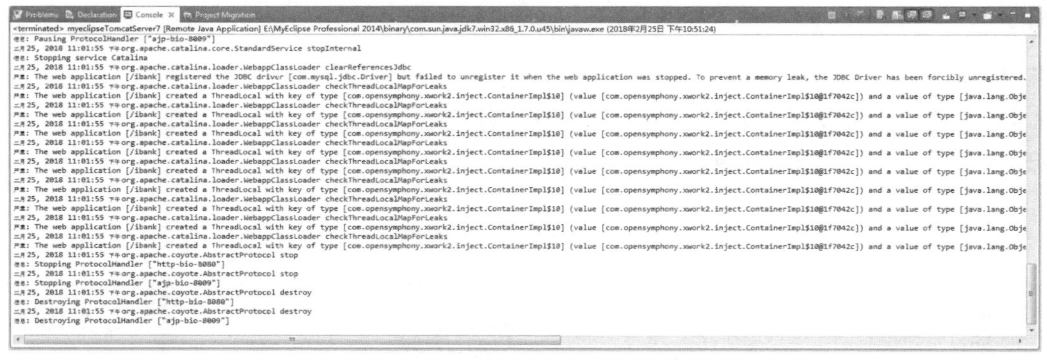

图 22-20 Tomcat 启动成功

22.3.2 系统文件结构图

项目开发为了方便对文件进行管理，对文件进行了分组管理，这样做的好处是方便管理，以及团队合

作。在编写代码前，规划好系统文件组织结构，把窗体、公共类、数据模型、工具类或者图片资源放到不同的文件包中。本项目文件包如图 22-21 所示。

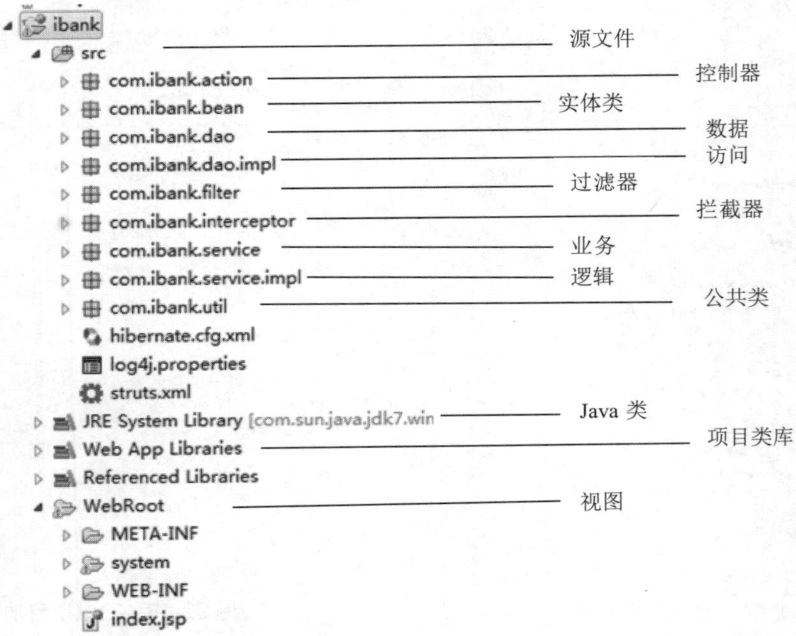

```
ibank
  src                                          源文件
    com.ibank.action                           控制器
    com.ibank.bean                             实体类
    com.ibank.dao                              数据
    com.ibank.dao.impl                         访问
    com.ibank.filter                           过滤器
    com.ibank.interceptor                      拦截器
    com.ibank.service                          业务
    com.ibank.service.impl                     逻辑
    com.ibank.util                             公共类
    hibernate.cfg.xml
    log4j.properties
    struts.xml
  JRE System Library [com.sun.java.jdk7.win    Java 类
  Web App Libraries                            项目类库
  Referenced Libraries
  WebRoot                                      视图
    META-INF
    system
    WEB-INF
    index.jsp
```

图 22-21　项目文件结构

22.4　系统主要功能实现

22.4.1　数据库与数据表设计

银行日常业务管理系统是企业管理信息系统，数据库是其基础组成部分，系统的数据库是由基本功能需求制定的。

1. 数据库分析

根据本银行管理系统的实际情况，本系统采用一个数据库，数据库命名为 ibank。整个数据库包含系统几大模块的所有数据信息。bank 数据库总共分为 7 张表，如表 22-1 所示，使用 MySQL 数据库进行数据存储管理。

表 22-1　表设计

表　名　称	说　　明	备　　注
account	业务用户表	
acchistory	存取款数据表	
actype	银行卡类型表	信用卡、储蓄卡
admin	系统操作用户表	

续表

表 名 称	说　明	备　注
interest	利率表	
loan	借贷表	
ibank	银行表	

2. 创建数据库

数据库设计创建是系统开发的首要步骤，在 MySQL 中创建数据库的具体步骤如下。

（1）连接到 MySQL 数据库。首先打开 DOS 窗口，然后进入目录 mysql\bin，再输入命令 mysql -u root -p，按 Enter 键后提示输入密码。注意用户名前可以有空格也可以没有空格，但是密码前必须没有空格，否则要求重新输入密码。如果刚安装好 MySQL，超级用户 root 是没有密码的，故直接按 Enter 键即可进入到 MySQL 中，如图 22-22 所示。

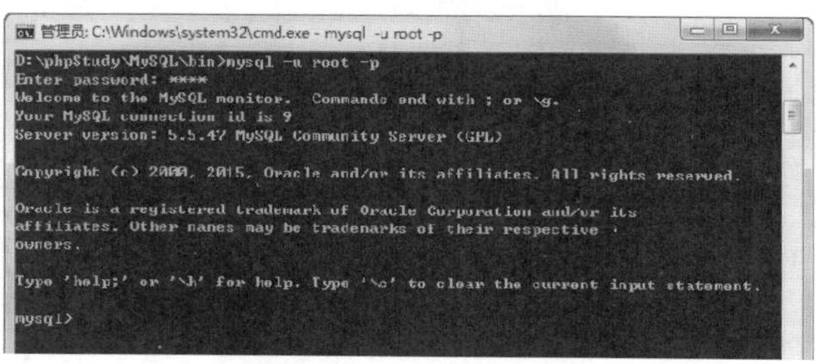

图 22-22　登录 MySQL

（2）登录成功后，运行命令“Create Database ibank;”即可创建数据库，如图 22-23 所示。

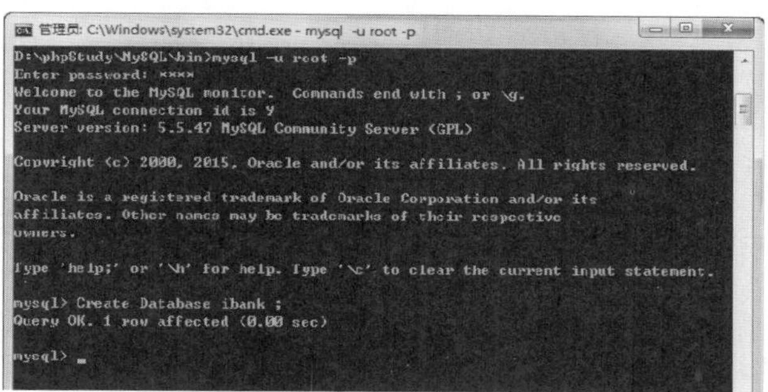

图 22-23　创建 ibank 数据库

3. 创建数据表

在已创建的数据库 ibank 中创建 7 个数据表，这里列出业务用户信息创建表过程，代码如下。

```
DROP TABLE IF EXISTS 'account';
CREATE TABLE 'account' (
  'id' varchar(20) NOT NULL COMMENT '编号',
  'name' varchar(10) NOT NULL COMMENT '姓名',
  'password' varchar(6) NOT NULL COMMENT '密码',
  'identitycard' varchar(20) NOT NULL COMMENT '身份证',
  'sex' varchar(2) NOT NULL COMMENT '性别',
  'balance' double(20,2) NOT NULL COMMENT '余额',
```

```
  'overdraft' double(10,2) NOT NULL COMMENT '可透支额',
  'regtime' datetime NOT NULL COMMENT '注册时间',
  'interesttime' datetime default NULL,
  'typeid' int(2) NOT NULL COMMENT '类别',
  'ibankid' int(2) NOT NULL COMMENT '开户行编号',
  'status' int(1) NOT NULL COMMENT '状态(0 注销 1 正常 2 挂失)',
  PRIMARY KEY  ('id')
) ENGINE=InnoDB DEFAULT CHARSET=utf8;
```

为了避免重复创建，在创建表之前先使用 drop 进行表删除。这里创建了与需求相关的 11 个字段，并创建一个自增的标识索引字段 ID。

由于篇幅所限，这里省略其他数据表查看创建 SQL 语句，只给出数据表结构。

（1）业务用户表。

业务用户表用于存储存取款用户信息，表名为 Account，结构如表 22-2 所示。

表 22-2　Account 表

字 段 名	数 据 类 型	是 否 主 键	说　明
Id	int	Yes	用户编号
name	varchar		用户姓名
password	varchar		密码
identitycard	varchar		身份证号
sex	varchar		性别
balance	double		余额
overdraft	double		可透支额度
regtime	datetime		注册时间
typeid	int		类别
ibankid	int		开户行编号
status	int		状态（0 注销；1 正常；2 挂失）

（2）存取款数据表。

存取款数据表用于记录用户存取款过程，表名为 Acchistory，结构如表 22-3 所示。

表 22-3　Acchistory 表

字 段 名	数 据 类 型	是 否 主 键	说　明
Id	int	Yes	记录编号
time	datetime		交易时间
accid	varchar		用户 Id
acction	int		业务种类（1 为存款；2 为取款；3 为利息）
money	double		变动金额

（3）银行卡类型表。

银行卡类型表标识银行卡种类，表名为 Actype，结构如表 22-4 所示。

表 22-4　Actype 表

字段名	数据类型	是否主键	说明
Typeid	int	Yes	卡种类编号
name	varchar		卡名称
interestid	int		利率 id

（4）系统操作用户表。

系统操作用户表用于存储系统操作用户的信息，表名为 Admin，结构如表 22-5 所示。

表 22-5　Admin 表

字段名	数据类型	是否主键	说明
Id	int	Yes	用户编号
name	varchar		用户姓名
password	varchar		密码
identitycard	varchar		身份证号
sex	varchar		性别
ibankid	int		开户行编号
type	int		类别（1 普通操作员；2 高级操作员；3 超级管理员）
status	int		状态（0 注销；1 正常；2 挂失）

（5）利率表。

利率表用于存储各种卡利率，表名为 Interest，结构如表 22-6 所示。

表 22-6　Interest 表

字段名	数据类型	是否主键	说明
interestid	varchar	Yes	记录编号
name	varchar		名称
value	double		利率数值

（6）借贷表。

借贷表存储贷款详细信息，表名为 Loan，结构如表 22-7 所示。

表 22-7　Loan 表

字段名	数据类型	是否主键	说明
Id	varchar	Yes	记录编号
name	varchar		贷款人姓名
identitycard	varchar		贷款人身份证
begintime	datetime		起始时间
endtime	datetime		结束时间
loanmoney	double		贷款金额

续表

字 段 名	数 据 类 型	是 否 主 键	说 明
loaninterestid	int		利率 id
refundmoney	double		最后还款金额
loandays	int		贷款天数
status	int		状态（1 表示未还款；0 表示已还款）

（7）银行支行表。

银行支行表存储银行分支信息，表名为 Ibank，结构如表 22-8 所示。

表 22-8 Ibank 表

字段名	数据类型	是否主键	说明
ibankid	int	Yes	记录编号
name	varchar		银行名称

22.4.2 实体类创建

实体类是用于对必须存储的信息和相关行为建模的类。实体对象（实体类的实例）用于保存和更新一些现象的有关信息，例如，事件、人员或者一些现实生活中的对象。实体类通常都是永久性的，它们所具有的属性和关系是长期需要的，有时甚至在系统的整个生存期都需要。根据面向对象编程的思想，要先创建数据实体类，这些实体类与数据表设计相对应，如 Account 表实体代码如下。

```
public class Account implements java.io.Serializable {
    //Fields
    private String id;
    private Actype actype;
    private Ibank ibank;
    private String name;
    private String password;
    private String identitycard;
    private String sex;
    private Double balance;
    private Double overdraft;
    private Timestamp regtime;
    private Timestamp interesttime;//最后计算利息的时间
    private Integer status;
    private Set<Overdraft> overdrafts = new HashSet<Overdraft>(0);//借贷
    private Set<Acchistory> acchistories = new HashSet<Acchistory>(0);//存取
    //Constructors
    /** default constructor */
    public Account() { }
    /** minimal constructor */
    public Account(String id, Actype actype, Ibank ibank, String name,
          String password, String identitycard, String sex, Double balance,
          Double overdraft, Timestamp regtime, Integer status) {
```

```
        this.id = id;
        this.actype = actype;
        this.ibank = ibank;
        this.name = name;
        this.password = password;
        this.identitycard = identitycard;
        this.sex = sex;
        this.balance = balance;
        this.overdraft = overdraft;
        this.regtime = regtime;
        this.status = status;
    }
    /** full constructor */
    public Account(String id, Actype actype, Ibank ibank, String name,
            String password, String identitycard, String sex, Double balance,
            Double overdraft, Timestamp regtime, Timestamp interesttime,
            Integer status, Set<Overdraft> overdrafts,
            Set<Acchistory> acchistories) {
        this.id = id;
        this.actype = actype;
        this.ibank = ibank;
        this.name = name;
        this.password = password;
        this.identitycard = identitycard;
        this.sex = sex;
        this.balance = balance;
        this.overdraft = overdraft;
        this.regtime = regtime;
        this.interesttime = interesttime;
        this.status = status;
        this.overdrafts = overdrafts;
        this.acchistories = acchistories;
    }
    //Property accessors
    @Id
    @Column(name = "id", unique = true, nullable = false, length = 20)
    public String getId() {
        return this.id;
    }
    public void setId(String id) {
        this.id = id;
    }
    @ManyToOne(fetch = FetchType.LAZY)
    @JoinColumn(name = "typeid", nullable = false)
    public Actype getActype() {
        return this.actype;
    }
    public void setActype(Actype actype) {
```

```
        this.actype = actype;
    }
    @ManyToOne(fetch = FetchType.LAZY)
    @JoinColumn(name = "ibankid", nullable = false)
    public Ibank getIbank() {
        return this.ibank;
    }
    public void setIbank(Ibank ibank) {
        this.ibank = ibank;
    }
    @Column(name = "name", nullable = false, length = 10)
    public String getName() {
        return this.name;
    }
    public void setName(String name) {
        this.name = name;
    }
    @Column(name = "password", nullable = false, length = 6)
    public String getPassword() {
        return this.password;
    }
    public void setPassword(String password) {
        this.password = password;
    }
…
}
```

在实体类中可以创建一些数据访问方法，如方法 public String searchbalance()即执行查询余额操作。

22.4.3 数据访问类

数据访问对象 DAO，用来操作数据库驱动、连接、关闭等数据库操作方法，这些方法包括不同数据表的操作方法。本项目把所有数据操作先抽象出一个基类 IBaseDAO，基类是所有数据表处理的共性操作，如增删、改查、分页等，代码如下。

```
import com.ibank.dao.IBaseDAO;
import com.ibank.util.HibernateSessionFactory;
import java.io.Serializable;
import java.util.List;
import org.hibernate.Session;
public abstract interface IBaseDAO
{
  public abstract boolean create(Object object);
  /**更新一条记录*/
  public abstract boolean update(Object object);
  /**删除一条记录*/
  public abstract boolean delete(Object object);
  /**直接查询出一条结果*/
  public abstract Object find(Class<? extends Object> paramClass, Serializable paramSerializable);
```

```
    /**查询一条记录到缓存*/
    public abstract Object load(Class<? extends Object> paramClass, Serializable paramSerializable);
    /**查询组结果*/
    public abstract List<Object> list(String paramString);

    /**分页查询一页记录
     * hql SQL 语句
     * offset 从第几条记录开始
     * length 查询几条记录 */
    public  abstract List<?> getListForPage(String hql, int offset, int length);

    /**查询总记录数*/
    public  abstract int getAllRowCount(String hql) ;
}
```

在本系统中使用了Hibernate框架去访问数据，在这里引用了import com.ibank.util.HibernateSession Factory，并配置 hibernate.cfg.xml 文件，代码如下。

```
<hibernate-configuration>
    <session-factory>
        <property name="dialect">
            org.hibernate.dialect.MySQLDialect
        </property>
        <property name="connection.url">
            jdbc:mysql://localhost:3306/ibank?characterEncoding=UTF-8
        </property>
        <property name="connection.username">root</property>
        <property name="connection.password">root</property>
        <property name="connection.driver_class">
            com.mysql.jdbc.Driver
        </property>
        <property name="myeclipse.connection.profile">Mysql</property>
        <property name="current_session_context_class">thread</property>
        <!--<property name="show_sql">true</property>-->
        <property name="show_sql">true</property>
        <property name="hibernate.jdbc.use_get_generated_keys">
            false
        </property>
        <mapping class="com.ibank.bean.Interest" />
        <mapping class="com.ibank.bean.Account" />
        <mapping class="com.ibank.bean.Ibank" />
        <mapping class="com.ibank.bean.Admin" />
        <mapping class="com.ibank.bean.Overdraft" />
        <mapping class="com.ibank.bean.Loan" />
        <mapping class="com.ibank.bean.Acchistory" />
        <mapping class="com.ibank.bean.Actype" />
        <mapping class="com.ibank.bean.Ibankmoney" />
    </session-factory>
</hibernate-configuration>
```

connection.url 属性定义了要访问的数据库，connection.username 定义数据库用户名，connection.password 定义数据库密码，mapping 定义对应的实体类。

22.4.4 控制分发及配置

本项目基于 Struts 框架进行开发，在 Struts 中，Action 是其核心功能，使用 Struts 框架，主要的开发都是围绕 Action 进行的，Action 类包中定义了各种操作流程。AccountAction 用来控制用户数据流程。下面一段代码控制程序流转到 inputmony 这个 Action 上。

```
if (this.flag == 1) {//表示是从存款页面获取的该账户的信息
        ServletActionContext.getRequest().setAttribute("account", ac);
        return "inputmoney";
    }
Action 要与 structs.xml 文件配套使用,structs.xml 文件配置如下:
<struts>
   <constant name="struts.enable.DynamicMethodInvocation" value="false" />
   <constant name="struts.devMode" value="true" />
   <!-- 定义默认包 -->
   <package name="ibank" namespace="/" extends="struts-default">
      <default-action-ref name="index" /> <!-- 定义默认 action -->
      <action name="index">
        <result>/index.jsp</result>
      </action>
   </package>
   <!-- 定义 system 包 -->
   <package name="default" namespace="/system" extends="struts-default">
      <interceptors> <!-- 定义拦截器 -->
        <interceptor name="checklogin"
            class="com.ibank.interceptor.LoginInterceptor" />
      </interceptors>
      <default-action-ref name="index" /> <!-- 定义默认 action -->
      <action name="index">
        <result type="redirect">/system/index.jsp</result>
        <result name="login">/system/login.jsp</result>
        <result name="login">/system/login.jsp</result>
        <interceptor-ref name="checklogin" /> <!-- 使用拦截器 -->
      </action>

      <!-- 定义操作员登录 action -->
      <action name="login" class="com.ibank.action.AdminAction"
        method="login">
        <result name="success" type="redirect">index</result> <!-- 跳转到另一个 action -->
        <result name="input">/system/login.jsp</result>
        <result name="error">/system/login.jsp</result>
      </action>

      <!-- 定义操作员注销 action -->
      <action name="logout" class="com.ibank.action.AdminAction"
```

```
            method="logout">
            <result name="logout" type="redirect">/system/login.jsp</result> <!--跳转到网页 -->
        </action>

        <!-- 定义开户 action -->
        <action name="registaccount" class="com.ibank.action.AccountAction"
            method="regist">
            <result name="success">/system/result_success.jsp</result>
            <result name="error">/system/result_error.jsp</result>
        </action>

        <!-- 定义修改密码 action -->
        <action name="changepwd" class="com.ibank.action.AccountAction"
            method="changepwd">
            <result name="success">/system/result_success.jsp</result>
            <result name="error">/system/result_error.jsp</result>
        </action>

        <!-- 定义存款 action -->
        <action name="inputmoney" class="com.ibank.action.AccountAction"
            method="inputMoney">
            <result name="success">/system/result_success.jsp</result>
            <result name="error">/system/result_error.jsp</result>
        </action>
        <!-- 定义取款 action -->
        <action name="outputmoney" class="com.ibank.action.AccountAction"
            method="outputMoney">
            <result name="success">/system/result_success.jsp</result>
            <result name="error">/system/result_error.jsp</result>
        </action>
    …
    </package>
</struts>
```

配置中<action name="inputmoney" ></action>标签为配置存款的 action。

22.4.5　业务数据处理

Service 包用于业务逻辑处理，实现 Action 类包的数据调用。在本项目中对业务处理进行分层，先实现抽象业务类，再通过继承进行具体实现，如业务用户涉及注册用户、注销用户、获取用户信息、更新用户密码等，实现类 AccountService.java，通过 IAccountServiceImp.java 进行具体实现。

IAccountService.java 代码如下。

```
public abstract interface IAccountService {
    /**注册
     * @param account 要注册的账户
     * @param typeid 账户类别
     * @param ibankid 开户支行
```

```
 * */
public abstract boolean regist(Account account, int typeid, int ibankid);

/**获取账户信息
 * @param accid 账户 id
 * @return Account 返回账户信息
 * */
public abstract  Account getaccountinfo(String accid);

/**修改密码
 * @param accid 账户 id
 * @param password 账户密码
 * @param newpassword 账户新密码
 * */
public abstract  String changepwd(String accid, String password, String newpassword);

/**存款
 * @param accid 账户 id
 * @param money 存款金额
 * @return string 返回字符串型标志信息
 * */
public abstract  String inputmoney(String accid, double money);

/**取款
 * @param accid 账户 id
 * @param money 金额
 * @param password 密码
 * @return String 返回字符串型标志信息*/
public abstract  String outputmoney(String accid, double money, String password);

/** 挂失
 * @param accid 账户 id
 * @param pasword 密码
 * @param identitycard 身份证
 * @param name 姓名
 * @return String 返回字符串型标识信息*/
public abstract  String reportlost(String accid, String password,
      String identitycard, String name);

/** 注销账户
 * @param  accid 账户 id
 * @param password 密码
 * @param identitycard 身份证
 * @param name 姓名
 * @return Object 返回可能是字符串型标志信息或者返回余额*/
public  abstract Object logoff(String accid, String password, String identitycard,
      String name);
```

```
    /** 查询余额
     * @param accid 账户 id
     * @param password 密码
     * @return Object 返回余额或者字符串型标志信息*/
    public abstract  Object searchbalance(String accid, String password);

    /** 取消挂失
     * @param accid 账户 id
     * @param password 密码
     * @param identitycard 身份证
     * @param name 姓名
     * @return String 返回字符串型标志信息*/
    public abstract  String cancellost(String accid, String password,
          String identitycard, String name);
    /*结算利息
    public abstract String updatebalance();
    */
}
```

AccountServiceImp.java 代码如下:

```
public class AccountServiceImpl implements IAccountService {
    IinterestService interService;
    AccountDAOImpl dao;
    IIbankMoneyService ibankMoneyServiceImpl;
    IAccHistoryService accHistoryServiecImpl;
    //构造方法,初始化对象
    public AccountServiceImpl() {
        this.dao = new AccountDAOImpl();
        this.ibankMoneyServiceImpl = new IbankMoneyServiceImpl();
        this.accHistoryServiecImpl = new AccHistoryServiecImpl();
        this.interService=new InterestSerivecImpl();
    }
    /**注册
     * @param account 要注册的账户
     * @param typeid 账户类别
     * @param ibankid 开户支行
     * */
    public boolean regist(Account account, int typeid, int ibankid) {
        //查找账户类别是否存在
        Actype actype = (Actype) this.dao.load(Actype.class,
                Integer.valueOf(typeid));
        //查找开户支行是否存在
        Ibank ibank = (Ibank) this.dao.load(Ibank.class,
                Integer.valueOf(ibankid));
        //关联 account
        account.setActype(actype);
        account.setIbank(ibank);
        account.setRegtime(new Timestamp(new Date().getTime()));
        account.setInteresttime(new Timestamp(new Date().getTime()));
```

```
        account.setStatus(Integer.valueOf(1));
        //开户
        boolean flag = this.dao.create(account);
        System.out.println("注册时的 flag 标记"+flag);
        if (flag) {

            //将余额添加进总额表
            this.ibankMoneyServiceImpl.add(account.getBalance().doubleValue());
            //增加账户记录
            this.accHistoryServiecImpl.addrecord(account.getId(), account
                    .getBalance().doubleValue(), 1);
            return true;//添加成功
        }
        return false;//添加失败
    }
    /**获取账户信息
     * @param accid 账户 id
     * @return Account 返回账户信息
     * */
    public Account getaccountinfo(String accid) {
        Object obj = this.dao.find(Account.class, accid);
        if ((obj instanceof Account)) {
            return (Account) obj;
        }
        if (((obj instanceof Boolean)) && (!((Boolean) obj).booleanValue())) {
            return null;
        }
        return null;
    }
    /**修改密码
     * @param accid 账户 id
     * @param password 账户密码
     * @param newpassword 账户新密码
     * */
    public String changepwd(String accid, String password, String newpassword) {
        Account ac = (Account) this.dao.find(Account.class, accid);
        if ((ac == null) → (0 == ac.getStatus())) {
            return "-1";//账号不存在
        }
        if (2 == ac.getStatus()) {
            return "0";//账号已禁用
        }
        if (!ac.getPassword().equals(password)) {
            return "-2";//密码错误
        }
        ac.setPassword(newpassword);
        boolean flag = this.dao.update(ac);
        if (!flag) {
```

```
            return "-3";
        }
        return "1";
    }
    /**存款
     * @param accid 账户 id
     * @param money 存款金额
     * @return string 返回字符串型标志信息
     * */
    public String inputmoney(String accid, double money) {
        //调用更改金额方法,money 为正,表示存款
        boolean flag = this.dao.changeMoney(accid, money);
        if (!flag) {
            return "-1";
        }
        //同时修改银行总金额和添加账户记录
        this.accHistoryServiecImpl.addrecord(accid, money, 1);//action 为 1 表示存款
        this.ibankMoneyServiceImpl.add(money);
        return "1";
    }
    /**取款
     * @param accid 账户 id
     * @param money 金额
     * @param password 密码
     * @return String 返回字符串型标志信息*/
    public String outputmoney(String accid, double money, String password) {
        //先查找账户是否存在
        Account ac = (Account) this.dao.find(Account.class, accid);
        double balance = ac.getBalance().doubleValue();
        double overdraft = ac.getOverdraft();
        if (!ac.getPassword().equals(password)) {
            return "-1"; //密码错误
        }
        if (balance + overdraft - money < 0.0D) {
            return "-2";//余额不足
        }
        money = 0.0D - money;
        //调用修改金额方法,参数为负,表示取款
        boolean flag = this.dao.changeMoney(accid, money);
        if (!flag) {
            return "-3";//操作失败
        }
        //同时添加记录表记录,并修改总金额
        this.accHistoryServiecImpl.addrecord(accid, money, 2);//action 为 2 表示取款
        this.ibankMoneyServiceImpl.reduce(money);
        //结算利息
        Double interestmoney=interService.intestestMoney(ac.getId());
        if (interestmoney>0) {
```

```
        this.accHistoryServiecImpl.addrecord(accid, interestmoney, 3);//action 为 3 表示利息
        this.ibankMoneyServiceImpl.add(interestmoney);
    }
    return "1";//操作成功
}
/** 挂失
 * @param accid 账户 id
 * @param pasword 密码
 * @param identitycard 身份证
 * @param name 姓名
 * @return String 返回字符串型标识信息*/
public String reportlost(String accid, String password,
        String identitycard, String name) {
    //获取账户信息,
    Account ac = (Account) this.dao.find(Account.class, accid);
    if ((ac == null) → (0 == ac.getStatus())) {
        return "-1";//账户不存在
    }
    if (2 == ac.getStatus()) {
        return "0";//账户已经挂失中
    }
    if (!ac.getPassword().equals(password)) {
        return "-2";//密码错误
    }
    if (!ac.getIdentitycard().equals(identitycard)) {
        return "-3";//身份证错误
    }
    if (!ac.getName().equals(name)) {
        return "-4";//姓名错误
    }
    //修改状态为挂失状态 2 表示挂失
    ac.setStatus(Integer.valueOf(2));
    //更新状态
    boolean flag = this.dao.update(ac);
    if (!flag) {
        return "-5";//操作失败,系统错误
    }
    return "1";//挂失成功
}
/** 注销账户
 * @param  accid 账户 id
 * @param password 密码
 * @param identitycard 身份证
 * @param name 姓名
 * @return Object 返回可能是字符串型标志信息或者返回余额*/
public Object logoff(String accid, String password, String identitycard,
        String name) {
    Account ac = (Account) this.dao.find(Account.class, accid);
```

```
    if ((ac == null) →→ (ac.getActype().getTypeid().intValue() == 0)) {
      return "-1";//账户不存在
    }
    if(ac.getActype().getTypeid() == 2){
      return "0";//账号已经禁用了
    }
    if (!ac.getPassword().equals(password)) {
      return "-2";//账户密码不对
    }
    if (!ac.getIdentitycard().equals(identitycard)) {
      return "-3";//身份证错误
    }
    if (!ac.getName().equals(name)) {
      return "-4";//姓名错误
    }
    //余额
    Object money = ac.getBalance();
    ac.setBalance(Double.valueOf(0.0D));
    ac.setStatus(Integer.valueOf(0));
    boolean flag = this.dao.update(ac);
    if (!flag) {
      return "-5";//操作错误,系统错误
    }
    //同时添加记录,并修改总行金额
    this.ibankMoneyServiceImpl.reduce(-((Double) (money)).doubleValue());
    this.accHistoryServiecImpl.addrecord(accid,
          -((Double) money).doubleValue(), 2);
    return money;
}
/** 查询余额
 * @param accid 账户 id
 * @param password 密码
 * @return Object 返回余额或者字符串型标志信息*/
public Object searchbalance(String accid, String password) {
    Account ac = (Account) this.dao.find(Account.class, accid);
    if ((ac == null) →→ (0 == ac.getStatus())) {
      return "-1";//账户不存在
    }
    if (2 == ac.getStatus()) {
      return "0";//账户已经禁用
    }
    if (!ac.getPassword().equals(password)) {
      return "-2";//密码错误
    }
    Object money = ac.getBalance();
    return money;
}
/** 取消挂失
```

```
 * @param accid 账户 id
 * @param password 密码
 * @param identitycard 身份证
 * @param name 姓名
 * @return String 返回字符串型标志信息*/
public String cancellost(String accid, String password,
      String identitycard, String name) {
   Account ac = (Account) this.dao.find(Account.class, accid);
   if ((ac == null) →→ (0 == ac.getStatus())) {
      return "-1"; //账号不存在
   }
   if ((1==ac.getStatus())) {
      return "0";  //账号异常,已经挂失中
   }
   if (!ac.getPassword().equals(password)) {
      return "-2"; //密码错误
   }
   if (!ac.getIdentitycard().equals(identitycard)) {
      return "-3"; //身份证错误
   }
   if (!ac.getName().equals(name)) {
      return "-4"; //姓名错误
   }
   //修改状态为 1,1 表示正常状态,即完成解除挂失
   ac.setStatus(Integer.valueOf(1));
   //更新状态到数据库
   boolean flag = this.dao.update(ac);
   if (!flag) {
      return "-5"; //操作失败,系统错误
   }
   return "1";     //操作成功
}
```